全国高级技工学校电气自动化设备安装与维修专业教材
QUANGUO GAOJI JIGONG XUEXIAO DIANQI ZIDONGHUA SHEBEI ANZHUANG YU WEIXIU ZHUANYE JIAOCAI

工程识图与 AutoCAD

（第二版）

王希波　主　编

中国劳动社会保障出版社

简　介

本书为全国高级技工学校电气自动化设备安装与维修专业教材，主要内容包括投影与三视图、轴测图、截交线与相贯线、组合体、图样画法、标准件与通用件表示法、机械图样的技术要求、零件图与装配图、建筑电气工程图和 AutoCAD 绘图等。

本书由王希波任主编，王永胜任副主编，高立瑞、吴致远、叶录京、王雪参与编写；林清松任主审。

图书在版编目(CIP)数据

工程识图与 AutoCAD／王希波主编．--2 版．--北京：中国劳动社会保障出版社，2023
全国高级技工学校电气自动化设备安装与维修专业教材
ISBN 978－7－5167－5636－2

Ⅰ.①工…　Ⅱ.①王…　Ⅲ.①工程制图－识图－技工学校－教材 ②工程制图－AutoCAD 软件－技工学校－教材　Ⅳ.①TB23

中国国家版本馆 CIP 数据核字(2023)第 089831 号

中国劳动社会保障出版社出版发行
（北京市惠新东街 1 号　邮政编码：100029）
*
北京宏伟双华印刷有限公司印刷装订　　新华书店经销

787 毫米×1092 毫米　16 开本　18 印张　404 千字
2023 年 8 月第 2 版　　2023 年 8 月第 1 次印刷
定价：45.00 元

营销中心电话：400－606－6496
出版社网址：http://www.class.com.cn
http://jg.class.com.cn

前言

为了更好地适应高级技工学校电气自动化设备安装与维修专业的教学要求，全面提升教学质量，人力资源社会保障部教材办公室组织有关学校的一线教师和行业、企业专家，在充分调研企业生产和学校教学情况、广泛听取教师使用反馈意见的基础上，吸收和借鉴各地技工院校教学改革的成功经验，对现有全国高级技工学校电气自动化设备安装与维修专业教材进行了修订（新编）。

本次教材修订（新编）工作的重点主要体现在以下几个方面。

更新教材内容

◆ 根据企业岗位需求变化和教学实践，针对培养高级工的教学要求，确定学生应具备的知识与能力结构，调整部分教材内容，增补开发教材，合理设计教材的深度、难度、广度，充分满足技能人才培养的实际需求。

◆ 根据相关专业领域的最新技术发展，推陈出新，补充新知识、新技术、新设备、新材料等方面的内容，更新设备型号及软件版本。

◆ 根据现行的国家标准、行业标准编写教材，保证教材的科学性和规范性。

◆ 在专业课教材中进一步强化一体化教学理念，将工艺知识与实践操作有机融为一体，构建“做中学”“学中做”的学习过程；在通用专业知识教材中注重课堂实验和实践活动的设计，将抽象的理论知识形象化、生动化，引导教师不断创新教学方法，实现教学改革。

优化呈现形式

◆ 创新教材的呈现形式，尽可能使用图片、实物照片和表格等形式将知识点生动地展示出来，提高学生的学习兴趣，提升教学效果。

◆ 部分教材将传统黑白印刷升级为双色印刷或彩色印刷，提升学生的阅读体验。例如，《工程识图与 AutoCAD（第二版）》采用双色印刷，《安全用电（第二版）》《机械常识（第二版）》采用彩色印刷，使内容更加清晰明了，符合学生的认知习惯。

提升教学服务

为方便教师教学和学生学习，在原有教学资源基础上进一步完善，结合信息技术的发展，充分利用技工教育网这一平台，构建“1+4”的教学资源体系，即1个习题册和二维码资源、电子教案、电子课件、习题参考答案4种互联网资源。

习题册——除配合教材内容对现有习题册进行修订外，还为多种教材补充开发习题册，进一步满足学校教学的实际需求。

二维码资源——在部分教材中，针对重点、难点内容制作微视频，针对拓展学习内容制作电子阅读材料，使用移动设备扫描即可在线观看、阅读。

电子教案——结合教材内容编写教案，体现教学设计意图，为教师备课提供参考。

电子课件——依据教材内容制作电子课件，为教师教学提供帮助。

习题参考答案——提供教材中习题及配套习题册的参考答案，为教师指导学生练习提供方便。

电子教案、电子课件、习题参考答案均可通过技工教育网（http://jg.class.com.cn）下载使用。

致谢

本次教材的修订（新编）工作得到了辽宁、江苏、山东、河南、湖北、广东、广西等省（自治区）人力资源社会保障厅及有关学校的大力支持，在此我们表示诚挚的谢意。

人力资源社会保障部教材办公室

2022年11月

目　录

绪　论

学习目标

1. 了解本课程的主要内容、性质和基本任务。
2. 了解本课程的学习方法。

工程图样的种类很多，常见的有机械图样、电气图样和建筑图样等。电气设备维修人员从事电工类操作，需要掌握各种电气设备的维修技能，因此，要了解各种机电设备的机械结构，而有关设备的机械图样为从业人员提供了便捷、良好的了解途径。图 0－1 所示为 X5032 型立式升降台铣床，图 0－2 为其电器位置图，图中标出了各电器的位置。电气设备维修人员只有看懂该图样，才能对 X5032 型立式升降台铣床的电气设备进行维护，对电气故障进行修理。

图 0－1　X5032 型立式升降台铣床

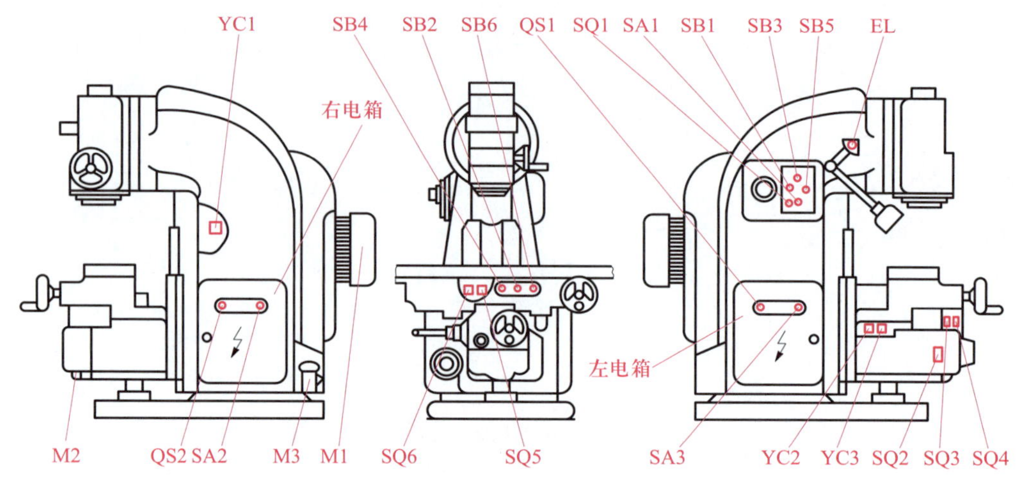

图 0－2　X5032 型立式升降台铣床电器位置图

很显然，仅仅用文字很难将 X5032 型立式升降台铣床的电器位置表达清楚。采用图样来表达技术思想，比用语言文字更精确、更方便，部分内容甚至是语言文字无法代替的。因此，可以说图样是一种技术交流的工具，具有形象、直观的特点，可以弥补语言和文字的不足，是一种工程语言。

一、本课程的主要内容

本课程的主要内容包括投影与三视图、轴测图、截交线与相贯线、组合体、图样画法、标准件与通用件表示法、机械图样的技术要求、零件图与装配图、建筑电气工程图、AutoCAD 绘图等。

二、本课程的性质和基本任务

本课程是一门既有系统理论又有较强实践性和应用性的课程。本课程的基本任务是：

（1）了解技术制图和机械制图国家标准的基本规定。

（2）掌握三视图、轴测图的画法，培养空间想象能力和空间思维能力，培养形体分析能力。

（3）掌握组合体尺寸标注的方法，掌握图样的画法。

（4）了解标准件与通用件的表示法，了解零件图、装配图的识读方法，培养识读机械图样的能力。

（5）掌握建筑电气工程图的基本知识，以便在进行建筑电气设备安装时能看懂建筑电气安装图。

（6）掌握 AutoCAD 的基本知识，能用计算机绘制简单图样。

（7）培养良好的职业道德，养成认真负责的工作态度和严谨细致的工作作风。

三、本课程的学习方法

（1）本课程以培养识图能力为目的，学习时要注意培养空间想象能力和空间思维能力。

（2）要注意培养标准化素养，养成一丝不苟的学习和工作态度。

（3）提高识图和画图的能力是工程识图课的主要任务，所以学习者必须多做练习。

（4）要注意本课程和其他课程之间的联系，提高综合运用知识的能力。

（5）本课程的实践性较强，要注意理论联系实际，培养解决实际问题的能力。

第一章 投影与三视图

机械图样之所以被称为工程语言，是因为其绘图原理和方法有统一的规定，技术制图和机械制图的相关国家标准对图样的投影原理和画法做了严格的规定。本章着重介绍三视图的投影、点线面的投影、基本几何体的三视图等，并简要介绍图线、尺寸、比例等制图基本规定。

§1－1 制图基本知识

学习目标

1. 掌握常用图线的种类、线型、宽度、用途和画法规定，并能按照国家标准的规定绘制图线。
2. 了解尺寸的组成，掌握尺寸标注的基本规则和常用尺寸注法。
3. 了解比例的概念及基本规定。
4. 了解常用绘图工具的使用方法，能熟练使用常用绘图工具绘制图线。

一、图线及画法

想一想

图 1－1 所示为偏心轮夹紧机构，仔细观察图 1－1a 并思考：在图 1－1a 中用了哪几种图线？其宽度有何区别？

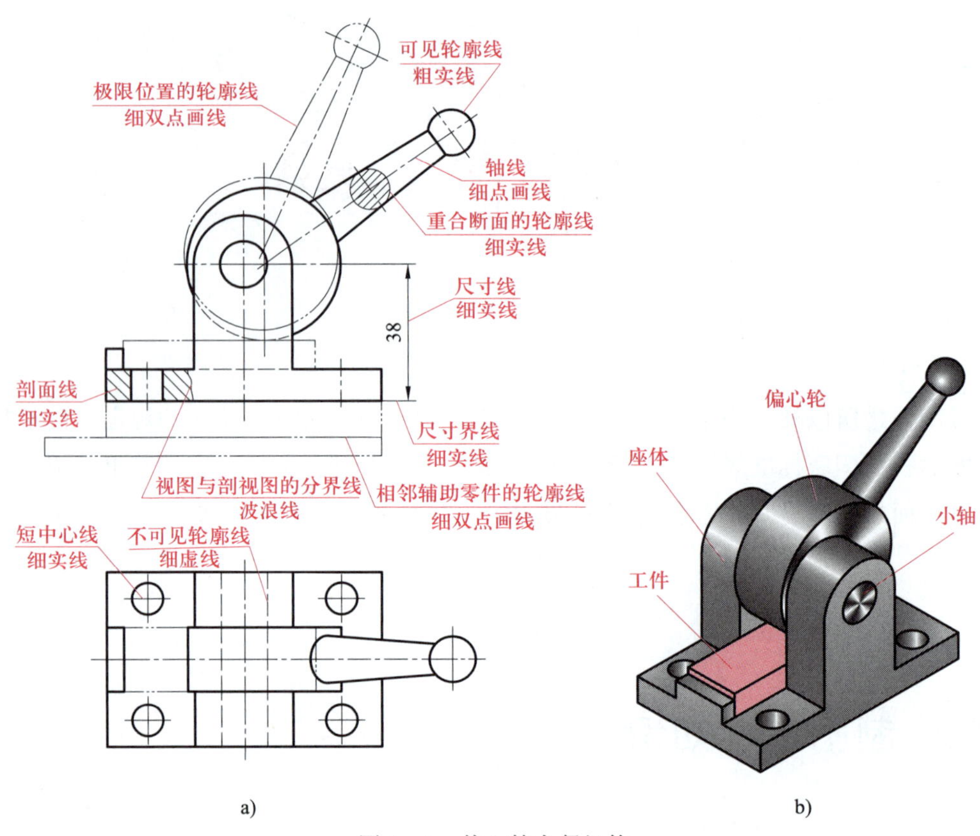

图 1－1　偏心轮夹紧机构

1. 图线的种类

机械图样由各种图线绘制而成。分析图 1－1a 可以看出，不同图线的宽度、形式、用途各不相同，常用图线的种类、线型、宽度及应用见表 1－1。

表 1－1　常用图线的种类、线型、宽度及应用（摘自 GB/T 4457.4—2002）

种类	线型	线宽	一般应用
细实线		$d/2$	尺寸线、尺寸界线、指引线、短中心线、剖面线、重合断面的轮廓线、过渡线、表示平面的对角线、螺纹牙底线、齿轮的齿根线、不连续同一表面连线、成规律分布的相同要素连线等
波浪线		$d/2$	断裂处边界线、视图与剖视图的分界线
粗实线	d	d	可见轮廓线、可见棱边线、相贯线、螺纹牙顶线、螺纹长度终止线、齿顶圆（线）、剖切符号用线等
细虚线		$d/2$	不可见轮廓线、不可见棱边线
细点画线		$d/2$	轴线、对称中心线、分度圆（线）、孔系分布的中心线、剖切线

续表

种类	线型	线宽	一般应用
细双点画线	——— - - ———— - - ———	$d/2$	相邻辅助零件的轮廓线、可动零件极限位置的轮廓线、中断线等

2. 图线的画法规定

（1）同一图样中同类图线的宽度应保持一致，细虚线、细点画线、细双点画线等的画线长度和间隔应各自大致相等。

（2）细点画线和细双点画线的起、止两端一般为画线而不是点（见图 1－2①处），细点画线超出轮廓线 2～5 mm（见图 1－2②处）。

（3）当中心线较短时，可用细实线代替细点画线（见图 1－2③处）。

（4）细点画线、细虚线和其他图线相交或自身相交时，应是画线相交（见图 1－2④处）。

（5）细虚线画在粗实线的延长线上时，细虚线在与粗实线的连接处应留有空隙（见图 1－2⑤处）。

（6）细虚线、细点画线、细双点画线的间隔大约为线宽的两倍，细点画线、细双点画线的点的长度大约为线宽的两倍。

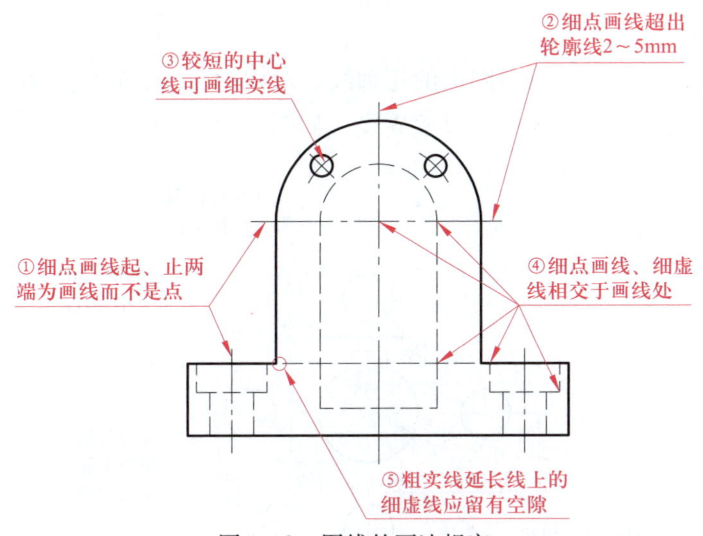

图 1－2　图线的画法规定

思考与练习

（1）细虚线、细点画线的间隔一般为多少？细点画线的“点”画多长？

（2）细虚线、细点画线在相交时应如何绘制？

二、尺寸标注

想一想

如何在图样上表示物体的大小？

图形只能表达物体的形状，而其大小则由尺寸确定。标注尺寸时，必须严格遵守国家标准的有关规定，保证看图者都能读懂图样上的尺寸，而不产生误解。

1. 尺寸的组成

如图 1 –3 所示，一个完整的尺寸由尺寸界线、尺寸线和尺寸数字三个要素组成。

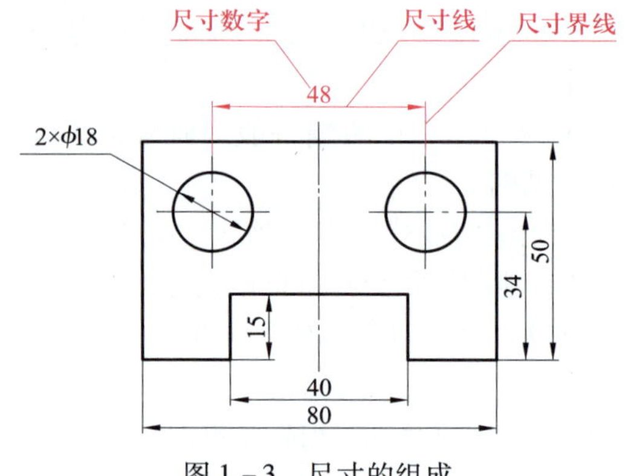

图 1 –3　尺寸的组成

（1）尺寸界线

尺寸界线用细实线绘制，它由图形的轮廓线、对称中心线、轴线等处引出，也可利用图形的轮廓线、轴线、对称中心线作为尺寸界线，如图 1 –4 所示。

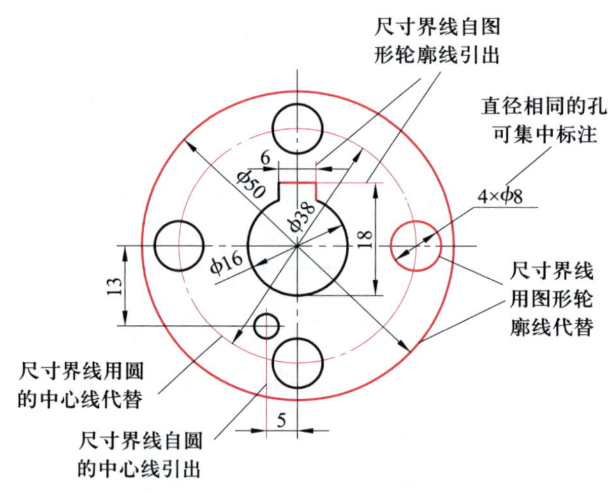

图 1 –4　尺寸界线的画法

（2）尺寸线

尺寸线也用细实线绘制，但尺寸线不能用其他图线代替，一般也不得与其他图线重合或画在其他图线的延长线上。

尺寸线的终端有两种形式，如图 1 –5 所示。图 1 –5a 所示为箭头终端形式（图中尺寸 d 为粗实线的宽度），图 1 –5b 所示为斜线终端形式（图中尺寸 h 为尺寸数字的高度）。

一般情况下，机械、电气图样多采用箭头终端形式，土木建筑图样常采用斜线终端形式。

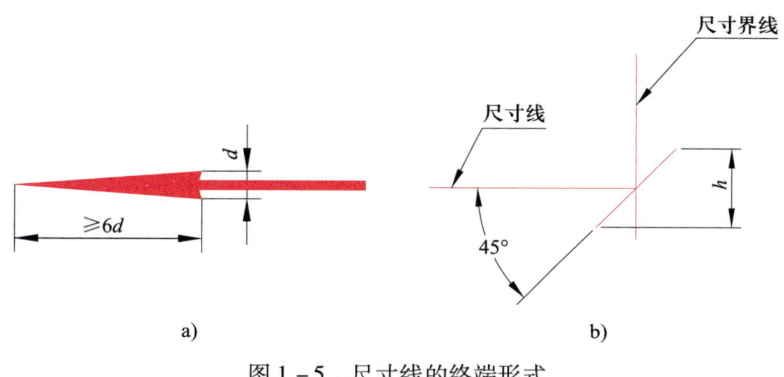

图 1－5　尺寸线的终端形式

a）箭头　b）斜线

（3）尺寸数字

常见的尺寸有线性尺寸和角度尺寸等，如图 1－6 所示，尺寸数字不允许被任何图线所通过，当无法避免时，可将图线在尺寸数字处断开。

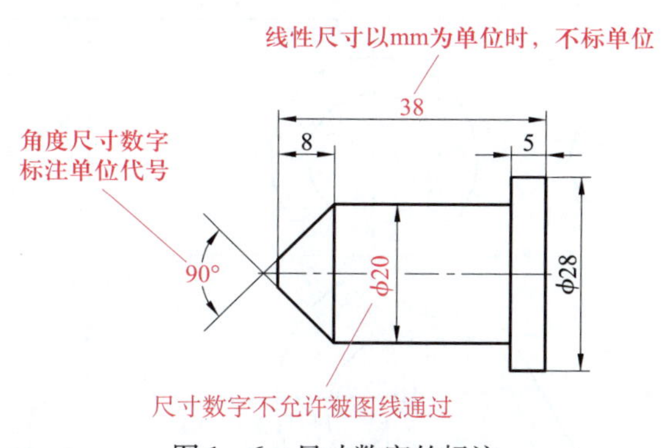

图 1－6　尺寸数字的标注

2. 尺寸标注的基本规则

（1）机件的真实大小应以图样上所注的尺寸数值为依据，与图形的大小及绘图的准确度无关。

（2）图样（包括技术要求和其他说明）中的尺寸，以毫米（mm）为单位时，不需要标注单位符号（或名称）；如采用其他单位，则应注明相应的单位符号。在机械图样中，线性尺寸一般以 mm 作为尺寸单位，在图中不标单位符号；角度尺寸一般以“°”“′”“″”为单位，则需要标单位符号，如图 1－6 所示。

（3）图样中所标注的尺寸，为该图样所示机件的最后完工尺寸，否则应另加说明。

（4）机件的每一尺寸，一般只标注一次，并应标注在反映该结构最清晰的图形上。

3. 常用尺寸注法

常用尺寸的注法见表 1－2。

表 1－2　　常用尺寸注法示例

标注内容	示 例	说 明
一般线性尺寸	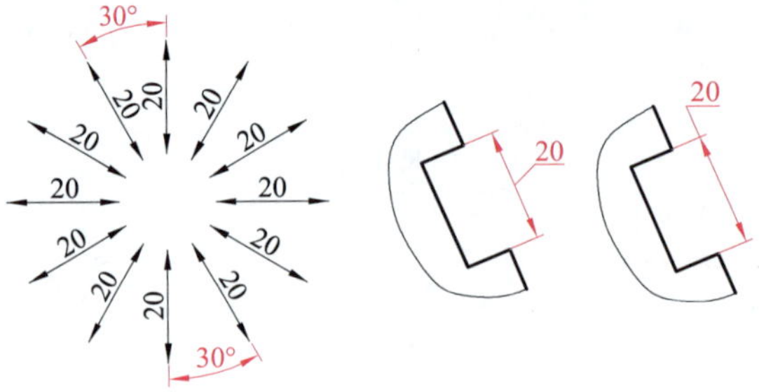 a)　b)　c)	水平方向的线性尺寸数字注写在尺寸线上方，字头朝上；竖直方向的线性尺寸数字注写在尺寸线左侧，字头朝左；倾斜方向上的线性尺寸数字，字头应有向上的趋势，如图 a 所示。尽量避免在图示 30°范围内标注尺寸。当无法避免时，可按图 b、图 c 的形式标注
角度尺寸	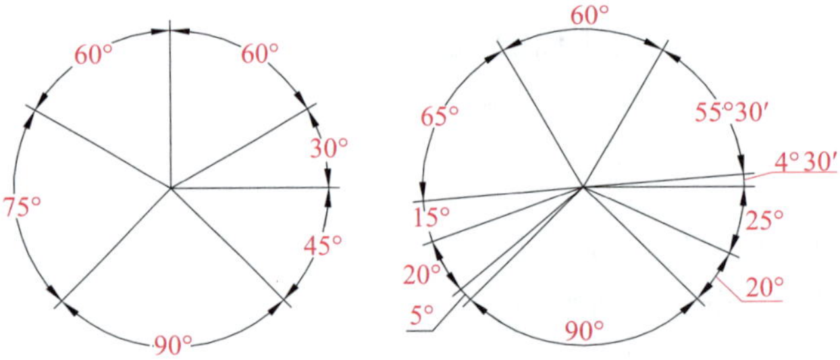	尺寸界线应沿径向引出，尺寸线绘制成圆弧，圆心是角的顶点。尺寸数字一律水平书写，一般注写在尺寸线的中断处，必要时可标注在尺寸线的上方、外面，或引出标注
直径尺寸	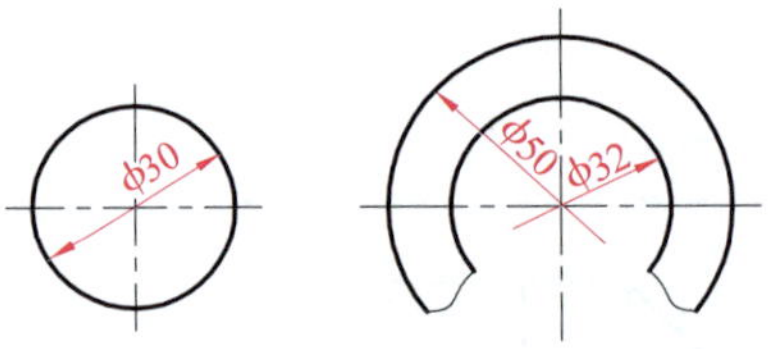	标注圆的直径尺寸时，应在尺寸数字前加注符号“ϕ”，尺寸线的终端应绘制成箭头。大于半圆的圆弧应标注直径。当尺寸线的一端无法画出箭头时，尺寸线要超过圆心一段
半径尺寸	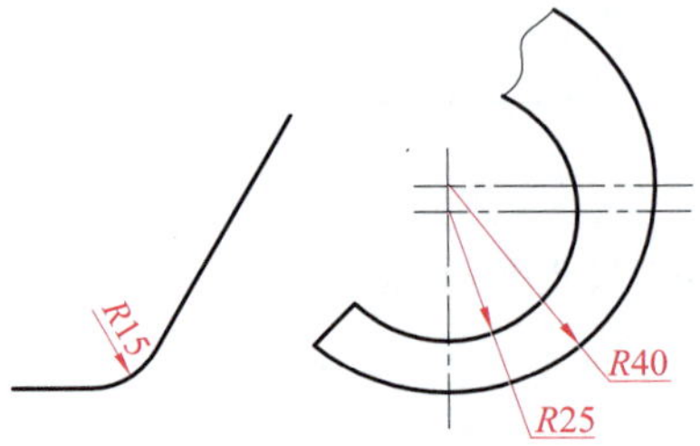	标注圆弧的半径尺寸时，应在尺寸数字前加注字母“R”，尺寸线上的单箭头指向圆弧
小尺寸	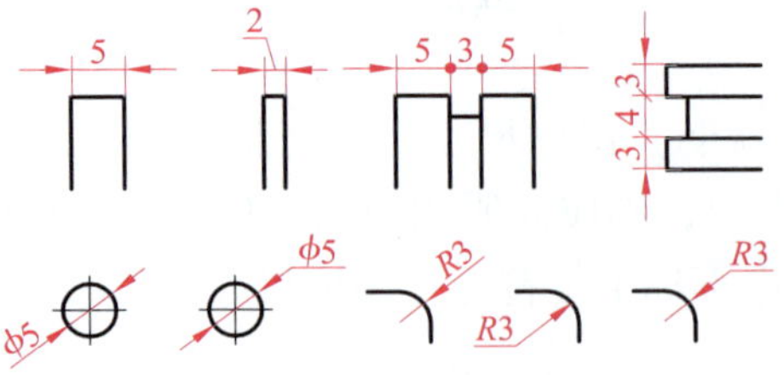	在没有足够空间时，箭头可绘制在外面，并且允许用小圆点或斜线代替箭头；尺寸数字可注写在图形外面或引出标注

思考与练习

（1）为什么尺寸线不能利用图形的轮廓线、轴线和对称中心线？

（2）线性尺寸的尺寸数字如何书写？角度尺寸的尺寸数字如何书写？

三、比例

想一想

地图上为什么要绘制比例尺？比例尺有何用途？

1. 比例的概念

在绘制机械图样时，需要根据机件的复杂程度将测量到的尺寸进行缩小、放大（或按原值）。图样中图形与其实物相应要素的线性尺寸之比称为比例。

2. 比例的种类

比例分为原值比例、放大比例、缩小比例三种。比值为 1 的比例称为原值比例，比值大于 1 的比例称为放大比例，比值小于 1 的比例称为缩小比例。

3. 比例系列

绘图时可根据需要选择表 1－3 中的比例，尽量采用原值比例。

表 1－3　　绘图比例（摘自 GB/T 14690—1993）

种类						
原值比例	1 : 1					
放大比例	2 : 1	5 : 1	1×10^n : 1	2×10^n : 1	5×10^n : 1	
	(2.5 : 1)	(4 : 1)	(2.5×10^n : 1)	(4×10^n : 1)		
缩小比例	1 : 2	1 : 5	1 : 10	1 : 1×10^n	1 : 2×10^n	1 : 5×10^n
	(1 : 1.5)	(1 : 2.5)	(1 : 3)	(1 : 4)	(1 : 6)	
	(1 : 1.5×10^n)	(1 : 2.5×10^n)	(1 : 3×10^n)	(1 : 4×10^n)	(1 : 6×10^n)	

注：n 为正整数，括号内的比例尽量不采用。

图 1－7 所示为用不同比例绘制的扇面，无论图形放大还是缩小，标注尺寸时必须注出物体的设计尺寸。

4. 选用和标注比例的注意事项

（1）图样上标注的尺寸数值是机件的实际大小，它与画图时采用的比例无关，与画图的准确度也无关。

（2）比例一般应标注在图样标题栏的比例栏内，局部放大图的比例一般标注在视图的上方。

思考与练习

（1）按比例绘图有什么好处？

（2）按比例绘制的图形可以不标尺寸吗？

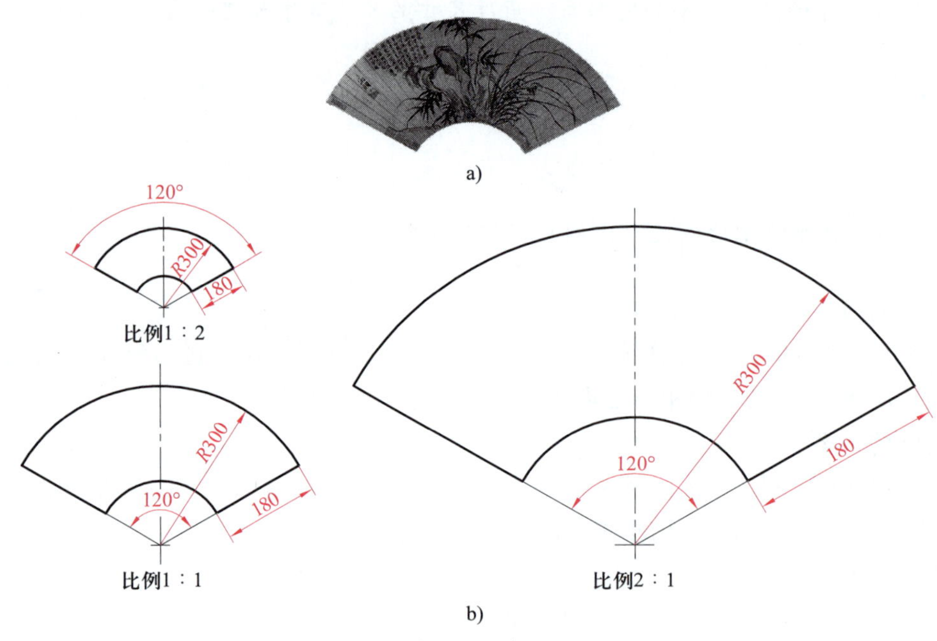

图 1－7　扇面

a）实物图　b）不同比例的图形

四、常用绘图工具

想一想

（1）如何用铅笔绘制不同宽度的图线？

（2）每副三角尺由几块组成？

（3）你用过圆规吗？圆规上有哪些构件？

1. 铅笔

绘图所用铅笔的型号很多，如 2H、H、HB、B、2B 等。型号中 B 前面的数字越大，表示铅芯越软，绘出的图线颜色越深；H 前面的数字越大，表示铅芯越硬，绘出的图线颜色越浅；HB 铅芯的软硬程度和颜色适中。铅笔的型号印制在笔杆上。一般将 2H、H、HB 型铅笔修磨成图 1－8a 所示的形状，将 B、2B 型铅笔修磨成图 1－8b 所示的形状。

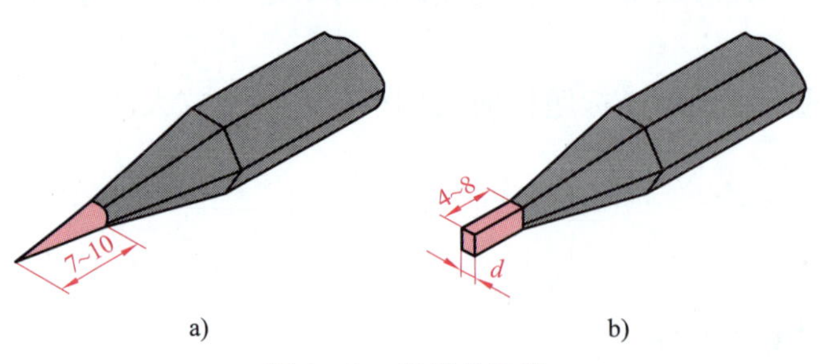

图 1－8　铅笔的修磨

机械图样的绘制分为两步：第一步用 H 型或 2H 型铅笔绘制底稿，绘图时注意不要画得太浓；第二步描深，描深时，可用 H 型铅笔描深细型图线（如细实线、细虚线、细点画线等）或注写符号、文字等，用 HB 型铅笔描深粗实线直线，用 B 型铅笔描深粗实线圆。

2. 三角尺

三角尺又称三角板，一副三角尺有两块，其形状如图 1－9 所示，其中一块的角度为 45°、45°和 90°；另一块为 30°、60°和 90°。两块三角尺配合使用，可画出已知直线的平行线或垂直线，如图 1－10 所示。

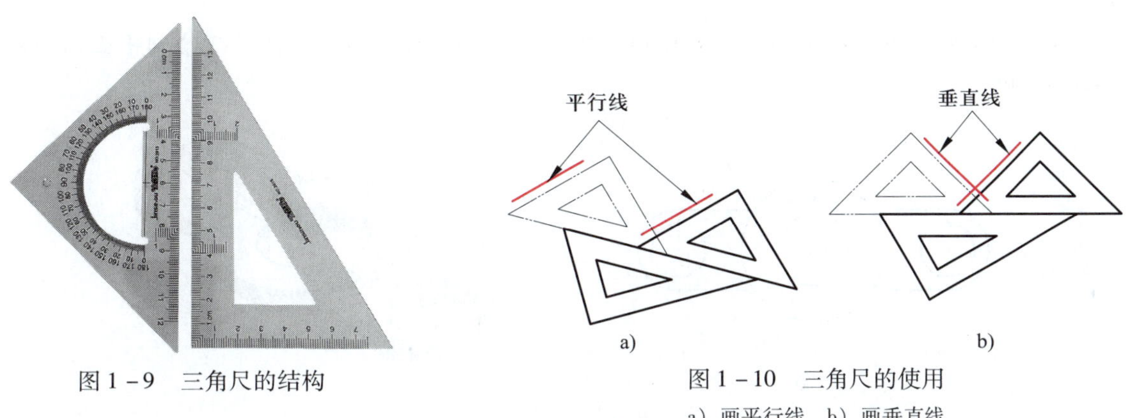

图 1－9　三角尺的结构

图 1－10　三角尺的使用
a）画平行线　b）画垂直线

3. 圆规

圆规的结构如图 1－11 所示，圆规上的一个插脚装钢针，另一个插脚装铅芯，使用前应调整好钢针和铅芯，使针尖（带台阶端）稍长于铅芯。画图前，先将两腿分开至所需的半径尺寸，再将针尖扎入圆心。画圆时圆规要向画线方向稍微倾斜，如图 1－12 所示。

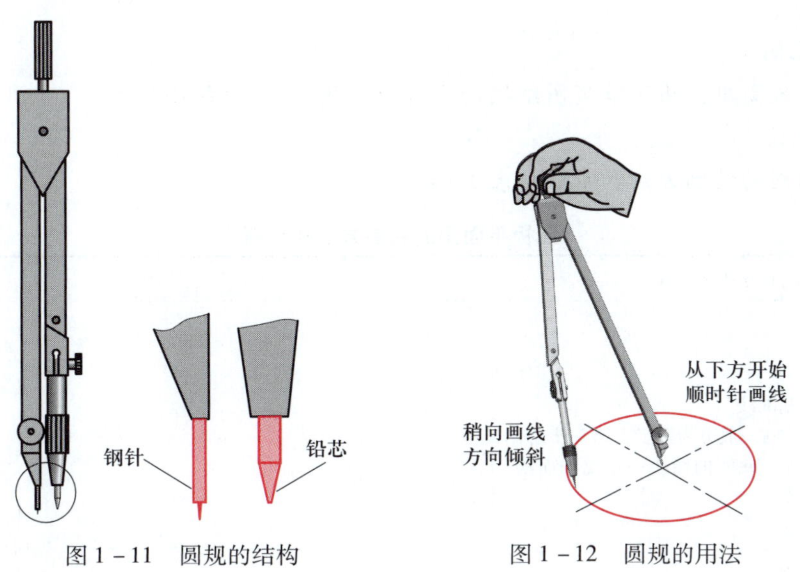

图 1－11　圆规的结构

图 1－12　圆规的用法

思考与练习

（1）描深粗实线圆所用的铅笔为什么比描深粗实线直线所用的铅笔要浓一号？

（2）在描深直线和圆时，先描深哪种图线？为什么？

应用举例

绘制压板平面图

图 1－13 所示为压板平面图和立体图，下面通过绘制压板的平面图学习绘制平面图形的方法和步骤。

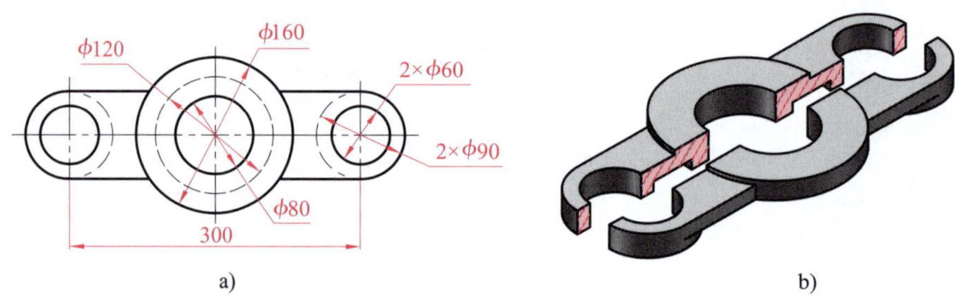

图 1－13　压板

a）平面图　b）立体图

1. 分析图形

该平面图形上下对称、左右对称，中间为三个同心圆，两个粗实线圆，一个细虚线圆。左、右两侧各有两个同心圆，其中内圆为粗实线，大圆外侧半圆为粗实线，内侧半圆为细虚线。

2. 选取比例

该图形比较简单，为了节省图纸幅面，可以采用 1∶5 的缩小比例。

3. 绘制图形

压板平面图的绘制方法和步骤见表 1－4。

表 1－4　　压板平面图的绘制方法和步骤

绘制方法和步骤	图例
（1）绘制作图基准线 注意：图样的绘制一般分为两步，第一步绘制底图，第二步描深。底图的图线一定要细而淡，以便于擦除和修改	300

续表

绘制方法和步骤	图例
（2）绘制中间 ϕ160 mm、ϕ80 mm 两个同心圆 注意：画底图时，粗实线也应画成细而淡的图线	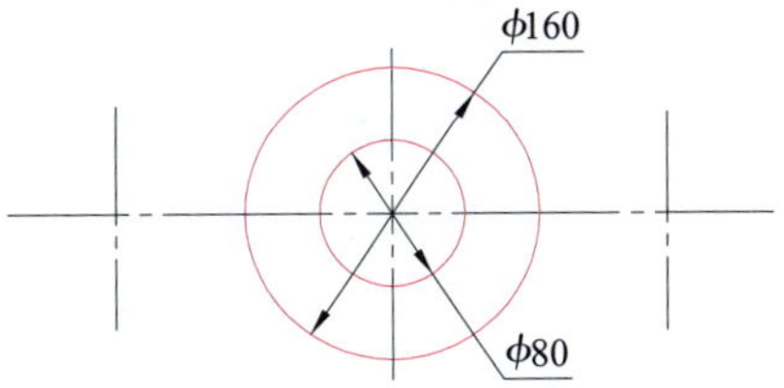 ϕ160 ϕ80
（3）绘制两边 ϕ60 mm 圆和 ϕ90 mm 半圆 （4）绘制两边 ϕ90 mm 半圆的切线 注意：直线与圆弧相切时，先画圆弧，后画直线	2×ϕ60 R45
（5）绘制中间 ϕ120 mm 细虚线圆和两端 ϕ90 mm 细虚线半圆 注意：细虚线半圆的两端要留有空隙，与水平对称中心线应在画线处相交	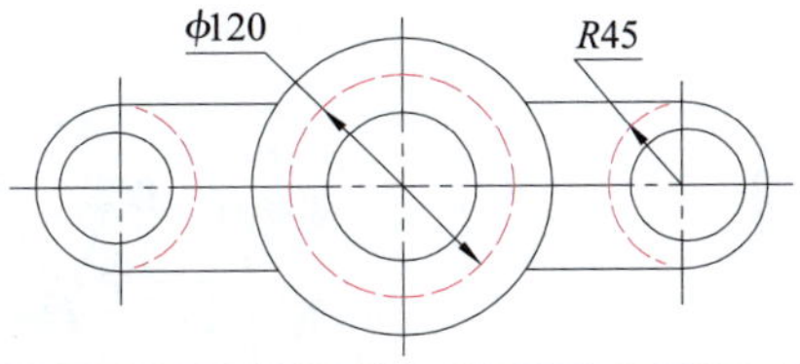 ϕ120 R45
（6）检查图形，按线型描深图线 注意：描深细点画线时，“点”要画成短画，其位置要根据图形适当调整，避免“点”与其他图线相交	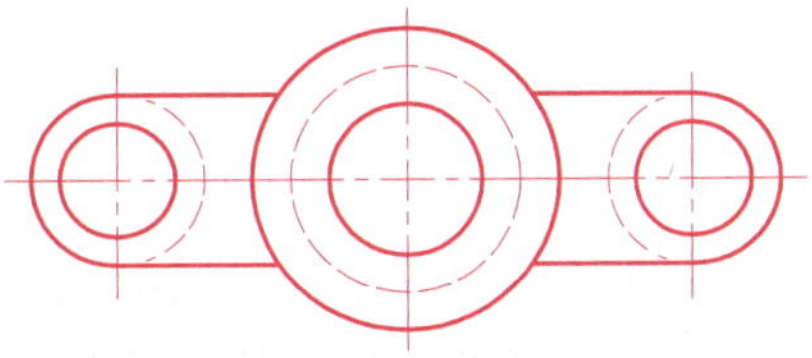
（7）标注尺寸	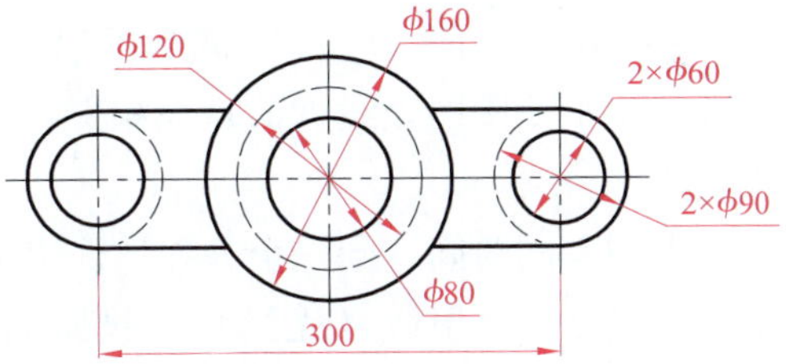 ϕ120 ϕ160 2×ϕ60 2×ϕ90 ϕ80 300

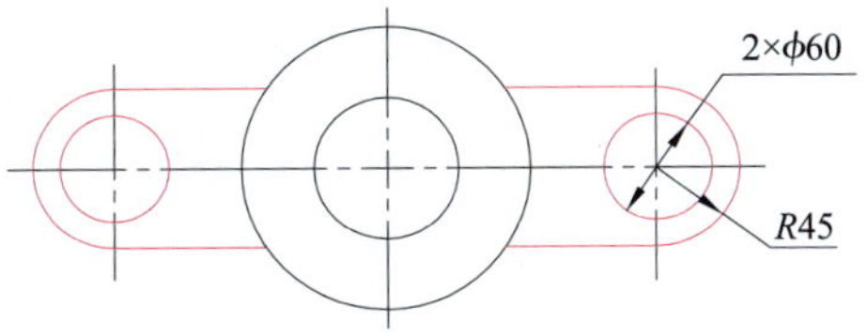

§1－2　三视图

学习目标

1. 了解投影与视图的概念。
2. 掌握三视图的概念及投影规律。

3. 掌握绘制简单物体三视图的方法。

4. 培养空间想象能力和空间思维能力，能根据简单物体的两视图绘制第三视图。

物体在日光或灯光的照射下会在地面或墙壁上产生影子，人们从光线照射物体产生影子的现象中得到启发，总结出了投影原理，并利用投影原理绘制视图来表达物体的结构。在机械、电气设备的生产过程中，视图起着非常重要的作用。

一、投影与视图

如图 1－14 所示，人在太阳光的照射下会在地面上产生影子，人和影子的形状有什么关系？

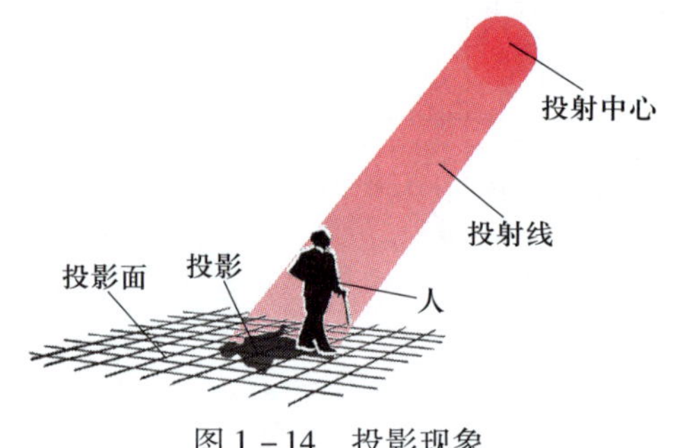

图 1－14　投影现象

很显然，人的影子和人非常相似。把物体在光线的照射下在地面或墙壁上产生影子这一自然现象进行归纳，便得出了投影法的概念，即投射线通过物体，向选定的平面进行投射，并在该平面上得到图形的方法称为投影法。

在图 1－14 中，太阳（光源）称为投射中心，光线称为投射线，地面称为投影面，影子称为投影。由于太阳的光线近似是互相平行的，因此将这种投射线互相平行的投影方法称为平行投影法。

在一天中的不同时间，同一个人在地面上的影子的大小是不一样的。早晨的影子长，中午的影子短。可见，投射线（光线）与投影面（地面）的夹角不同时，得到的投影是不一样的。那么，如何才能得到与人的形状、大小一样的投影呢？

观察图 1－15，不难看出，当光线与墙壁（投影面）垂直时，影子的形状、大小和人是完全一样的。这种投射线与投影面垂直的平行投影法称为正投影法，得到的图形称为正投影（或正投影图）。

图 1－15　正投影法

投射线与投影面倾斜的平行投影法称为斜投影法，图 1－14 所示为斜投影法的投影过程。

如果用长方体来代替人进行正投影，就可以得到反映长方体前面形状的正投影图。如图 1－16 所示，使长方体的前面与投影面平行，用互相平行且与投影面垂直的投射线投射，即可在投影面上得到长方体的正投影图，这种根据有关标准和规定，用正投影法绘制出的物体的图形称为视图。该视图能准确地反映长方体前面的形状和大小。

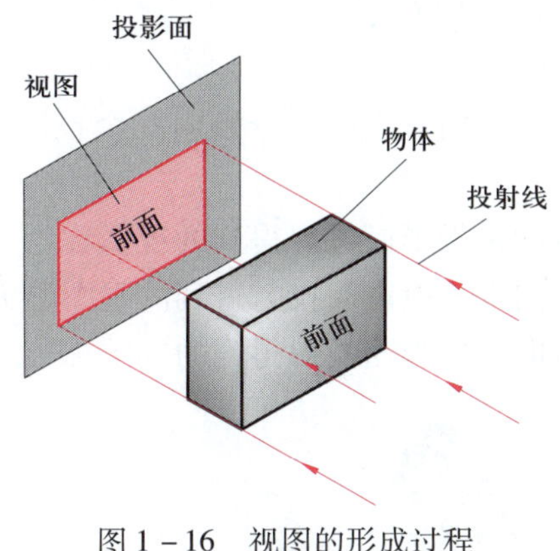

图 1－16　视图的形成过程

二、三视图及投影规律

想一想

如图 1－16 所示，用正投影法得到了一个视图，该视图只能准确地反映长方体前面（或后面）的形状，上、下、左、右的四个平面都投影成直线，应如何表达长方体上面（或下面）和左面（或右面）的形状？

1. 三投影面体系的建立

要想表达长方体的完整形状，就必须在长方体后方、下方和右侧各设立一个投影面，如图 1－17所示。

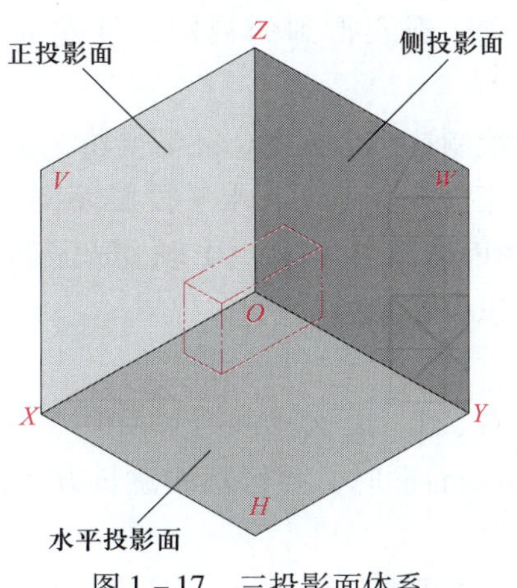

图 1－17　三投影面体系

一般把正对着观察者的投影面称为正投影面（用 V 表示），水平放置的投影面称为水平投影面（用 H 表示），右边侧立的投影面称为侧投影面（用 W 表示），这三个投影面构成了三投影面体系。

在三投影面体系中，两投影面的交线称为投影轴。其中 V 面与 H 面的交线为 OX 轴，H 面与 W 面的交线为 OY 轴，V 面与 W 面的交线为 OZ 轴。三条投影轴构成了一个空间直角坐标系，三轴的交点称为坐标原点（用 O 表示）。

2. 三视图的形成

将物体放在三投影面体系中，用正投影法分别向三个投影面投射，得到物体的三视图，如图 1－18 所示，即：

主视图：将物体由前向后向正投影面投射得到的视图称为主视图。

俯视图：将物体由上向下向水平投影面投射得到的视图称为俯视图。

左视图：将物体由左向右向侧投影面投射得到的视图称为左视图。

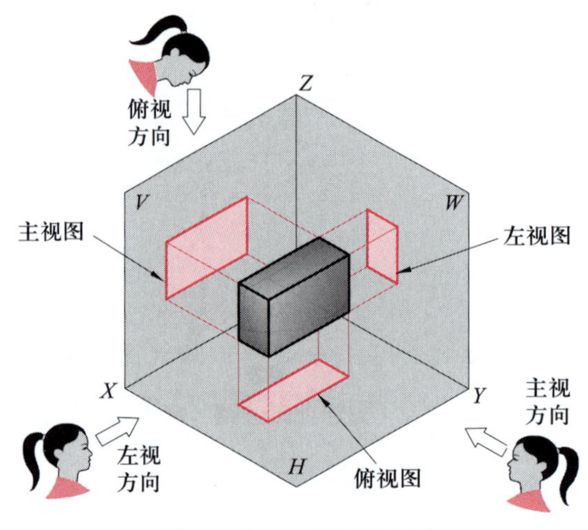

图 1－18　三视图的形成

实际上，三视图是人“正对着”物体观察得到的。从前面“正对着”物体观察得到主视图，从上面“正对着”物体观察得到俯视图，从左面“正对着”物体观察得到左视图。

为了能在一张图纸上同时绘制这三个视图，还需要将三个投影面展开。三投影面体系的展开过程如图 1－19 所示，其正投影面不动，水平投影面绕 OX 轴向下旋转 90°，侧投影面绕 OZ 轴向右旋转 90°。三投影面体系展开时，OY 轴变成了两条。在绘制三视图时，一般不画投影面，只画投影轴，也可以省略投影轴。

3. 三视图的投影规律

空间物体有前、后、左、右、上、下六个方位，如图 1－20a 所示。物体六个方位在三视图中的位置如图 1－20b 所示。看图时，要特别注意长方体的前面和后面在俯视图、左视图上的位置。

图 1－21 表达的为三视图之间的位置关系，对比分析图 1－21a、b 可知，主视图反

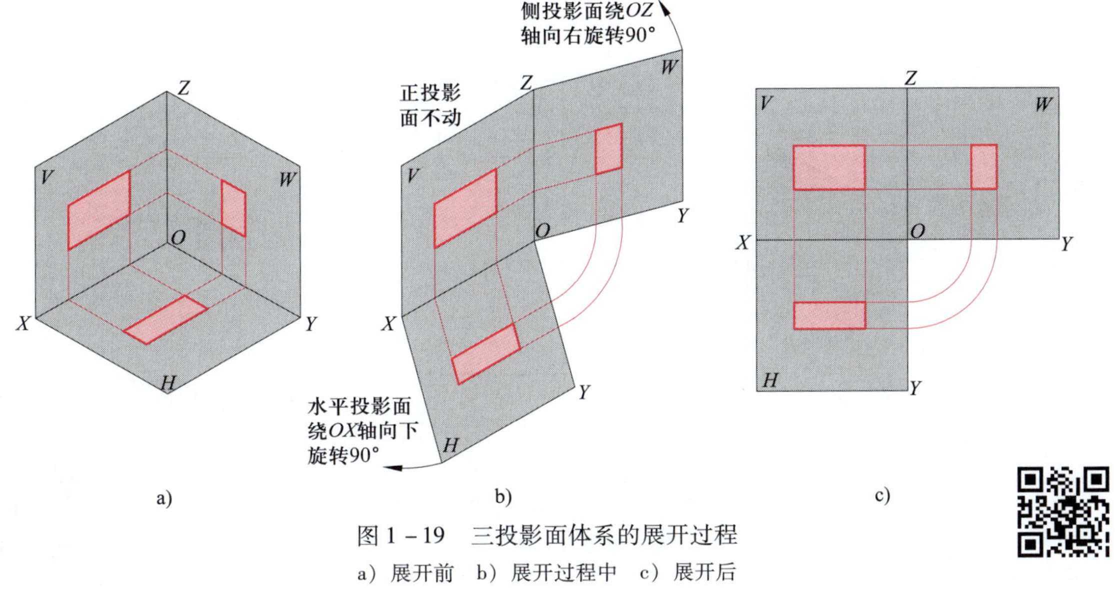

图 1－19　三投影面体系的展开过程

a）展开前　b）展开过程中　c）展开后

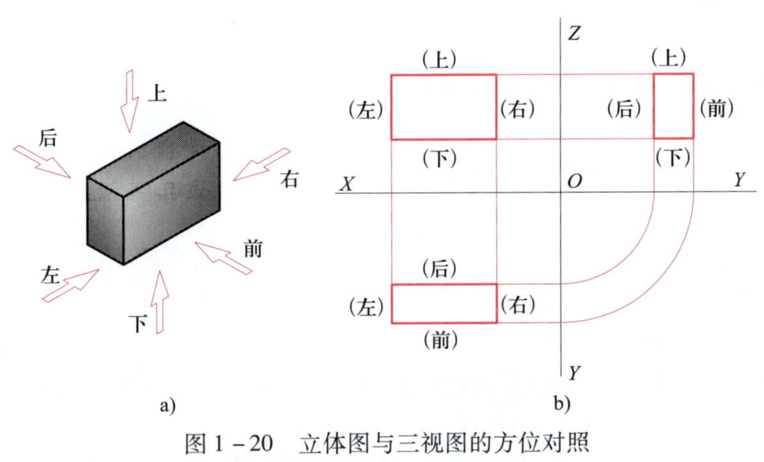

图 1－20　立体图与三视图的方位对照

a）立体图　b）三视图

映了物体的长和高，俯视图反映了物体的长和宽，左视图反映了物体的高和宽。从图 1－21b 中还可以看出，俯视图在主视图的下方，主视图、俯视图相应部分的连线为互相平行的竖线，即其对应要素的长度相等，且左、右两端对正；左视图在主视图右侧，主视图、左视图相应部分的连线为横线，即其对应要素的高度相等，且上、下两端平齐；俯视图与左视图均可反映物体的宽度，所以俯视图、左视图对应要素的宽度相等。因此可归纳出三视图的投影规律：

主视图、俯视图长对正。

主视图、左视图高平齐。

俯视图、左视图宽相等。

三视图的投影规律可简称为“长对正、高平齐、宽相等”。

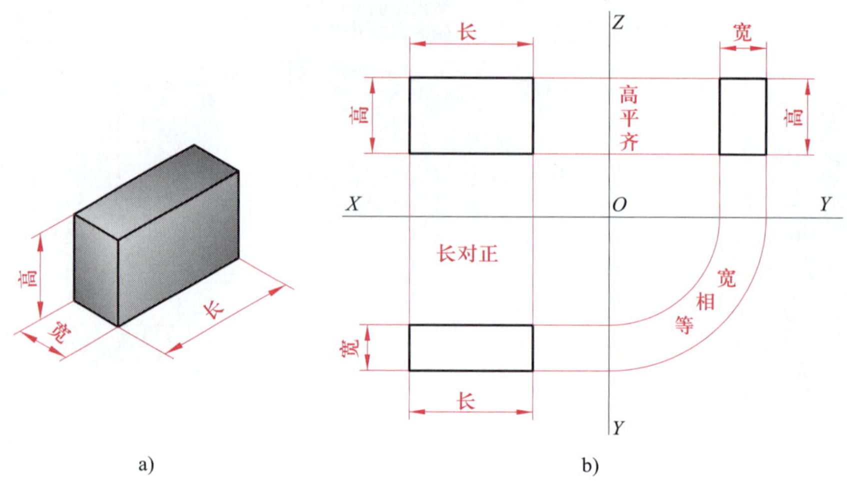

图 1－21　三视图的投影规律
a）立体图　b）三视图

思考与练习

（1）在三视图上，哪些视图能表达物体的宽？
（2）在俯视图和左视图上，物体的前面在什么位置？
（3）仅用两个视图能完全表达物体的形状吗？

应用举例

一、绘制沙发的三视图

图 1－22 所示为沙发的实物图和简化外形图，下面根据简化外形图绘制三视图。

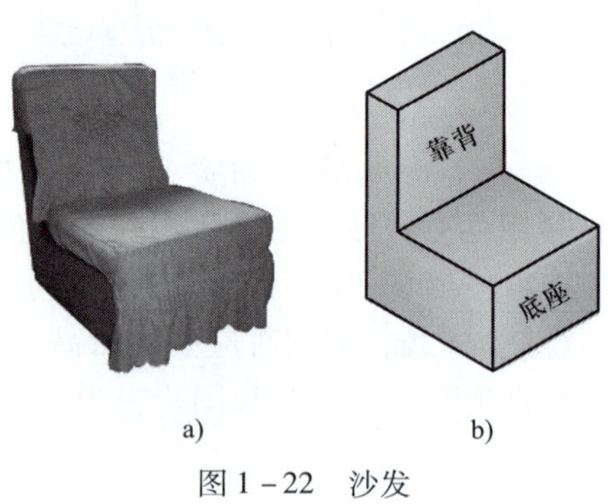

图 1－22　沙发
a）实物图　b）简化外形图

1. 分析形体

在绘制或识读三视图时，要进行形体分析，弄清楚形体的组成及形成过程，形体上各要素的形状和位置关系等。沙发由靠背和底座两部分组成，它们都是长方体，靠背和底座的长度相等，靠背叠加在底座之上，两者的后面平齐。

2. 绘制三视图

沙发三视图的绘制方法和步骤见表 1－5。

表 1－5　　沙发三视图的绘制方法和步骤

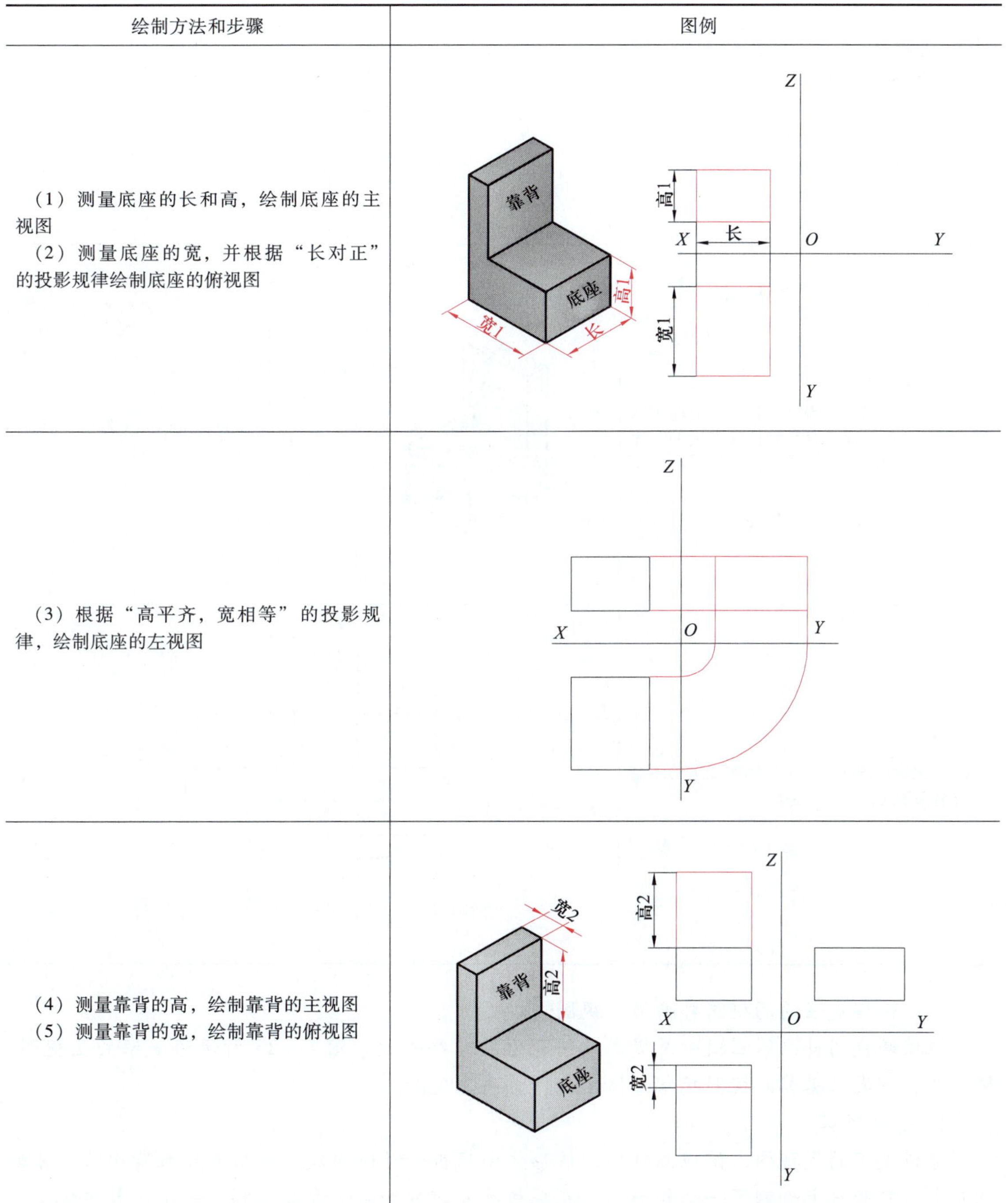

绘制方法和步骤	图例
（1）测量底座的长和高，绘制底座的主视图 （2）测量底座的宽，并根据“长对正”的投影规律绘制底座的俯视图	
（3）根据“高平齐，宽相等”的投影规律，绘制底座的左视图	
（4）测量靠背的高，绘制靠背的主视图 （5）测量靠背的宽，绘制靠背的俯视图	

续表

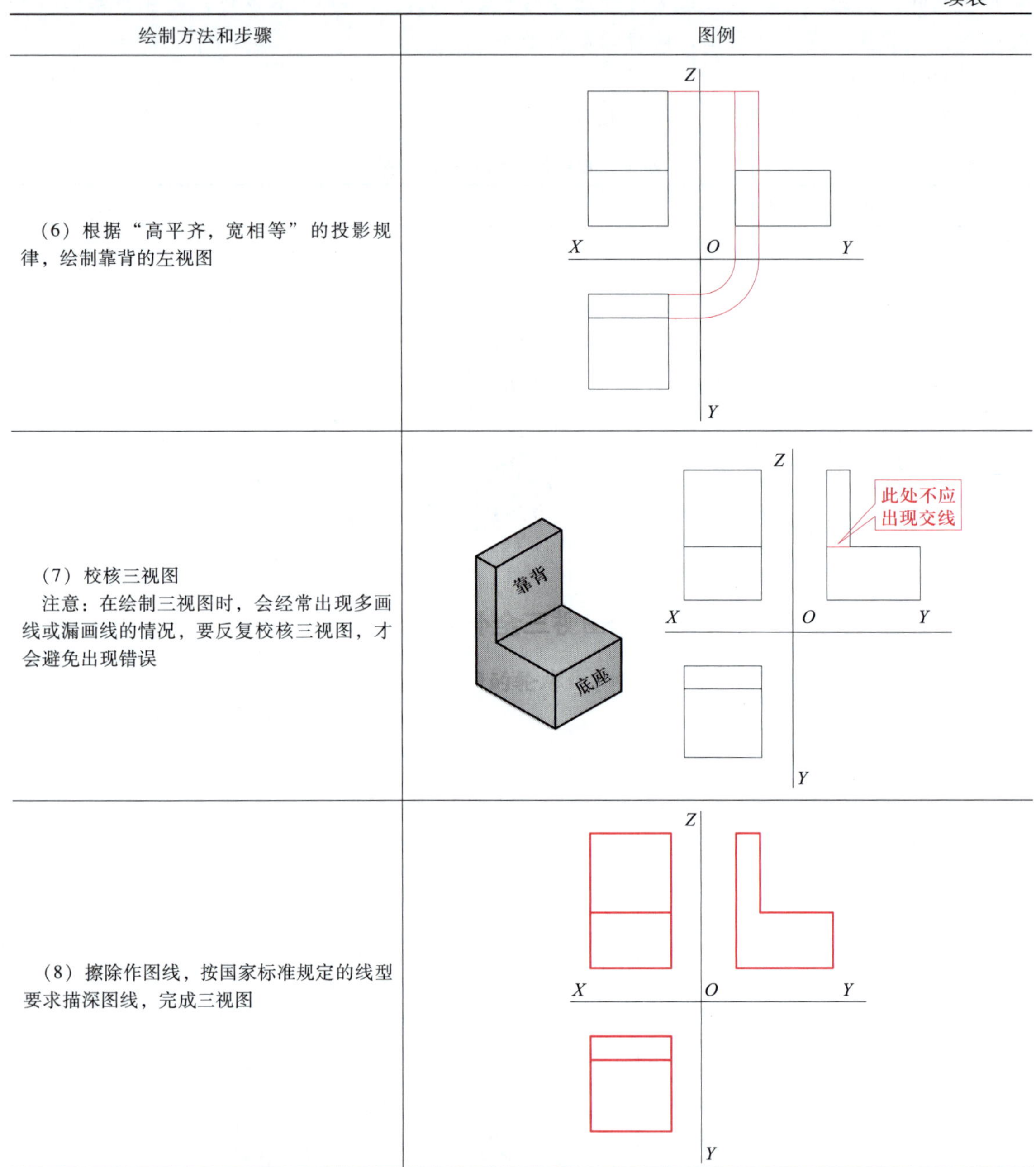

绘制方法和步骤	图例
(6) 根据“高平齐，宽相等”的投影规律，绘制靠背的左视图	Z X O Y Y
(7) 校核三视图 注意：在绘制三视图时，会经常出现多画线或漏画线的情况，要反复校核三视图，才会避免出现错误	靠背 底座 Z 此处不应出现交线 X O Y Y
(8) 擦除作图线，按国家标准规定的线型要求描深图线，完成三视图	Z X O Y Y

二、根据支架的两视图补画第三视图

根据两视图补画第三视图是提高读图能力的重要手段。图 1－23 所示为支架的主视图、俯视图，下面根据其两视图想象立体形状，补画左视图。

1. 分析形体

分析支架的主视图、俯视图可知，该形体由底板和竖板组成。底板和竖板皆由长方体切割而成，在竖板上切割了一个矩形槽，在底板的左前方和右前方各切割了一个小长方体。

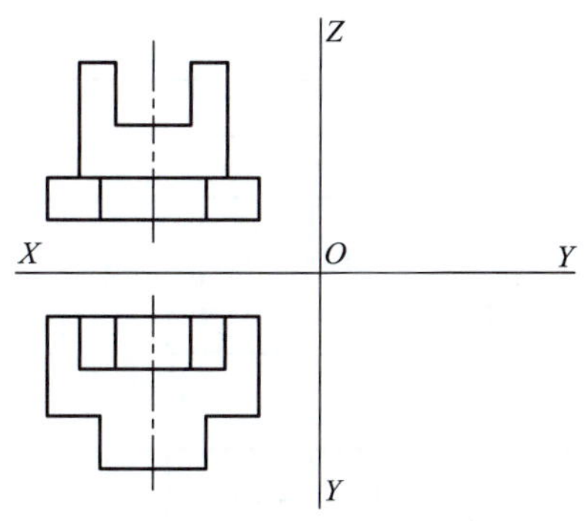

图 1－23　支架的主视图、俯视图

2. 补画左视图

支架左视图的绘制方法和步骤见表 1－6。

表 1－6　　支架左视图的绘制方法和步骤

绘制方法和步骤	图例
（1）绘制底板（割角前）的左视图	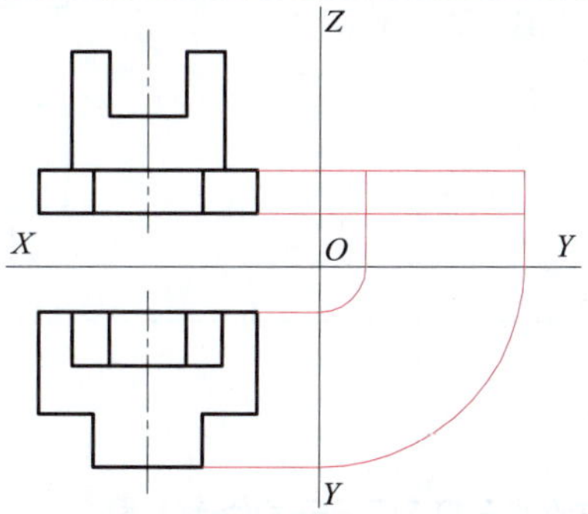 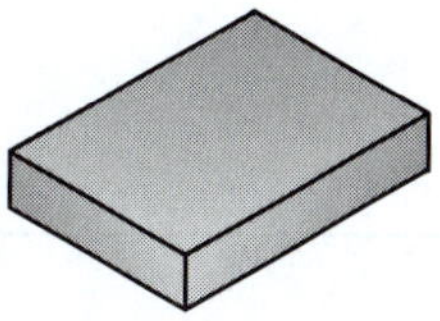
（2）绘制竖板（开槽前）的左视图	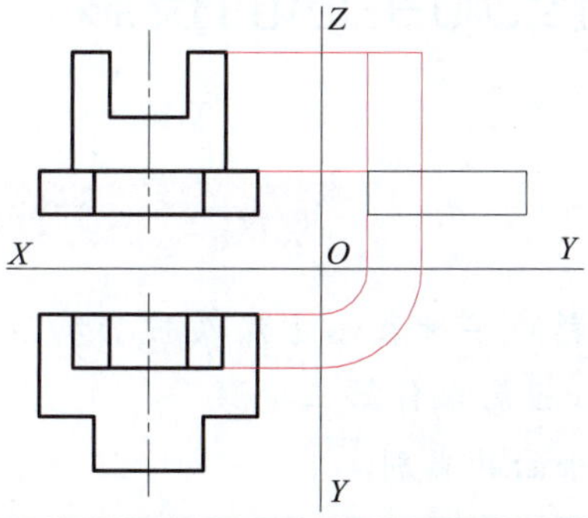 
（3）绘制底板割角后的左视图	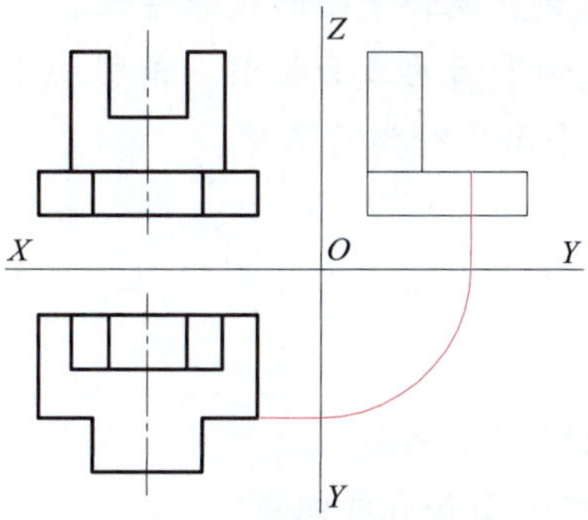 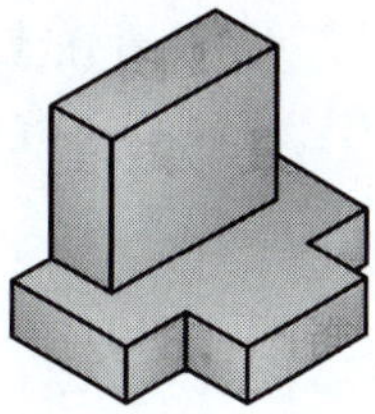

续表

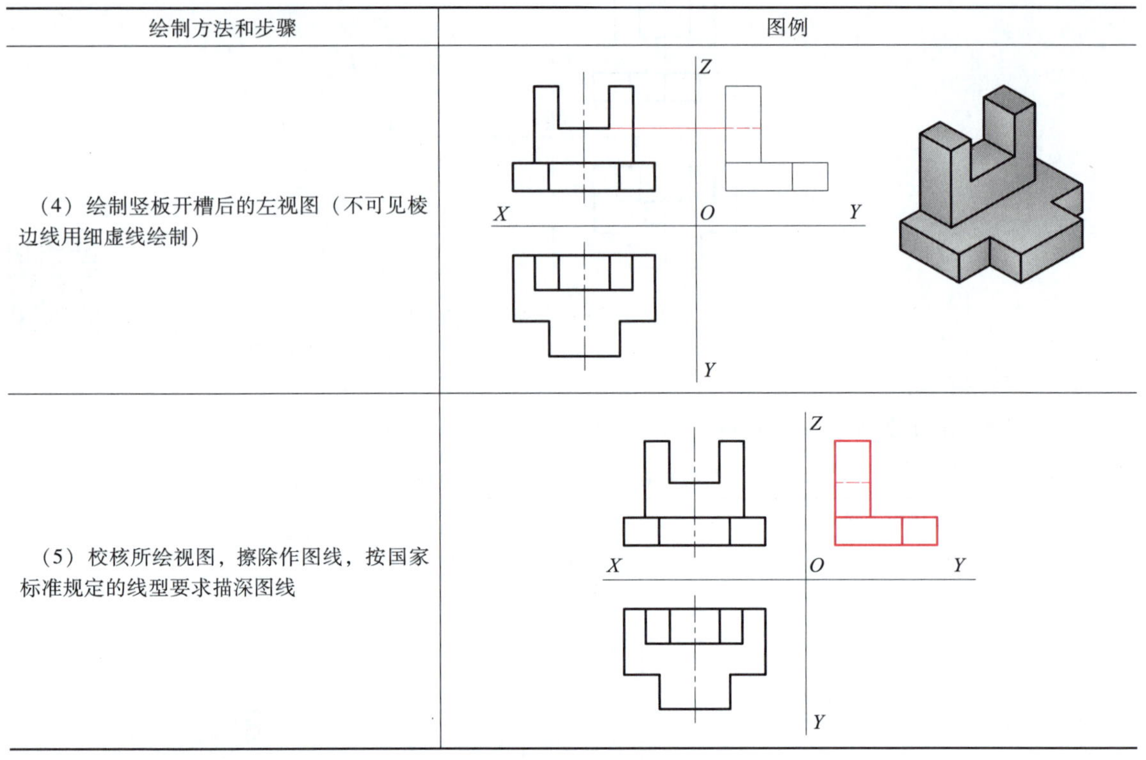

绘制方法和步骤	图例
（4）绘制竖板开槽后的左视图（不可见棱边线用细虚线绘制）	Z X O Y Y
（5）校核所绘视图，擦除作图线，按国家标准规定的线型要求描深图线	Z X O Y Y

§1－3 点、直线和平面的投影

学习目标

1. 了解点的投影的字母表示方法及投影特性，能根据点的立体图绘制投影图，能根据点的两个已知投影求作第三投影。

2. 了解直线和平面的类别。

3. 掌握各种位置直线和平面的投影特性。

4. 能看懂直线和平面的三面投影，能根据直线或平面的两面投影绘制第三面投影，并判断直线或平面的种类及名称。

想一想

分析图 1－24，思考以下问题：

（1）梯形块由哪些平面和直线组成？

（2）梯形块的哪些平面与正投影面平行？哪些平面与正投影面垂直？哪些直线与正投影面平行？哪些直线与正投影面垂直？

（3）梯形块的哪些平面与水平投影面倾斜？哪些直线与水平投影面倾斜？

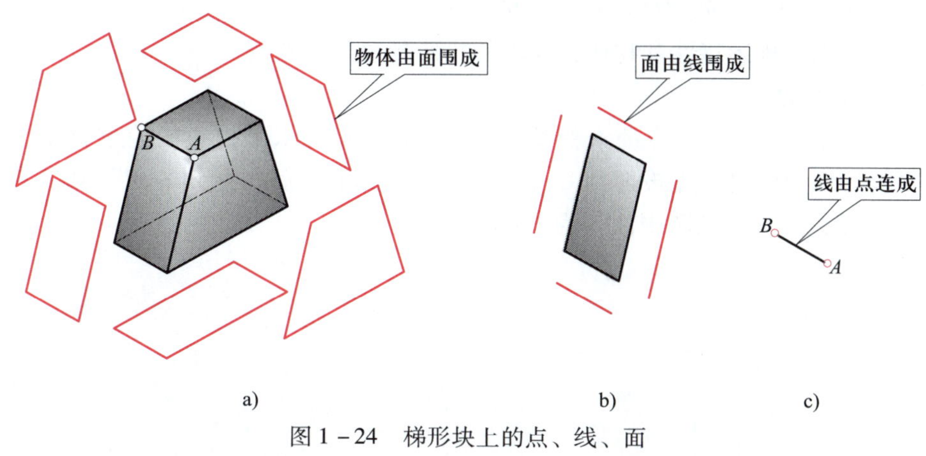

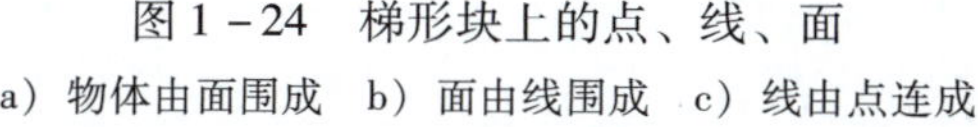

图 1－24　梯形块上的点、线、面

a）物体由面围成　b）面由线围成　c）线由点连成

任何物体都是由点、线、面组成的，要想看懂物体的三视图，必须掌握点、线、面等物体基本几何要素的投影特性。如图 1－24 所示，梯形块由六个四边形平面围成，而每个四边形平面由四条线围成，每条线由两个端点连接而成。

一、点的投影

1. 点的三面投影

如图 1－25a 所示，将 *A* 点分别向正投影面 *V*、水平投影面 *H*、侧投影面 *W* 投射，分别得到正面投影 a'、水平投影 a、侧面投影 a''。投影面展开后，得到图 1－25b 所示点的三面投影。

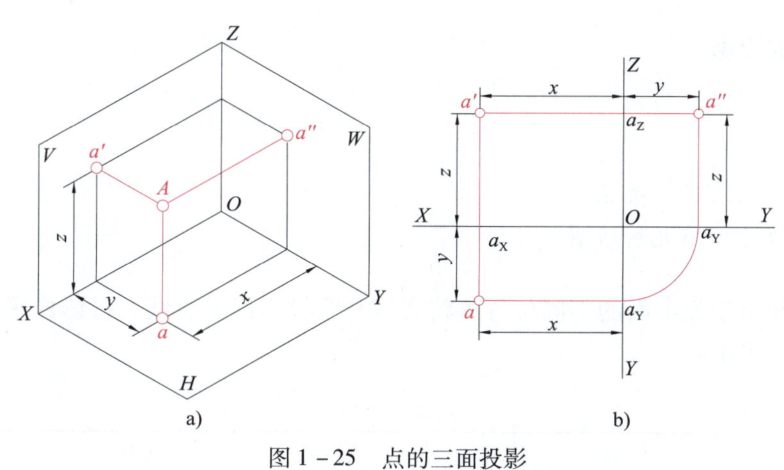

图 1－25　点的三面投影

a）立体图　b）三面投影图

一般情况下，空间点用大写拉丁字母表示，如 *A*、*B* 等；点的水平投影用相应的小写字母表示，如 a、b 等；点的正面投影用相应的小写字母加“′”表示，如 a'、b'等；点的侧面投影用相应的小写字母加“″”表示，如 a''、b''等。

2. 点的投影特性

如图 1－25b 所示，$a'a \perp OX$；$a'a'' \perp OZ$；$aa_X = a''a_Z$。

不难看出，点的投影特性和物体三视图的投影规律是一致的。

3. 重影点的概念

在图 1－26 中，A 点和 C 点的水平投影重合，该两点为水平投影面的重影点。A 点和 C 点在向水平投影面投射时，先投射到 C 点，C 点为可见的；后投射到 A 点，则 A 点不可见，此时 A 点水平投影的标记在图中注写为“(a)”。

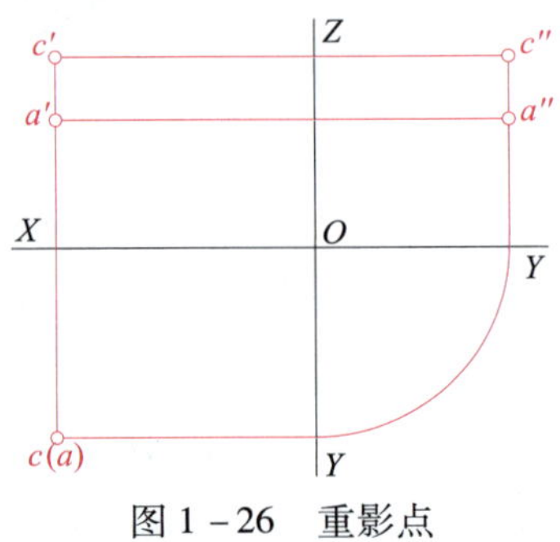

图 1－26　重影点

思考与练习

（1）点的投影符合三视图的投影规律吗？

（2）如果两个点在主视图上重影，则这两点的水平投影有什么关系？侧面投影有什么关系？

二、直线的投影

想一想

（1）直线和点有什么关系？

（2）直线在空间有几种位置？

根据直线相对于投影面的不同位置可将直线分为投影面垂直线、投影面平行线和一般位置直线三种，见表 1－7。

表 1－7　直线的类别

类别	概念	种类及性质
投影面垂直线	垂直于某投影面的直线	（1）正垂线：垂直于 V 面，平行于 H 面，平行于 W 面 （2）铅垂线：垂直于 H 面，平行于 V 面，平行于 W 面 （3）侧垂线：垂直于 W 面，平行于 V 面，平行于 H 面

续表

类别	概念	种类及性质
投影面平行线	平行于某投影面，倾斜于另外两投影面的直线	（1）正平线：平行于 V 面，倾斜于 H 面，倾斜于 W 面 （2）水平线：平行于 H 面，倾斜于 V 面，倾斜于 W 面 （3）侧平线：平行于 W 面，倾斜于 V 面，倾斜于 H 面
一般位置直线	与三个投影面都倾斜的直线	倾斜于 V 面，倾斜于 H 面，倾斜于 W 面

1. 投影面垂直线

观察图 1－27 所示长方体的立体图可知，其上的三条棱线 AB、AC、AD 分别垂直于正投影面、水平投影面和侧投影面。因此，AB 是正垂线，AC 是铅垂线，AD 是侧垂线，其三面投影及投影特性见表 1－8。

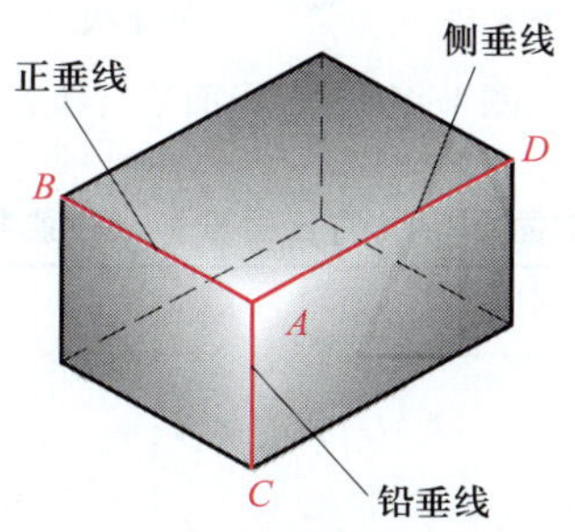

图 1－27　投影面垂直线

表 1－8　投影面垂直线的三面投影及投影特性

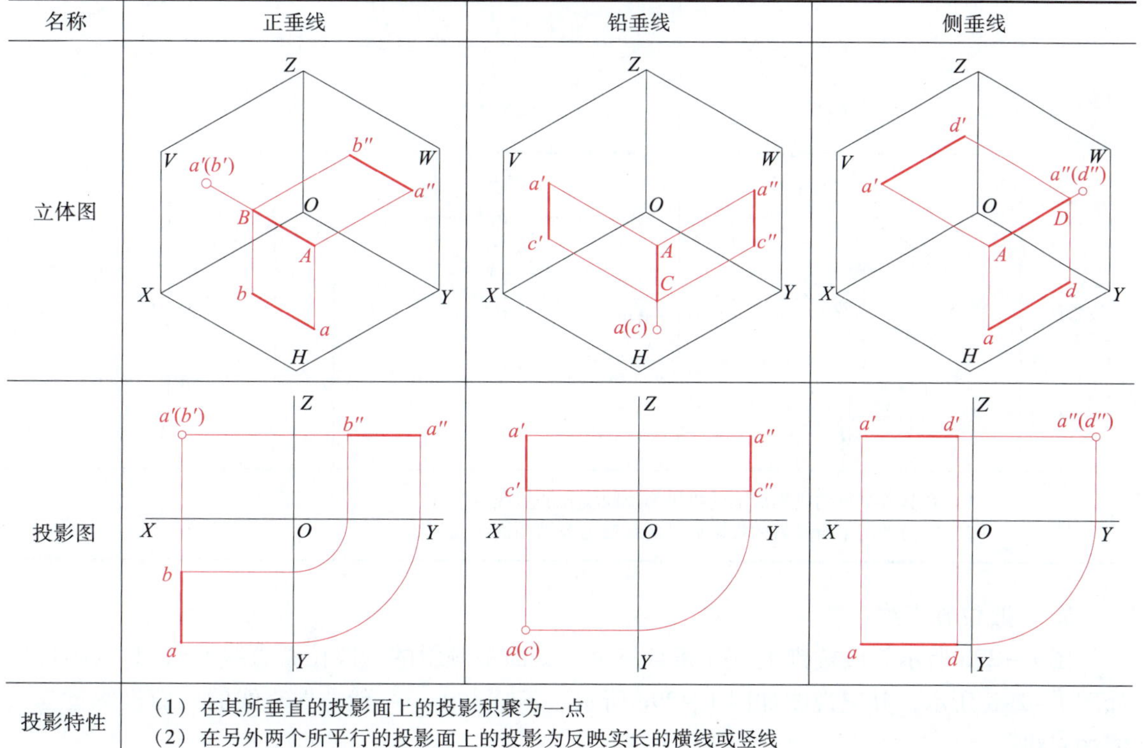

名称	正垂线	铅垂线	侧垂线
立体图			
投影图			
投影特性	（1）在其所垂直的投影面上的投影积聚为一点 （2）在另外两个所平行的投影面上的投影为反映实长的横线或竖线		

2. 投影面平行线

观察图 1－28 所示割角长方体的立体图可知，其上三条棱线 CD、BD、BC 分别平行于正投影面、水平投影面和侧投影面。因此，CD 是正平线，BD 是水平线，BC 是侧平线，其三面投影及投影特性见表 1－9。

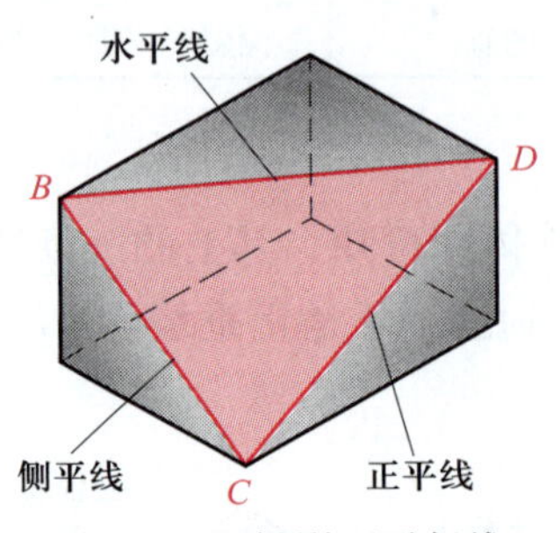

图 1－28　投影面平行线

表 1－9　　投影面平行线的三面投影及投影特性

名称	正平线	水平线	侧平线
立体图	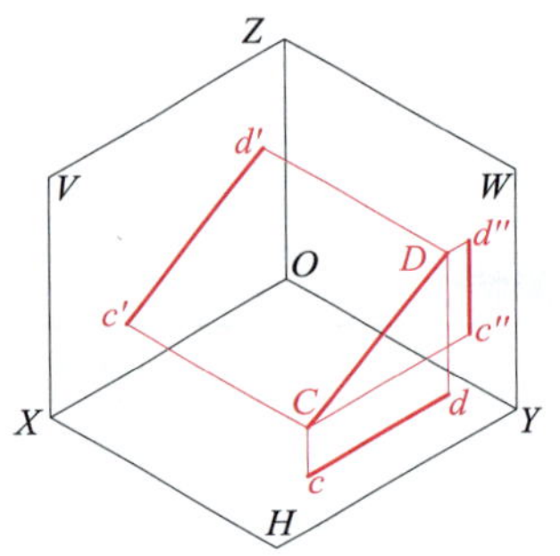	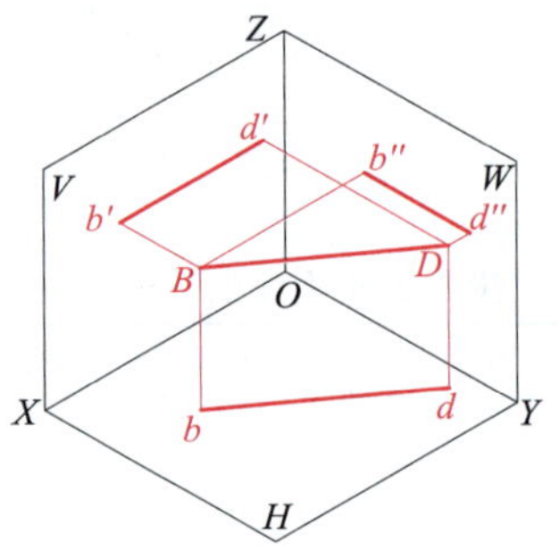	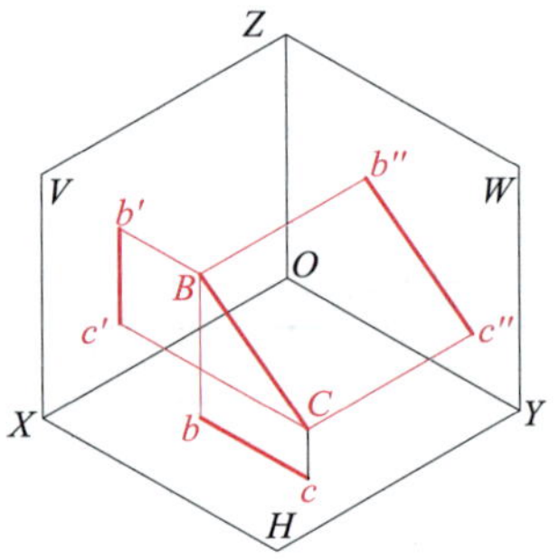
投影图	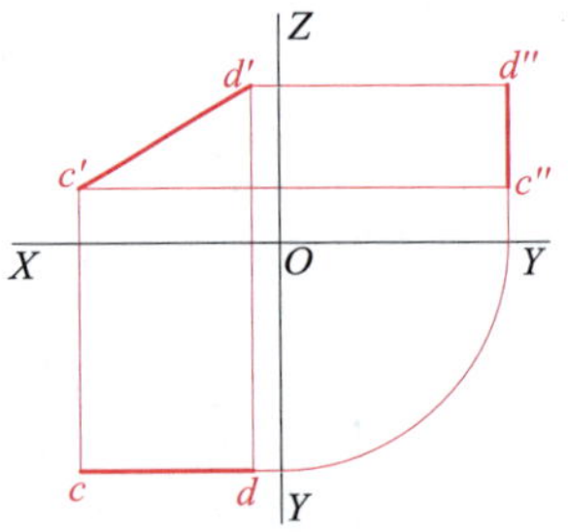	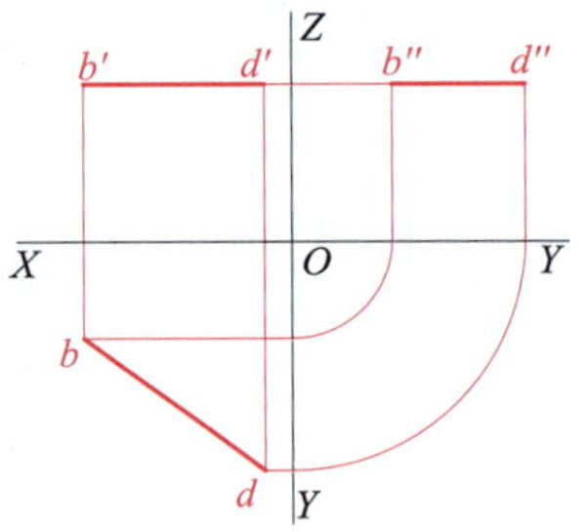	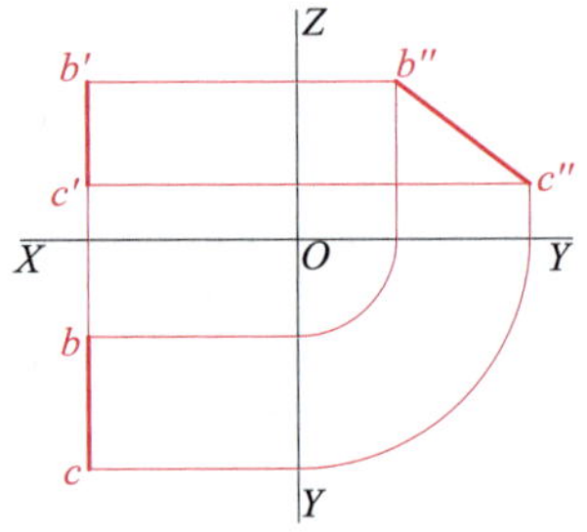
投影特性	（1）在其所平行的投影面上的投影为反映实长的斜线 （2）在另外两个所倾斜的投影面上的投影为收缩的横线或竖线		

3. 一般位置直线

图 1－29a 所示斜四棱锥上有一条与三个投影面都倾斜的一般位置直线 CE，其空间位置如图 1－29b 所示，其三视图如图 1－29c 所示。不难看出，一般位置直线的三面投影皆为收缩的斜线。

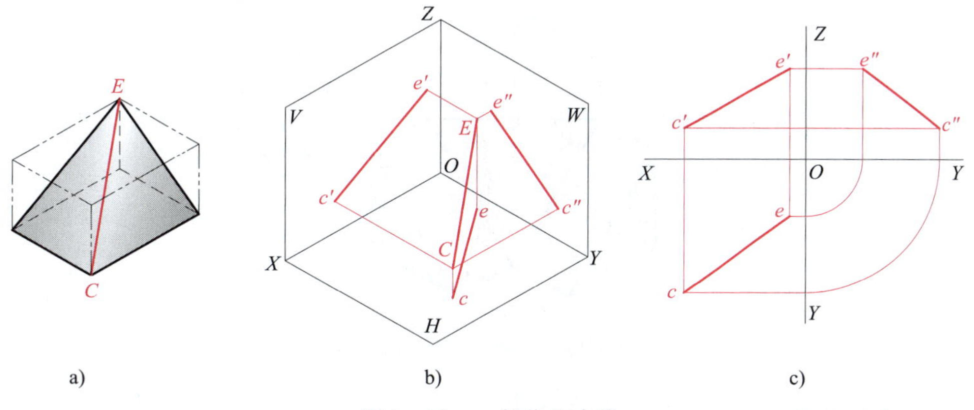

图 1－29　一般位置直线

a）斜四棱锥　b）直线的立体图　c）直线的三视图

思考与练习

（1）当直线向某投影面进行正投影时，什么情况下直线的投影积聚为一点？

（2）当直线向某投影面进行正投影时，什么情况下直线的投影反映直线的实长？

（3）当直线向某投影面进行正投影时，什么情况下直线的投影是一条收缩的直线？

三、平面的投影

想一想

（1）平面和直线有什么关系？

（2）平面在空间有几种位置？

根据平面相对于投影面的不同位置可将平面分为投影面平行面、投影面垂直面和一般位置平面三种，见表 1－10。各种位置平面的位置如图 1－30 所示。

表 1－10　　平面的类别

类别	概念	种类及性质
投影面平行面	平行于某投影面的平面	（1）正平面：平行于 V 面，垂直于 H 面，垂直于 W 面 （2）水平面：平行于 H 面，垂直于 V 面，垂直于 W 面 （3）侧平面：平行于 W 面，垂直于 V 面，垂直于 H 面
投影面垂直面	垂直于某投影面，倾斜于另外两投影面的平面	（1）正垂面：垂直于 V 面，倾斜于 H 面，倾斜于 W 面 （2）铅垂面：垂直于 H 面，倾斜于 V 面，倾斜于 W 面 （3）侧垂面：垂直于 W 面，倾斜于 V 面，倾斜于 H 面
一般位置平面	与三个投影面都倾斜的平面	倾斜于 V 面，倾斜于 H 面，倾斜于 W 面

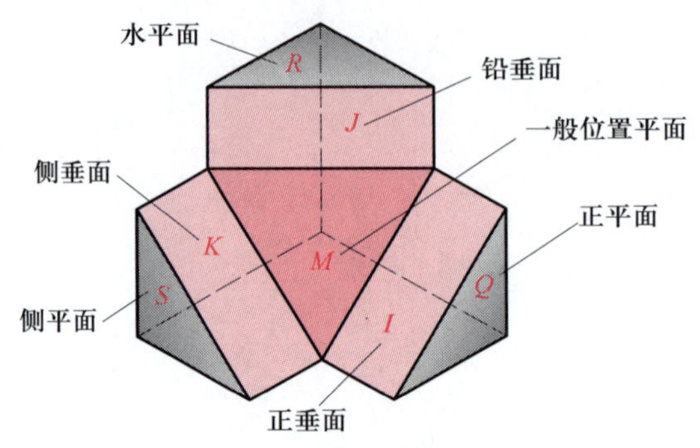

图 1－30　各种位置平面的位置

1. 投影面平行面

图 1－30 所示形体上的平面 *Q*、*R*、*S* 分别平行于正投影面、水平投影面和侧投影面。因此，*Q* 是正平面，*R* 是水平面，*S* 是侧平面，其三面投影及投影特性见表 1－11。

表 1－11　投影面平行面的三面投影及投影特性

名称	正平面	水平面	侧平面
空间位置图			
投影图			
投影特性	（1）在其所平行的投影面上的投影反映实形 （2）在另外两个所垂直的投影面上的投影积聚为横线或竖线		

2. 投影面垂直面

图 1－30 所示形体上的平面 *I*、*J*、*K* 分别垂直于正投影面、水平投影面和侧投影面。因此，平面 *I* 是正垂面，平面 *J* 是铅垂面，平面 *K* 是侧垂面，其三面投影及投影特性见表 1－12。

表 1－12　　投影面垂直面的三面投影及投影特性

名称	正垂面	铅垂面	侧垂面
空间位置图			
投影图			
投影特性	（1）在其所垂直的投影面上的投影积聚为斜线 （2）在另外两个所倾斜的投影面上的投影为实形的类似形		

3. 一般位置平面

图 1－30 中的平面 *M* 与三个投影面都倾斜，因此为一般位置平面。平面 *M* 的立体图和三视图如图 1－31 所示，从图中可以看出，平面 *M* 的空间实形为三角形，三面投影也皆为三角形。所以说，一般位置平面的三面投影皆为实形的类似形。

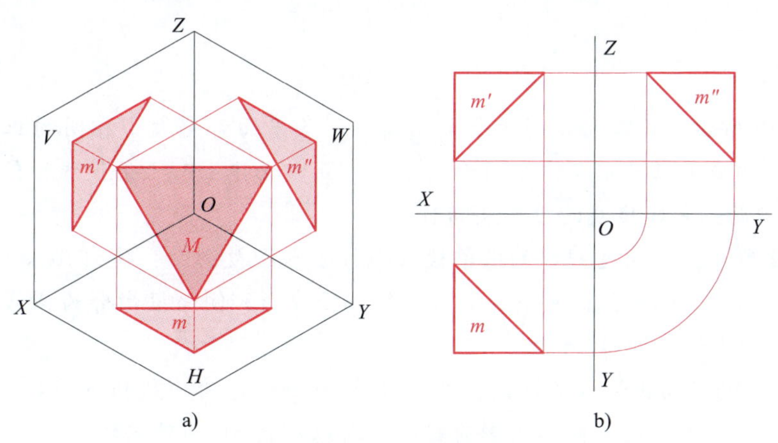

图 1－31　一般位置平面

a）立体图　b）三视图

思考与练习

（1）当平面向某投影面进行正投影时，什么情况下平面的投影积聚为一条直线？

（2）当平面向某投影面进行正投影时，什么情况下平面的投影反映平面的实形？

（3）当平面向某投影面进行正投影时，什么情况下平面的投影是实形的类似形？

应用举例

分析正四面体各棱线和表面的名称

正四面体是由四个全等正三角形围成的空间形体，图1－32所示为正四面体的三视图和立体图，下面参照立体图分析三视图上各棱线和平面的投影，说出各棱线和平面的名称。

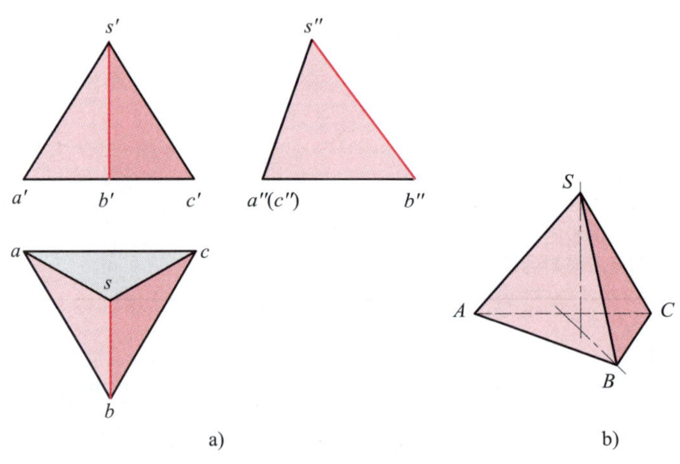

图1－32　正四面体的三视图和立体图

a）三视图　b）立体图

1. 分析形体

如图1－32b所示，正四面体由四个平面围成，各平面都是大小相同的正三角形，图示位置的正四面体的底面三角形与水平投影面平行。正四面体上有六条棱线，位置各异。

2. 分析正四面体上各棱线的投影及名称

如图1－32所示，底面△*ABC*的三条棱线平行于水平投影面，棱线*AC*的侧面投影积聚为一点*a*″（*c*″），*AC*为侧垂线。棱线*AB*、*BC*的正面投影和侧面投影皆为横线，水平投影为斜线，所以棱线*AB*和*BC*为水平线。

棱线*SA*、*SC*的三面投影皆为斜线，所以棱线*SA*和*SC*为一般位置直线。棱线*SB*的正面投影和水平投影皆为竖线，侧面投影为斜线，所以棱线*SB*为侧平线。

3. 分析正四面体上各平面的投影及名称

如图1－32所示，底面△*ABC*的正面投影和侧面投影皆为横线，所以为水平面。正四面体上的三个侧面倾斜于水平投影面，其中△*SAB* 和△*SBC* 的三面投影皆为三角形，所以△*SAB* 和△*SBC* 为一般位置平面。△*SAC* 的侧面投影积聚为一条斜线，水平投影和正面投影皆为三角形，所以△*SAC* 为侧垂面。

§1－4　基本几何体

学习目标

1. 了解正六棱柱、正四棱锥、圆柱、圆锥、球等基本几何体的结构。
2. 掌握各种基本几何体三视图的投影特性。
3. 能绘制各种基本几何体的三视图，并标注其尺寸。

想一想

基本几何体是组成各种复杂形体的最基本单元，各种复杂形体都可以看作由一些基本几何体组合而成。常见的基本几何体如图 1－33 所示，看一看，你能认识哪些？请列举一些包含这些基本几何体的日常生活用品或生产工具。

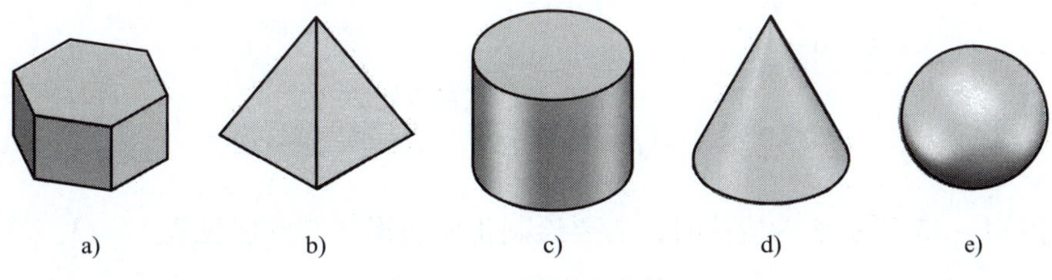

图 1－33　基本几何体

一、基本几何体的三视图

1. 正六棱柱的三视图

想一想

图 1－34 所示为正六棱柱，它由顶面、底面和六个侧面组成。试分析以下问题：

（1）正六棱柱的底面是什么形状？正六棱柱的侧面是什么形状？

（2）正六棱柱的侧面和底面有何位置关系？正六棱柱的侧棱（两侧面间的交线）和底面有何位置关系？

（3）图 1－34 所示正六棱柱的各表面都是何种位置平面？各条侧棱都是何种位置直线？

图 1－34 所示的正六棱柱的顶面和底面为正六边形，六个侧面均为全等的矩形，侧棱互相平行且与底面和顶面垂直。

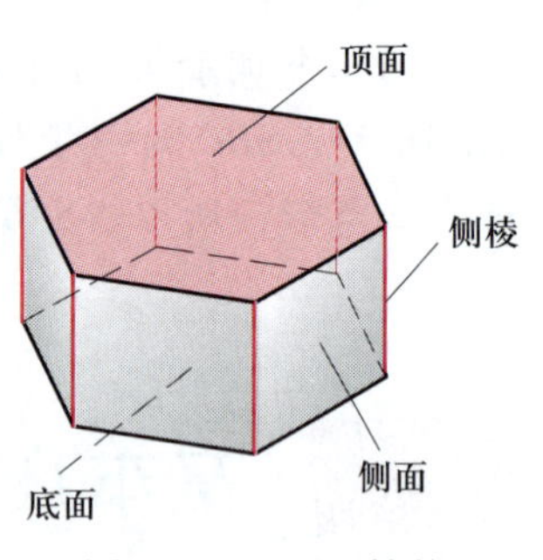

图 1－34　正六棱柱

如图 1－35a 所示，将正六棱柱分别向正投影面、水平投影面和侧投影面投射，得到其三视图，如图 1－35b 所示，图示位置的正六棱柱的投影特性为：

（1）正六棱柱的顶面和底面为水平面，其水平投影反映实形，正面投影和侧面投影积聚为横线。

（2）正六棱柱的前、后侧面为正平面，正面投影反映实形，水平投影积聚成横线，侧面投影积聚成竖线。正六棱柱的其他侧面为铅垂面，其水平投影积聚为斜线，正面投影和侧面投影为实形的类似形。

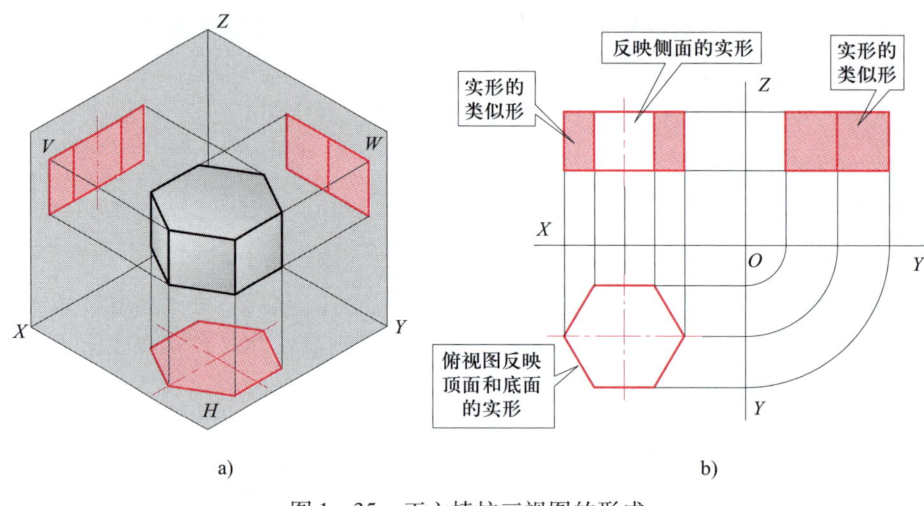

a)　　b)

图 1－35　正六棱柱三视图的形成

a）投影过程　b）三视图

在绘制图 1－35 所示正六棱柱时，需要绘制正六边形，其画法见表 1－13。

表 1－13　　正六边形的作图步骤

步骤	（1）绘制正六边形外接圆（直径为 D）	（2）分别以 1、4 点为圆心，$D/2$ 为半径画圆弧交圆周于 2、6、3、5 点	（3）顺次连接圆周上各点，画成正六边形
图例	D	6 5 1 D/2 4 2 3	6 5 1 4 2 3

思考与练习

（1）在图1－35b中，哪些侧面的投影在主视图上不可见？哪些侧面的投影在左视图上不可见？哪些侧面在左视图上投影为竖线？

（2）若已知正六边形的内切圆直径，如何绘制正六边形？

2. 正四棱锥的三视图

想一想

正四棱锥如图1－36所示，试分析以下问题：

（1）正四棱锥的底面是什么形状？侧面是什么形状？侧棱有何特点？

（2）正四棱锥的侧面和底面有何位置关系？侧棱和底面有何位置关系？

（3）图1－36所示正四棱锥的侧面各是什么位置平面？侧棱是什么位置直线？

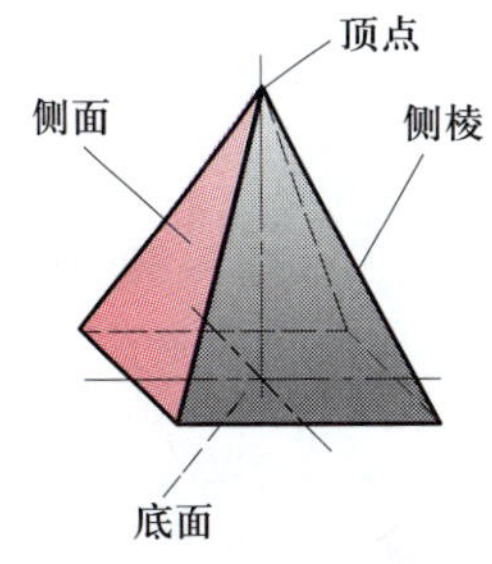

图1－36　正四棱锥

图1－36所示正四棱锥的底面为正方形，四个侧面均为等腰三角形，两侧面间的交线（侧棱）汇交于一点（顶点）。

如图1－37a所示，将正四棱锥分别向三个投影面投射，得到图1－37b所示的三视图，图示位置的正四棱锥的投影特性为：

（1）正四棱锥的底面为水平面，其水平投影为正方形，正面投影和侧面投影为横线。

（2）正四棱锥的左、右两个侧面为正垂面，正面投影积聚为斜线，其他投影为实形的类似形；正四棱锥的前、后两个侧面为侧垂面，侧面投影积聚为斜线，其他投影为实形的类似形。

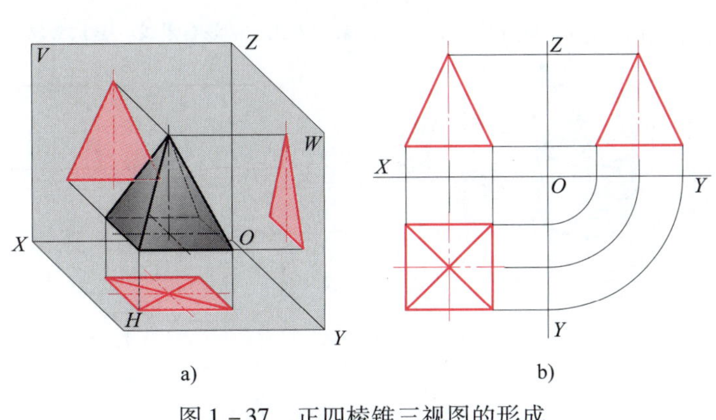

图1－37　正四棱锥三视图的形成

a）投影过程　b）三视图

思考与练习

（1）在图 1－37b 中，哪个侧面的投影在主视图上不可见？哪个侧面的投影在左视图上不可见？

（2）在图 1－37b 中，哪些侧面在主视图上投影为斜线？哪些侧面在左视图上投影为斜线？

3. 圆柱的三视图

想一想

如图 1－38 所示，圆柱面可看作一条直线（母线）绕着与它平行的一条轴线旋转一周形成的。在什么情况下，圆柱面的投影积聚为圆？

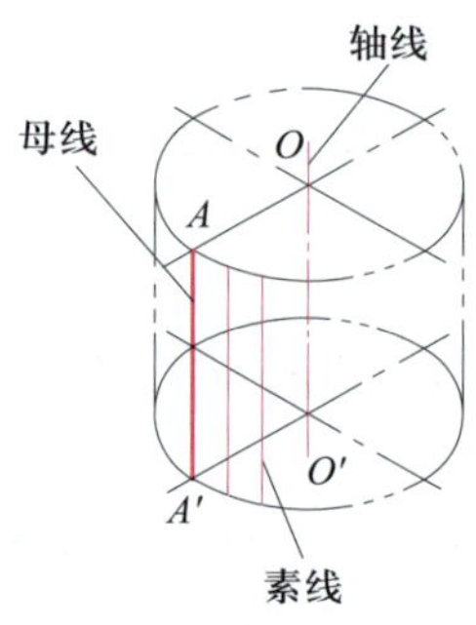

图 1－38　圆柱面的形成

圆柱面在其垂直于轴线的投影面上投射为圆。母线在任意一个位置时称为素线（见图 1－38）。圆柱由圆柱面和垂直于轴线的两圆形平面（顶面和底面）组成，如图 1－39a 所示。在图 1－39a 所示的圆柱面上有四条特殊位置的素线，分别为最前素线、最后素线、最左素线、最右素线。

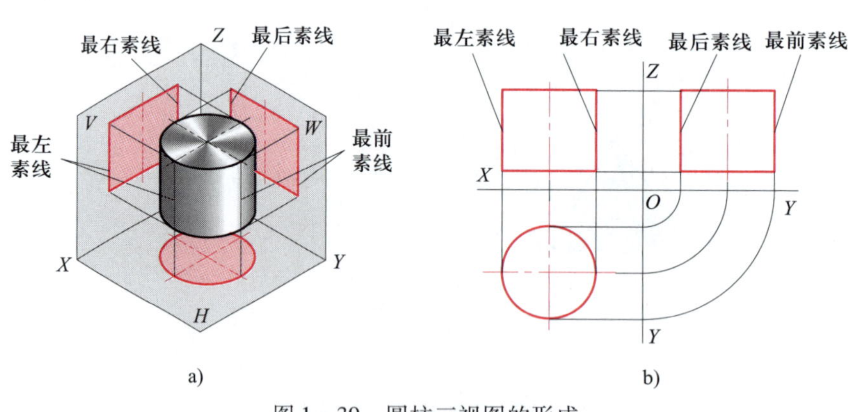

图 1－39　圆柱三视图的形成

a）投影过程　b）三视图

如图 1－39a 所示，将圆柱分别向三个投影面投射，得到图 1－39b 所示的三视图，圆柱在这个位置的投影特性为：

（1）圆柱的水平投影为圆，圆围成的区域为顶面和底面的投影，圆周为圆柱面的积聚投影。

（2）圆柱的正面投影为矩形线框，其中的两条竖线分别为圆柱面最左素线和最右素线的投影（最左素线和最右素线是圆柱面的前、后分界线）。两条横线为顶面和底面的投影。

（3）圆柱的侧面投影为矩形线框，虽然其形状与主视图相同，但是含义不同。其中的两条竖线分别为圆柱面最前素线和最后素线的投影。

思考与练习

在图 1－39b 中，主视图表达了圆柱面哪些可见部分的投影？左视图表达了圆柱面哪些可见部分的投影？

4. 圆锥的三视图

想一想

如图 1－40 所示，圆锥面可看作一条与轴线相交的直线（母线）绕轴线旋转一周形成的。思考：圆锥面有积聚性吗？

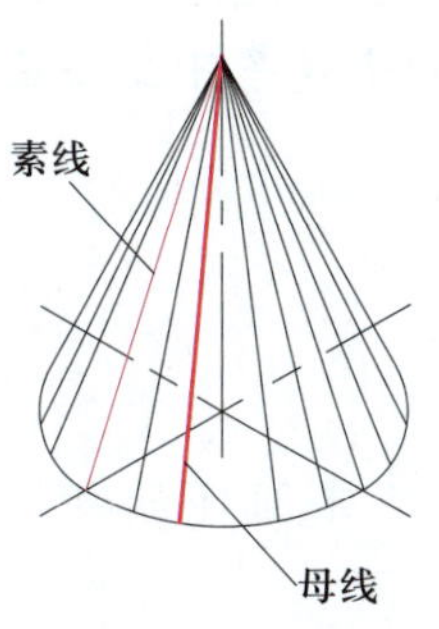

图 1－40　圆锥面的形成

圆锥的形状如图 1－41a 所示，它由一个圆锥面和一个圆形的底面围成。在图 1－41a 所示圆锥面上有四条特殊位置的素线，分别是最前素线、最后素线、最左素线、最右素线。

如图 1－41a 所示，将圆锥分别向三个投影面投射，得到图 1－41b 所示的三视图，圆锥在这个位置的投影特性为：

（1）圆锥的水平投影为圆，圆围成的区域既是圆锥面的投影，也是底面的投影。

（2）圆锥的正面投影为等腰三角形，其中两腰为圆锥面最左素线和最右素线的投影，

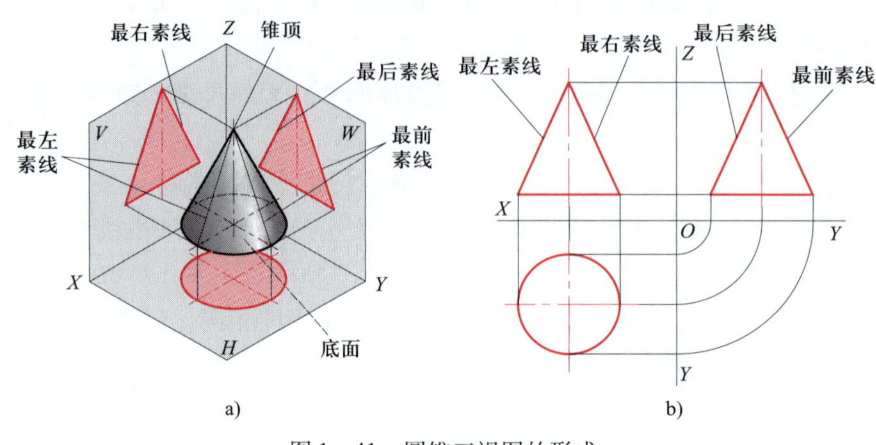

图 1－41　圆锥三视图的形成

a）投影过程　b）三视图

下面的横线为底面的投影。

（3）圆锥的侧面投影为与主视图相同的等腰三角形，两腰为圆锥面最前素线和最后素线的投影。

思考与练习

（1）在图 1－41b 中，主视图表达了圆锥面哪些可见部分的投影？左视图表达了圆锥面哪些可见部分的投影？

（2）在图 1－41b 中，四条特殊位置素线是什么位置直线？

（3）在图 1－41b 中，一般位置的素线是什么位置直线？

5. 球的三视图

想一想

如图 1－42 所示，球面可看作一个半圆（母线）绕通过圆心的轴线旋转一周形成的。思考：球的投影是什么图形？

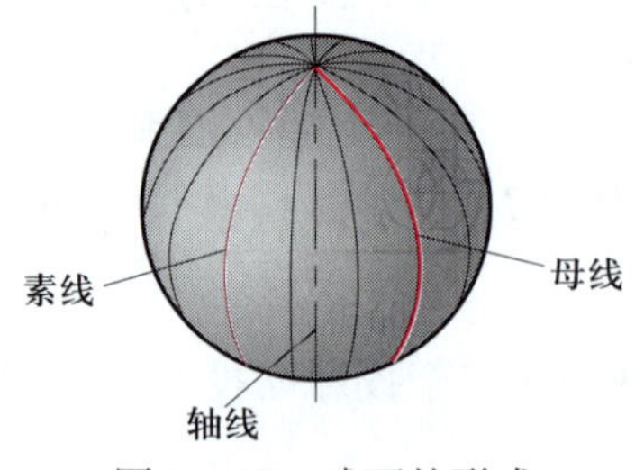

图 1－42　球面的形成

在球面上有三个特殊位置的素线圆，分别为前、后半球分界圆，左、右半球分界圆，上、下半球分界圆。如图1－43a所示，将球分别向三个投影面投射，得到球的三视图，如图1－43b所示。球的三面投影分别为三个特殊位置素线圆的投影，其中正面投影为前、后半球分界圆的投影，水平投影为上、下半球分界圆的投影，侧面投影为左、右半球分界圆的投影。

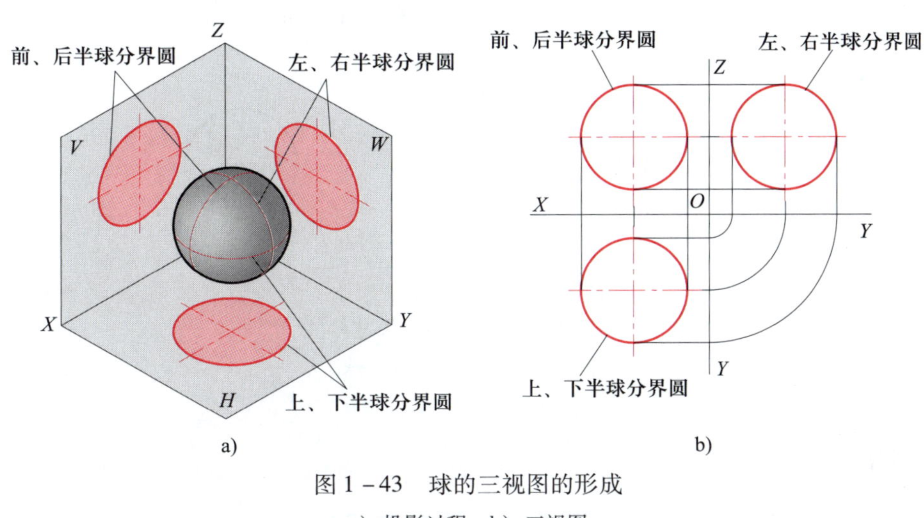

图1－43　球的三视图的形成

a）投影过程　b）三视图

二、基本几何体的尺寸标注

视图用来表达物体的形状，物体的大小则由视图上所标注的尺寸确定。任何物体都具有长、宽、高三个方向的尺寸。在视图上标注尺寸时，应将三个方向的尺寸标注齐全，既不能缺少，又不允许重复。

1. 平面立体的尺寸标注

平面立体的尺寸标注如图1－44所示，长方体应标出其长、宽、高三个尺寸；正六棱柱应标出其高度尺寸和底面尺寸，底面正六边形的尺寸一般标注其对边尺寸，并标注对角尺寸作为参考尺寸（尺寸数字加括号）；四棱锥必须标注底面的长、宽尺寸和棱锥的高度尺寸。

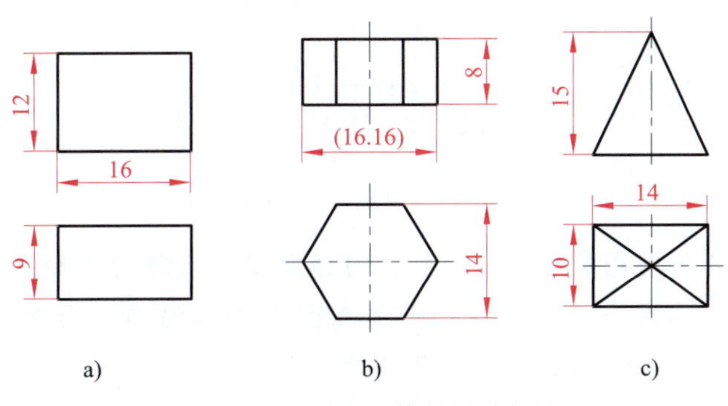

图1－44　平面立体的尺寸标注

a）长方体　b）正六棱柱　c）四棱锥

机械图样中的参考尺寸是指可以由其他尺寸经过运算得到，为方便加工、装配和测量而重复标注的尺寸。标注参考尺寸时，尺寸数字及符号需要加括号。

2. 曲面立体的尺寸标注

曲面立体的尺寸标注如图 1－45 所示，圆柱、圆锥等必须标出底圆直径尺寸和高度尺寸；标注球面的直径或半径时，在符号“ϕ”或“R”前再加注符号“S”。

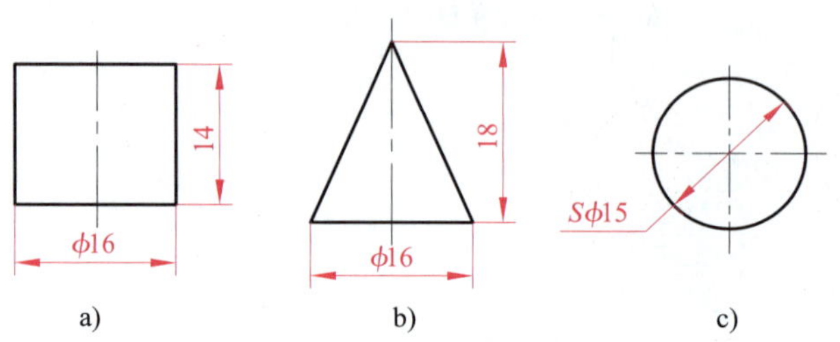

图 1－45　曲面立体的尺寸标注

a）圆柱　b）圆锥　c）球

构思形体，补全三视图

如图 1－46 所示，如果在俯视图上补画不同的轮廓线，可以形成多种不同的形体，试在俯视图上补画不同的轮廓线后绘制左视图。

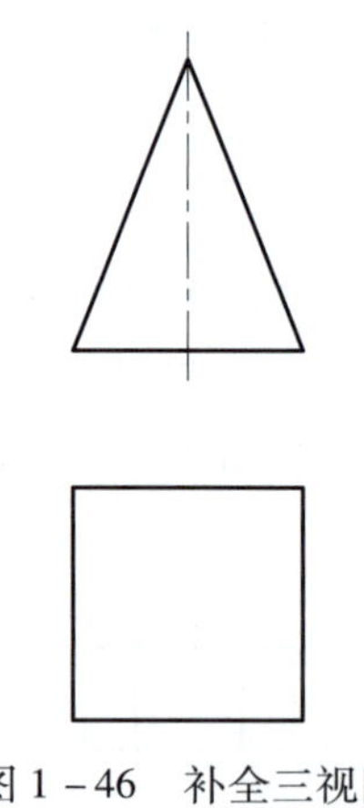

图 1－46　补全三视图

1. 形成三棱柱

主视图为三角形，俯视图的外框为矩形，可以断定该形体为平面立体。平面立体一般为棱柱或棱锥，在构思形体时先考虑棱柱。如果在图 1－46 的俯视图中间绘制一条竖的粗实线，则形体为三棱柱，其三视图如图 1－47 所示。

2. 形成正四棱锥

根据图 1－37 可知，如果在图 1－46 的俯视图上用粗实线绘制正方形的对角线，则形体

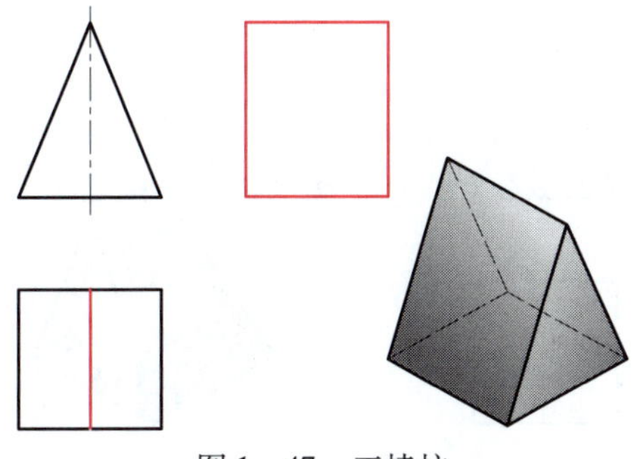

图 1－47　三棱柱

为正四棱锥，其三视图如图 1－48 所示。

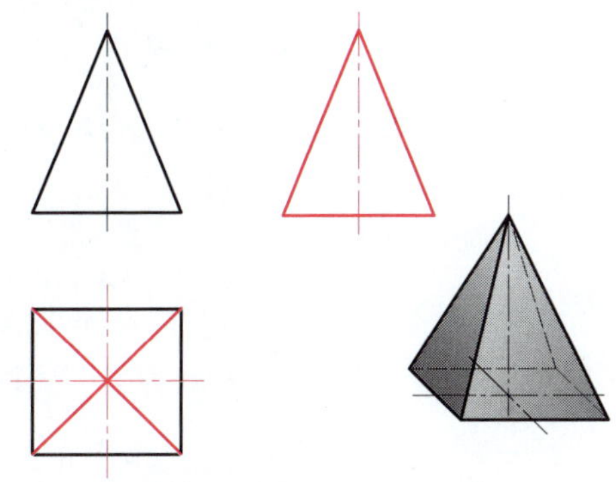

图 1－48　正四棱锥

3. 形成斜四棱锥

如图 1－49 所示，在图 1－46 的俯视图上用粗实线绘制两条斜线，则形成了一个斜四棱锥。

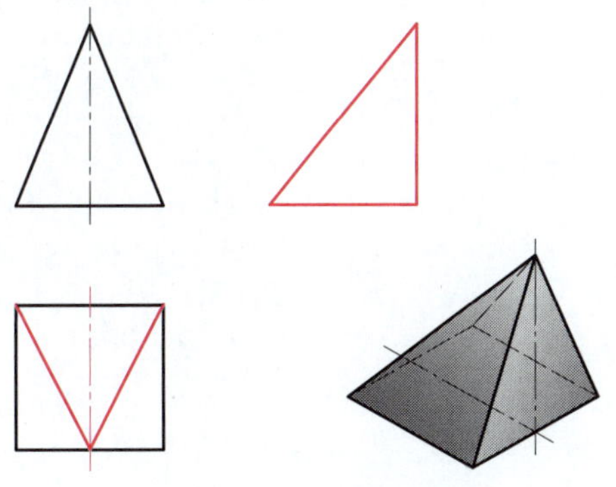

图 1－49　斜四棱锥

4. 形成割角三棱柱

如图 1－50 所示，如果在三棱柱的后侧用一个侧垂面割角，也符合图 1－46 的条件。

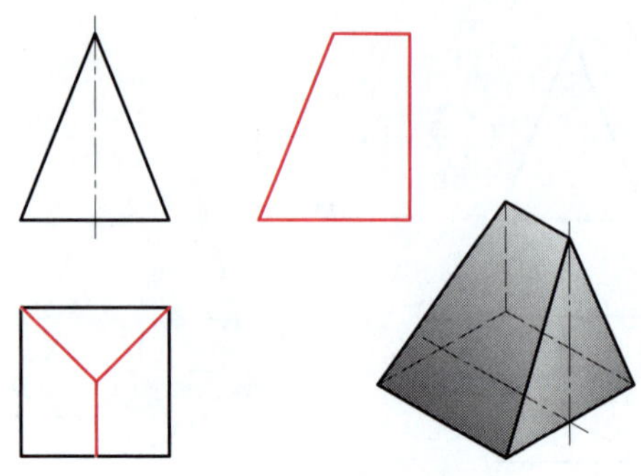

图 1－50　割角三棱柱

此外，还可以构思出一些其他形体，在此不再一一列举。

第二章 轴 测 图

轴测图是一种立体图，是物体在平行投影下形成的一种单面投影图，用于辅助表达形体的结构。常用的轴测图有正等轴测图和斜二等轴测图。图 2－1 所示是某长方体的两视图、正等轴测图和斜二等轴测图，由于轴测图能在一个图形上同时反映物体长、宽、高三个方向的形状，所以具有较好的直观性。

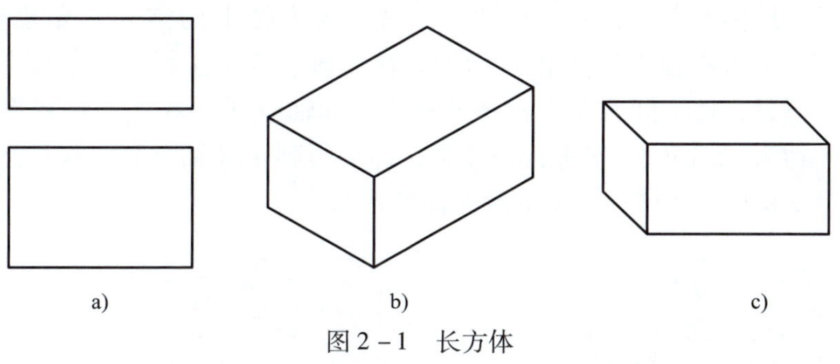

图 2－1 长方体

a）两视图 b）正等轴测图 c）斜二等轴测图

§2－1 正等轴测图

学习目标

1. 了解正等轴测图的形成过程，掌握正等轴测图轴间角和轴向伸缩系数的概念。
2. 能熟练识读正等轴测图。
3. 能正确绘制简单的正等轴测图。

想一想

图 2－2 所示为孔板的正等轴测图，孔板的外形为长方体，中间有圆柱孔，长方体上矩

形平面在正等轴测图上是什么图形？圆孔的圆形轮廓在正等轴测图上变成了什么图形？这是为什么？

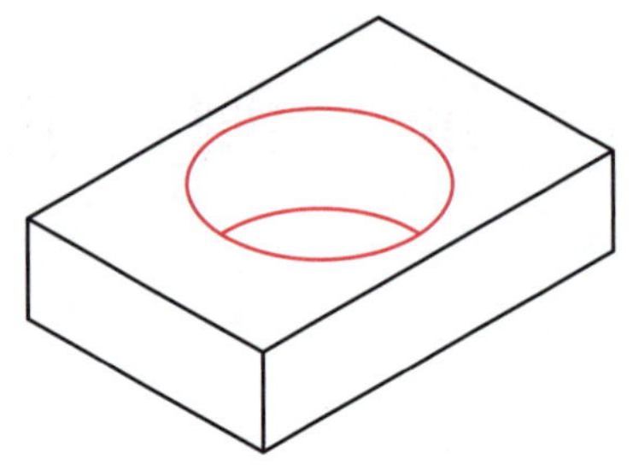

图 2－2　孔板的正等轴测图

一、正等轴测图的基本概念

1. 正等轴测图的形成

如图 2－3a 所示，在长方体上建立空间直角坐标系 $O_1-X_1Y_1Z_1$，使长方体的前面和正投影面平行，用正投影的方法得到主视图。此时，长方体上的空间直角坐标轴和投影面的关系是 O_1X_1 轴和 O_1Z_1 轴平行于正投影面，O_1Y_1 轴垂直于正投影面。如果将长方体旋转至图 2－3b 所示位置，使空间直角坐标系的三个坐标轴 O_1X_1、O_1Y_1、O_1Z_1 和正投影面呈一个相同的夹角（约为 35°16′），再进行正投影，即可得到正等轴测图。很显然，在正等轴测图中，可以同时反映长方体前面、上面和左面的形状。

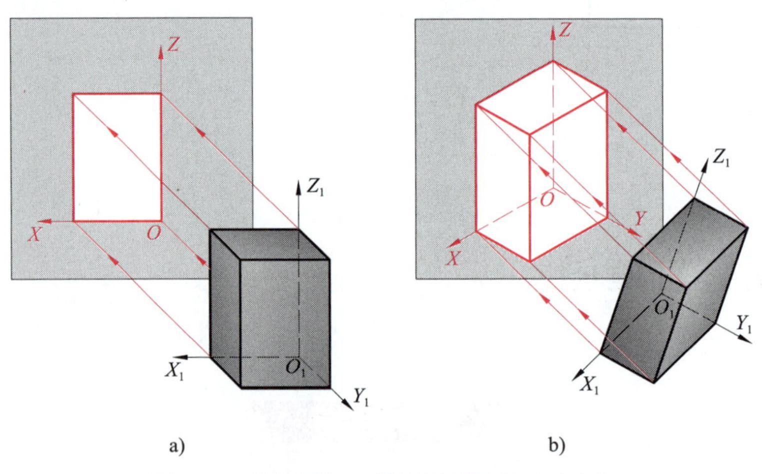

图 2－3　主视图与正等轴测图形成过程比较

a）主视图的形成　b）正等轴测图的形成

2. 正等轴测图的轴间角

在进行正等轴测图的投影时，物体上空间直角坐标轴 O_1X_1、O_1Y_1、O_1Z_1 在投影面上的投影 OX、OY、OZ 称为轴测轴，轴测轴之间的夹角称为轴间角。由于在形成正等轴测图时，各空间直角坐标轴和投影面的夹角相等，所以正等轴测图的轴间角皆为 120°，即 $\angle XOZ = \angle YOZ = \angle XOY = 120°$，如图 2－4 所示。

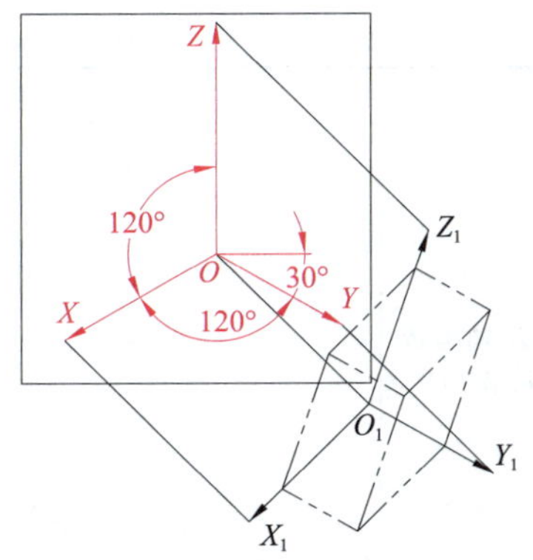

图 2-4 正等轴测图的轴间角

3. 正等轴测图的轴向伸缩系数

轴测轴上单位长度与相应投影轴上单位长度的比值称为轴向伸缩系数。由于在形成正等轴测图时各空间直角坐标轴和投影面倾斜，所以与空间直角坐标轴平行的线段，在正等轴测图上要缩短。通过计算可得，三个轴测轴的轴向伸缩系数约为 0.82。为了作图方便，国家标准规定，将正等轴测图的轴向伸缩系数简化为 1。

二、正等轴测图的画法

1. 长方体正等轴测图的画法

长方体的主视图、俯视图如图 2-5 所示，其正等轴测图的绘制方法和步骤见表 2-1。

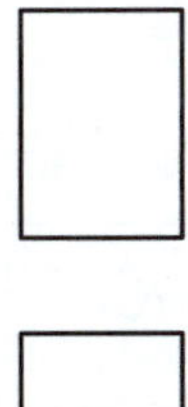

图 2-5 长方体的主视图、俯视图

表 2-1 **长方体正等轴测图的绘制方法和步骤**

绘制方法和步骤	图例
（1）选取长方体的后、下、右顶点为坐标原点，在两视图中绘制出坐标轴 O_1X_1、O_1Y_1、O_1Z_1 的投影	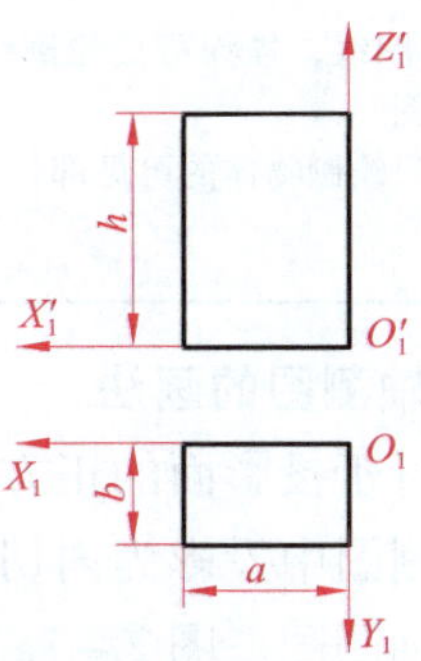 Z_1' h X_1' O_1' O_1 X_1 b a Y_1

续表

绘制方法和步骤	图例
（2）绘制轴测轴 OX、OY、OZ。将 OZ 轴画成铅垂线，将 OX 轴、OY 轴画成与水平方向呈 30°	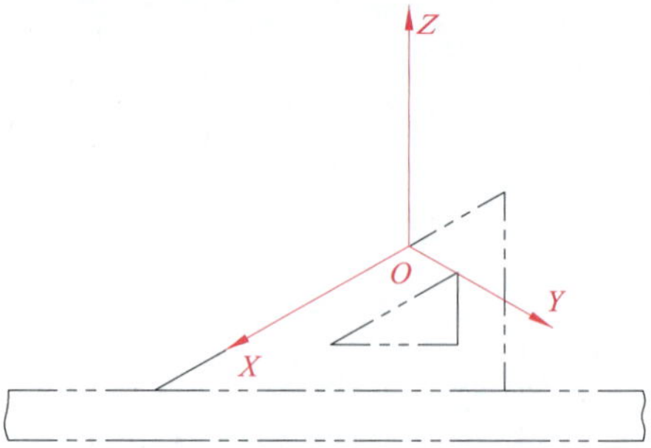
（3）分别量取长方体的长度尺寸 a 和宽度尺寸 b，按 1∶1 的比例在相应的轴测轴上截取，并按平行关系绘制长方体底面的正等轴测图	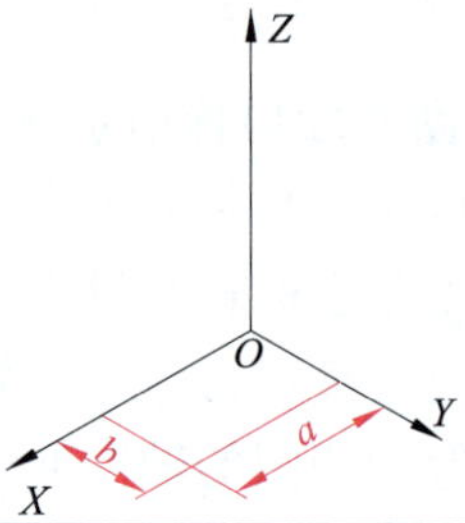
（4）以底面四个顶点为起点，分别绘制平行于 OZ 轴的平行线，并按 1∶1 的比例取其高度 h	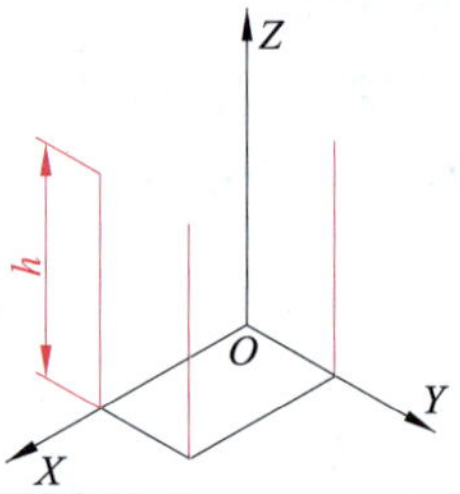
（5）连同坐标原点 O，得长方体的八个顶点在正等轴测图上的投影。依次连接所有顶点，即得长方体的正等轴测图	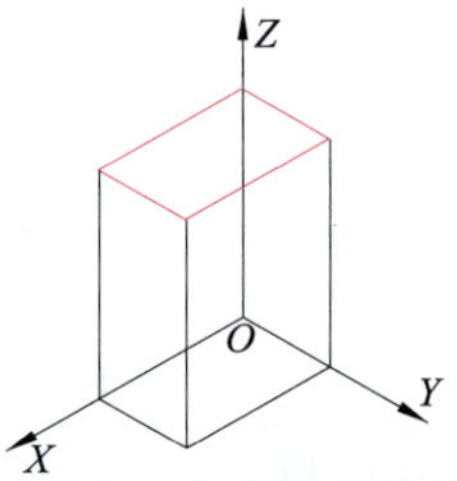
（6）擦去不必要的图线，描深可见轮廓线，即得长方体的正等轴测图 注意：轴测图一般只绘制物体的可见部分	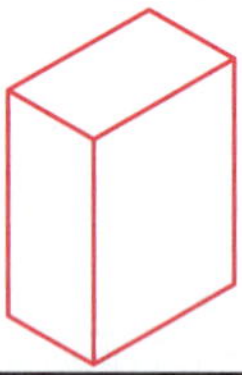

2. 圆柱正等轴测图的画法

三视图上平行于投影面的正方形，在正等轴测图中投影为菱形；三视图上平行于投影面的圆，在正等轴测图中投影为内切于菱形的椭圆，如图 2－6 所示。图 2－7 所示为三个不同方向圆柱的正等轴测图。图 2－7a 所示圆柱正等轴测图的绘制方法和步骤见表 2－2，其他方向圆柱正等轴测图的画法与其类似，读者可自行分析。

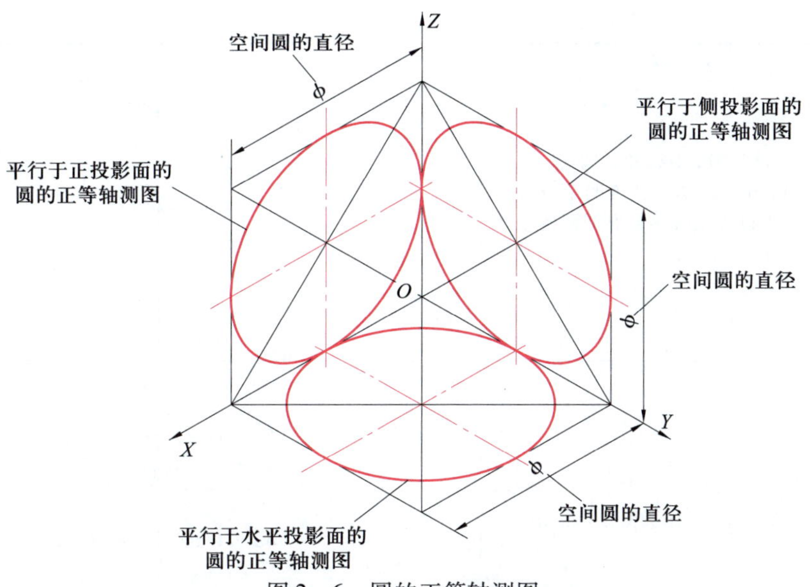

图 2－6　圆的正等轴测图

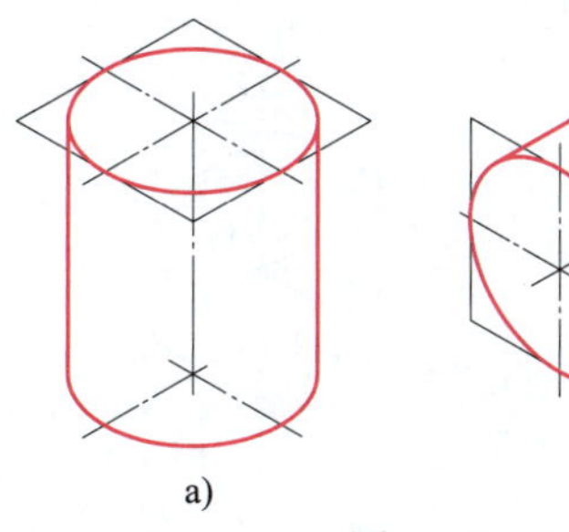

a)

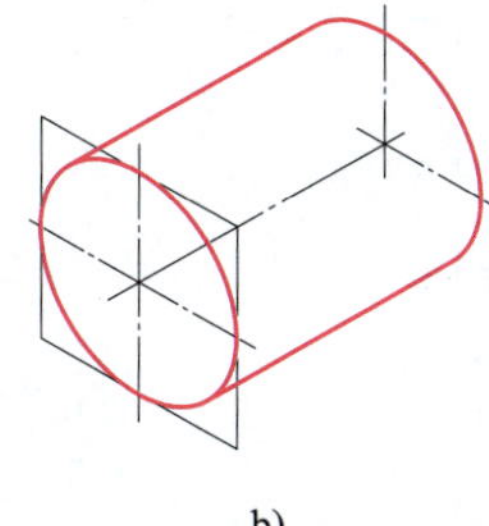

b)

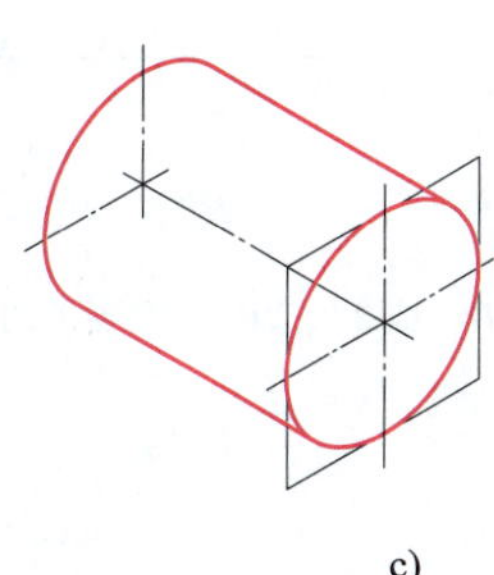

c)

图 2－7　不同方向圆柱的正等轴测图

a）轴线垂直于水平投影面　b）轴线垂直于侧投影面　c）轴线垂直于正投影面

表 2－2　　直立圆柱正等轴测图的绘制方法和步骤

绘制方法和步骤	图例
（1）在两视图上，以顶面的圆心为原点，绘制坐标轴。作顶圆的外切正方形，得切点 *a*、*b*、*c*、*d*	

续表

绘制方法和步骤	图例
（2）绘制轴测轴 OX、OY、OZ。作出切点 a、b、c、d 的轴测投影 A、B、C、D，过这四个点分别作 OX 轴、OY 轴的平行线，所得菱形即圆的外切正方形的正等轴测图 （3）画菱形的对角线	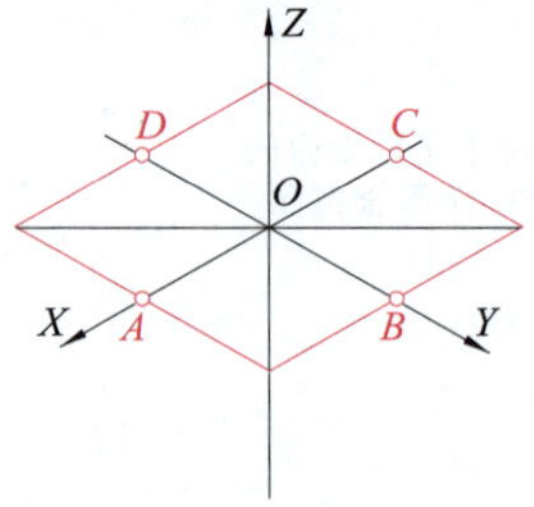
（4）分别以菱形短对角线的顶点 1、2 为圆心，$1C$（或 $1D$、$2A$、$2B$）为半径画圆弧 $\widehat{CD}$ 和 $\widehat{AB}$	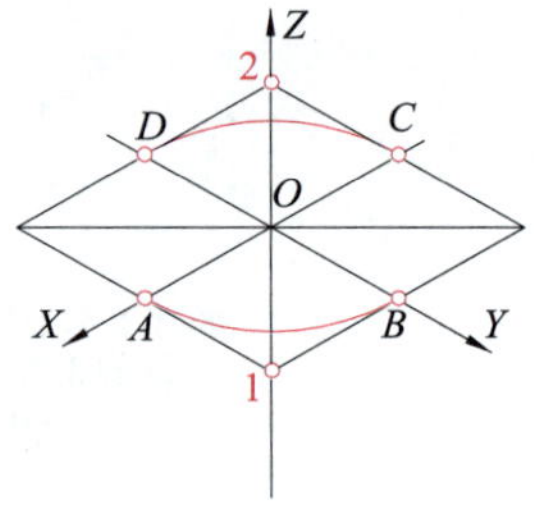
（5）连接 $1C$、$1D$（或 $2A$、$2B$），交菱形的长对角线于 3、4 两点	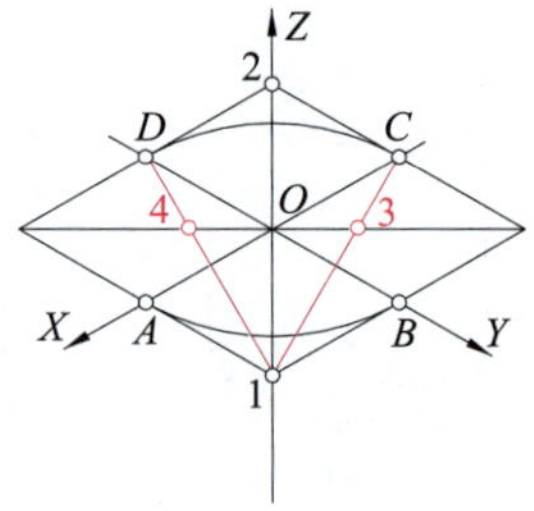
（6）分别以 3、4 为圆心，$3B$（或 $3C$、$4A$、$4D$）为半径画圆弧 $\widehat{BC}$ 和 $\widehat{DA}$ 所绘四段圆弧即近似代表顶圆的正等轴测投影（轴测椭圆）	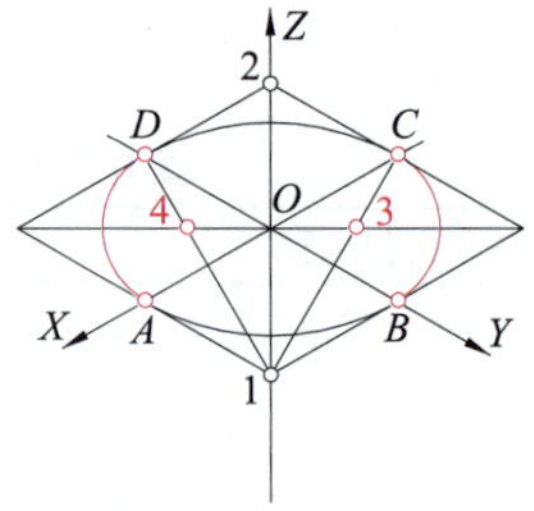
（7）将三个圆心（2、3、4）沿 Z 轴向下平移高度 h，得到圆心 5、6、7，作出下底面椭圆 注意：下底面椭圆不可见的一半不必画出	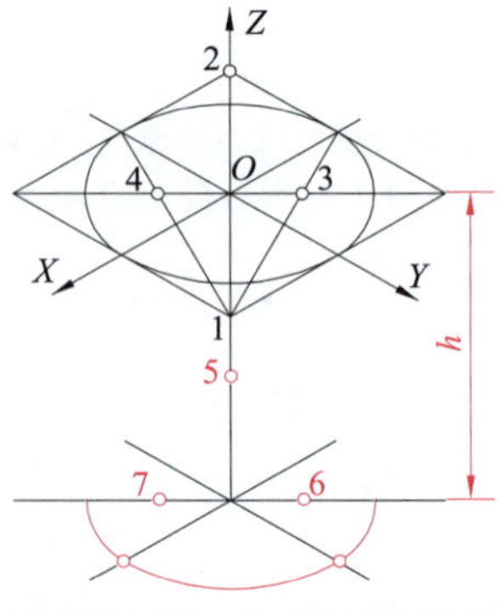

续表

绘制方法和步骤	图例
（8）作两椭圆的公切线，擦去作图线，绘制轴线和中心线，按线型描深图线	

三、轴测图的投影特性

无论是正等轴测图还是斜二等轴测图，都是用平行投影法得到的，因此，它们有许多共同的投影特性。

（1）物体上互相平行的线段，在轴测图上仍然平行。

（2）在三视图上平行于坐标轴的线段，在轴测图上平行于相应的轴测轴。

（3）在轴测图上，平行于轴测轴的线段可以度量，不平行于轴测轴的线段不能度量。

思考与练习

（1）正等轴测图和主视图所用的投影方法一样吗？为什么得到的投影不一样？

（2）按照轴向伸缩系数为1绘制的正等轴测图与按实际投影得到的正等轴测图相比较是大了还是小了？

应用举例

绘制支承座的正等轴测图

根据图2－8所示支承座的主视图、俯视图，画出其正等轴测图。

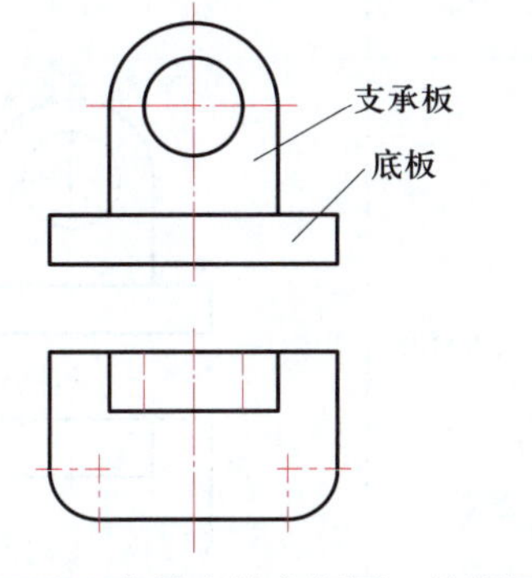

图2－8　支承座的主视图、俯视图

1. 视图分析

图 2－8 所示支承座由底板和支承板两部分组成：底板前面的左、右角倒圆；支承板的上部为半圆柱，中间有圆孔。

2. 绘图步骤

绘制支承座的正等轴测图时，可以先绘制底板，再绘制支承板，具体绘制方法和步骤见表 2－3。

表 2－3　　支承座正等轴测图的绘制方法和步骤

绘制方法和步骤	图例
（1）绘制底板的正等轴测图 测量主视图、俯视图上底板的“长 1”“宽 1”“高 1”，绘制其正等轴测图	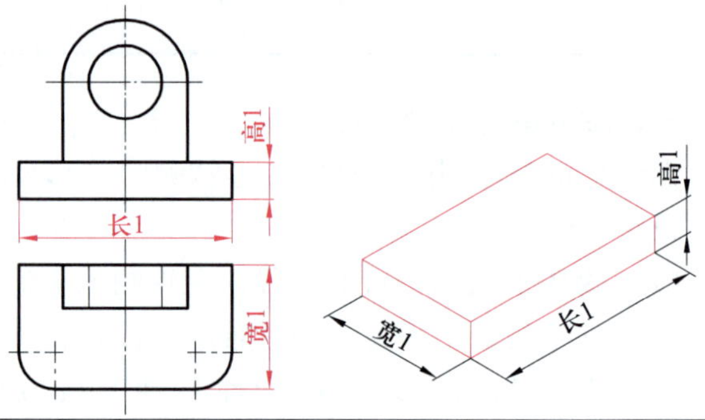
（2）求作底板顶面圆角的圆心 1）根据半径 R_1，在正等轴测图的底板顶面上定出 A、B、C、D 四点 2）过 A、B、C、D 四点作相应棱线的垂线，交点 O_1、O_2 即圆心	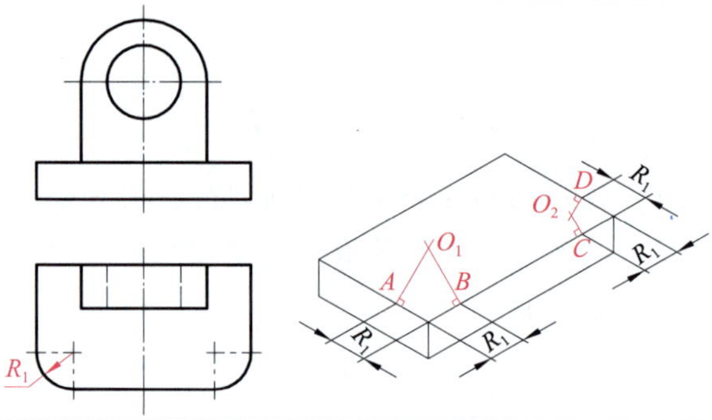
（3）绘制底板上的圆角 1）以 O_1 为圆心、O_1A 为半径画圆弧，以 O_2 为圆心、O_2C 为半径画圆弧，得到底板顶面的圆角 2）圆心下移“高 1”（底板高度）得到 O_1'、O_2'，绘制底板底面的圆角 3）作右端两段圆弧的公切线	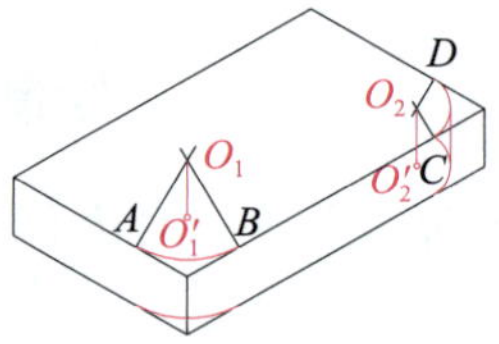
（4）绘制竖长方体 测量“长 2”“宽 2”“高 2”，绘制竖长方体的正等轴测图	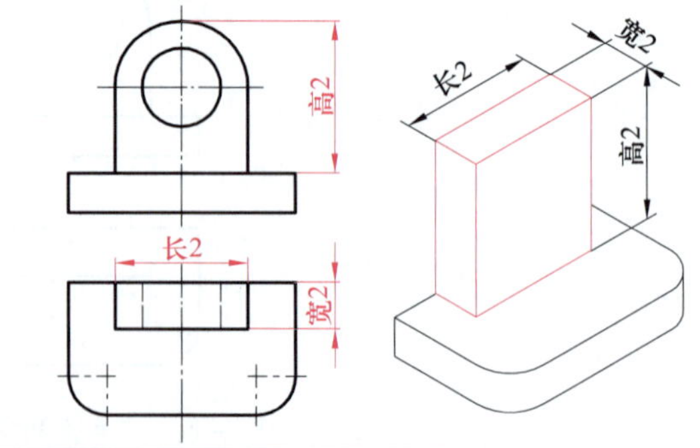

续表

<table>
<tr><th colspan="2">绘制方法和步骤</th><th>图例</th></tr>
<tr><td colspan="2">（5）绘制半圆柱
画法参照表 2－2 直立圆柱正等轴测图的绘制方法和步骤</td><td> 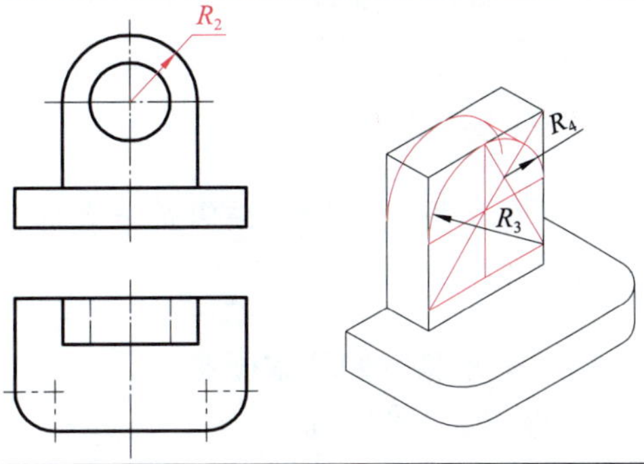R_2 R_4 R_3</td></tr>
<tr><td rowspan="2">（6）绘制圆孔</td><td>1）在支承板的前面上画出边长为 ϕ 的菱形，绘制圆孔与支承板前面相交圆的正等轴测图</td><td>ϕ ϕ</td></tr>
<tr><td>2）将圆孔右下侧圆弧的圆心沿 OY 轴方向向左上方移动支承板的厚度“宽 2”，用相同的半径绘制圆孔后面圆的可见部分</td><td> 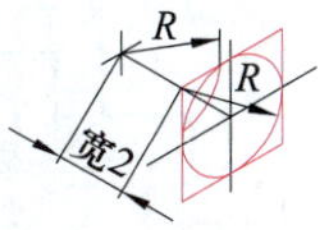R R 宽2</td></tr>
<tr><td colspan="2">（7）擦除作图线，描深可见轮廓线</td><td> 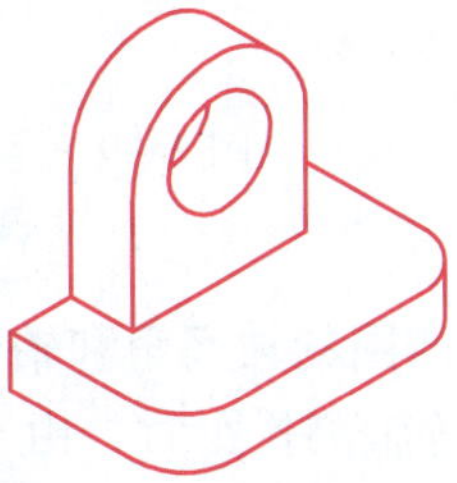</td></tr>
</table>

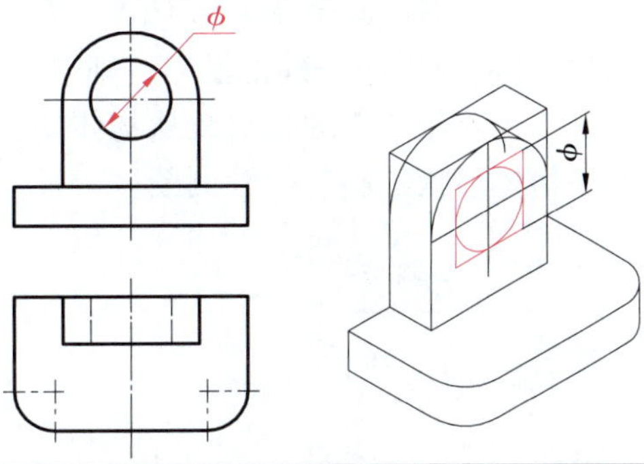

§2－2 斜二等轴测图

学习目标

1. 了解斜二等轴测图的形成过程，掌握斜二等轴测图的轴间角和轴向伸缩系数。

2. 能熟练识读斜二等轴测图。
3. 能正确绘制简单的斜二等轴测图。

想一想

在画正等轴测图时，绘制椭圆是一个很烦琐的事情，有没有一种投影方法，能保持原有的圆形不变形？

一、斜二等轴测图的基本概念

1. 斜二等轴测图的形成

如图 2－9a 所示，使物体上的 O_1X_1、O_1Z_1 坐标轴平行于投影面（O_1Y_1 坐标轴和投影面垂直），将物体向投影面进行正投影，则得到主视图。如图 2－9b 所示，物体与投影面的相对位置不变，若互相平行的投射线从物体的斜上方倾斜于投影面投射，则可在投影面上得到一个能反映物体形状的斜二等轴测图。

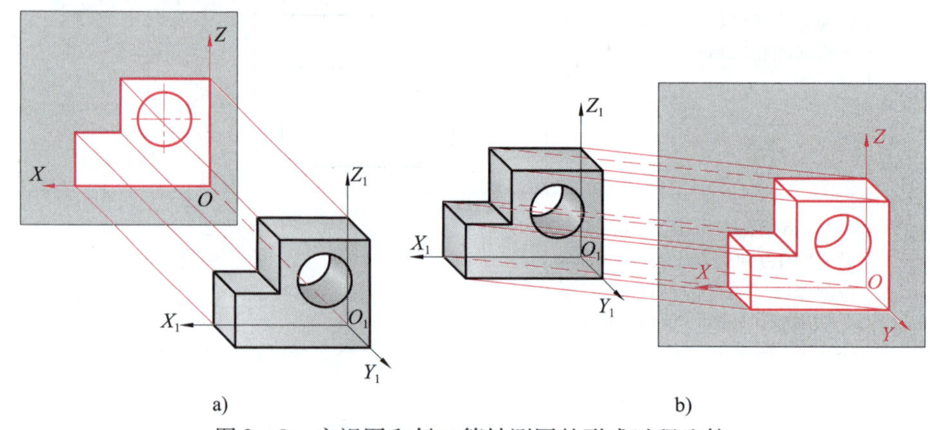

图 2－9　主视图和斜二等轴测图的形成过程比较
a）主视图的形成　b）斜二等轴测图的形成

2. 斜二等轴测图的轴间角和轴向伸缩系数

在进行斜二等轴测投影时，由于 OX、OZ 坐标轴和投影面平行，所以斜二等轴测图的轴间角 $\angle XOZ = 90°$，且 OX、OZ 轴的轴向伸缩系数都为 1。调整投射方向，可使 $\angle XOY = \angle YOZ = 135°$，且使 OY 轴的轴向伸缩系数为 1/2，如图 2－10 所示。因此，在三视图宽度方向上量取的尺寸，在画斜二等轴测图时应减半。

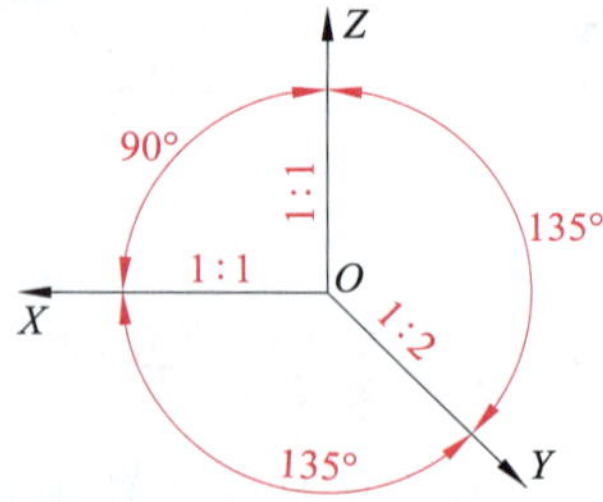

图 2－10　斜二等轴测图的轴间角和轴向伸缩系数

二、斜二等轴测图的画法

挡块的主视图、俯视图如图 2 - 11 所示，其斜二等轴测图的绘制方法和步骤见表 2 - 4。

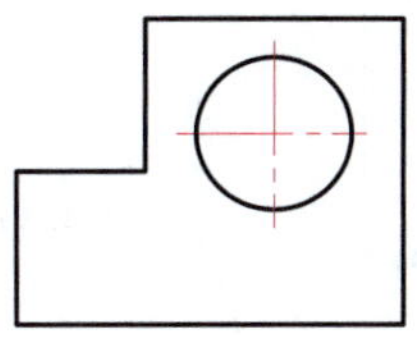

图 2 - 11 挡块的主视图、俯视图

表 2 - 4　　挡块斜二等轴测图的绘制方法和步骤

绘制方法和步骤	图例
（1）在两视图中绘制出坐标轴 O_1X_1、O_1Y_1、O_1Z_1 的投影	
（2）绘制轴测轴 OX、OY、OZ	
（3）绘制挡块前面的斜二等轴测图	

续表

绘制方法和步骤	图例
（4）以前面的各个顶点为起点绘制平行于 OY 轴的直线，并按 $0.5a$ 取其宽度	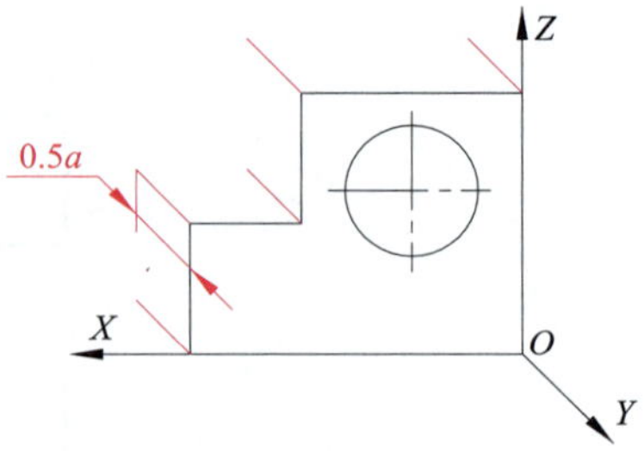
（5）依次连接后面各可见顶点，绘制圆孔后面轮廓圆的可见部分	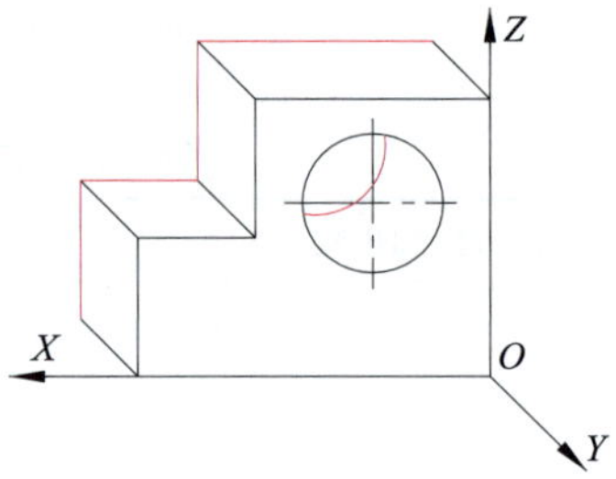
（6）擦除作图线，描深可见轮廓线，即得到挡块的斜二等轴测图	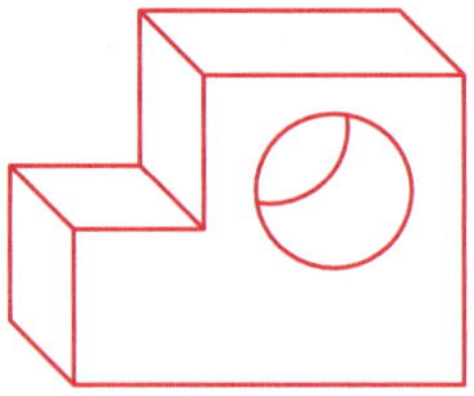

思考与练习

（1）斜二等轴测图 OY 轴的轴向伸缩系数“1/2”经过简化了吗？

（2）在斜二等轴测图中，什么平面不变形？为什么？

应用举例

绘制支承座的斜二等轴测图

支承座的三视图如图 2－12 所示，下面绘制其斜二等轴测图。

支承座由立板和底板两部分组成：立板上有一个圆孔；底板上开有一个矩形槽。绘制斜二等轴测图时，可先绘制出立板的斜二等轴测图，然后在此基础上绘制底板的斜二等轴测图，具体绘制方法和步骤见表 2－5。

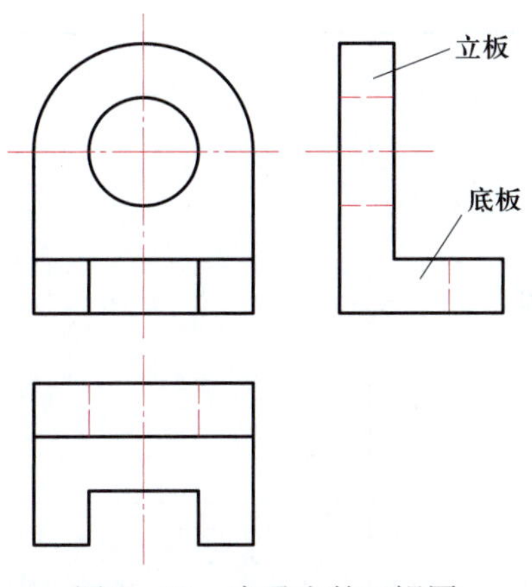

图 2－12　支承座的三视图

表 2－5　　支承座斜二等轴测图的绘制方法和步骤

绘制方法和步骤	图例
（1）确定坐标原点及坐标轴	Z_1' 立板前面 Z_1'' 立板和底板分界处 X_1' O_1' O_1'' Y_1'' X_1 O_1 立板前面 Y_1
（2）绘制立板前面的斜二等轴测图	
（3）完成立板的斜二等轴测图 1）从立板前面的左下侧顶点向左上绘制平行于 *OY* 轴的直线，并按立板宽度的一半取其长度 2）将立板前面上的圆和圆弧的圆心沿 *OY* 轴方向向左后移动立板宽度的一半，用相同半径绘制圆弧（只绘制可见部分） 3）绘制右上侧圆弧的公切线	公切线

续表

绘制方法和步骤	图例
（4）绘制长方体底板的斜二等轴测图	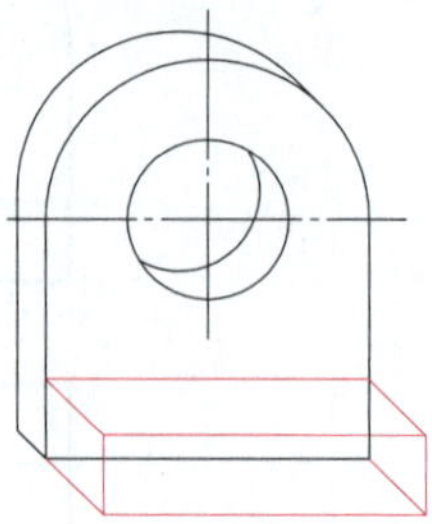
（5）擦去两板连接处的多余图线 （6）绘制底板上的矩形槽	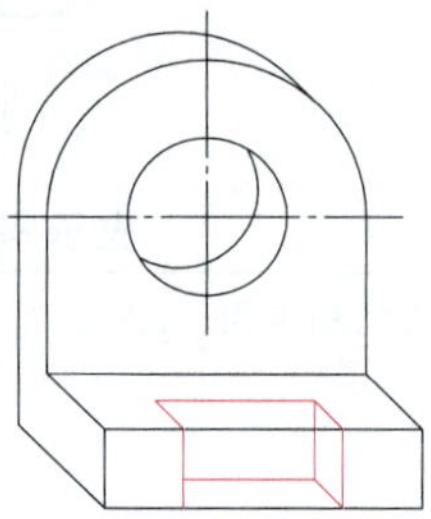
（7）擦除作图线，描深可见轮廓线	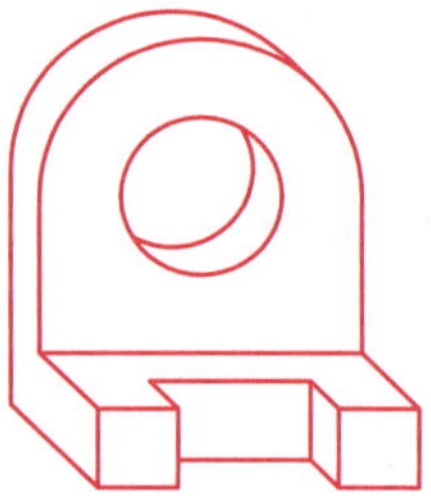

第三章 截交线与相贯线

机件表面是由一些平面或曲面构成的，机件上两个表面相交形成表面交线。这些交线中，有的是平面与立体表面相交而产生的截交线，有的是两立体表面相交而形成的相贯线。了解这些交线的性质并掌握交线的画法，有助于读图时对机件进行形体分析。

§3－1 截交线

学习目标

1. 掌握圆柱截交线的类型和画法。
2. 能够正确绘制圆柱截交线。

想一想

图3－1所示的中间圆盘是用几个平面切割一个圆柱得到的。在图中有许多平面与圆柱面相交产生的截交线，想一想：

（1）在图3－1所示的形体上有哪些平面与圆柱面的交线？

（2）截平面平行于圆柱的轴线、垂直于圆柱的轴线或倾斜于圆柱的轴线截割时，平面与圆柱面的交线各是什么形状？

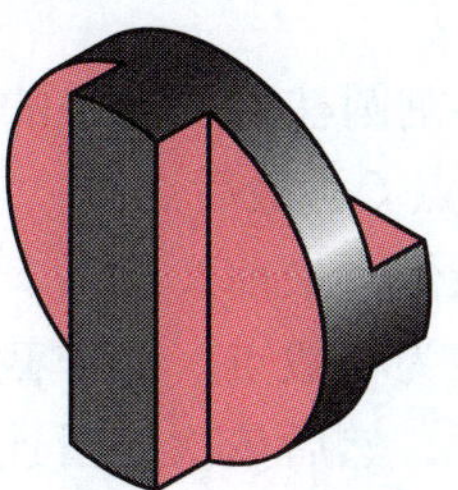

图3－1 中间圆盘

一、圆柱截交线的类型

平面截割立体时，截割立体的平面称为截平面，截平面与立体表面的交线称为截交线。最常见的截交线是圆柱截交线，根据截平面与圆柱轴线的相对位置不同，圆柱截交线有三种情况，见表 3－1。

表 3－1　圆柱截交线

截平面位置	立体图	三视图	截交线形状
平行于圆柱轴线	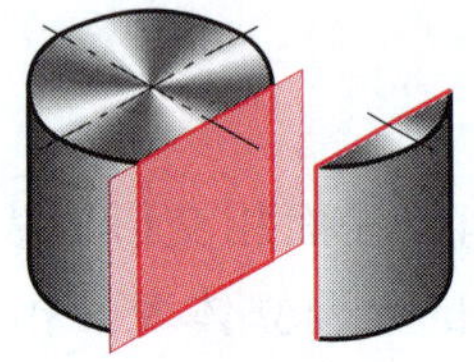	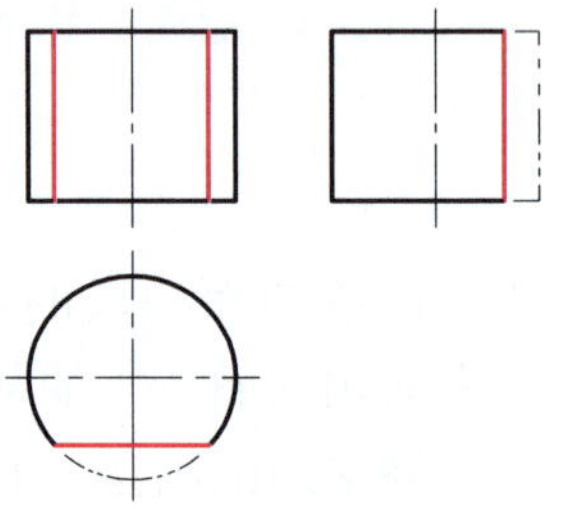	矩形
垂直于圆柱轴线	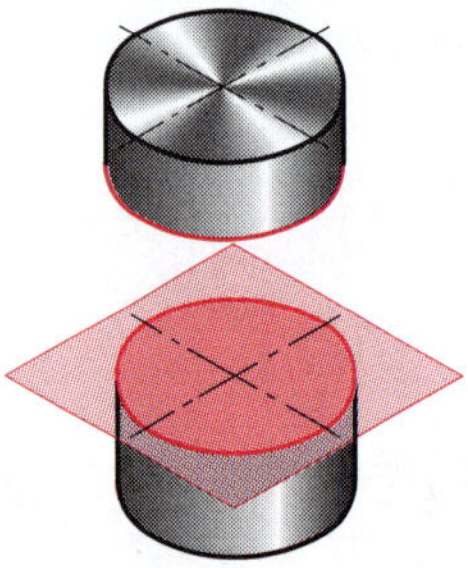	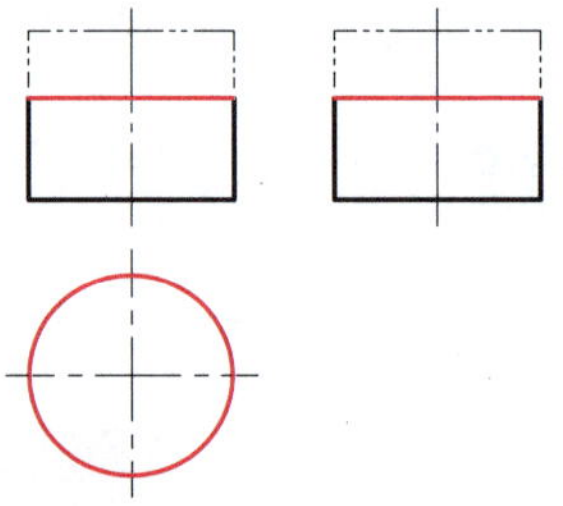	直径等于圆柱直径的圆
倾斜于圆柱轴线	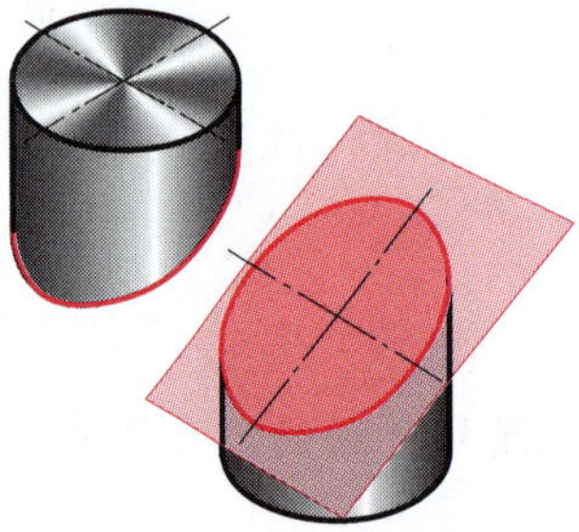	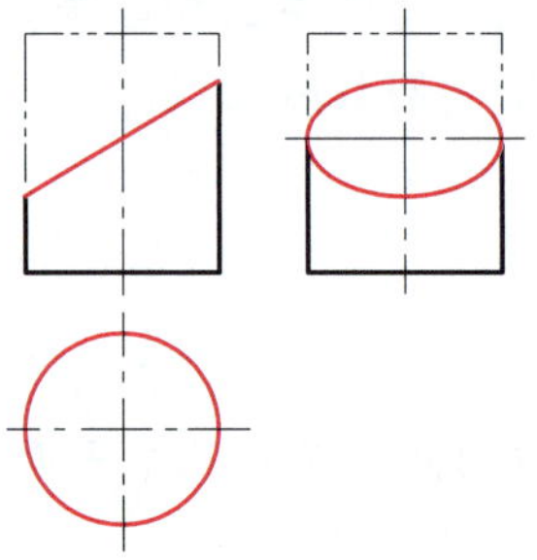	椭圆

二、平面斜割圆柱截交线的画法

图 3－2 所示为平面斜割圆柱的立体图和主视图、俯视图，下面绘制其左视图。

1. 分析已知条件

观察图 3－2a 不难看出，平面斜割圆柱时，产生的截交线为椭圆。在该椭圆上有四个特殊点，即最低点 A、最高点 B、最前点 C、最后点 D。

在截交线或相贯线上的最高、最低、最前、最后、最左、最右点及在回转体最外素线上的点称为特殊点，在其他位置的点称为一般点。在作截交线或相贯线的投影时，应该作出全部特殊点的投影和适当一般点的投影，然后依次光滑连接各点的同面投影。

由于平面斜割圆柱的截交椭圆（见图 3－2a）是圆柱面和截平面的共有线，因此它具有

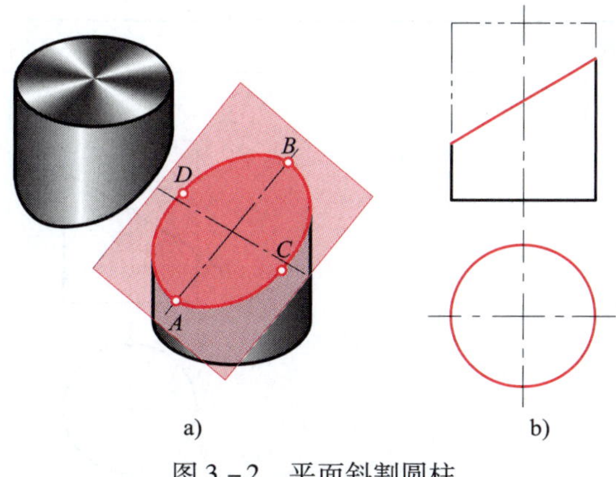

a)　　　　　　　　b)

图 3－2　平面斜割圆柱

a）立体图　b）主视图、俯视图

两个性质：一是该椭圆在圆柱面上，具有圆柱面的投影特性（水平投影为圆）；二是该椭圆在正垂截平面上，具有正垂面的投影特性（正面投影积聚成直线）。因此，该截交线的正面投影和水平投影都是已知的。

2. 作图

已知椭圆的两面投影求第三投影，可先求椭圆上多个点的第三投影，再依次连接各点的投影，具体绘制方法和步骤见表 3－2。

表 3－2　　　　斜割圆柱左视图的绘制方法和步骤

绘制方法和步骤	图例
（1）绘制斜割前圆柱的左视图 （2）找出椭圆上四个特殊位置点的正面投影和水平投影，求作其侧面投影 注意：右下侧 45°倾斜的辅助线必须通过俯视图和左视图宽度方向对称中心线的交点	b′　c′(d′)　a′　b″　d″　c″　a″　45°　d　a　b　c
（3）在俯视图适当位置找四个一般点的水平投影，按投影规律求出其正面投影，再求出其侧面投影	g′(h′)　e′(f′)　h″　g″　f″　e″　f　h　e　g

续表

绘制方法和步骤	图例
（4）光滑连接各点的侧面投影	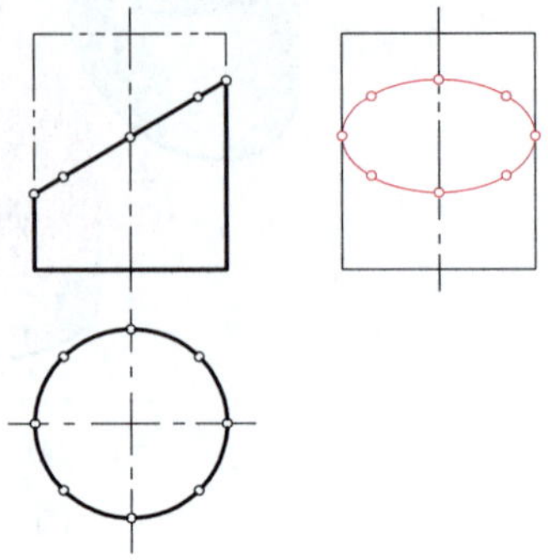
（5）擦除作图线和被切割部分的轮廓线，按线型描深各种图线，绘制椭圆的中心线	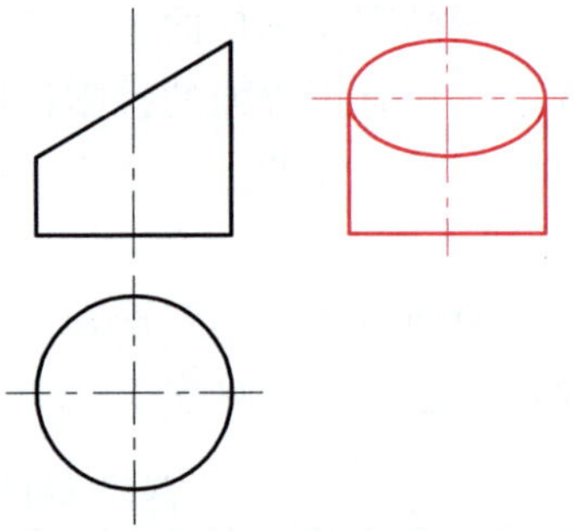

思考与练习

如果图 3－2 中的截平面与圆柱的轴线呈 45°，则截交线在左视图中的投影是什么形状？

应用举例

绘制接头的主视图

根据图 3－3 所示接头的俯视图、左视图和立体图，分析截交线的形状，求作接头的主视图。

1. 形体分析

图 3－3 所示接头是在圆柱的左侧割肩，中间开槽。切割圆柱所用的截平面为正平面（平行于圆柱的轴线）和侧平面（垂直于圆柱的轴线），各截平面切割圆柱产生的截交线为直线或圆弧，截交线的水平投影和侧面投影是已知的，根据截交线的两个已知投影，可以求出其第三投影。

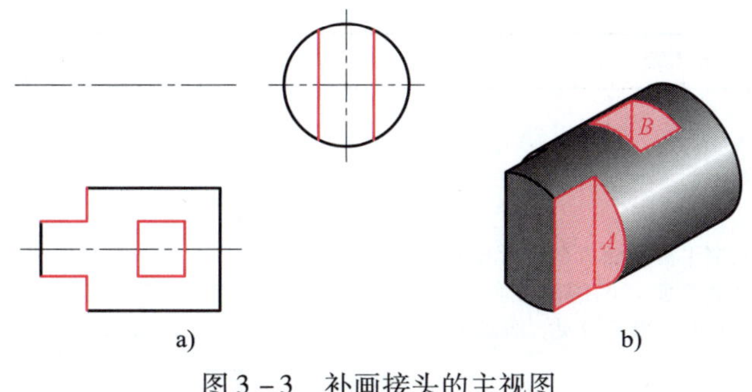

图 3-3　补画接头的主视图

a）俯视图、左视图　b）立体图

2. 作图步骤

接头主视图的绘制方法和步骤见表 3-3。

表 3-3　　接头主视图的绘制方法和步骤

绘制方法和步骤	图例
（1）画切割前圆柱的正面投影 （2）绘制左侧割肩时正平截平面与圆柱面的截交线	
（3）绘制左侧割肩时侧平截平面 A 的正面投影 注意：主视图上，侧平截平面 A 投影的两端和圆柱面最外素线间有间隙	a′ a″ 有间隙 a
（4）绘制圆柱中间开槽时正平截平面与圆柱面的截交线 注意：圆柱中间槽的宽度与左侧凸台的宽度相等，在左视图上的轮廓线重合	

续表

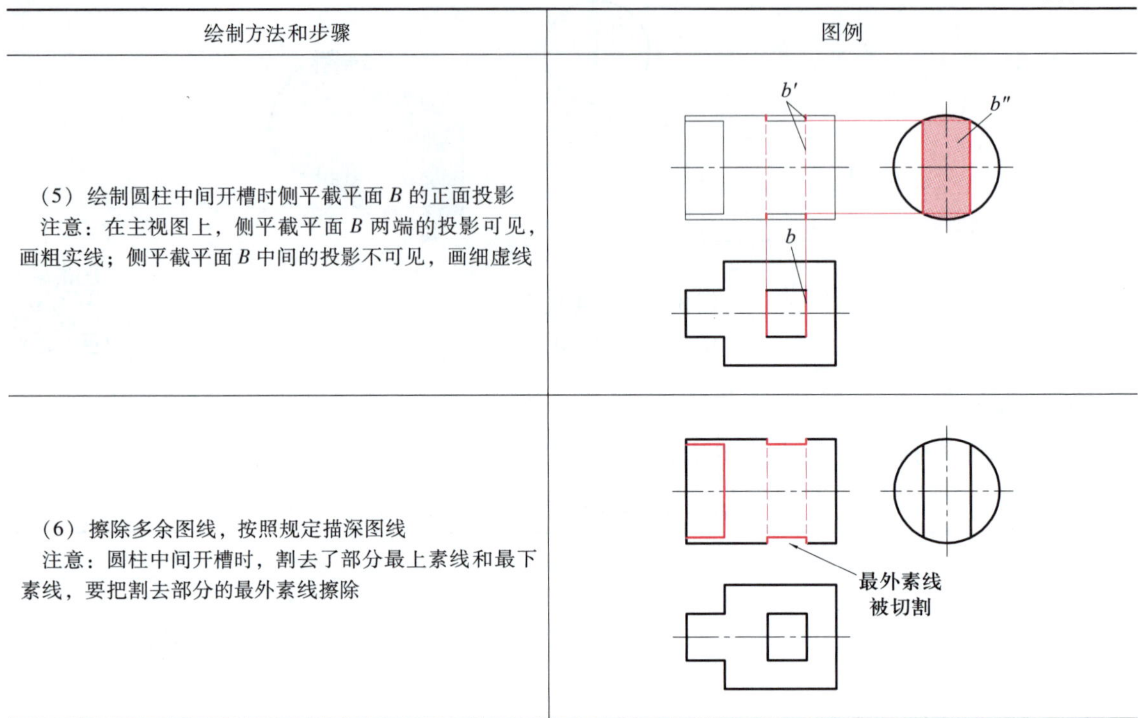

绘制方法和步骤	图例
（5）绘制圆柱中间开槽时侧平截平面 *B* 的正面投影 注意：在主视图上，侧平截平面 *B* 两端的投影可见，画粗实线；侧平截平面 *B* 中间的投影不可见，画细虚线	
（6）擦除多余图线，按照规定描深图线 注意：圆柱中间开槽时，割去了部分最上素线和最下素线，要把割去部分的最外素线擦除	

§3－2 相贯线

学习目标

1. 掌握圆柱相贯线的类型和画法。
2. 能够正确绘制圆柱相贯线。

想一想

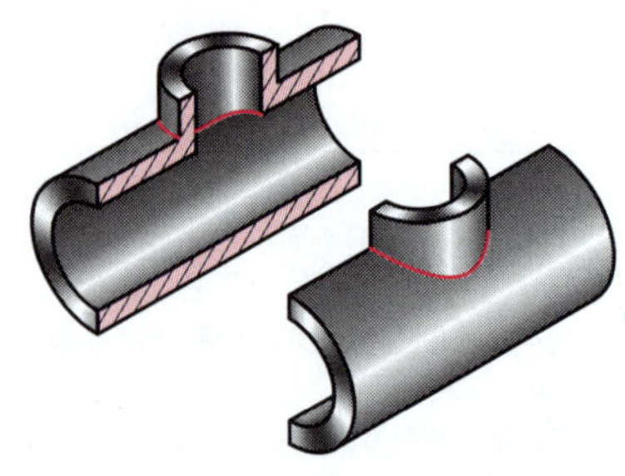

图 3－4　三通

图 3－4 所示为管路中常见的三通，其内、外圆柱面分别相交产生两条封闭的空间曲线，想一想：

（1）图 3－4 所示三通上有几条相贯线？

（2）图 3－4 所示三通上，相贯线的水平投影是什么线？相贯线的侧面投影是什么线？

两立体相交称为相贯，其表面产生的交线称为相贯线。最常见的相贯线是两圆柱轴线垂直相交（正交）时产生的相贯线。

一、两圆柱轴线正交相贯的类型

两圆柱轴线正交相贯的类型见表 3－4。

表 3－4　　**两圆柱轴线正交相贯的类型**

尺寸变化	立体图	三视图	相贯线形状
$D_1 > D_2$	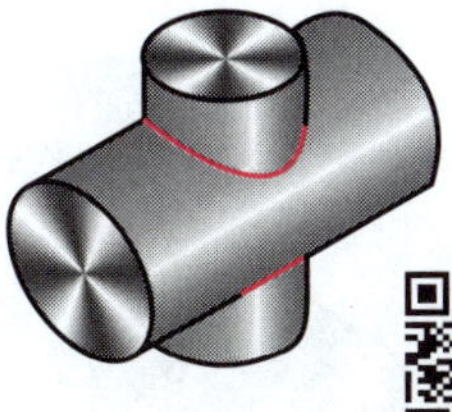	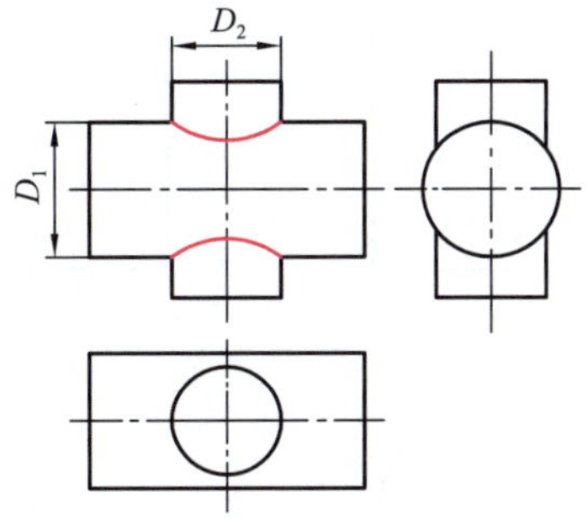 D_2 D_1	空间曲线
$D_1 = D_2$	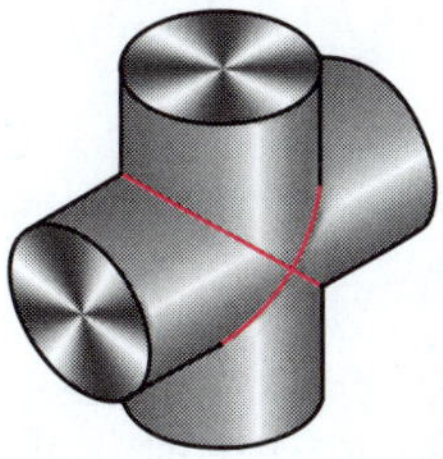	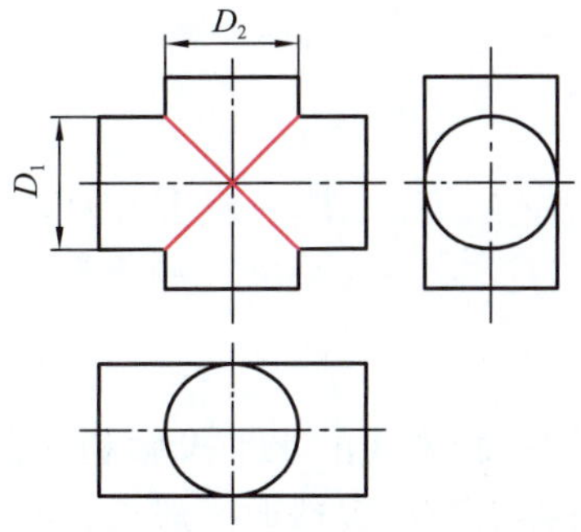 D_2 D_1	椭圆
$D_1 < D_2$	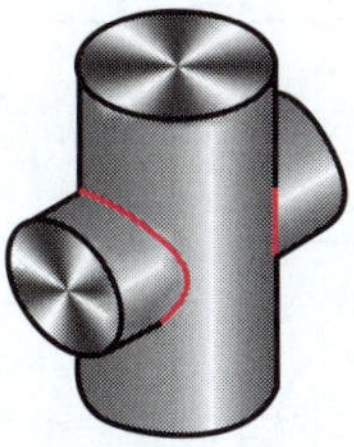	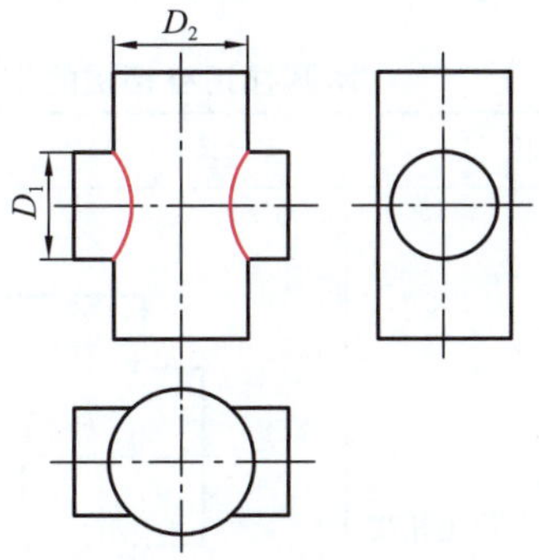 D_2 D_1	空间曲线

二、圆柱相贯线的画法

图 3－5 所示为两圆柱正交相贯，下面以补画主视图上的相贯线为例，分析求作相贯线的方法。

1. 视图分析

由图 3－5 可知，两圆柱直径不同，轴线正交，其中大圆柱的轴线垂直于水平投影面，故大圆柱面的水平投影为圆；小圆柱的轴线垂直于侧投影面，故小圆柱面的侧面投影为圆。

相贯线（空间封闭曲线）是两圆柱面的交线，也是两圆柱面的共有线，因此具有两圆柱面的投影特性，即相贯线的水平投影与大圆柱面的投影重合（为圆的一部分圆弧），相贯线的侧面投影与小圆柱的侧面投影重合（为整圆）。

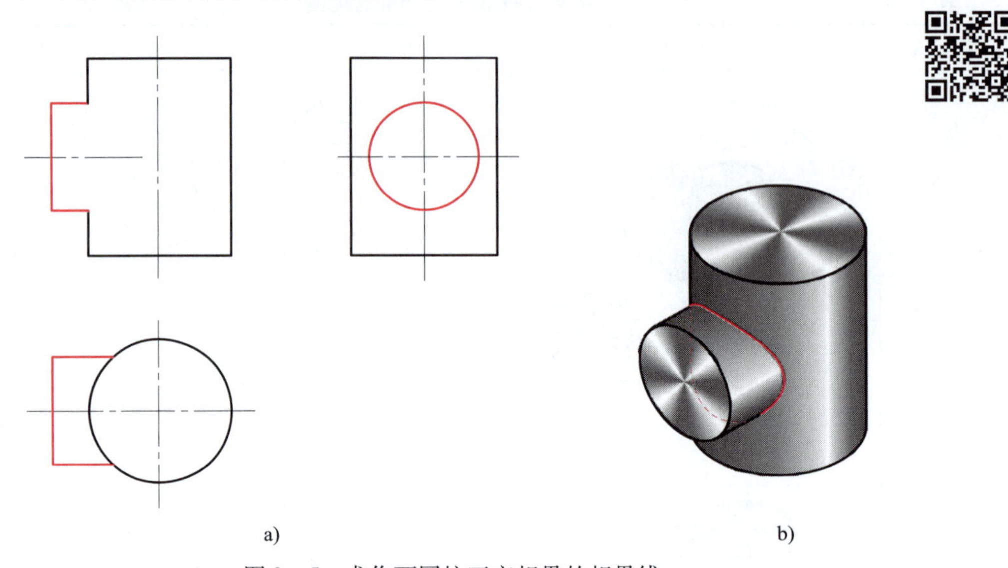

a) b)

图 3－5 求作两圆柱正交相贯的相贯线

a）三视图 b）立体图

2. 作图步骤

图 3－5 所示圆柱相贯线的水平投影和侧面投影是已知的。在作图时，可以先找出相贯线上的特殊点，再在适当位置选取一般点，并根据点的投影规律求作未知投影，光滑连接各点即得相贯线的未知投影，具体绘制方法和步骤见表 3－5。

表 3－5 两圆柱正交相贯的相贯线的绘制方法和步骤

绘制方法和步骤	图例
（1）作特殊点的投影 先在左视图和俯视图上找出相贯线上的最高点 A 和最低点 C（该两点同时是最左点）、最前点 B 和最后点 D（该两点同时是最右点）的侧面投影和水平投影，然后依据投影规律求作正面投影	

续表

绘制方法和步骤	图例
（2）作一般点的投影 在适当位置选取一般点 E、F、G、H，找出其侧面投影，利用点的投影规律和相贯线上点的水平投影在大圆上两个条件，求作其水平投影，然后根据点的两面投影求作其正面投影 注意：右下侧45°倾斜的辅助线必须过俯视图、左视图宽度方向对称中心线的交点	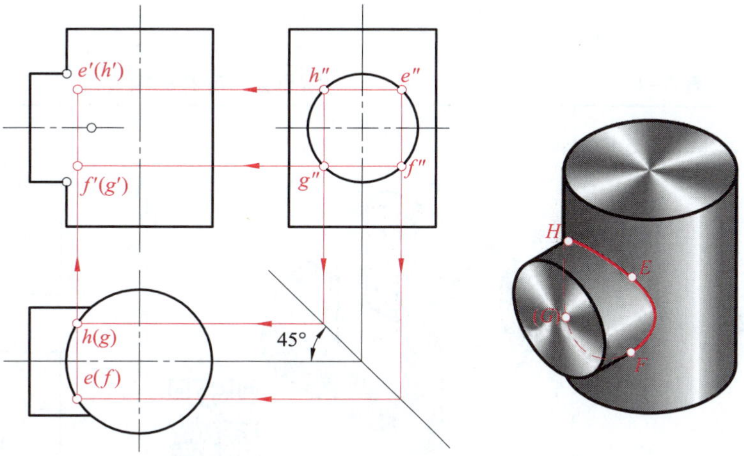 e′(h′)　h″　e″　f′(g′)　g″　f″　h(g)　e(f)　45°　H　E　(G)　F
（3）光滑连接各点	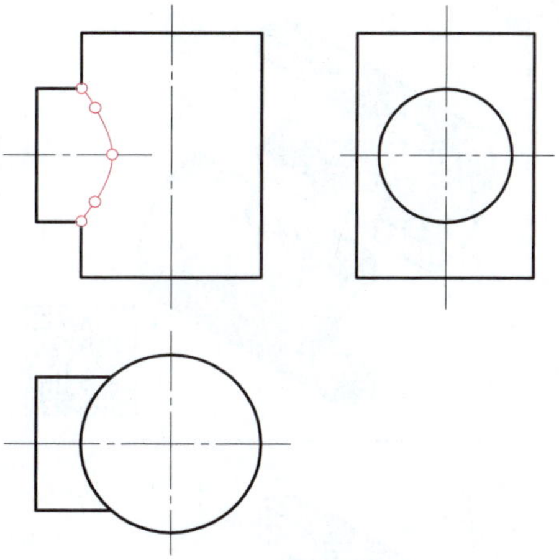
（4）擦除作图线，按线型描深各种图线	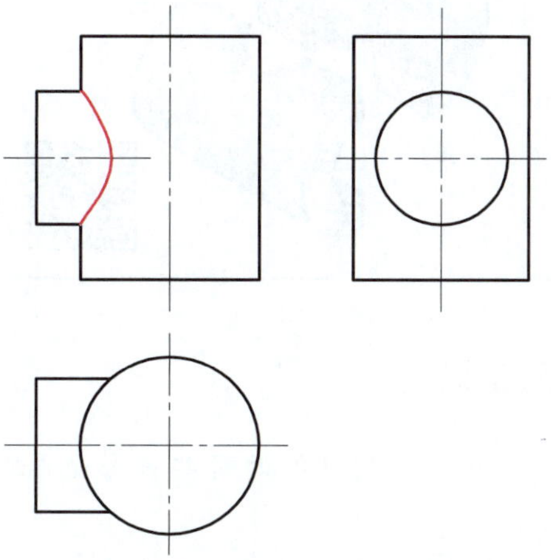

三、常见圆柱穿孔的相贯线

常见圆柱穿孔的相贯线见表 3－6。圆柱相贯时，圆柱面上相贯处的最外素线不再存在。

表 3－6　常见圆柱穿孔的相贯线

类型	立体图	三视图
圆柱与圆柱孔相贯	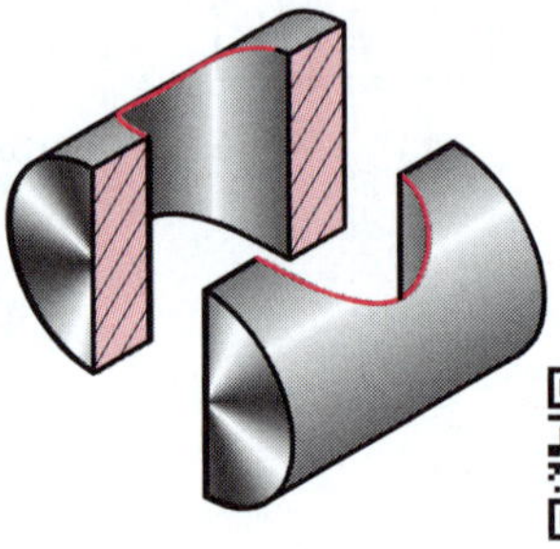	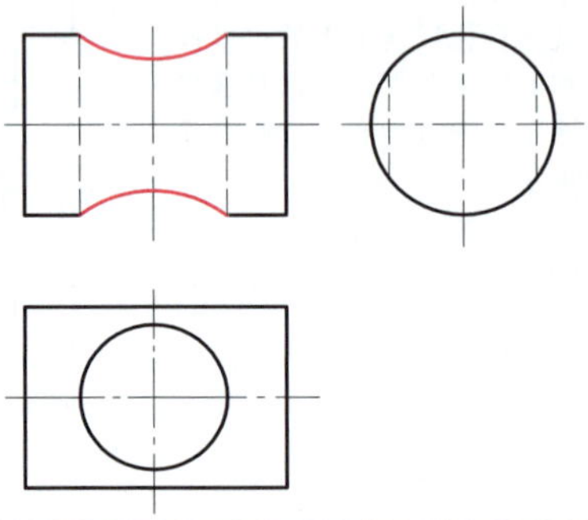
不等径圆柱孔相贯	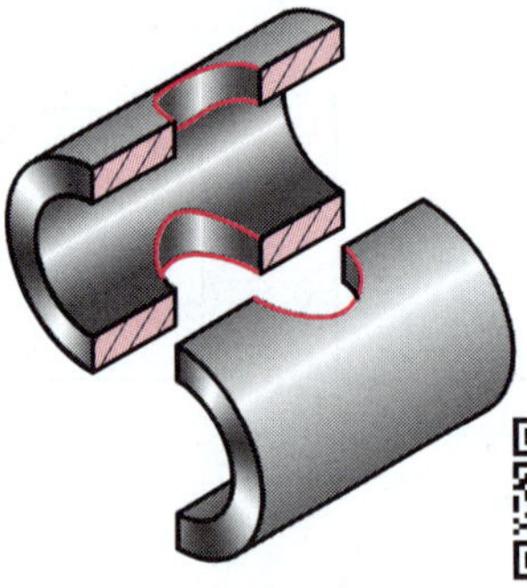	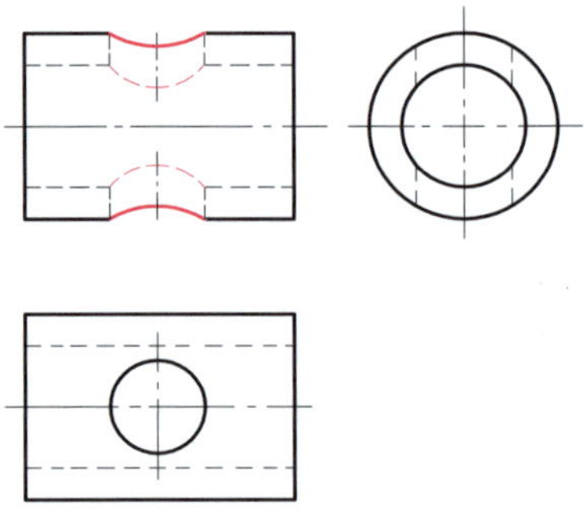
等径圆柱孔相贯	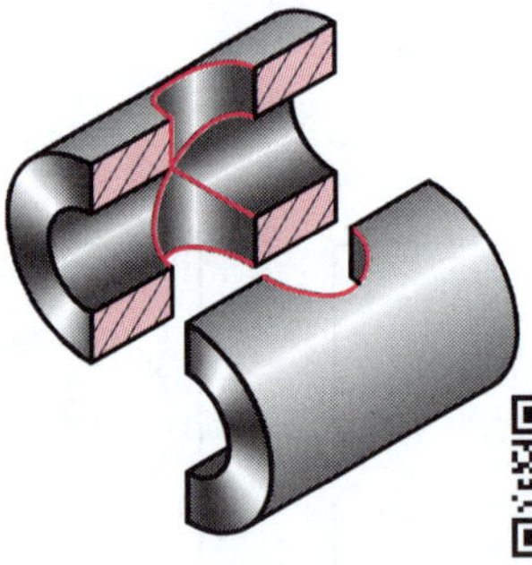	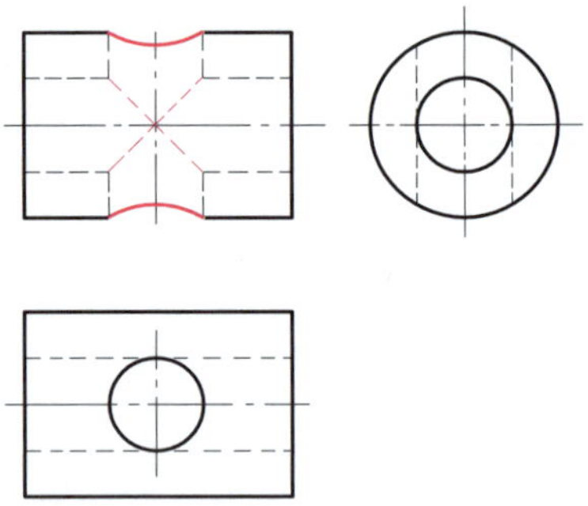

思考与练习

（1）在表 3－6 中，相贯线的哪些投影是圆？哪些投影是圆弧？哪些投影是非圆曲线（或直线）？

（2）在什么情况下，相贯线是平面曲线？

补画键槽与圆柱面交线的投影

图 3 -6 所示为在圆柱上加工了键槽，下面补画其主视图上的缺线。

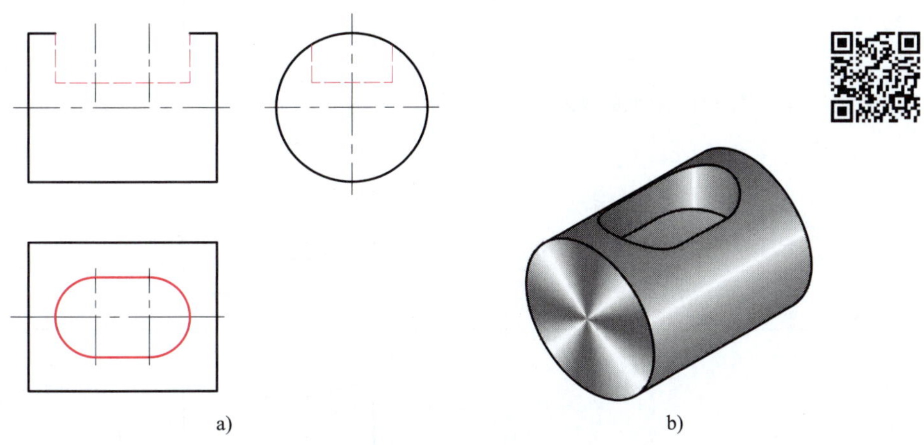

图 3 -6　补画主视图上的缺线

a）三视图（缺线）　b）立体图

1. 视图分析

如图 3 -6 所示，键槽的两边为半圆孔，中间为方槽，两边的半圆孔和外圆柱面相交产生相贯线，方槽和外圆柱面相交产生截交线。

2. 作图步骤

补画图 3 -6a 所示主视图上缺线的方法和步骤见表 3 -7。

表 3 -7　补画主视图上缺线的方法和步骤

绘制方法和步骤	图例
（1）补画左侧半圆孔和外圆柱面的相贯线	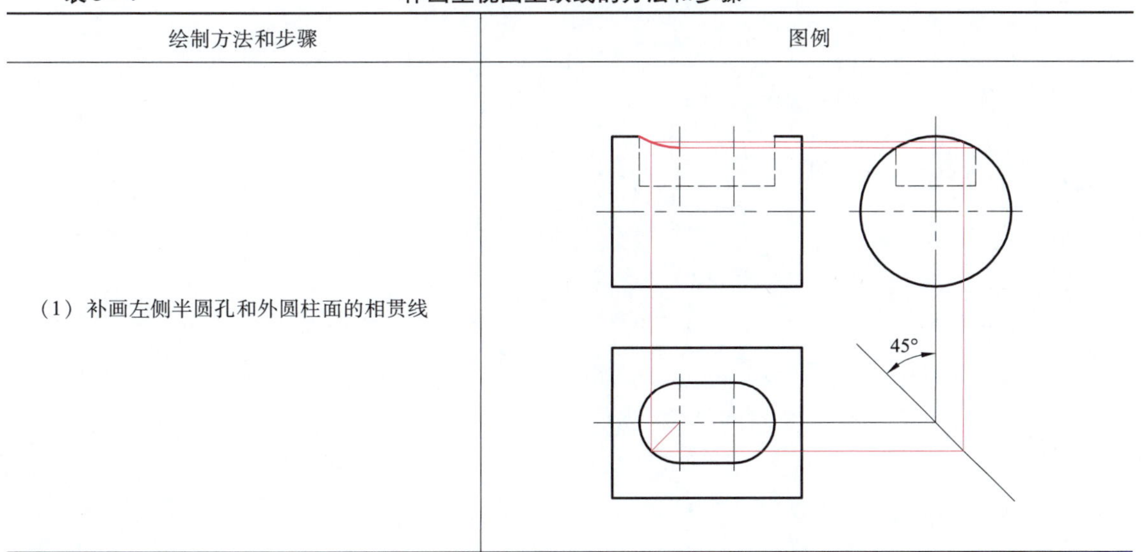

续表

绘制方法和步骤	图例
（2）补画键槽中间平面和外圆柱面的截交线	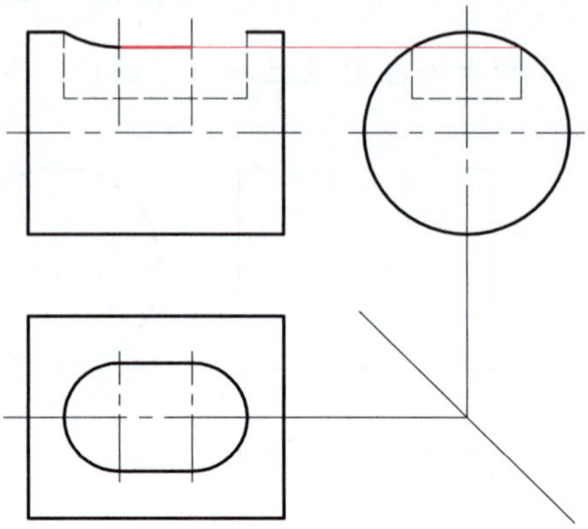
（3）补画右侧半圆孔和外圆柱面的相贯线	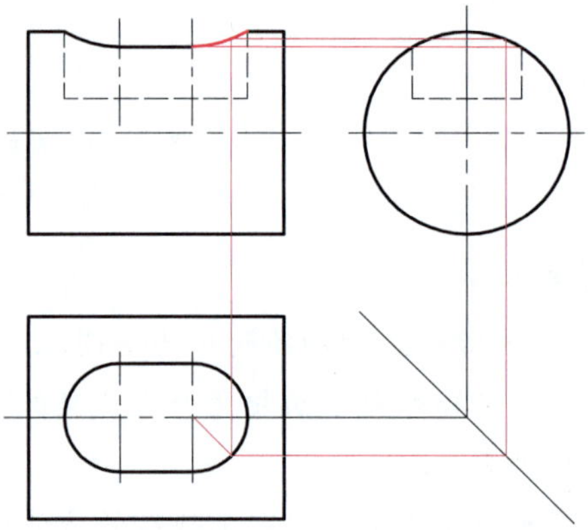

第四章 组合体

§4-1 组合体的类型与表面连接关系

学习目标

1. 了解组合体的类型。
2. 了解组合体的表面连接关系。

一、组合体的类型

在机件上，很少看到由基本几何体单独形成的零件，绝大多数零件都是由两个或两个以上基本几何体组合而成的。由两个或两个以上基本几何体组成的形体称为组合体。按照形体特征，组合体可分为叠加类组合体、切割类组合体、综合类组合体三种，其概念及典型图例见表4-1。

表4-1 组合体的概念及典型图例

类型	叠加类组合体	切割类组合体	综合类组合体
概念	由几个基本几何体叠加而成的组合体	在一个基本几何体上切割去除某些形体而形成的组合体	既有叠加又有切割的组合体
图例			

二、组合体的表面连接关系

想一想

两立体表面相切时，相切处是否绘制轮廓线？

在绘制组合体的三视图时，必须分析清楚形体相邻表面之间的关系，才能保证既不多画线，又不漏画线。形体上相邻两表面的连接关系有共面、相错、相切、相交等，见表 4－2。

表 4－2　　组合体的表面连接关系

形式	形体	正确画法	错误画法
（1）共面 两立体表面处于同一平面内，两相邻表面的投影之间无分界线	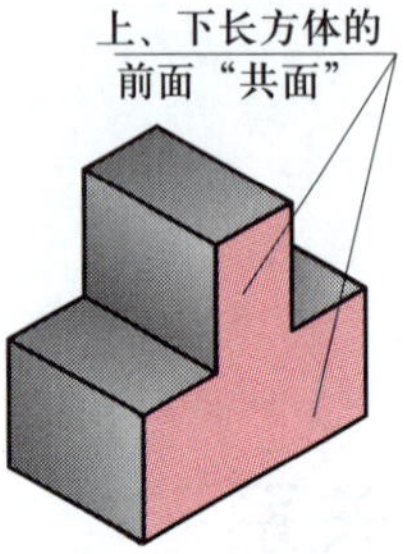 上、下长方体的前面“共面”	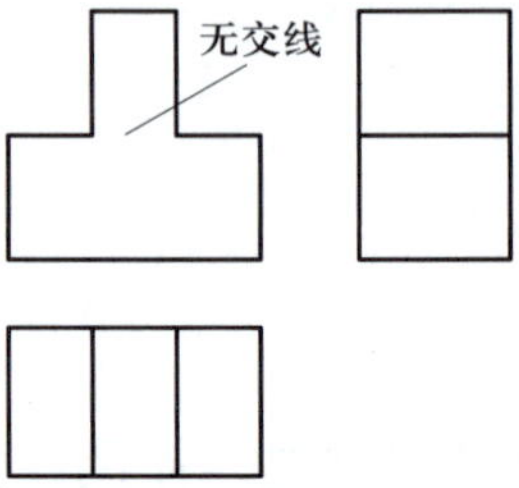 无交线	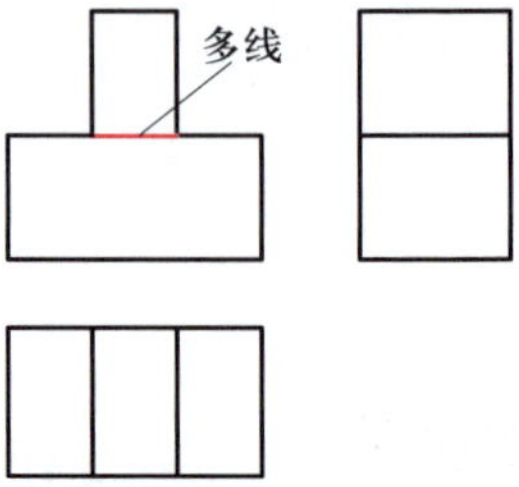 多线
（2）相错 两立体表面不在同一平面内，两相邻表面的投影之间有分界线	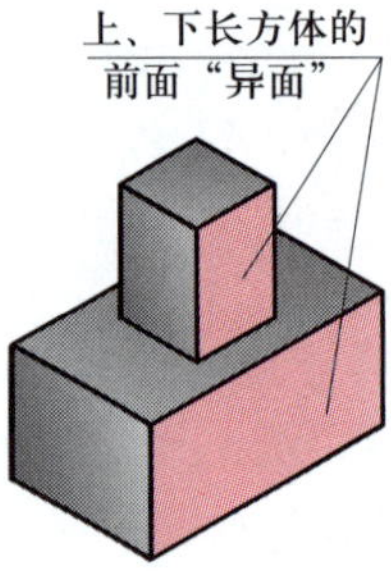 上、下长方体的前面“异面”	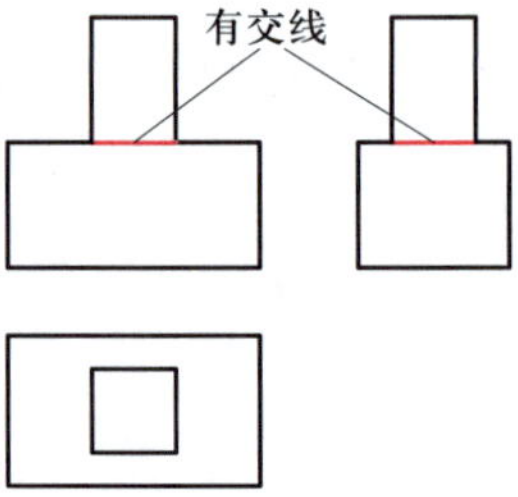 有交线	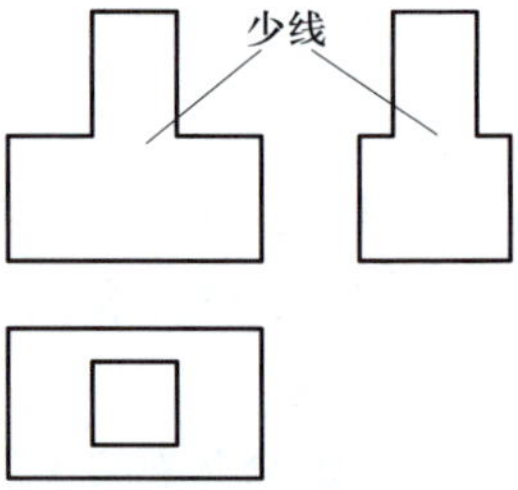 少线
（3）相切 两相邻表面光滑过渡，在相切处不存在轮廓线，即在视图上的相切处不画线	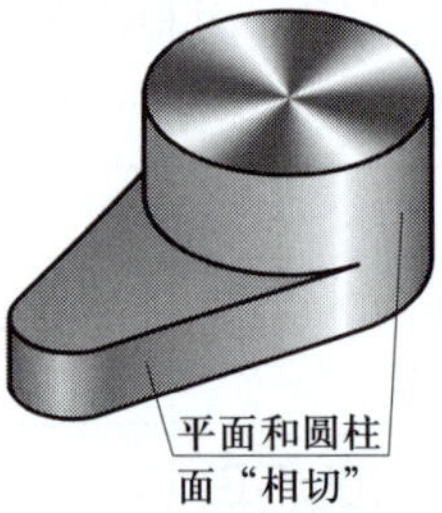 平面和圆柱面“相切”	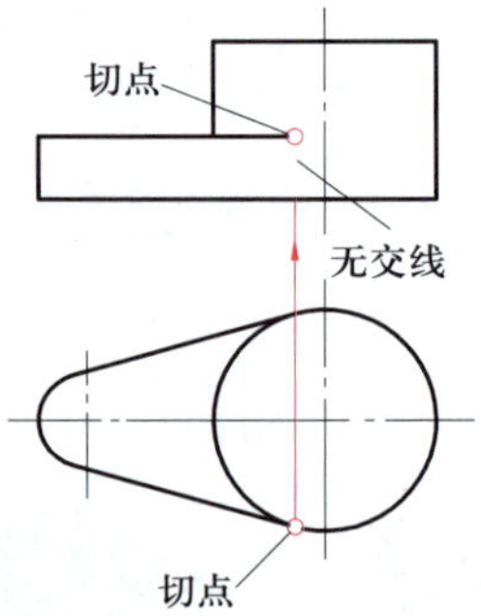 切点 无交线 切点	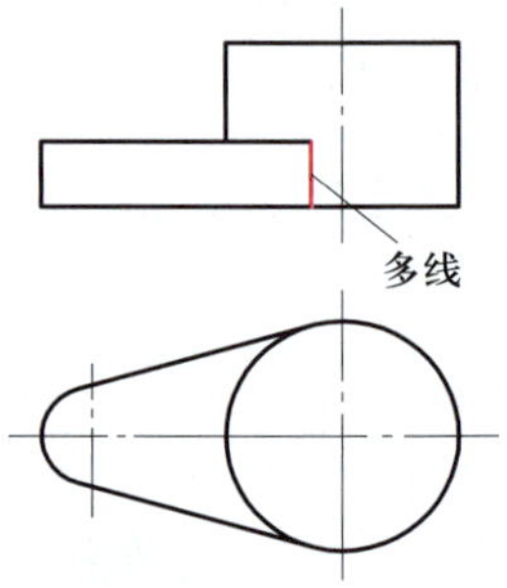 多线
（4）相交 两相邻表面之间在相交处产生交线（截交线或相贯线）	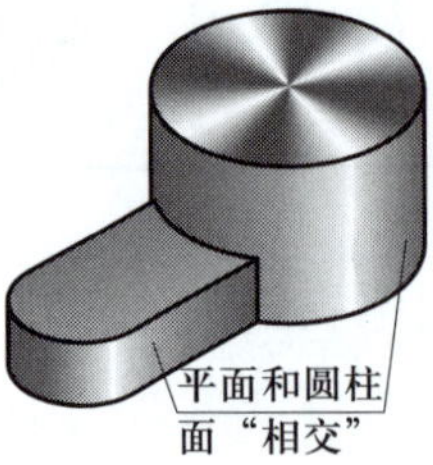 平面和圆柱面“相交”	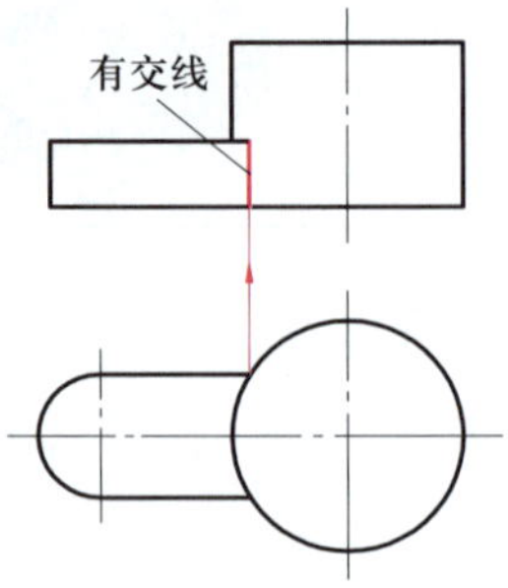 有交线	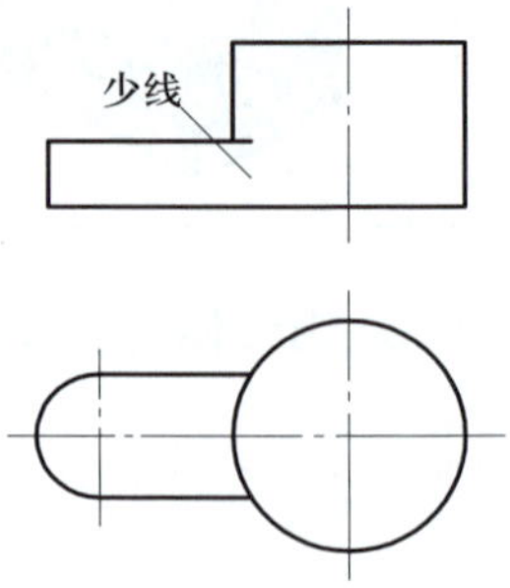 少线

§4－2　绘制组合体的三视图

学习目标

1. 了解绘制组合体三视图的基本原则。
2. 掌握叠加类、切割类和综合类组合体三视图的画法。
3. 能正确绘制组合体三视图。

一、绘制组合体三视图的基本原则

由于组合体的结构比较复杂，在绘制组合体的三视图时，要按照一定的先后顺序进行绘制，以保证绘制的三视图正确无误。具体绘图时可参照以下原则：

（1）先绘主要部分，后绘次要部分。

（2）先绘大形体，后绘小结构。

（3）先绘可见部分，后绘不可见部分。

（4）先绘特殊位置直线（或平面），后绘一般位置直线（或平面）。

（5）三个视图要同时绘制，不要先画完主视图再画其他视图。

二、绘制叠加类组合体的三视图

想一想

（1）在画三视图时，为什么要先画主要部分，后画次要部分？

（2）在画三视图时，为什么要三个视图同时绘制？

（3）图 4－1 所示支架是哪种类型的形体？由哪几部分组成？

图 4－1　支架

绘制叠加类组合体的三视图时，首先要对叠加类组合体进行形体分析，将组合体分解成几个简单的基本形体；然后逐个画出各个基本形体的三视图；最后分析各基本形体之间的相对位置和表面连接关系，擦去不必要的线，完成三视图。下面以图 4－1 所示支架为例分析叠加类组合体三视图的画图方法和步骤。

1. 分析形体

首先要分析形成叠加类组合体的各基本形体的形状，然后分析各基本形体间的相对位置关系和表面连接关系。图 4－1 所示支架可分解为平板、肋板、连接板和竖板（两块）五个基本形体，如图 4－2 所示。支架的结构特点是前后对称，各形体之间的位置关系是平板和连接板同宽，连接板和竖板同高，平板、连接板和竖板的前、后面共面，肋板下靠平板，右靠连接板。

2. 绘制三视图

在绘制支架的三视图时，应先绘制三视图的基准线，然后逐一绘制连接板、平板、竖板

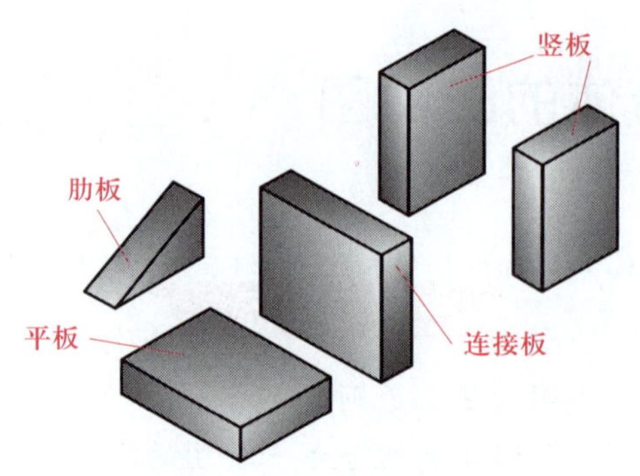

图 4－2　支架的组成

和肋板的三视图，最后校核、描深图线。支架三视图的绘制方法和步骤见表 4－3。

表 4－3　　支架三视图的绘制方法和步骤

绘制方法和步骤	图例
（1）绘制作图基准线 绘制主视图、左视图的高度基准线。绘制连接板左侧平面在主视图、俯视图上的投影，并以此作为长度基准线。绘制俯视图、左视图的前后对称中心线，作为宽度基准线	
（2）绘制连接板 测量轴测图上连接板的长度、宽度、高度，先绘制其主视图，然后绘制俯视图、左视图	长1　高1　宽1　宽1　长1　高1
（3）绘制平板 1）测量轴测图上平板的长度和高度，先绘制主视图，再绘制俯视图、左视图 2）分析连接板和平板的连接关系可知，这两个形体的前面和后面共面，因此应擦除主视图上平板和连接板之间的可见轮廓线	长2　高2　两形体间无交线　高2　长2

续表

绘制方法和步骤	图例
（4）绘制竖板 1）测量轴测图上竖板的长度，绘制竖板的主视图；测量轴测图上竖板的宽度，绘制俯视图、左视图 2）擦除主视图上连接板与竖板之间的可见轮廓线 3）连接板与两竖板相连形成凹槽，将凹槽在主视图、左视图上的投影用细虚线表达	
（5）绘制肋板 1）测量轴测图上肋板的高度，绘制肋板的主视图 2）测量轴测图上肋板的宽度，绘制肋板的俯视图 3）根据“高平齐，宽相等”的投影规律绘制肋板的左视图	
（6）校核三视图 对照立体形状，根据投影规律，反复校核三视图，要重点检查各基本形体之间的表面连接关系。通过校核发现，在俯视图上没有擦除连接板与竖板之间的可见轮廓线	
（7）描深图线 擦去多余作图线，按标准规定的线型描深各种图线	

思考与练习

（1）叠加类组合体是如何形成的？

（2）如何绘制叠加类组合体的三视图？

（3）绘制叠加类组合体的三视图时，容易出现什么问题？

三、绘制切割类组合体的三视图

想一想

图 4－3 所示为支座的正等轴测图，该形体为何种类型的组合体？它是如何形成的？

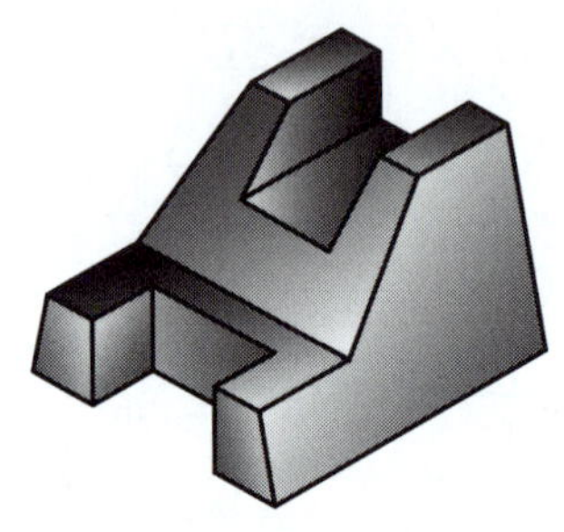

图 4－3　支座

不难看出，图 4－3 所示支座属于切割类组合体，它由长方体经过一系列的切割而形成，下面以此为例分析切割类组合体的绘图方法和步骤。

1. 分析形体

由于切割类组合体是将一个基本几何体（一般为长方体）进行一系列的切割得到的，所以在分析形体时，要弄清楚形体切割前基本形体的形状和切割过程。

图 4－3 所示支座是由长方体经过一系列切割而形成的，其具体切割方法和步骤如图 4－4 所示。

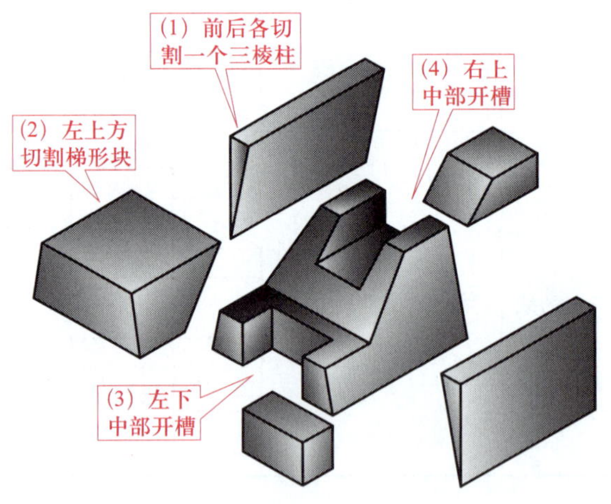

图 4－4　支座的形成过程

2. 绘制三视图

在绘制切割类组合体的三视图时，一般先绘制切割前基本几何体的三视图，然后根据切割步骤逐步绘制出组合体的三视图。支座三视图的绘制方法和步骤见表 4－4。

表 4-4　　支座三视图的绘制方法和步骤

绘制方法和步骤	图例
（1）绘制切割前长方体的三视图 测量轴测图上的尺寸“长1”“宽1”和“高1”，绘制长方体的三视图 注意：在轴测图上，不平行于轴测轴的线段不能度量	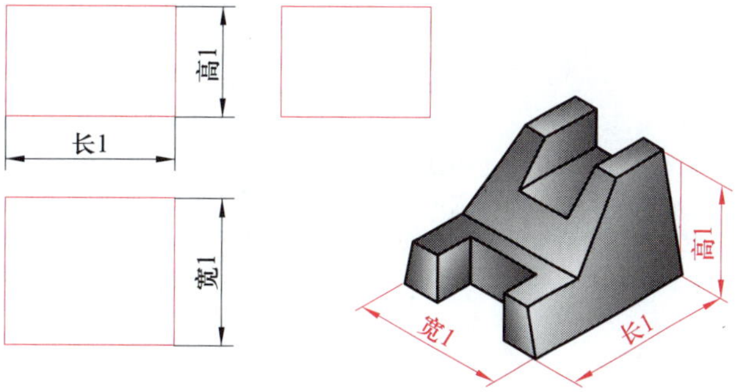
（2）在俯视图、左视图上绘制对称线 （3）绘制在长方体的前、后各切割一个三棱柱后的三视图 测量轴测图上的尺寸“宽2”，绘制切割三棱柱后形体的左视图，然后利用投影规律补画俯视图上的缺线	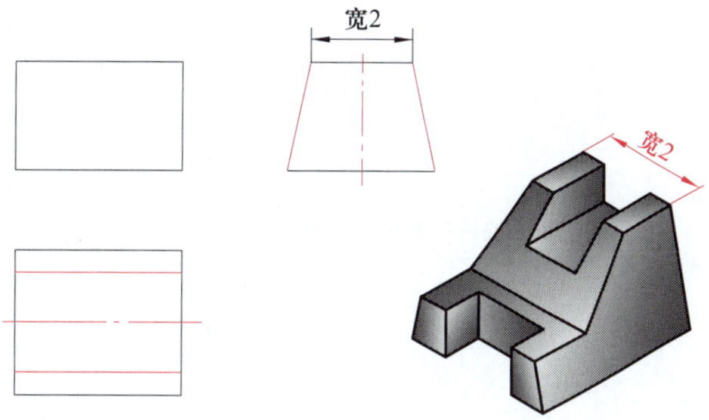
（4）绘制在形体的左上方切割一个梯形块后的三视图 测量轴测图上的尺寸“长2”“长3”和“高2”，绘制切割后形体的主视图，然后绘制左视图，再绘制俯视图	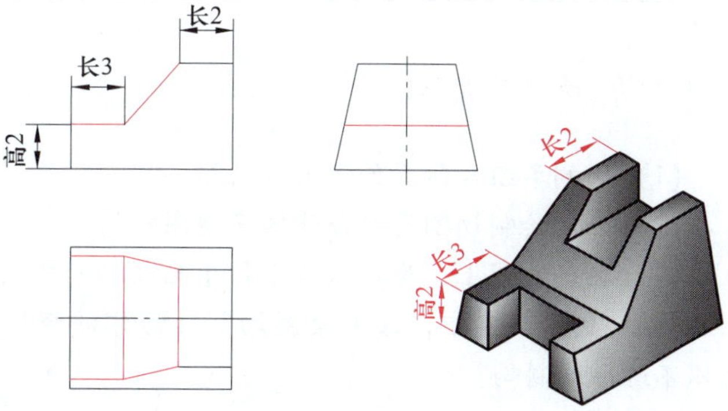
（5）绘制在形体左下中部开槽后的三视图 测量轴测图上的尺寸“宽3”和“长4”，绘制左下中部开槽后形体的俯视图，然后绘制主视图、左视图	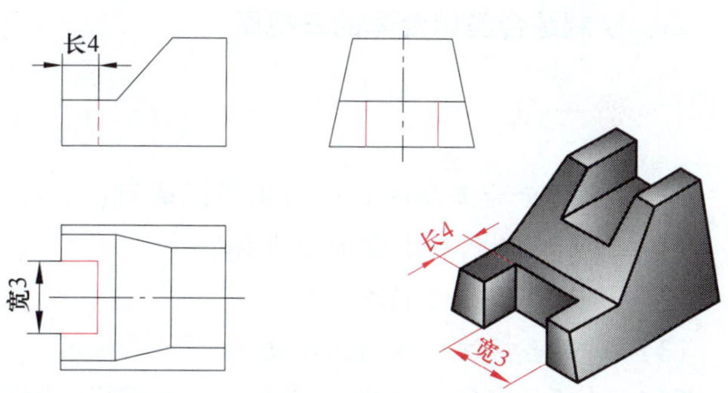

续表

绘制方法和步骤	图例
（6）绘制在形体的右上中部开槽后的三视图 测量轴测图上的尺寸“宽4”和“高3”，绘制右上中部开槽后形体的左视图，然后绘制主视图，再绘制俯视图	
（7）擦除作图线，校核三视图，按规定的线型描深图线	

 思考与练习

（1）切割类组合体是如何形成的？

（2）如何绘制切割类组合体的三视图？

（3）在轴测图上，为什么不平行于轴测轴的线段不能度量？

（4）在表 4－4 中，每次绘制切割后形体的视图时，都有先后顺序要求，这是为什么？可以不这样绘制吗？

四、绘制综合类组合体的三视图

 想一想

图 4－5 所示为座体的正等轴测图，试问：

（1）该形体为何种类型的组合体？

（2）该形体是如何形成的？

（3）如何绘制该形体的三视图？

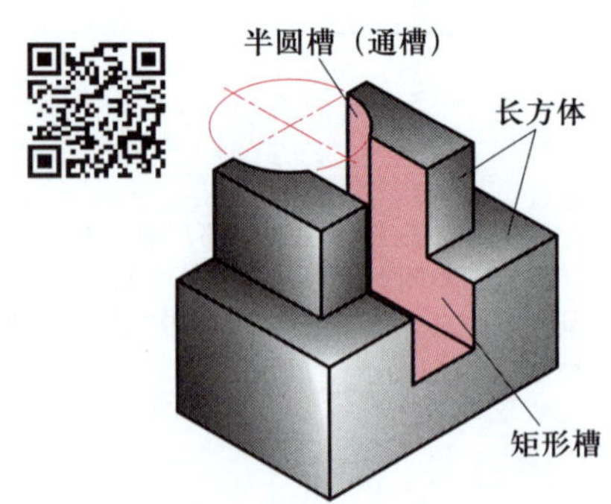

图 4－5 座体

图 4－5 所示座体是“既有叠加又有切割”的综合类组合体，

下面根据立体图绘制三视图。

1. 分析形体

该形体由两个长方体叠加而成，在形体的后面开有半圆槽，中间开有矩形槽。

2. 绘制三视图

综合类组合体大多以叠加为主，绘制其三视图时可采用“先叠加，后切割”的方法。图 4－5 所示座体三视图的绘制方法和步骤见表 4－5。

表 4－5　　座体三视图的绘制方法和步骤

绘制方法和步骤	图例
（1）绘制上、下长方体的三视图 注意：该形体左右对称，在主视图、俯视图上需绘制左右对称线	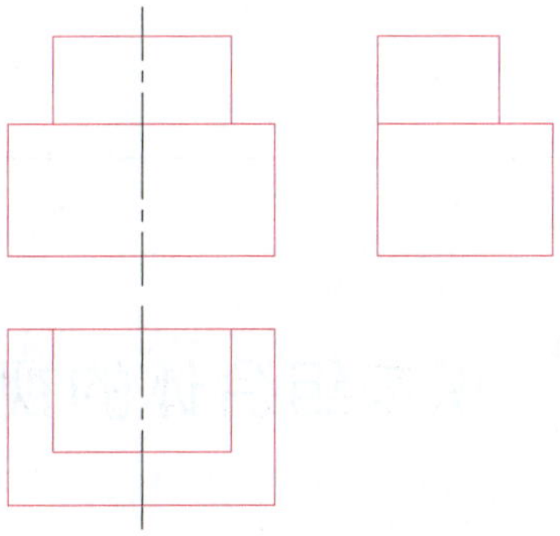
（2）绘制形体后面切割半圆槽后形成的轮廓线 1）先绘制半圆槽的俯视图，然后绘制主视图、左视图 2）擦除俯视图上切割半圆槽后消失的轮廓线 3）绘制半圆槽的水平中心线	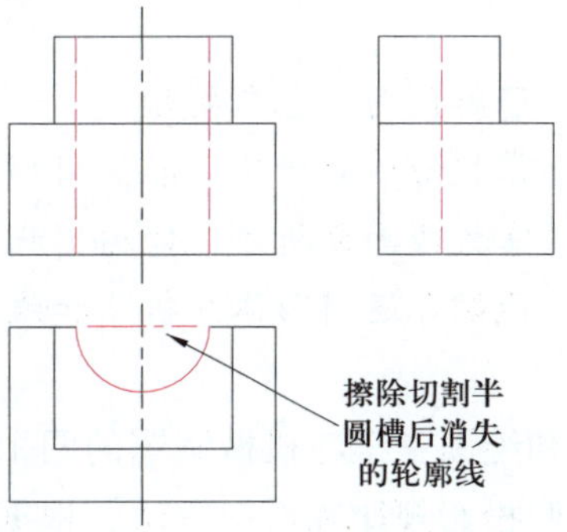 擦除切割半圆槽后消失的轮廓线
（3）绘制形体中间开矩形槽后的轮廓线 1）先绘制矩形槽的主视图，再绘制俯视图，最后绘制左视图 2）矩形槽和半圆槽相交产生截交线，注意绘制左视图上截交线的投影 3）擦除切割矩形槽后消失的轮廓线	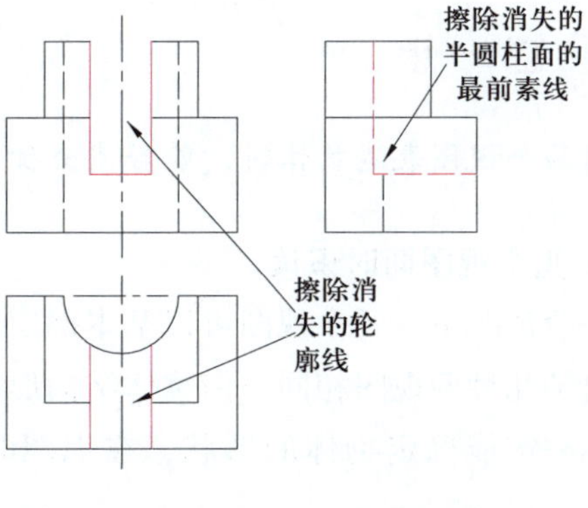 擦除消失的半圆柱面的最前素线 擦除消失的轮廓线

续表

绘制方法和步骤	图例
（4）擦除作图线，校核三视图，按线型描深图线	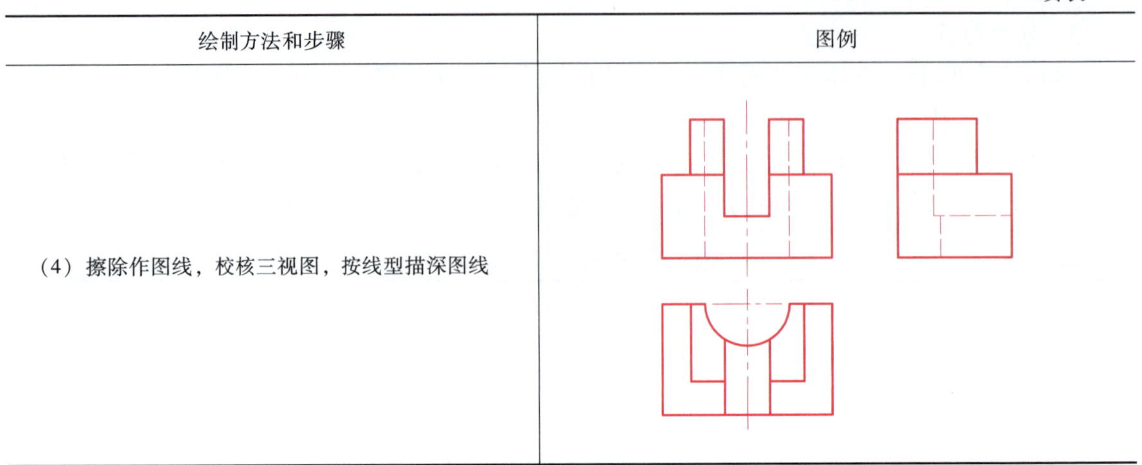

§4－3 识读组合体的视图

学习目标

1. 了解读图的基本要领。
2. 掌握形体分析法，能运用形体分析法识读叠加类组合体的视图。
3. 掌握线面分析法，能运用线面分析法识读切割类组合体的视图。
4. 能综合运用形体分析法和线面分析法识读综合类组合体的视图。

读图和绘图是学习机械制图的两个重要环节，绘图是根据实物或立体图绘制三视图，读图则是按照投影规律和看图方法，根据三视图想象出物体的结构形状。

一、读图的基本要领

想一想

用两个视图表达物体时，能否完全确定物体的形状？

1. 几个视图同时识读

一般情况下，两个视图可以基本确定物体的形状，但在有些情况下也不尽然，表 4－6 中列出了几种两视图相同，但物体结构形状不一样的情况。由此可知，在某些情况下，两个视图不一定能确定物体的形状，在识图时一定要将三视图联系起来分析才能确定物体的形状。

表 4 – 6 **视图相近的物体**

序号	物体三视图及轴测图	三视图比较
1	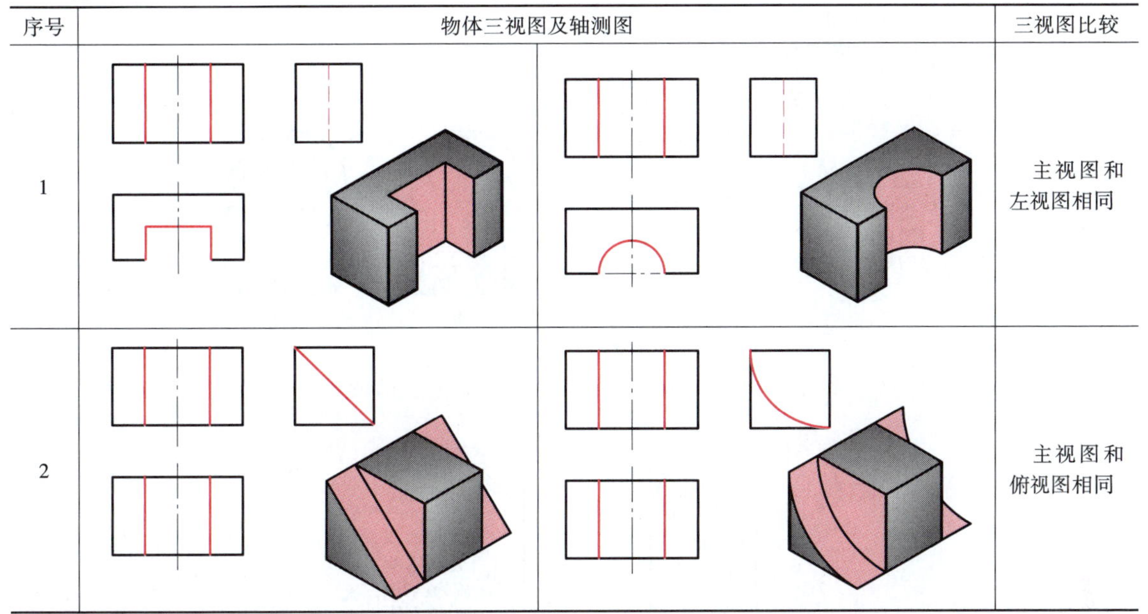	主视图和左视图相同
2		主视图和俯视图相同

2. 重点分析特征视图

想一想

图 4 – 6 所示底板的三视图中，哪个视图反映的形体结构最多？

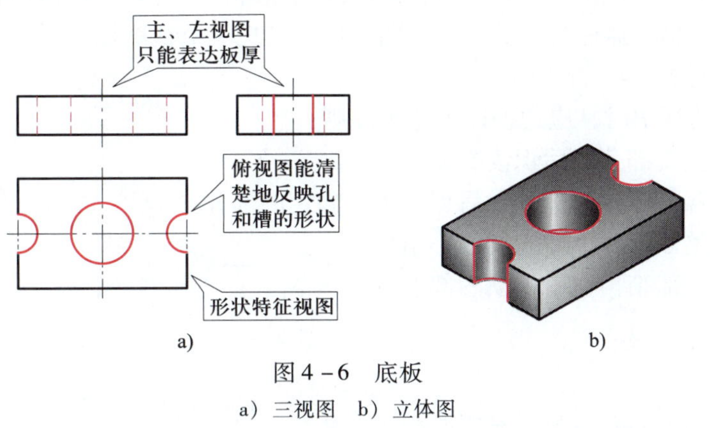

图 4 – 6 底板

a）三视图 b）立体图

物体的特征视图分为形状特征视图和位置特征视图两种。

形状特征视图是指最能反映物体形状特征的视图。图 4 – 6 所示底板的俯视图就是形状特征视图。

位置特征视图是指最能反映组合体各形体间相互位置关系的视图。图 4 – 7a 所示支架的主视图、俯视图无法确定结构 1、2 的位置，它表示的可能是图 4 – 7b 的形体，也可能是图 4 – 7c 的形体。图 4 – 8 给出了形体的主视图、左视图，在左视图上结构 1、2 的凹凸表达得十分清楚，所以该左视图就是位置特征视图。

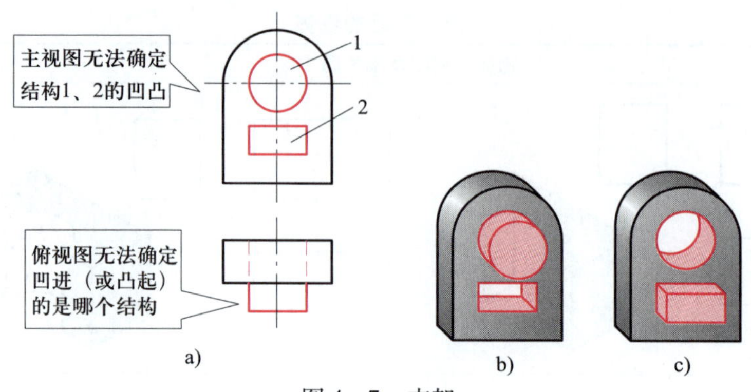

图 4－7　支架

a）两视图　b）形体一立体图　c）形体二立体图

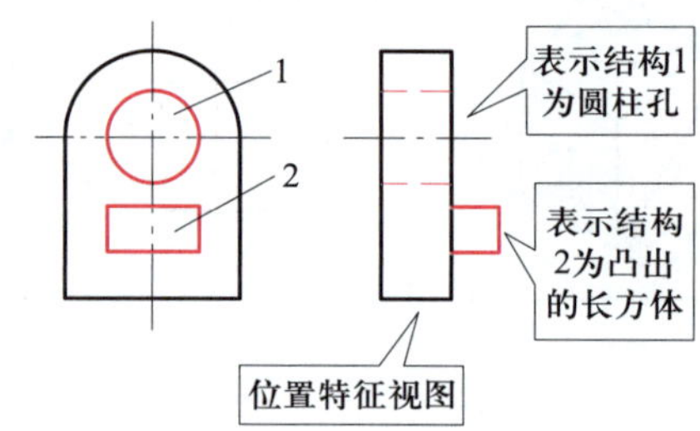

图 4－8　支架的位置特征视图

识图时，应抓住反映物体主要形状特征和位置特征的视图，运用三视图的投影规律，将几个视图联系起来进行识读。在识读组合体的三视图时，要把表达物体形状的三视图作为一个整体来看待，切忌只抓住其中的一个视图不放，或把三个视图孤立看待。

3. 遵循识图原则

识读组合体的视图时，应遵循以下基本原则：

（1）先识读主要部分，后识读次要部分。

（2）先识读容易看懂的部分，后识读难以确定的部分。

（3）先识读整体形状，后识读细小结构。

（4）先识读外部结构，后识读内部形状。

思考与练习

（1）识图和画图的基本原则有哪些相同之处？

（2）识图时为何要把几个视图联系起来识读？

（3）识图时为何要抓特征视图？

二、识读叠加类组合体的视图

想一想

图 4－9 所示为支承座的主视图和俯视图，分析视图，思考以下问题：

(1) 该形体属于哪种类型的组合体？

(2) 该形体由哪几部分组成？每部分的大致形状是什么？

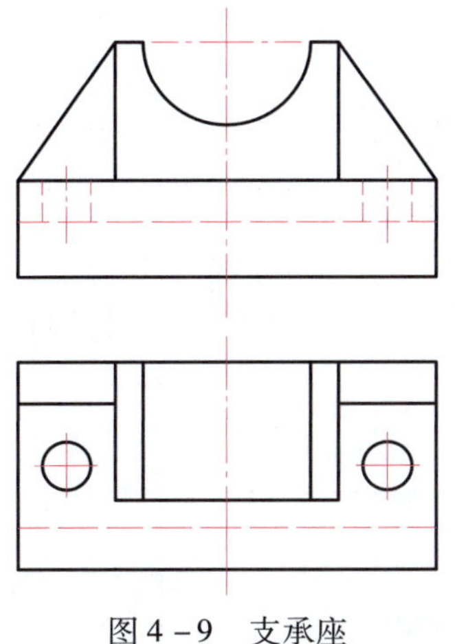

图 4－9 支承座

1. 形体分析法

在识读组合体的视图时，仅仅依靠空间想象能力是不够的，还需要掌握必要的识图方法，识图方法主要有形体分析法和线面分析法。

形体分析法是识图的最基本方法，它是指从最能反映物体形状、位置特征的主视图入手，将复杂的视图按线框分成几个部分；然后运用三视图的投影规律找出各线框在其他视图上的投影，从而分析各组成部分的形状和它们之间的位置关系；最后综合起来，想象组合体的整体形状。

2. 运用形体分析法识图

形体分析法主要用于识读叠加类组合体的视图。运用形体分析法识图时，要把视图上的每一个线框都看成一个基本形体的投影。下面以识读图 4－9 所示支承座的主视图、俯视图，补画左视图为例，学习运用形体分析法识图的方法和步骤，见表 4－7。

表 4－7　　支承座的识图方法和步骤

识图方法和步骤	图例
(1) 按线框分部分 从最能反映该组合体形状和位置特征的主视图入手，将其划分成Ⅰ、Ⅱ、Ⅲ、Ⅳ四个部分	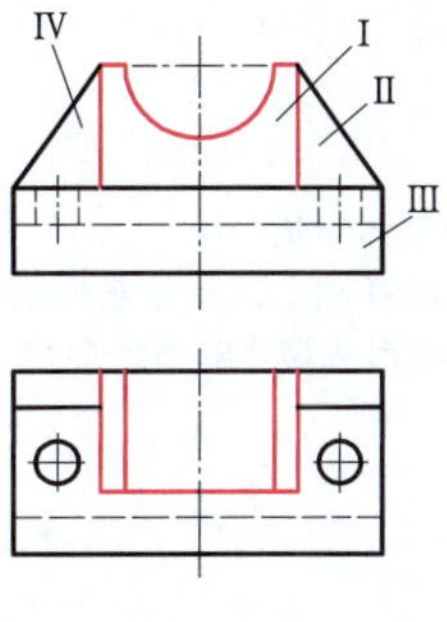

续表

识图方法和步骤		图例
（2）对投影，想形状 运用投影规律，分别找出主视图上的四个线框在俯视图上的投影，然后逐一想象它们的形状，并分别绘制左视图	1）分析线框Ⅲ所对应的主视图、俯视图可知，形体为在长方体底板的下面后部切割了一个小长方体，并在左、右各钻了一个小孔	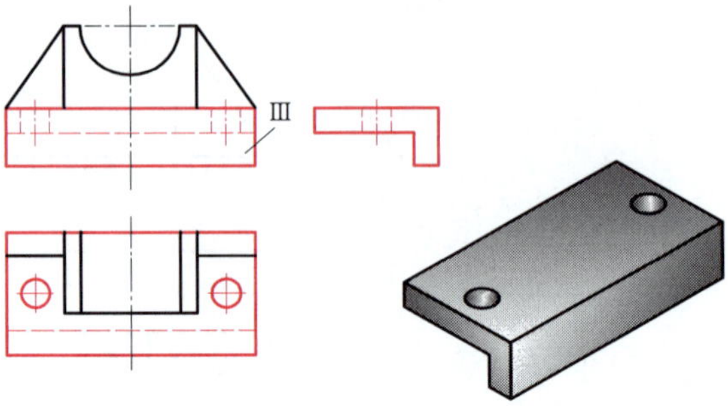
	2）分析线框Ⅰ所对应的主视图、俯视图可知，线框Ⅰ所表达的形体是一个带有半圆槽的长方体。该形体在底板Ⅲ的上面中间位置，其后面与底板平齐	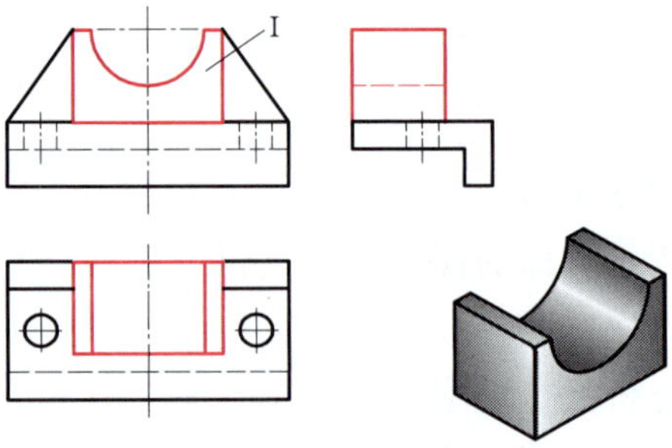
	3）分析线框Ⅳ所对应的主视图、俯视图可知，其形状为三棱柱，其后面和形体Ⅰ、Ⅲ同面 4）线框Ⅱ所表达的形体形状与线框Ⅳ相同	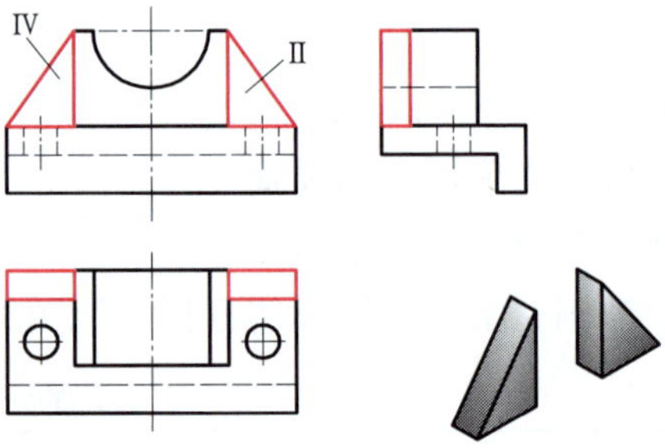
（3）综合起来，想象整体形状 在看懂每个基本形体的基础上，想象它们的相互位置，在大脑中逐渐形成物体的整体形状		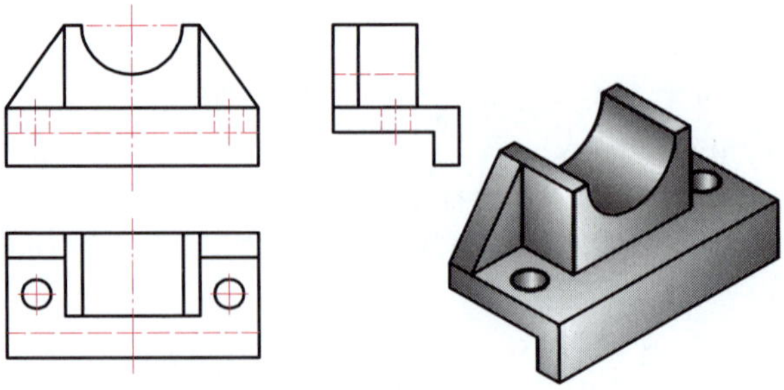

思考与练习

(1) 在用形体分析法识图时，在哪个视图上分解形体？为什么？

(2) 表4－7所示支承座四部分形体的形状特征视图各是什么视图？

三、识读切割类组合体的视图

想一想

图4－10所示为定位挡块的主视图和左视图，该形体是一个典型的切割类组合体，如果用一个长方体来切割，需要进行哪些切割才能得到该形体？

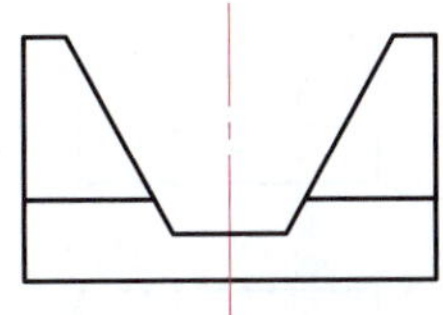

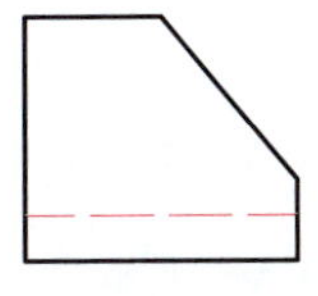

图4－10 定位挡块的主视图和左视图

由于定位挡块左视图的前上方有一条斜线，可以设想该形体的前上方用侧垂面切割，通过“对投影”可知在主视图上的相应位置有一条横线（见图4－11①），因此设想成立。在主视图上有一个槽口，可以设想在形体的中间用两个正垂面和一个水平面开槽，通过“对投影”可知在左视图上的相应位置有一条横线（见图4－11②细虚线），因此该设想也成立。

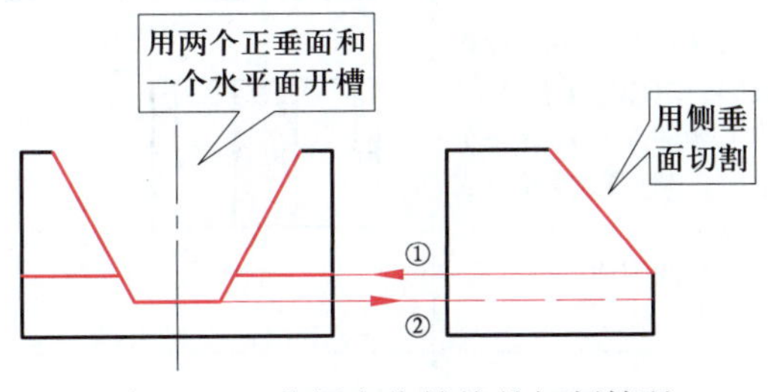

图4－11 分析定位挡块的切割情况

1. 线面分析法

线面分析法一般用于识读切割类组合体的视图，它是指假想把物体分解成点、线、面，运用点、线、面的投影特性，分析视图中线条、线框的含义和空间位置，以达到读懂视图的目的。

2. 运用线面分析法识图

线面分析法主要用于识读切割类组合体的视图。下面以识读图4－10所示定位挡块的主视图、左视图，补画俯视图为例，学习运用线面分析法识图的方法和步骤，见表4－8。

表 4－8　　定位挡块的识图方法和步骤

<table>
<tr><th colspan="2">识图方法和步骤</th><th>图例</th></tr>
<tr><td colspan="2">（1）绘制定位挡块切割前的形体的俯视图
主视图、左视图的外围轮廓以矩形为主，因此该形体由长方体切割而成</td><td></td></tr>
<tr><td colspan="2">（2）绘制在形体前上方用侧垂面割去一个三棱柱后的俯视图
分析切割后侧垂面 P 的正面投影和侧面投影，求作其水平投影</td><td></td></tr>
<tr><td rowspan="2">（3）绘制用两个正垂面和一个水平面开槽后的俯视图</td><td>1）分析面
①分析平面 Q 的正面投影和侧面投影，可知该平面为水平面，其形状为长方形
②根据水平面 Q 的正面投影和侧面投影，求作水平投影
③形体上侧的左右各有一个小矩形平面，利用投影规律求作其水平投影
④擦去多余的图线</td><td></td></tr>
<tr><td>2）分析线
①分析正垂面和侧垂面的交线（AB）的正面投影和侧面投影，可知该线段为一般位置直线
②根据线段 AB 的两面投影求作其水平投影</td><td></td></tr>
</table>

续表

识图方法和步骤	图例
（4）校核 1）分析线段 *BC* 通过分析线段 *BC* 的三面投影可知，该线段为正平线，它与线段 *AB* 不共线 2）分析正垂面 *ABCDE* 该平面是五边形，其正面投影为斜线，水平投影和侧面投影都是五边形 （5）综合想象立体的整体形状	

在用线面分析法识图时，并不是形体上所有的线、面都要分析，而是重点分析看不懂的线、面。需要分析的平面大多是投影面垂直面或一般位置平面，需要分析的直线一般为投影面平行线或一般位置直线。

思考与练习

（1）识读切割类组合体的视图能用形体分析法吗？

（2）视图上的线段可能是形体什么要素的投影？

（3）在形体分析法和线面分析法中，线框代表的含义有何不同？

四、识读综合类组合体的视图

想一想

图 4－12 所示为机座的主视图、俯视图，该形体是一个典型的综合类组合体，该形体是如何形成的？如何识读综合类组合体的视图？

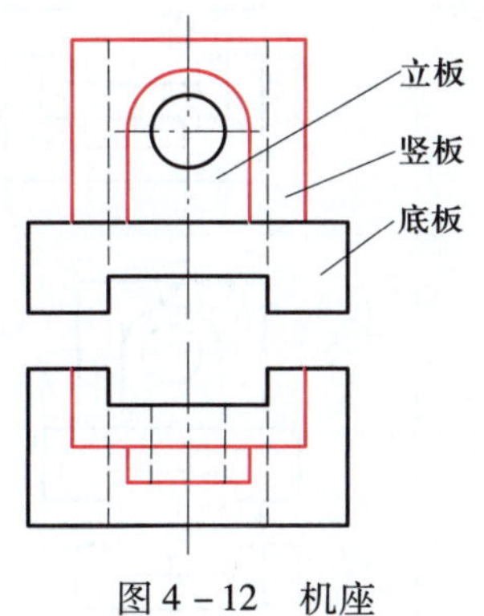

图 4－12　机座

识读综合类组合体的视图应该遵循“先叠加，后切割”的原则，先分析形体的叠加情

况，然后分析形体的切割情况。下面以识读图 4－12 所示机座的主视图、俯视图，补画左视图为例，学习识读综合类组合体视图的方法和步骤。

图 4－12 所示机座可分为底板、竖板、立板三个组成部分，在形体的下面和后面开矩形槽，中间前后方向钻孔。绘制其左视图时，应先依次绘制底板、竖板和立板的左视图，然后绘制左视图上的后面和下方凹槽及中间圆孔，最后综合想象形体，校核左视图，其作图方法和步骤见表 4－9。

表 4－9　补画机座左视图的方法和步骤

方法和步骤	图例
（1）绘制底板的左视图 底板在主视图、俯视图中的外围轮廓以矩形为主，显然其外形是长方体	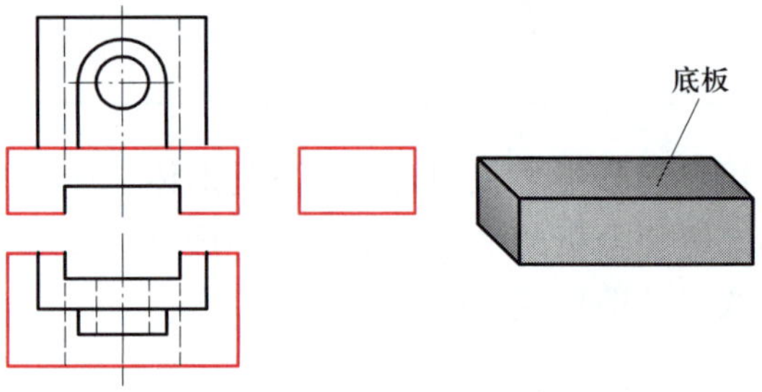 底板
（2）绘制竖板的左视图 竖板在主视图、俯视图中都是以矩形为主的线框，其外形也是长方体。分析俯视图可知，竖板和底板的后部对齐	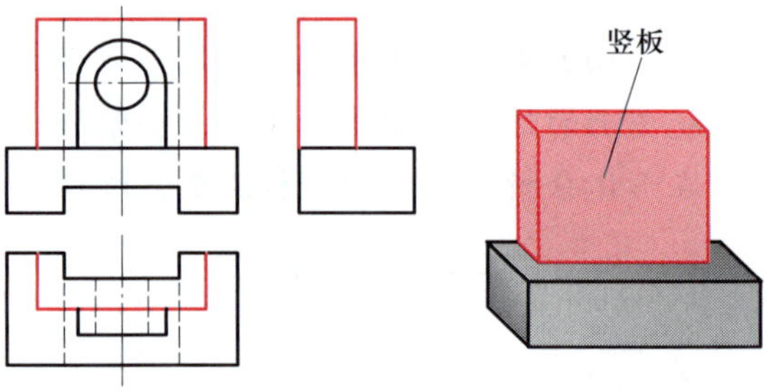 竖板
（3）绘制立板的左视图 立板在俯视图上是矩形线框，在主视图上为上圆下方的线框，其外形是半圆柱与长方体的组合	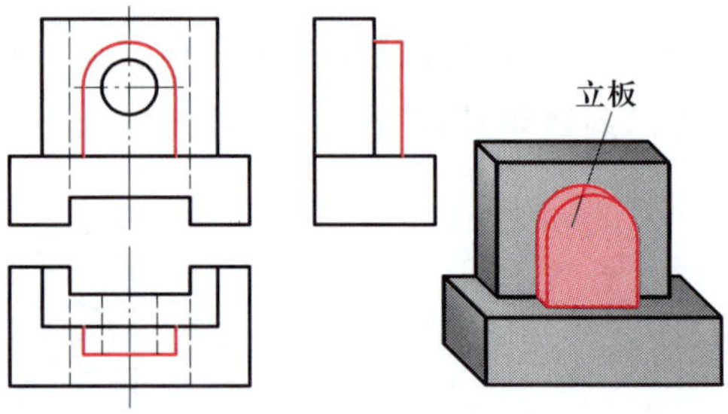 立板
（4）绘制后面和下面开槽的左视图 在底板后面和下面有等宽的凹槽	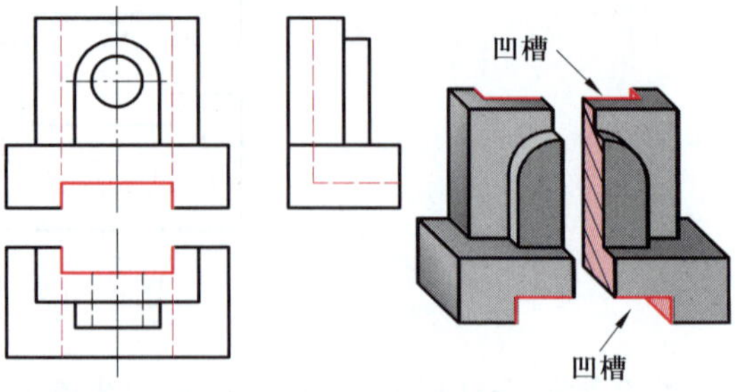 凹槽 凹槽

续表

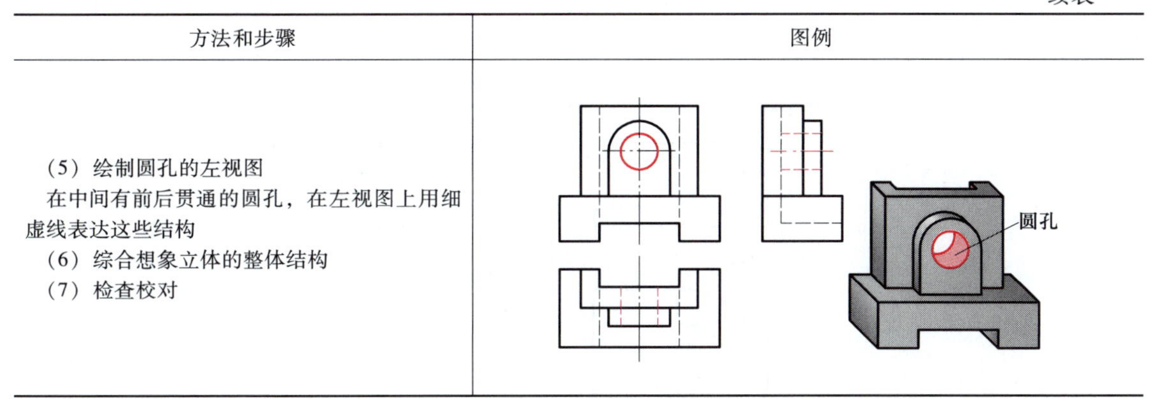

方法和步骤	图例
（5）绘制圆孔的左视图 在中间有前后贯通的圆孔，在左视图上用细虚线表达这些结构 （6）综合想象立体的整体结构 （7）检查校对	

思考与练习

识读综合类组合体的方法与识读叠加类组合体和切割类组合体的方法有何异同？

应用举例

补画活动钳身三视图上的缺线

在绘制机械图样时，经常出现的错误就是漏画图线，学习补画三视图上缺线的方法有助于培养画图和识图的综合能力。补画三视图上缺线的方法是根据已知图线，看懂视图，想象物体的形状，找出并补画缺漏的图线。补画缺线时要按照先易后难的原则进行。

图 4－13 所示为机用虎钳活动钳身的三视图，在该三视图中漏画了许多图线，试根据三视图上的已知图线想象形体结构，补画缺漏的图线。

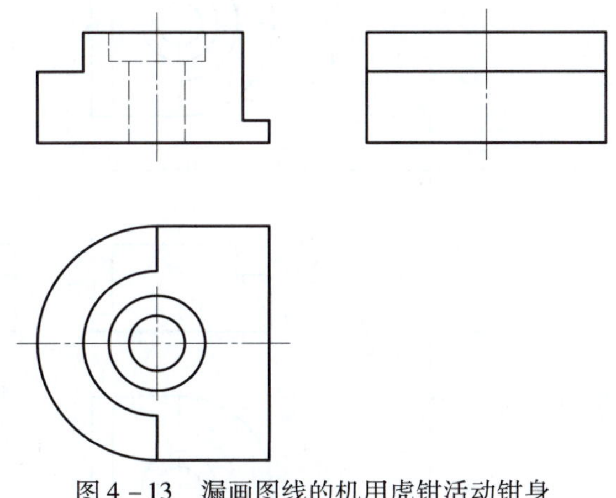

图 4－13　漏画图线的机用虎钳活动钳身

1. 分析视图

根据图 4－13 所示三视图中的已知图线，想象形体各部分的大致形状，将该形体分解为大长方体、小长方体、大半圆柱、小半圆柱四部分，此外在中间位置有一个阶梯孔，如图 4－14 所示。

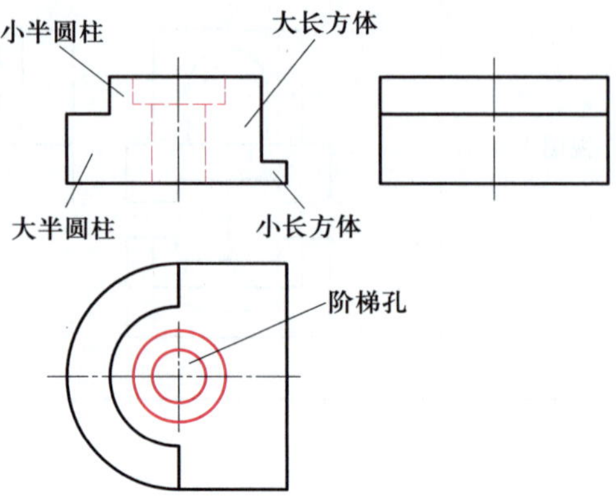

图 4－14　机用虎钳活动钳身的组成

2. 补画三视图中的缺线

补画图 4－13 所示机用虎钳活动钳身三视图上缺线的方法和步骤见表 4－10。

表 4－10　　补画机用虎钳活动钳身三视图上缺线的方法和步骤

方法和步骤	图例
（1）补画大、小长方体之间交线的水平投影和侧面投影	大、小长方体之间交线的投影
（2）补画中间阶梯孔的侧面投影	阶梯孔的侧面投影

续表

方法和步骤	图例
（3）补画小半圆柱在主视图上漏画的图线	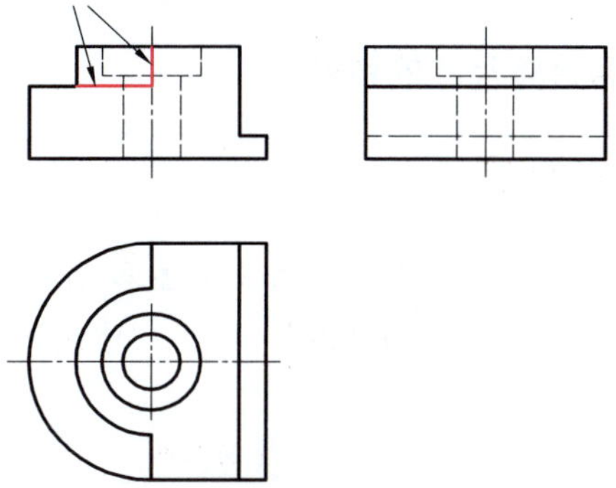 小半圆柱的正面投影
（4）综合想象立体形状	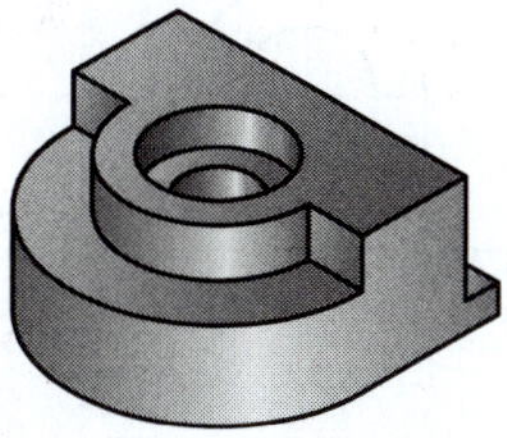
（5）检查与校核 经检查发现，在左视图上漏画了小半圆柱的投影 注意：大半圆柱和大长方体相切，相切处不画线（见主视图）	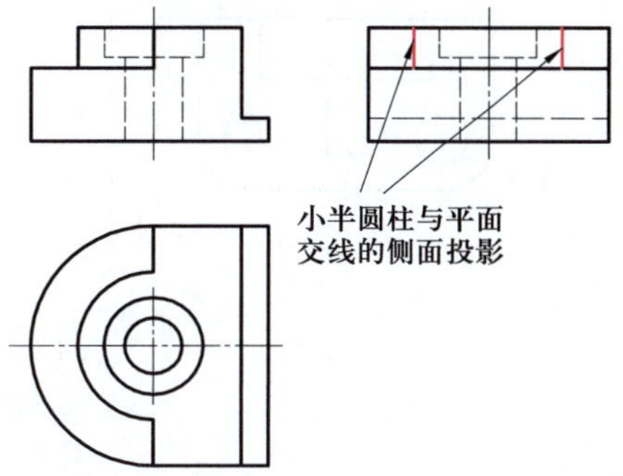 小半圆柱与平面交线的侧面投影

补画缺线容易出现的问题是不能全部找出漏画的图线，因此要反复检查、校核三视图才能保证将漏画的图线补全。

§4－4　组合体的尺寸标注

学习目标

1. 了解组合体尺寸的种类和尺寸基准的概念。

2. 掌握组合体尺寸标注的基本要求、注意事项和常见尺寸注法。
3. 能标注简单组合体的尺寸。

一、组合体尺寸的种类

想一想

图 4－15 所示为轴承座的三视图和轴测图，为确定形体大小，在三视图上标注了尺寸。想一想，尺寸“38”和“24”起什么作用？它们与尺寸“2×ϕ10”有什么关系？

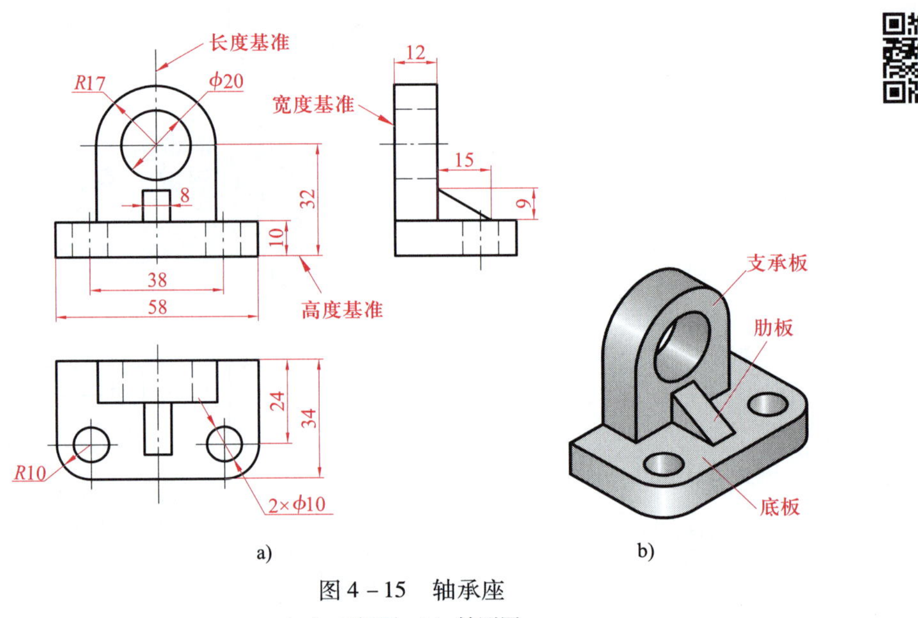

图 4－15　轴承座
a）三视图　b）轴测图

视图确定机件的形状，尺寸确定机件的大小。组合体的尺寸分为定形尺寸、定位尺寸和总体尺寸等。

1. 定形尺寸

确定各基本形体大小的尺寸称为定形尺寸。

图 4－15 中的轴承座由底板、支承板和肋板三部分组成，各部分的定形尺寸有：

（1）底板的长“58”、宽“34”、高“10”，底板圆角半径“R10”和底板上两个小圆孔的直径尺寸“2×ϕ10”。

（2）支承板的圆弧半径“R17”、轴孔直径“ϕ20”及支承板的宽度尺寸“12”。

（3）肋板的长度尺寸“8”、高度尺寸“9”和宽度尺寸“15”。

2. 定位尺寸

确定形体间相对位置的尺寸称为定位尺寸。

在图 4－15 中标注的定位尺寸有：确定底板圆孔中心位置的尺寸“38”和“24”，确定支承板轴孔中心位置的尺寸“32”等。

3. 总体尺寸

确定组合体总长、总宽和总高的尺寸称为总体尺寸。总体尺寸一般是某一个结构的定形尺寸，一般情况下优先标注，但是当端部结构为回转体（或其中的一部分）时，为避免重复标注尺寸，也可以不标注。在图 4 – 15 中，标注了零件的总长 58 和总宽 34，但是考虑到轴孔的定位尺寸 32 比较重要，故没有标注总高尺寸。

思考与练习

（1）标注基本几何体的尺寸时，需要标注定位尺寸吗？

（2）在图 4 – 15 中，为何没有标注肋板的定位尺寸？

二、标注尺寸的基本要求

标注组合体尺寸必须做到正确、完整、清晰。

1. 正确

要求所注的尺寸数值正确无误，注法要严格遵守国家标准《机械制图 尺寸注法》（GB/T 4458.4—2003）和《技术制图 简化表示法 第 2 部分：尺寸注法》（GB/T 16675.2—2012）中的规定。

2. 完整

要求所注的尺寸必须能完全确定组合体的形状、大小及各部分之间的相对位置，无遗漏，不重复。

3. 清晰

尺寸要恰当布局，便于查找和看图，避免产生误解和混淆。

三、尺寸基准

所谓尺寸基准，就是标注尺寸的起始位置，或者说是度量尺寸的起始点。由于空间的组合体都有长、宽、高三个方向的尺寸，所以每个方向至少要有一个尺寸基准。选择尺寸基准时，一般把物体上较大的加工平面（底面或端面）、轴线、对称平面等几何要素作为尺寸基准。在图 4 – 15a 中，长度方向的尺寸基准（长度基准）为轴承座的左右对称面，高度方向的尺寸基准（高度基准）为轴承座的底面，宽度方向的尺寸基准（宽度基准）为轴承座的后面。

四、标注尺寸的注意事项

为了便于识图和查找相关尺寸，尺寸的布置必须整齐清晰，在标注尺寸时应注意以下几点：

（1）同一形体的定形尺寸和相关的定位尺寸要尽量集中标注，以便于识图，如图 4 – 16 所示。一般情况下，相同直径的孔集中标注，如标注“$2\times\phi14$”，但是相同半径的圆弧一般只标注一次，如一般不标注“$2\times R13$”，如图 4 – 16 所示。

（2）尺寸应尽量标注在表达该结构形体特征最明显的视图上，并尽量避免标注在细虚线上，如图 4 – 17 所示。

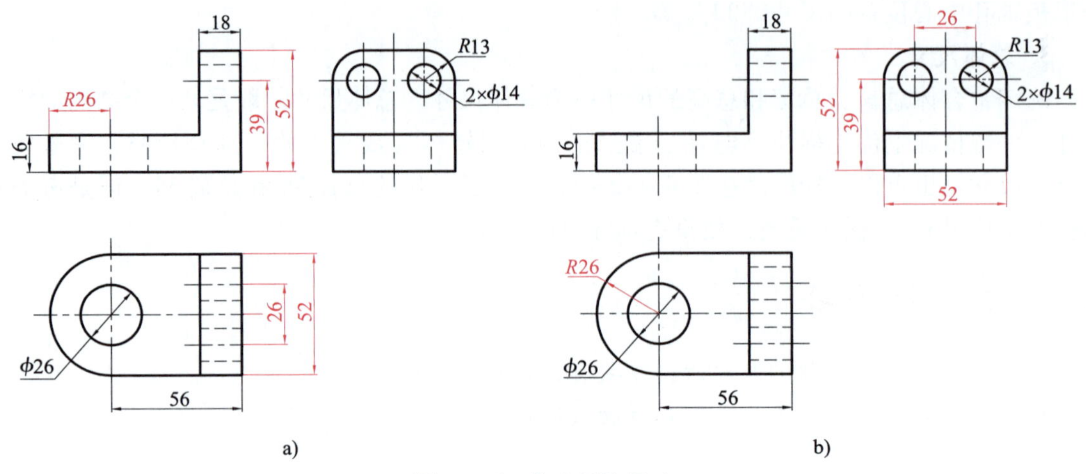

图 4－16　集中标注尺寸

a）不好　b）清晰

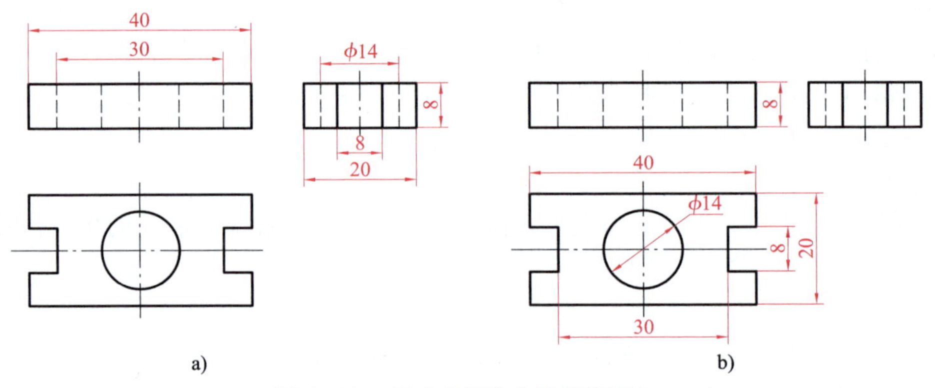

图 4－17　尺寸应标注在特征视图上

a）不好　b）清晰

（3）同心圆柱的直径尺寸尽量标注在非圆视图上，如图 4－18 所示。

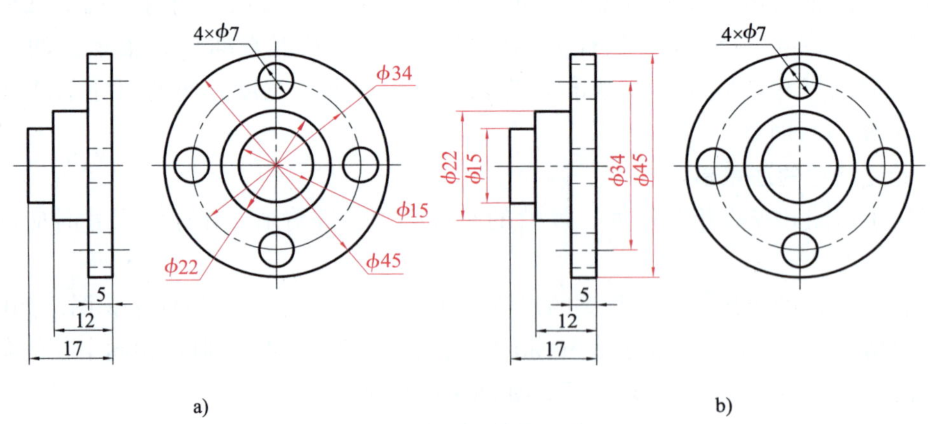

图 4－18　直径尺寸的标注

a）不好　b）清晰

（4）尺寸应尽量标注在视图外部，高度尺寸应尽量标注在主视图、左视图之间，长度尺寸应尽量标注在主视图、俯视图之间，以保持两视图之间的联系，如图 4－19 所示。

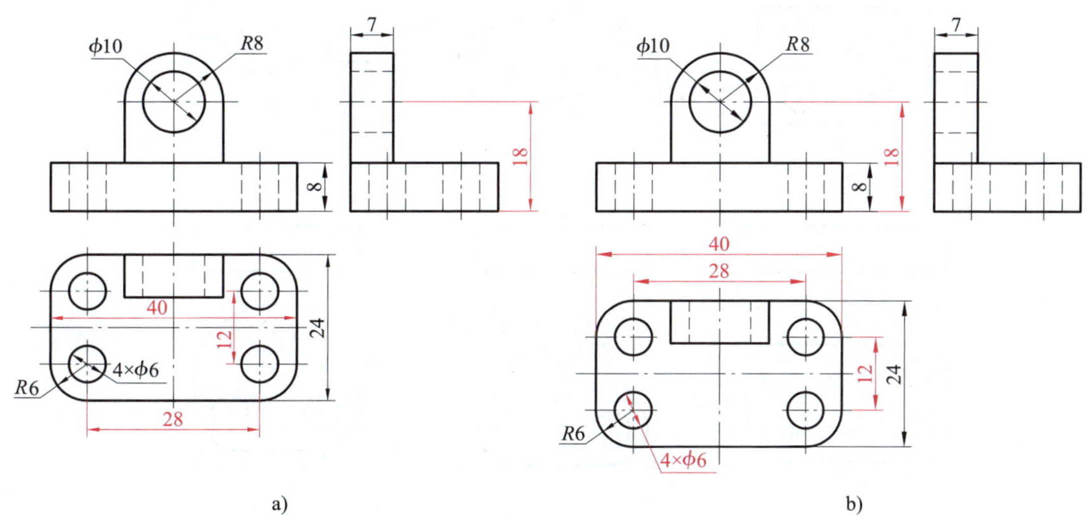

图 4－19　尺寸的布置
a）不好　b）清晰

以上各点有时不能兼顾，在标注尺寸时，应根据实际情况灵活掌握。

思考与练习

（1）圆的直径标注在非圆视图上有什么好处？

（2）尺寸标注在两视图之间有什么好处？

五、常见尺寸注法

1. 常见薄板的尺寸标注

对于图 4－20 所示的板状结构，除了标注定形尺寸外，确定孔、槽位置的定位尺寸也是必不可少的。由于板的基本形状和孔、槽的分布形式不同，孔、槽定位尺寸的标注形式也不一样。在图 4－20d 中，四个小孔的定位尺寸按长、宽方向标注；在图 4－20e、f 中，标注了小孔中心定位圆的直径。断续的圆弧一般标注直径，而不是半径，如图 4－20b、c 所示。

2. 截割体的尺寸标注

截割体的尺寸标注如图 4－21a 所示，截交线是平面和圆柱面相交时自然产生的图线，所以在截交线上不允许标注尺寸，图 4－21b 左视图上标“×”的尺寸是错误的。

3. 相贯体的尺寸标注

相贯体的尺寸标注如图 4－22a 所示，相贯线是两曲面立体相交自然产生的交线，所以在相贯线上也不能标注尺寸，图 4－22b 主视图上标“×”的尺寸是错误的。

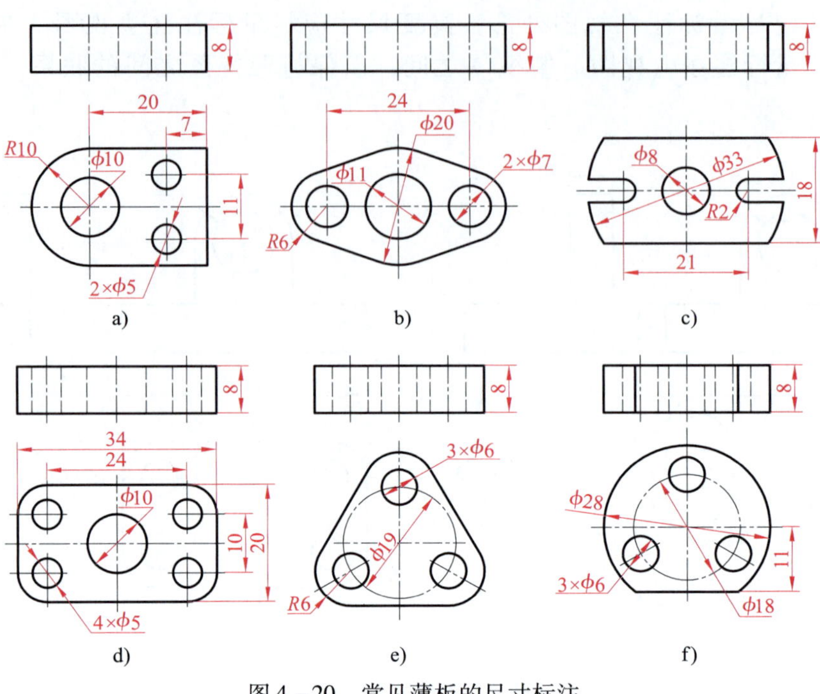

图 4-20　常见薄板的尺寸标注

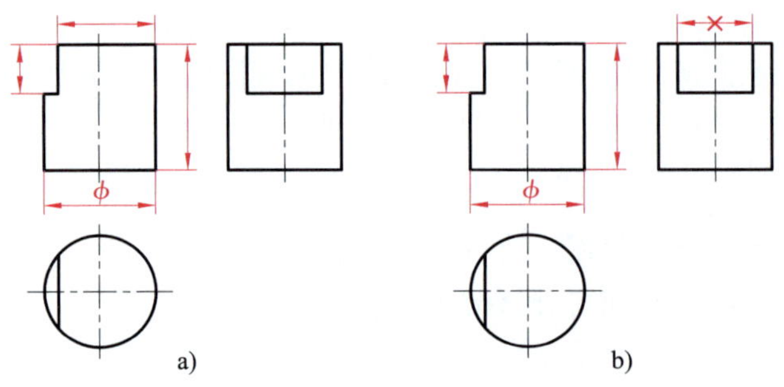

图 4-21　截割体的尺寸标注

a）正确　b）错误

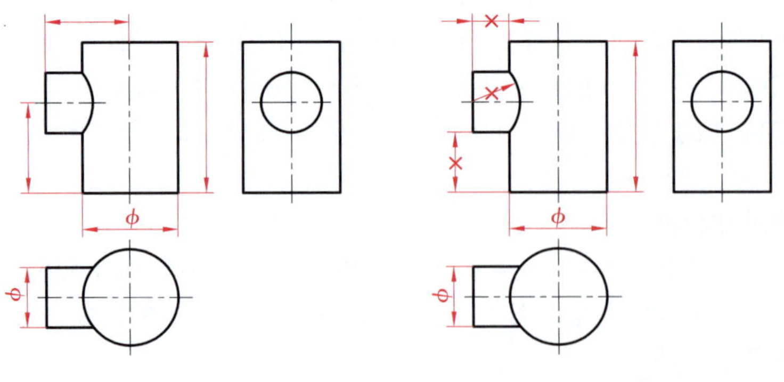

图 4-22　相贯体的尺寸标注

a）正确　b）错误

思考与练习

为什么在截交线和相贯线上不能标注尺寸?

六、标注组合体的尺寸

图4-23所示为轴承架的三视图和轴测图，试在其三视图上标注尺寸。

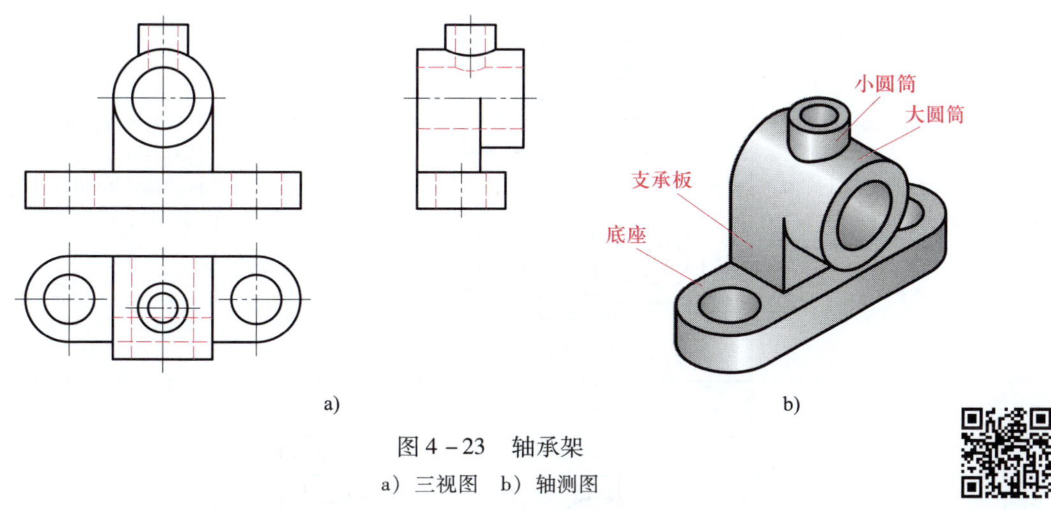

图4-23　轴承架

a）三视图　b）轴测图

标注组合体尺寸前，要进行形体分析，看懂三视图。分析图4-23不难看出，该轴承架由底座、支承板、大圆筒和小圆筒四部分组成。

标注尺寸容易出现的问题是重复标注尺寸或漏注尺寸。为避免出现类似问题，标注尺寸时，应参照组合体的绘图步骤进行，并对标注的尺寸进行反复校核。

1. 选择尺寸基准

标注尺寸前要确定尺寸基准。根据轴承架的结构和用途，选择轴承架的左右对称面为长度方向尺寸基准，零件的后面为宽度方向尺寸基准，零件的底面为高度方向尺寸基准，如图4-24所示。

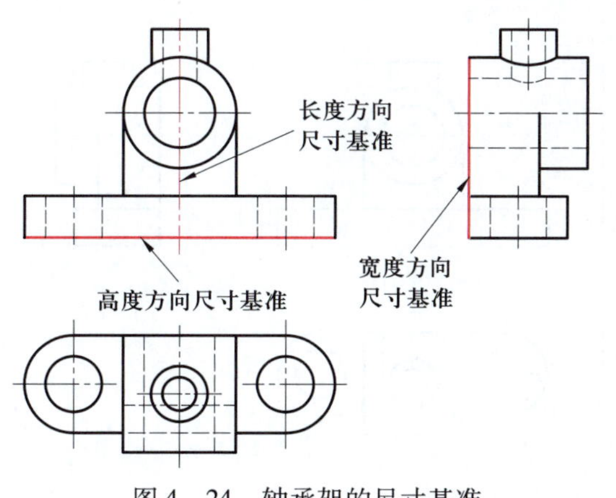

图4-24　轴承架的尺寸基准

2. 标注尺寸

轴承架尺寸标注的步骤见表 4－11。

表 4－11　　轴承架尺寸标注的步骤

步骤	图例	注意事项
（1）标注底座的尺寸 标注底座两侧半圆的圆弧半径“*R*17”、圆孔直径“2×*ϕ*20”、圆孔的定位尺寸“75”和底座的高度“15”	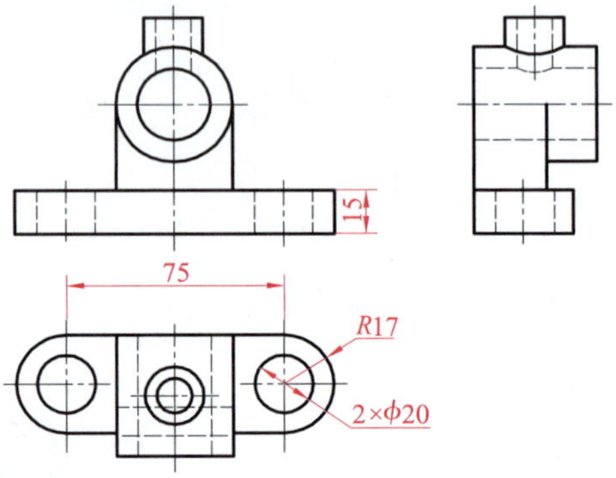 15 75 *R*17 2×*ϕ*20	虽然在底座的左、右两端各有一个半圆柱，但是不可标注成“2×*R*17”的形式
（2）标注大圆筒的尺寸 1）标注大圆筒的定形尺寸，包括内圆孔的直径“*ϕ*25”、外圆直径“*ϕ*40”、宽度尺寸“42” 2）标注大圆筒高度方向的定位尺寸“45”	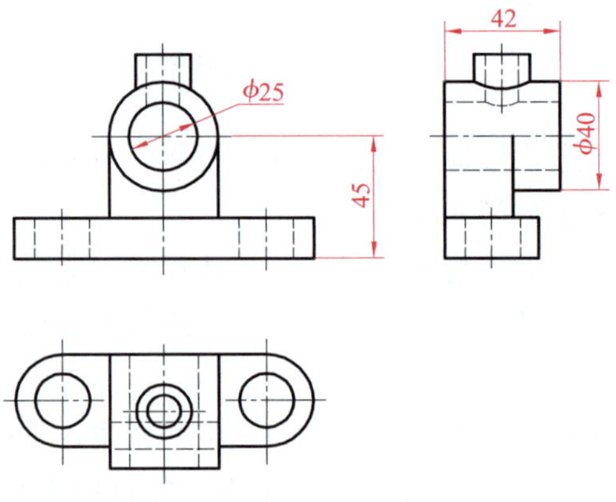 *ϕ*25 45 42 *ϕ*40	大圆筒的轴线与底座的左右对称面重合，大圆筒的后面与底座的后面重合，故这两个方向不需要标注定位尺寸
（3）标注支承板的尺寸 标注支承板宽度方向的定形尺寸“25”	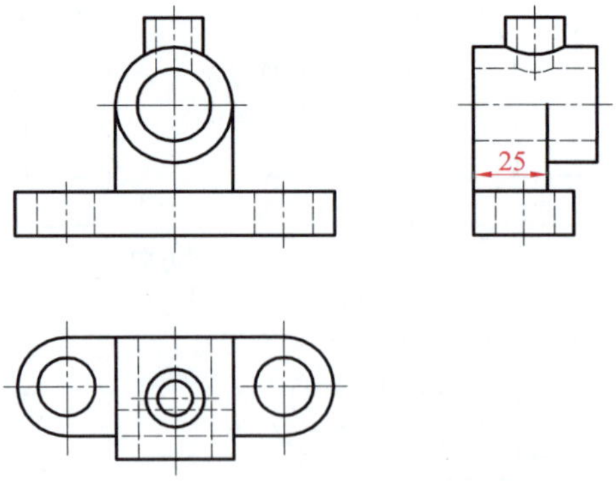 25	（1）由于支承板的长度与大圆筒外圆的直径相等，所以不需要标注长度方向的定形尺寸；由于支承板位于底座和大圆筒之间，所以不需要标注高度方向的定形尺寸 （2）确定支承板的位置无须任何尺寸，所以不必标注支承板的定位尺寸

续表

步骤	图例	注意事项
（4）标注小圆筒的尺寸 1）标注小圆筒的定形尺寸，包括内圆直径“ϕ12”和外圆直径“ϕ20” 2）标注小圆筒高度方向的定位尺寸“75”	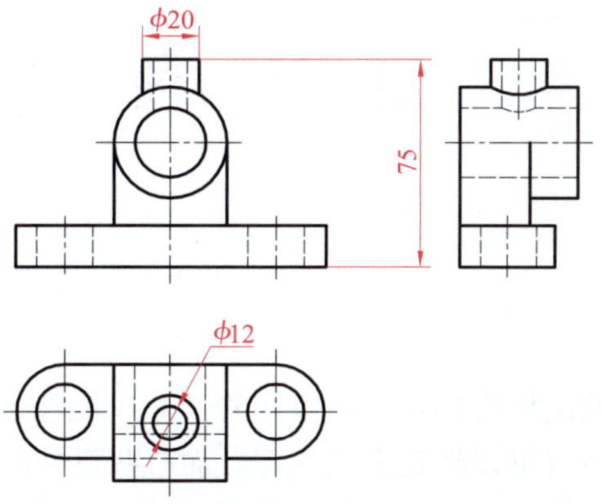	（1）高度尺寸“75”具有确定小圆筒高度的作用 （2）小圆筒相对于大圆筒前后、左右对称，所以在这两个方向上不需要标注定位尺寸
（5）校核尺寸	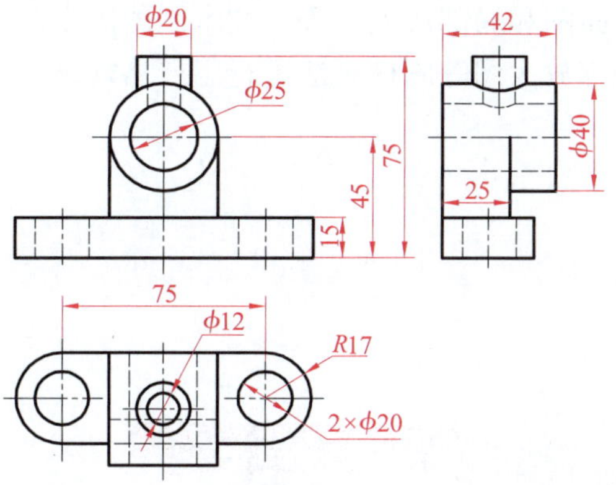	反复校核尺寸，补全漏注的尺寸，擦去多余的尺寸，使之达到“完整、正确、清晰”的要求

思考与练习

如何避免重复标注尺寸和漏注尺寸？

第五章 图样画法

在生产实际中，机件的结构形状是多种多样的。有些机件的结构比较简单，仅需一个或两个视图，再配以尺寸标注就可以将其表达清楚，而有些机件的形状结构比较复杂，即使用三个视图也难以将其内外结构表达清楚，必须采用其他一些恰当的表达方法，如三视图之外的其他视图、剖视图、断面图和局部放大图等。技术制图国家标准和机械制图国家标准对视图、剖视图、断面图和局部放大图等图样画法进行了严格规定。

§5－1 视图

学习目标

1. 了解基本视图、向视图、局部视图和斜视图的概念。
2. 掌握基本视图、向视图、局部视图和斜视图的画法规定。

视图有基本视图、向视图、局部视图和斜视图四种。

一、基本视图

想一想

主视图、俯视图、左视图可表达机件前面、上面和左面的形状，如何才能表达机件右面、下面和后面的形状?

1. 基本视图的概念

机件在三投影面体系中得到三视图，如果在原有三投影面体系的三个投影面的基础上，再增设三个互相垂直的投影面，就构成了一个由六个投影面组成的正六面体，这六个投影面统称为基本投影面。如图 5－1 所示，将机件放入六个基本投影面体系中，分别由前、后、左、右、上、下六个方向，向六个基本投影面投射，即得六个基本视图。除主视图、俯视图、左视图外，新增加的三个基本视图为右视图、仰视图和后视图。

右视图是指将机件由右向左投射所得到的视图。

仰视图是指将机件由下向上投射所得到的视图。

后视图是指将机件由后向前投射所得到的视图。

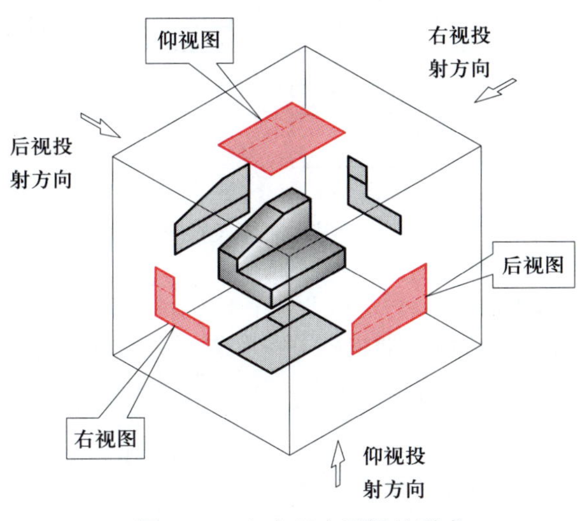

图 5－1　六个基本视图的形成

2. 六个基本视图的视图关系

六个基本投影面按照图 5－2 所示的方法展开，得到图 5－3 所示的六个基本视图。六个基本视图之间仍然符合“长对正，高平齐，宽相等”的投影规律，即主视图、俯视图、仰视图、后视图“等长”，主视图、左视图、右视图、后视图“等高”，俯视图、左视图、右视图、仰视图“等宽”。

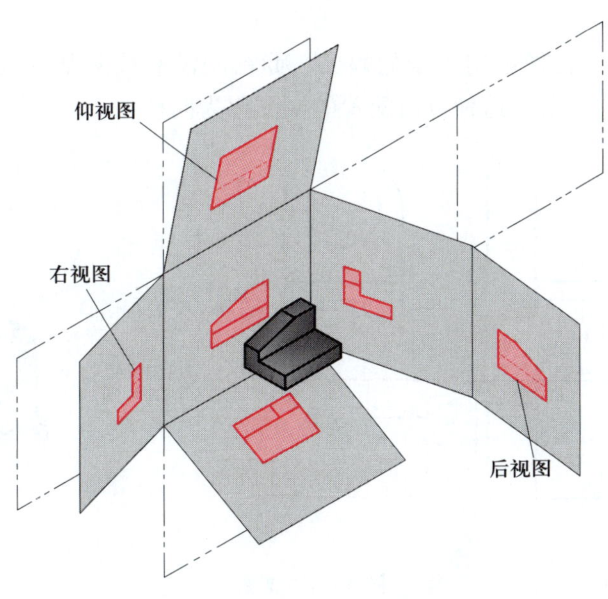

图 5－2　六个基本投影面的展开

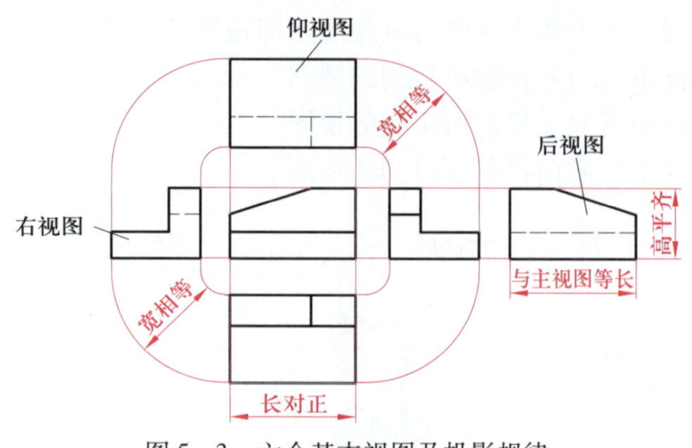

图 5－3　六个基本视图及投影规律

3. 六个基本视图的画法规定

六个基本视图必须按图 5－3 所示的视图关系配置，并且无须标注视图的名称。

思考与练习

（1）后视图展开时，投影面旋转了多少度？

（2）后视图画在什么位置？后视图和哪些视图保持“等长”的投影关系？

二、向视图

想一想

用六个基本视图表达机件时，图纸四个角上浪费了大量的幅面，如何节省幅面？

1. 向视图的概念

在图 5－4 中，为了合理利用图纸的幅面，仰视图没有按照基本视图的规定位置绘制，而是绘制在了图纸的右下角，这种自由配置的视图称为向视图。

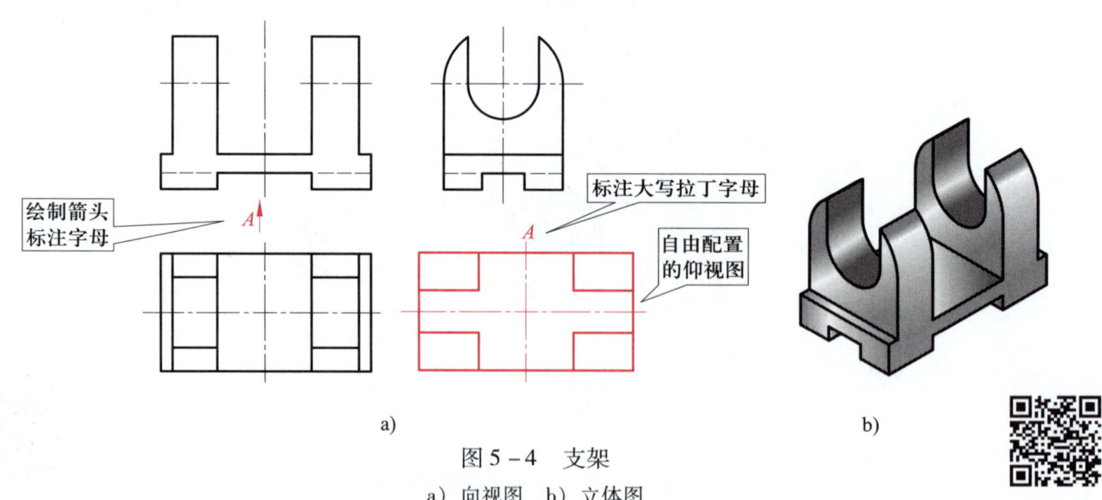

图 5－4　支架

a）向视图　b）立体图

2. 向视图的标注

向视图的标注如图 5－4 所示，在向视图上方标注了字母“*A*”，在主视图下侧绘制了箭头并标注了相同的字母“*A*”。国家标准规定：在向视图上方标注大写拉丁字母，在相应视图的附近用箭头指明投射方向，并标注相同的字母。

思考与练习

向视图和基本视图在视图表达、视图位置和视图标注等方面有何异同？

三、局部视图

想一想

图 5－5 所示为轴套，该零件前面有圆孔，左侧有凸台及腰形孔，右侧有凹槽，如果用基本视图表达该形体，需要几个基本视图才能将其表达清楚？用基本视图表达左侧凸台及腰形孔、右侧的凹槽有何缺点？

图 5－5　轴套

1. 局部视图的概念

如果用基本视图表达图 5－5 所示的轴套，除了绘制主视图和俯视图外，还需要用左视图表达左侧凸台及腰形孔的形状，用右视图表达右侧凹槽的形状。这样表达轴套使主视图、左视图和右视图都重复表达了中间圆筒的形状，既不利于画图，也不利于识图。在图 5－6 中，表达轴套用了四个视图，除了主视图和俯视图外，其他两个视图都仅仅绘制了轴套的一部分结构。这种将机件的某一部分向基本投影面投射所得的视图称为局部视图。当机件在某个方向仅有部分结构形状需要表达，又没有必要画出整个基本视图时，可采用局部视图。局部视图可更为简练地表达机件的结构。

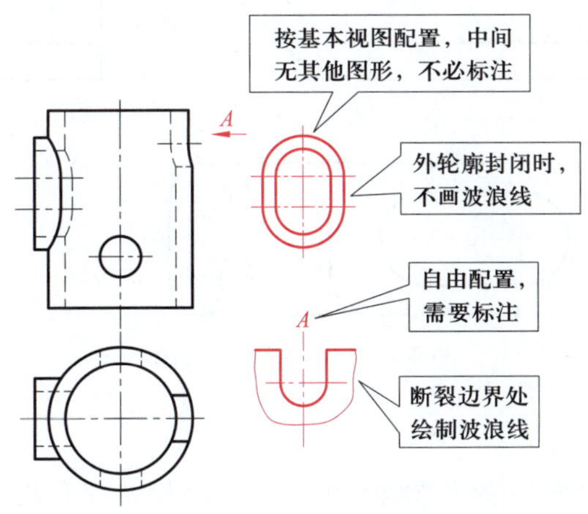

图 5－6　局部视图

2. 局部视图的画图规则

（1）在局部视图的断裂边界处绘制波浪线，如图 5－6 中的局部视图 *A* 所示。

（2）波浪线应画在机件的实体上，如图 5－6 中的局部视图 *A* 所示。

（3）当局部视图外轮廓封闭时不必画出断裂边界线，如图 5－6 中右上侧的局部视图所示。

3. 局部视图的标注

（1）当局部视图按基本视图的配置形式配置，中间又无其他图形隔开时，则不必标注，如图 5－6 中右上侧的局部视图所示。

（2）当局部视图按照向视图的配置形式自由配置时，则需要按照向视图的标注形式进行标注，即用带大写拉丁字母的箭头指明投射方向及部位（见图 5－6 中的主视图），在相应局部视图的上方标注相同的字母（见图 5－6 中的局部视图 *A*）。

思考与练习

（1）什么情况下局部视图不标注？为什么？

（2）局部视图和向视图的标注有何异同？

四、斜视图

想一想

图 5－7 所示为弯板的三视图，弯板右侧倾斜的结构在俯视方向和左视方向的投影已变形，图形很难绘制，并且不能清楚地表达其真实形状，如何解决这些问题？

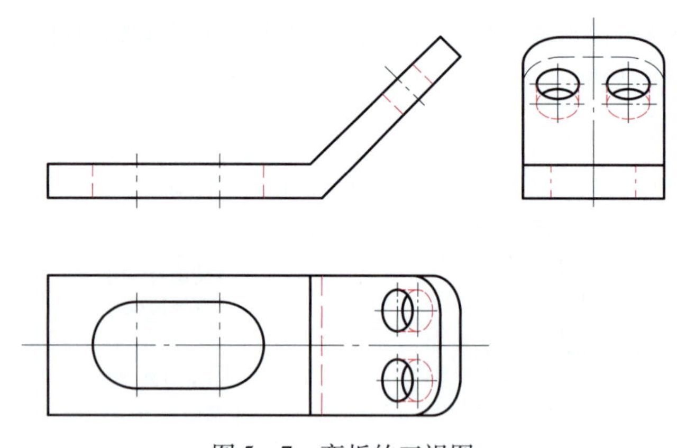

图 5－7　弯板的三视图

1. 斜视图的概念

如图 5－8 所示，为准确地表达弯板右侧的真实结构，在右侧放置一个垂直于正投影面的倾斜投影面（与斜板上、下平面平行），将斜板向该投影面投射，即得到反映斜板实形的视图。这种将机件向不平行于基本投影面的平面投射所得的视图称为斜视图。

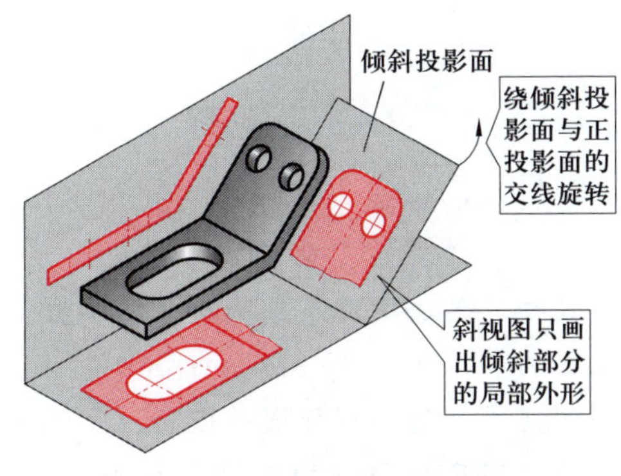

图 5－8　弯板斜视图的形成

2. 斜视图的画法

一般情况下，斜视图是机体局部结构的投影，其断裂边界的画法与局部视图相同，如图 5－9 所示。斜视图既可以按投影关系配置，也可以按照向视图的配置形式自由配置在其他位置。

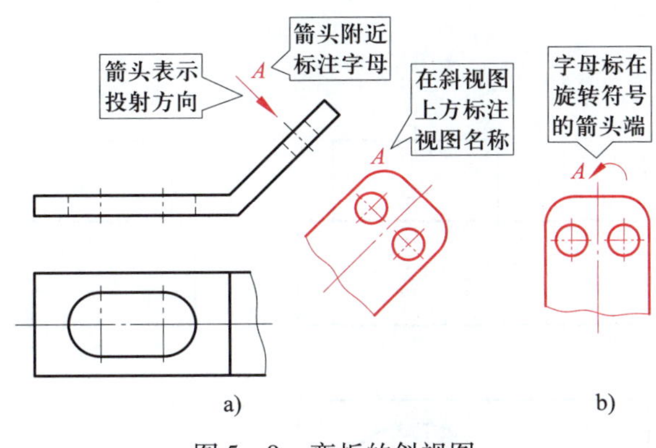

图 5－9　弯板的斜视图

3. 斜视图的标注

斜视图一般应按照向视图的标注形式进行标注。

（1）在斜视图的上方标注视图名称“×”，在相应的视图附近用箭头指明投射方向，并注写相同的字母，如图 5－9a 所示。

（2）为了便于画图，允许将斜视图旋转摆正配置，此时要在斜视图名称上加注带箭头的旋转符号，以指示旋转的方向，如图 5－9b 所示。注意：要将字母标在旋转符号的箭头端。

思考与练习

斜视图和局部视图在表达形式、投射方向和视图标注方面有何异同？

§5－2 剖视图

学习目标

1. 了解剖视图的形成过程、画法规定及剖面符号的画法。
2. 了解剖视图的标注方法。
3. 了解全剖视图、半剖视图、局部剖视图的概念，掌握其画法。
4. 掌握用单一剖切平面、用几个平行的剖切平面和用几个相交的剖切面剖得的剖视图的画法。

想一想

图 5－10 所示为某机件的三视图，在三视图上绘制了表达其内部结构的细虚线。用细虚线表达内部结构有何缺点？

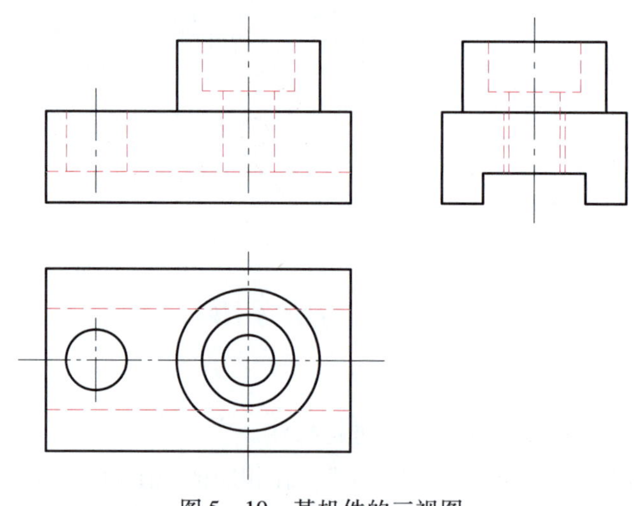

图 5－10　某机件的三视图

一、剖视图的形成与标注

1. 剖视图的形成

当机件的内部结构较复杂时，在视图中用细虚线表达内部结构将给画图和识图带来不便，为了解决这一问题，可采用剖视图表达。如图 5－11 所示，假想用剖切面剖开机件，将处于观察者与剖切面之间的部分移走，将剩余部分向投影面投射，所得到的图形就是剖视图，简称剖视。如图 5－12 所示，机件的主视图采用了剖视图。

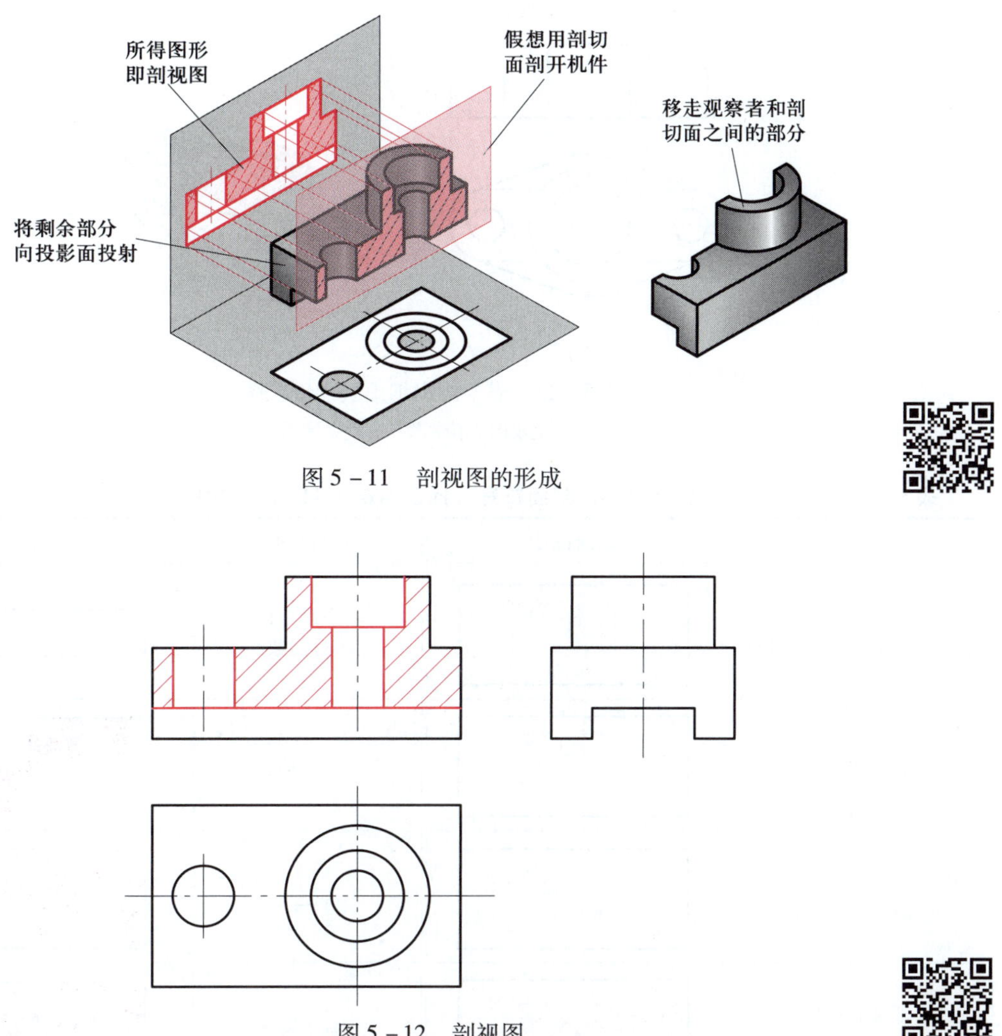

图 5－11　剖视图的形成

图 5－12　剖视图

2. 剖视图的画法规定

（1）在画剖视图时，剖切平面后的可见轮廓线应全部画出，不可只画剖切断面的形状。

（2）由于剖视图是假想剖开机件得到的，当机件的一个视图画成剖视图时，其他视图仍应完整地画出。

（3）在不致引起误解时，应避免使用细虚线表达不可见结构。也就是说，在视图或剖视图中，细虚线一般不画。当画少量细虚线可以使视图表达更加完善时，允许画出必要的细虚线，如图 5－13 所示。

3. 剖面符号

在剖视图中，剖切面与机件接触的部分（剖面区域）应画出表示材料类别的剖面符号，常用材料的剖面符号见表 5－1。金属零件的剖面符号应以适当角度的细实线绘制，最好与主要轮廓线或剖面区域的对称线呈 45°，且互相平行、间隔均匀，如图 5－12 所示。

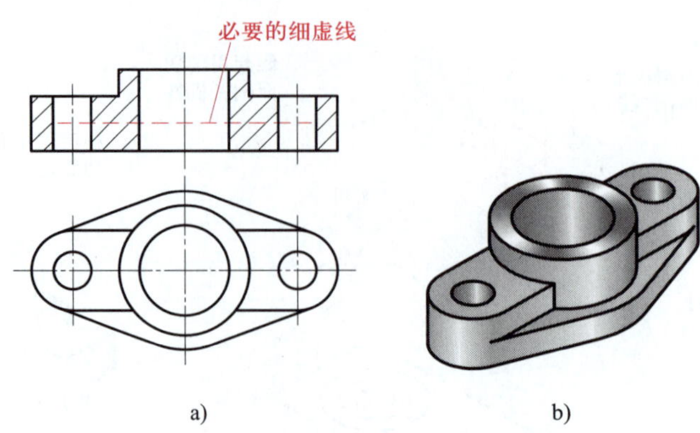

a)　　　　b)

图 5－13　需要画出细虚线的剖视图

a）主视图、俯视图　b）立体图

表 5－1　　常用材料的剖面符号（摘自 GB/T 4457.5—2013）

材料名称		剖面符号	材料名称	剖面符号
金属材料（已有规定剖面符号者除外）			木质胶合板（不分层数）	
线圈绕组元件			基础周围的泥土	
转子、电枢、变压器和电抗器等的叠钢片			混凝土	
非金属材料（已有规定剖面符号者除外）			钢筋混凝土	
型砂、填砂、粉末冶金、砂轮、陶瓷刀片、硬质合金刀片等			砖	
玻璃及供观察用的其他透明材料			格网（筛网、过滤网等）	
木材	纵断面		液体	
	横断面			

4. 剖视图的标注

为反映剖切关系，需要对剖视图进行标注。剖视图的标注如图 5 – 14 所示，一般应在剖视图的上方用大写的拉丁字母标出剖视图的名称“ ×—× ”。在相应的视图上用剖切位置符号表示剖切位置（用短粗实线表示）和投射方向（用箭头表示），并标注相同的字母。

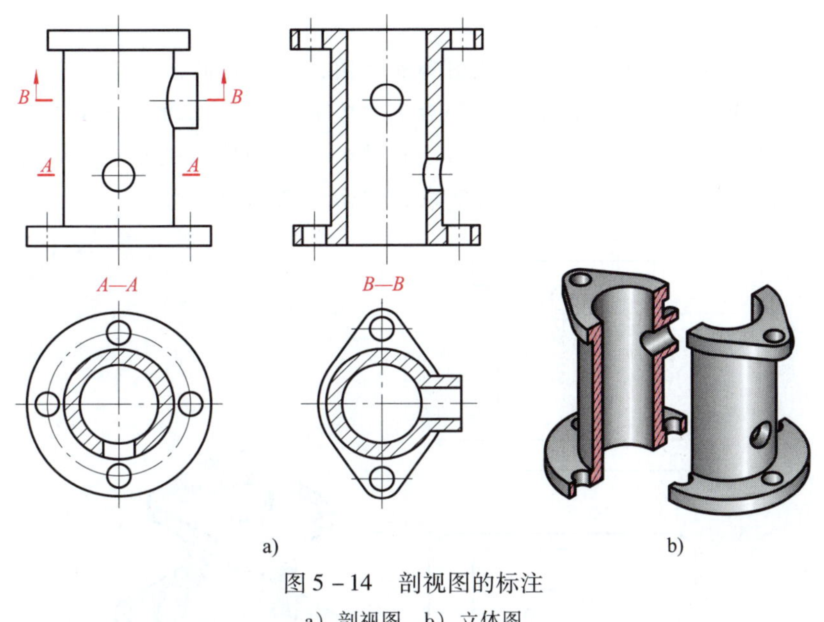

图 5 – 14　剖视图的标注

a）剖视图　b）立体图

在下列情况下剖视图的标注可以简化或省略：

（1）当剖视图按投影关系配置，中间没有其他图形隔开时，可以省略箭头，如图 5 – 14 中的俯视图。

（2）当单一剖切平面通过机件的对称平面或基本对称平面，且剖视图按投影关系配置，中间没有其他图形隔开时，可以省略标注，如图 5 – 14 中的左视图。

思考与练习

（1）在剖视图和其他视图上，剖切平面前面的结构需要画出吗？

（2）在剖视图及其他视图上，剖切平面后面的不可见结构如何绘制？

二、剖视图的种类及画法

根据剖切范围的不同，剖视图可分为全剖视图、半剖视图和局部剖视图三种。

1. 全剖视图

（1）全剖视图的概念

用剖切面完全地剖开机件所画的剖视图称为全剖视图。很显然，图 5 – 12 的主视图，图 5 – 13a 的主视图，图 5 – 14a 的俯视图、左视图和 *B—B* 剖视图都是全剖视图，其剖切平面将机件剖成两半。

（2）全剖视图的用途

全剖视图主要用于表达机件的内部结构。

2. 半剖视图

想一想

图 5－15 所示为轴座的主视图、俯视图和立体图，在轴座的上、下各有一个倒圆角的方板，中间是一个带阶梯孔的圆筒，前上方和后上方各有一个带孔的小凸台，如果主视图采用全剖视图表达其内部结构，则无法表达前面凸台的形状。如果俯视图采用全剖视图，则无法表达上面方板的形状。如何在一个视图上既表达内形，又保留外形？

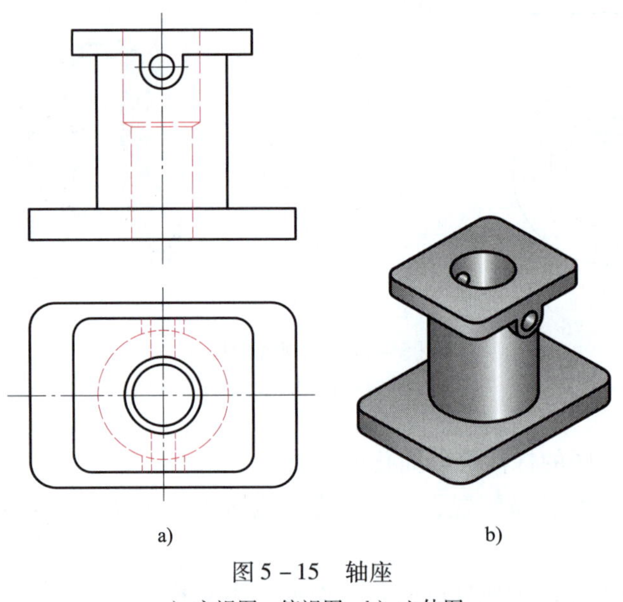

a)　　b)

图 5－15　轴座

a）主视图、俯视图　b）立体图

（1）半剖视图的概念

由于轴座左右对称，为了在图 5－15 的主视图上同时表达内、外形状，可将主视图以左右对称中心线为界，一半画成剖视图，另一半画成外形视图，如图 5－16 所示。这种将内、外结构对称的图形，以对称中心线为界，一半画成剖视图，另一半画成视图的拼合图形称为半剖视图。

轴座前后也对称，所以俯视图同样也可绘制成半剖视图，如图 5－17 所示。在俯视图上，用水平面作为剖切平面，过前面凸台水平圆孔轴线将机件剖开，将俯视图绘制成半剖视图。

国家标准规定：同一机件各个图形上剖面线的画法应一致。因此，图 5－17 中，主视图、俯视图剖面线的方向和间隔应一致。

（2）半剖视图的画法规定

半剖视图是半个视图和半个剖视图的拼合图形，半个视图与半个剖视图的分界线应画成

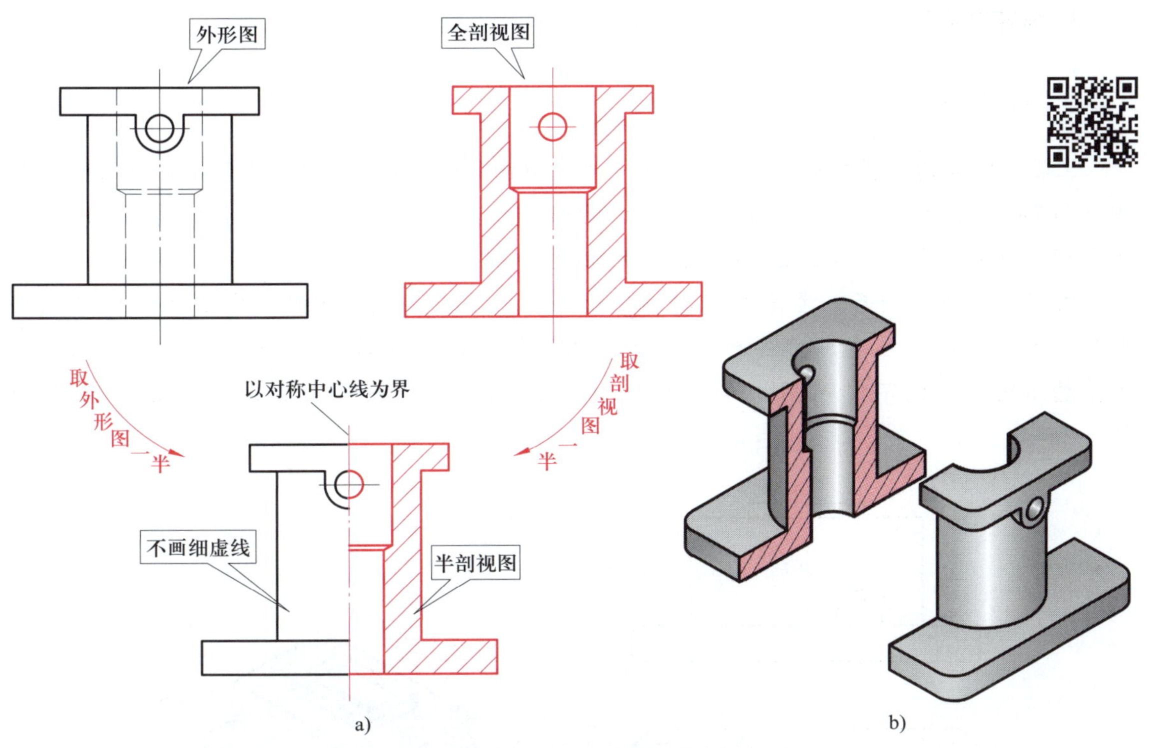

图 5－16　将轴座的主视图画成半剖视图

a）半剖视图的形成　b）立体图

细点画线，而不能画成粗实线，图 5－18 所示为错误的画法。

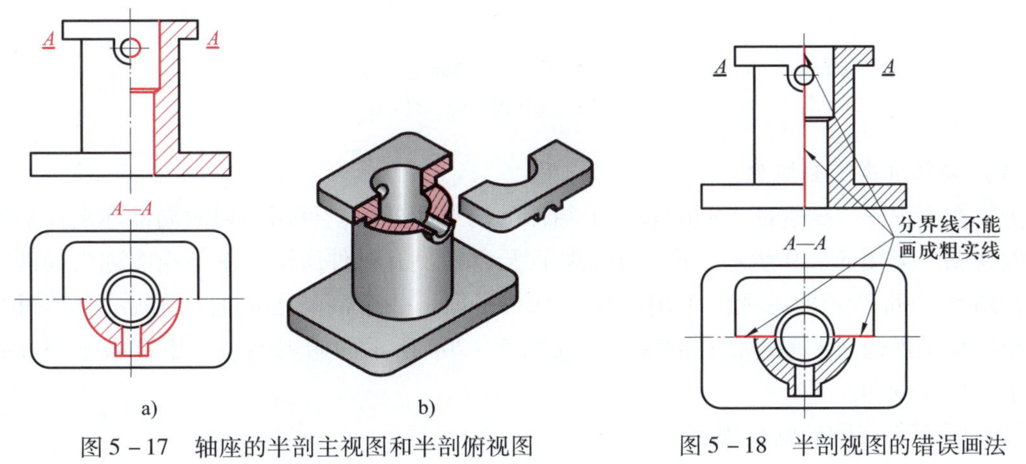

图 5－17　轴座的半剖主视图和半剖俯视图

a）半剖视图　b）立体图

图 5－18　半剖视图的错误画法

思考与练习

半剖视图是机件割掉 1/4 后，将剩余部分进行投影得到的吗？

3. 局部剖视图

上箱体的结构如图 5－19 所示，它是一个开口向下的长方形箱体，在下方的连接板上有四个连接孔；上方有一个矩形凸台，且在矩形凸台上有一个矩形孔，在箱体的前方，连接板上方有一个拱形凸台，其上圆孔和箱体内腔相通。

该形体上下、前后、左右都不对称，很显然，用全剖视图虽然能表达上箱体内腔的形状，但不能同时表达外部凸台的形状，也不能表达连接板上四个连接孔的形状；形体结构不对称，也不能采用半剖视图。如何在主视图、俯视图上同时表达其内形和外形？

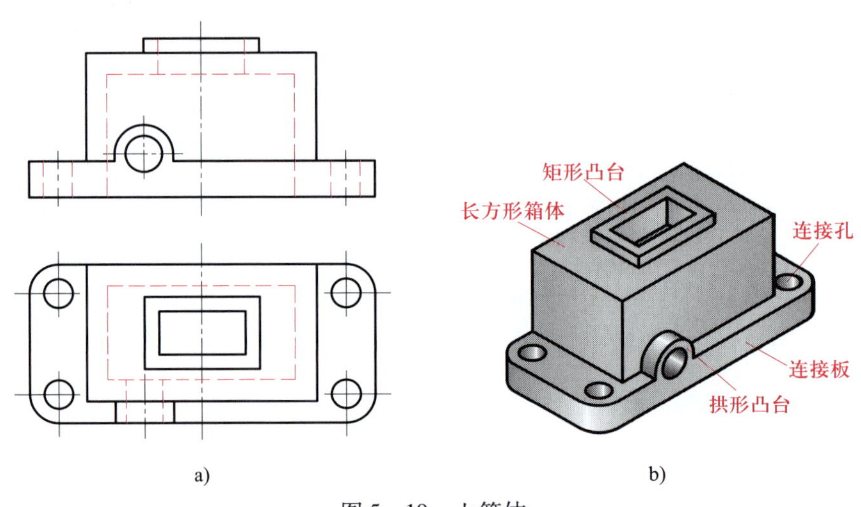

图 5－19　上箱体
a）主视图、俯视图　b）立体图

（1）局部剖视图的概念

为了在主视图、俯视图上同时表达上箱体的内形和外形，可用剖切面局部地剖开机件而绘制剖视图，如图 5－20 所示。这种用剖切面局部地剖开机件所画出的剖视图称为局部剖视图。在图 5－20a 所示的主视图中用了两个剖切平面，一个剖切平面通过前后近似对称面，另一个剖切平面通过左侧连接孔的轴线。在图 5－20a 所示的俯视图中，用过水平圆柱孔轴线的剖切平面剖切。

（2）局部剖视图的画法规定

1）局部剖视图与视图之间应以波浪线分界，波浪线应画在机件的实体上，不能画在机件的中空处或超出图形轮廓线，如图 5－20a 所示。

2）当对称图形的轮廓线与对称中心线重合时，应避免采用半剖视图，而采用局部剖视图，如图 5－21 所示。

3）当单一剖切平面的剖切位置明确时，局部剖视图不必标注。

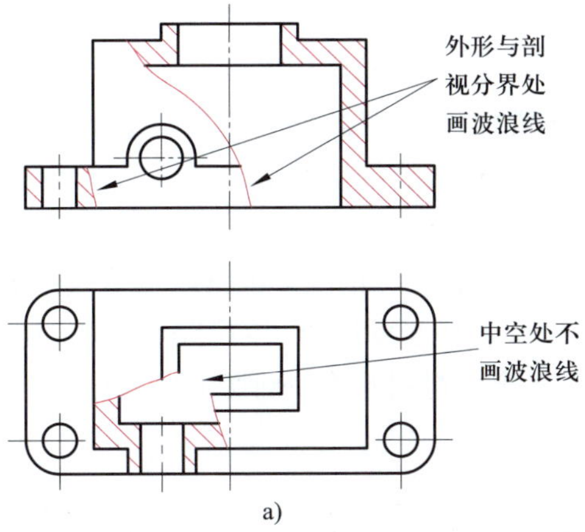

a)

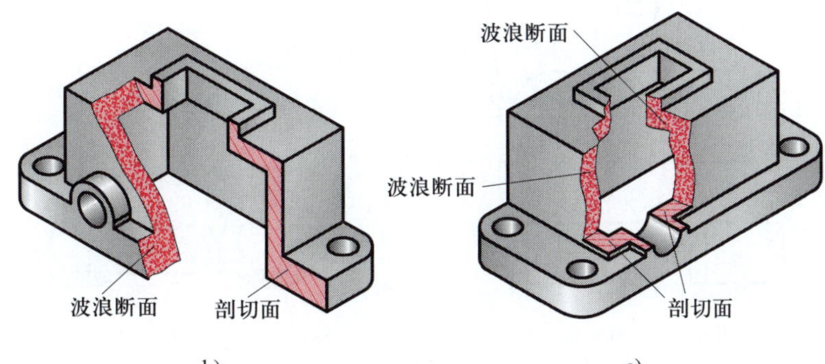

b)　　c)

图 5－20　上箱体的局部剖视图

a）局部剖视图　b）主视图主体部分的剖切　c）俯视图的剖切

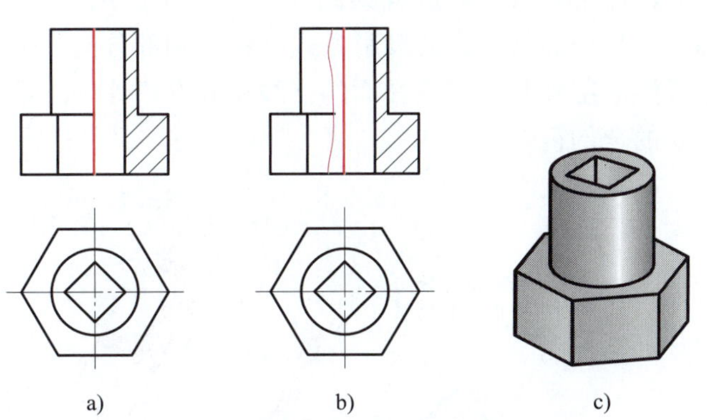

a)　　b)　　c)

图 5－21　轴套宜采用局部剖视图表达

a）错误　b）正确　c）立体图

思考与练习

（1）波浪线有哪些用途？波浪线的绘制有哪些规定？

（2）全剖视图、半剖视图和局部剖视图各适用于什么场合？

三、剖切面的种类

在前面所介绍的三种剖视图中，所用的剖切平面皆平行于基本投影面，但机件的内部结构形状差异甚大，常需选用不同数量和位置的剖切面。根据机件的结构特点，可选择单一剖切面、几个平行的剖切平面、几个相交的剖切面等。

1. 单一剖切面

单一剖切面一般是单一剖切平面，特殊情况下也可以是单一剖切柱面。单一剖切平面可以平行于基本投影面，也可以不平行于基本投影面。如图 5－22 所示，*A—A* 全剖视图的单一剖切平面平行于水平投影面，*B—B* 全剖视图的单一剖切平面垂直于正投影面，倾斜于侧投影面。

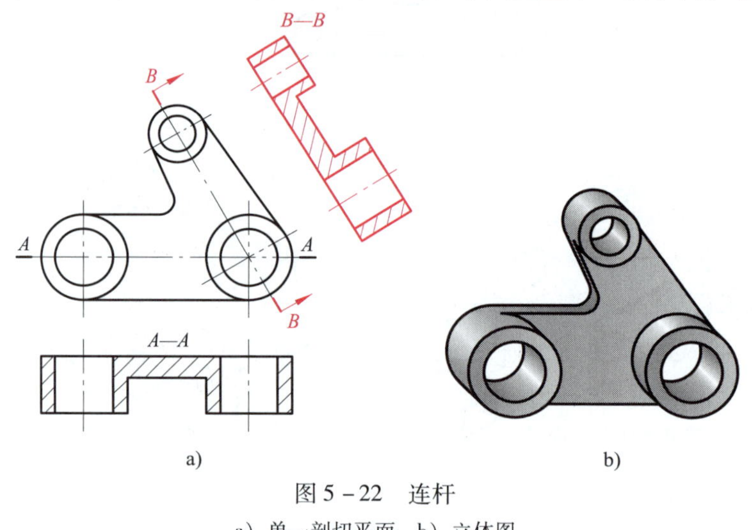

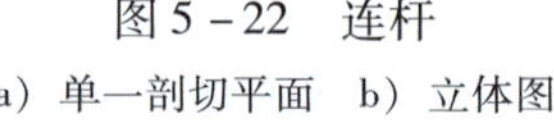
图 5－22　连杆

a）单一剖切平面　b）立体图

图 5－22 中 *B—B* 全剖视图的投影过程如图 5－23 所示，用一个正垂剖切平面剖开机件，将左侧部分移除，然后按照斜视图的投影方式，将右侧部分向一个与剖切平面平行的投影面投射，然后使该投影面绕着其与正投影面的交线旋转 90°展开，即获得一个用垂直于正投影面的剖切平面剖切的全剖视图。

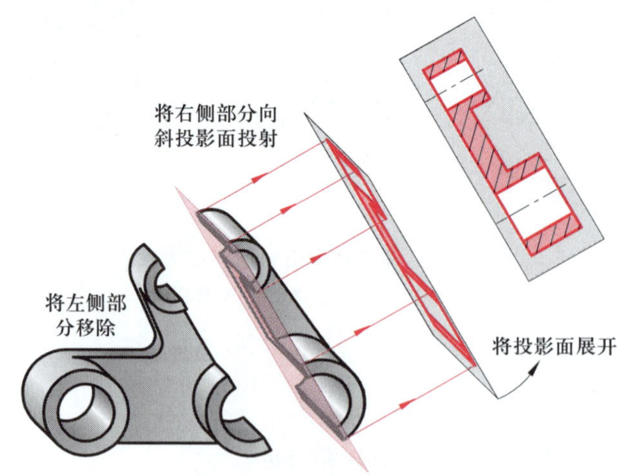

图 5－23　倾斜剖切的投影过程

采用不平行于任何基本投影面的单一剖切平面获得的剖视图，通常比照斜视图的配置形式配置并标注。所以图 5－22 中的 *B*—*B* 剖视图标注了剖切位置、投射方向和剖视图名称。

为画图方便，可将用不平行于基本投影面的剖切平面剖切得到的剖视图旋转放正配置，并在剖视图名称旁按图形的旋转方向标注旋转符号，剖视图的名称应注写在旋转符号的箭头端，如图 5－24 所示。

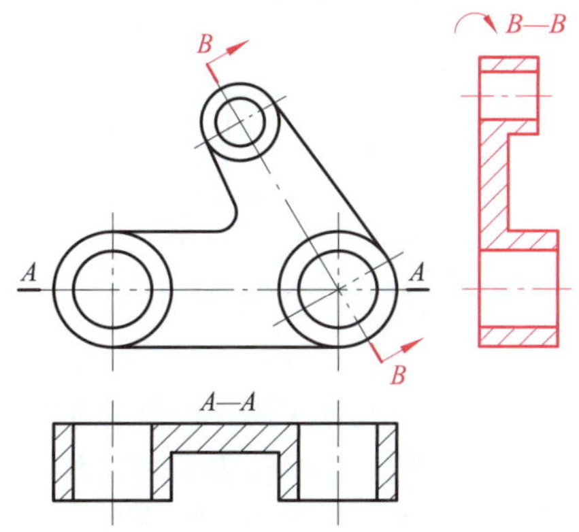

图 5－24　转正绘制 *B*—*B* 全剖视图

2. 几个平行的剖切平面

当机件上有若干不在同一平面上需要表达的内部结构时，可采用几个平行的剖切平面割开机件。图 5－25 所示为盖板，其俯视图是用三个平行于水平投影面的剖切平面剖开机件获得的全剖视图，在俯视图上可以使形体中不同层次的内部结构在一个剖视图中得到表达。几个平行的剖切平面可以是两个或两个以上，各剖切平面的转折处成直角，剖切平面一般是投影面的平行面。

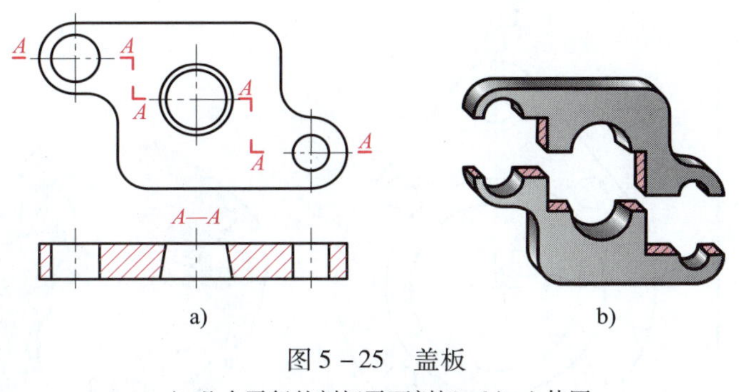

图 5－25　盖板

a）几个平行的剖切平面剖切　b）立体图

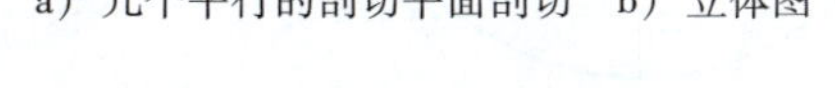

在绘制用几个平行的剖切平面剖切得到的剖视图时应注意：

（1）不应画出剖切平面转折处的投影（见图 5－26a），剖切位置符号转折处不应与图形的轮廓线重合（见图 5－26b），剖视图中一般不应出现不完整的要素（见图 5－26c）。

（2）必须在几个平行的剖切平面的起止和转折处用剖切位置符号表示剖切位置，并标注相同的字母。如果用几个平行的剖切平面剖切获得的剖视图按投影关系配置，中间又没有其他图形隔开，可以省略表示投射方向的箭头。在不产生歧义的前提下，转折处的字母可以

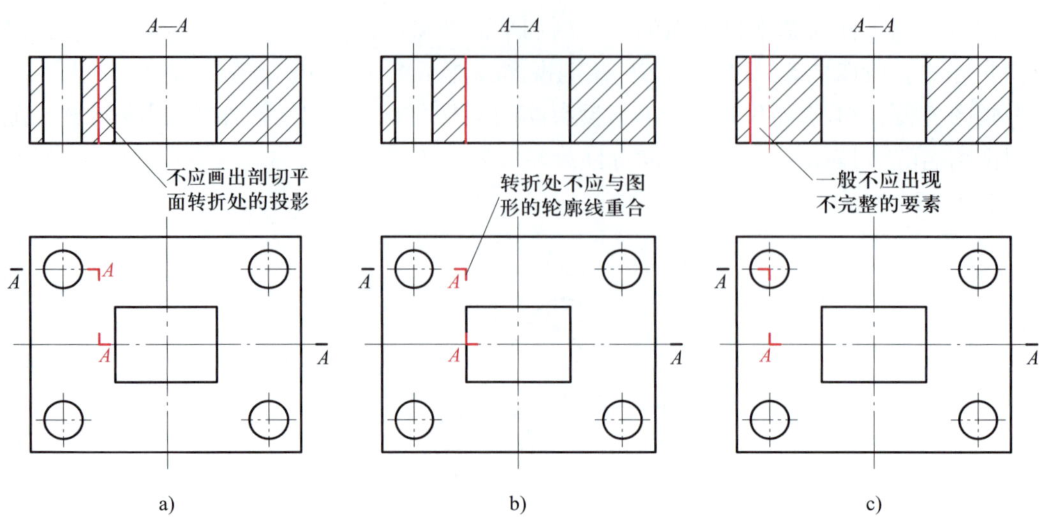

图 5－26　剖切平面的转折处不应出现的几种情况

a）不应画出剖切平面转折处的投影　b）剖切位置符号转折处不应与图形的轮廓线重合

c）剖视图中一般不应出现不完整的要素

部分或全部省略。

3. 几个相交的剖切面

当机件上的孔（槽）等结构不在同一平面上，但绕机件的某一回转轴线分布时，可采用几个相交于回转轴线的剖切面剖开机件，如图 5－27 所示。几个相交的剖切面可以是两个或两个以上，一般情况下，两剖切面的交线垂直于某一基本投影面，绘制剖视图时，要将与投影面倾斜的剖切面剖开的结构及有关部分，旋转到与选定的投影面平行后，再进行投射。此时，旋转部分的某些结构不再符合直接的投影关系。

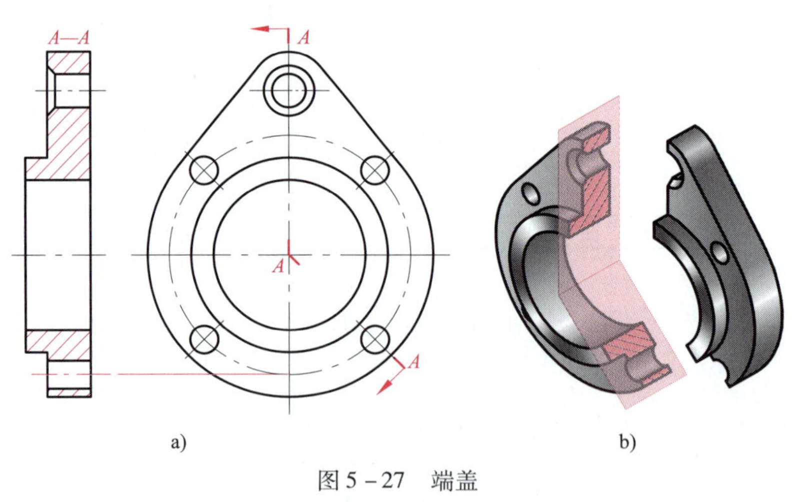

图 5－27　端盖

a）几个相交的剖切面剖切　b）立体图

在绘制用几个相交的剖切面剖切得到的剖视图时，一般应标注剖切位置、投射方向和剖视图名称，并且表示投射方向的箭头与表示剖切位置的粗实线要垂直。

思考与练习

(1) 采用什么剖切面时必须将剖切位置、投射方向和剖视图名称全部注出？

(2) 在用几个平行的剖切平面剖切得到的剖视图中，剖切平面转折处有何要求？

§5－3 断面图

学习目标

1. 了解断面图的概念和种类。
2. 掌握移出断面图和重合断面图的画法。
3. 掌握移出断面图和重合断面图的标注方法。

想一想

图 5－28a 所示为机油泵轴的主视图、左视图，该形体的结构并不复杂，但是用主视图、左视图表达却不够清晰，想一想：这是什么原因呢？如何才能将该轴各轴颈上的结构表达清楚？

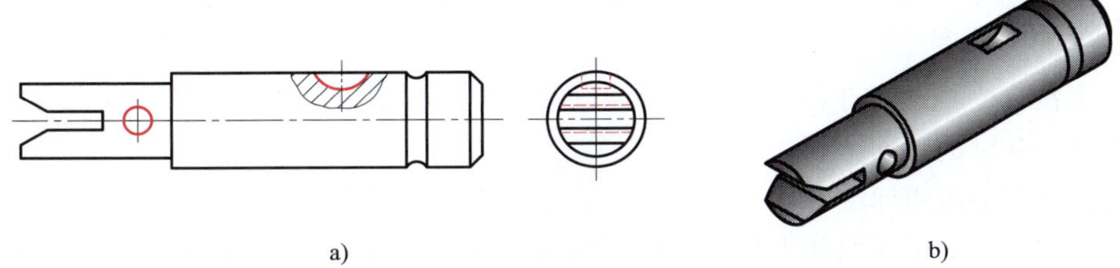

a)　　b)

图 5－28　机油泵轴

a）主视图、左视图　b）立体图

在图 5－28a 中，机油泵轴的主要结构在主视图上已经表达清楚，其左视图主要用于表达圆孔和半圆键槽的断面形状。但是在左视图中，圆和细虚线较多，不便于看图。为解决这个问题，可分别用垂直于轴线的剖切平面在圆孔的轴线上和半圆键槽的中心线上剖切轴颈，绘制出各个断面的形状（见图 5－29），以替代左视图。这种用剖切平面将机件断开，画出的剖切面与机件接触部分的图形称为断面图。断面图分为移出断面图和重合断面图两种。

一、移出断面图

画在视图轮廓之外的断面图称为移出断面图。如图 5－30 所示，移出断面图①表达键槽的形状，移出断面图②表达圆孔的形状，移出断面图③表达方孔的形状。

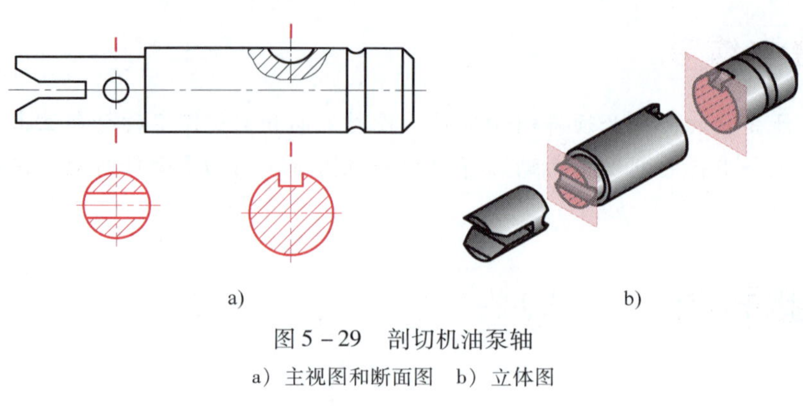

图 5－29　剖切机油泵轴

a）主视图和断面图　b）立体图

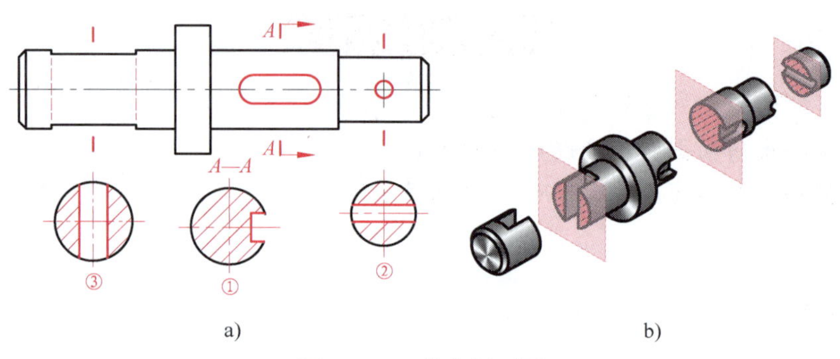

图 5－30　移出断面图

a）视图和移出断面图　b）立体图

画移出断面图时应注意：

（1）当剖切平面通过回转面形成的孔或凹坑的轴线时，这些结构应按剖视绘制（见图 5－30 中的断面图②）。

（2）当剖切平面通过非圆孔，会导致出现完全分离的图形时，这些结构也应按剖视绘制（见图 5－30 中的断面图③）。

移出断面图也需要标注剖切位置符号、表示投射方向的箭头和断面图的名称等。移出断面图的标注方法与剖视图的基本相同，在某些情况下移出断面图的标注也可以简化或省略，见表 5－2。

表 5－2　　移出断面图的标注

移出断面图的位置	移出断面图对称于竖直中心线	移出断面图相对竖直中心线不对称
在剖切位置延长线上	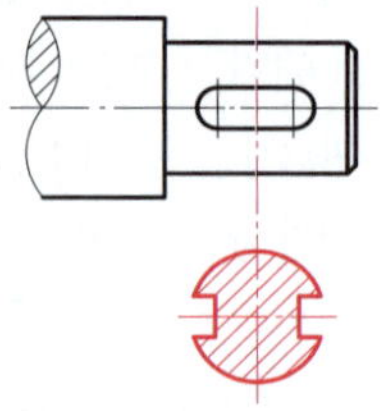 不必标注箭头和字母	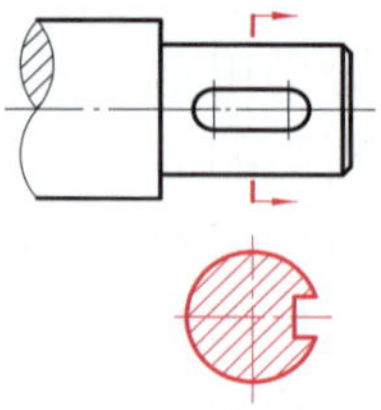 不必标注字母

续表

移出断面图的位置	移出断面图对称于竖直中心线	移出断面图相对竖直中心线不对称
按投影关系配置	A　A　A—A 不必标注箭头	A　A　A—A 不必标注箭头
在其他位置	A　A　A—A 不必标注箭头	A　A　A—A 需要标注剖切位置符号、箭头和字母

思考与练习

图 5-30 中的 *A—A* 移出断面图，键槽缺口处为何不将圆柱的轮廓线连接起来？该断面图的标注能否省略箭头？

二、重合断面图

绘制在视图轮廓线之内的断面图称为重合断面图。图 5-31 所示为拨叉，在主视图上绘制了一个表达连接板断面形状的重合断面图，在俯视图上绘制了一个表达肋板形状的重合断面图。主视图上的重合断面图由于只绘制了肋板的一部分结构，所以在断裂边界处绘制波浪线。

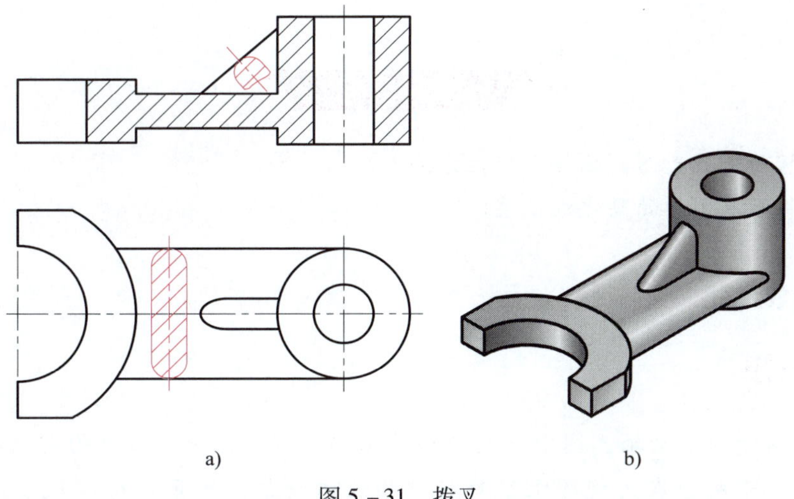

a)　　b)

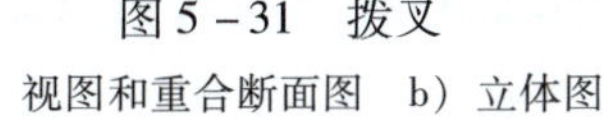

图 5-31　拨叉

a）视图和重合断面图　b）立体图

画重合断面图时应注意：

（1）重合断面图的轮廓线用细实线绘制。

（2）当视图中的轮廓线与重合断面图的图形重叠时，视图的轮廓线应完整画出，不能间断，如图 5－32 所示。

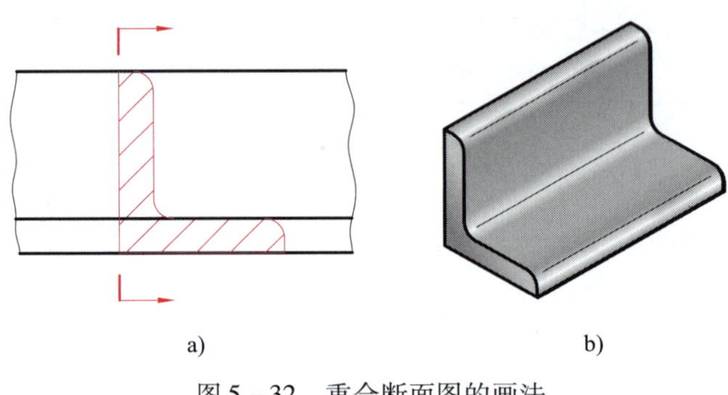

a)　　　　b)

图 5－32　重合断面图的画法

a）重合断面图　b）立体图

（3）对称的重合断面图不必标注，如图 5－31 所示；不对称的重合断面图可省略标注，即图 5－32 中的重合断面图也可以省略标注。

思考与练习

重合断面图的轮廓线为何要用细实线绘制？

§5－4　图样的其他画法

学习目标

1. 掌握局部放大图的画法及标注方法。
2. 掌握常用图样的简化表示法。

一、局部放大图

想一想

图 5－33 所示为从动轴，图中三处沟槽的结构非常小，中间位置的沟槽还采用了细虚线表达内凹的环形槽，在主视图上很难将结构表达清楚，更无法标注尺寸，如何解决这些问题？

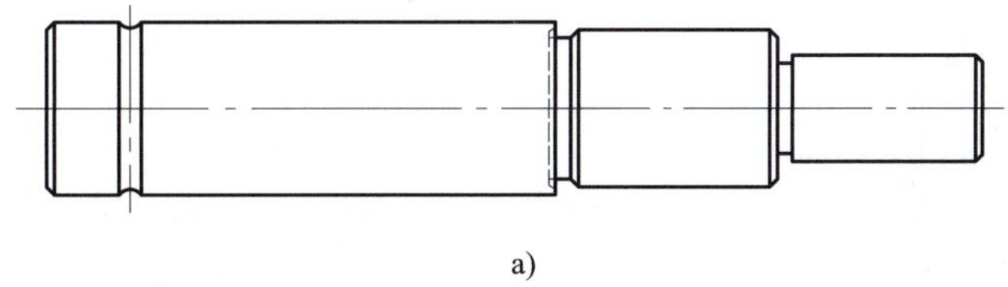

a)

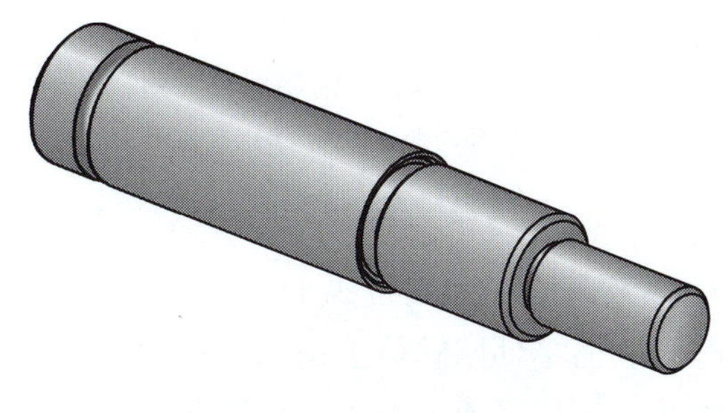

b)

图 5－33　从动轴

a）视图　b）立体图

如果将图 5－33a 所示从动轴的视图整体放大，则整个图形非常大。因此，只能将三处细小的结构采用放大的比例绘制局部视图，如图 5－34 所示。这种将机件的局部结构用大于原图形所采用的比例画出的图形称为局部放大图。

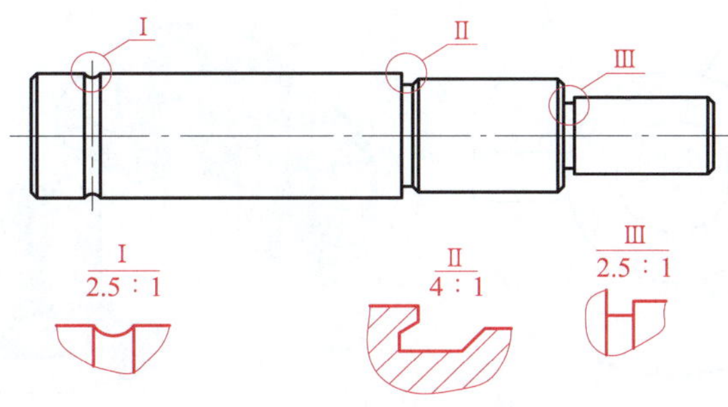

图 5－34　局部放大图

局部放大图的画法规则：

（1）绘制局部放大图时，一般用细实线圈出被放大部位（见图 5－34 中主视图上的细实线圆），其放大的图形尽量配置在被放大部位附近。

（2）局部放大图断裂处的边界线用波浪线绘制。

（3）当机件上有多处被放大部位时，必须用罗马数字依次标明，并在相应局部放大图上方以分数形式标出相同的罗马数字和放大比例。仅有一个局部放大图时，只需标注比例，如图 5－35 所示。

（4）局部放大图可画成视图、剖视图和断面图，它与被放大部位原来的表达方法无关。

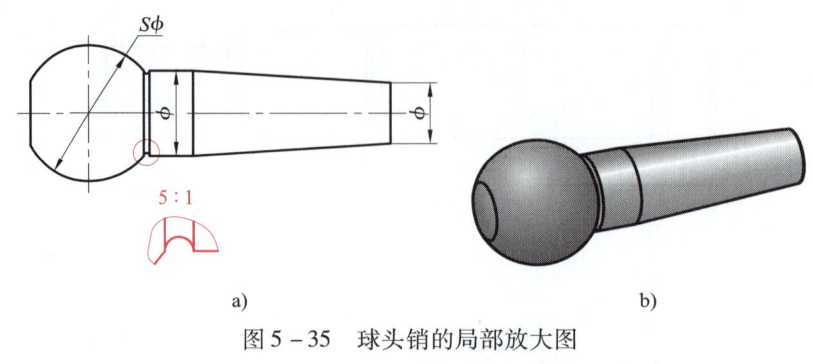

a)　　b)

图 5－35　球头销的局部放大图

a）视图和局部放大图　b）立体图

二、图样的简化表示法

（1）对于机件的肋、轮辐及薄壁等，如按纵向剖切，这些结构都不画剖面符号，而用粗实线将它与其邻接部分分开。当零件回转体上均匀分布的肋、轮辐、孔等结构不处于剖切平面上时，可将这些结构旋转到剖切平面上画出，如图 5－36 所示。

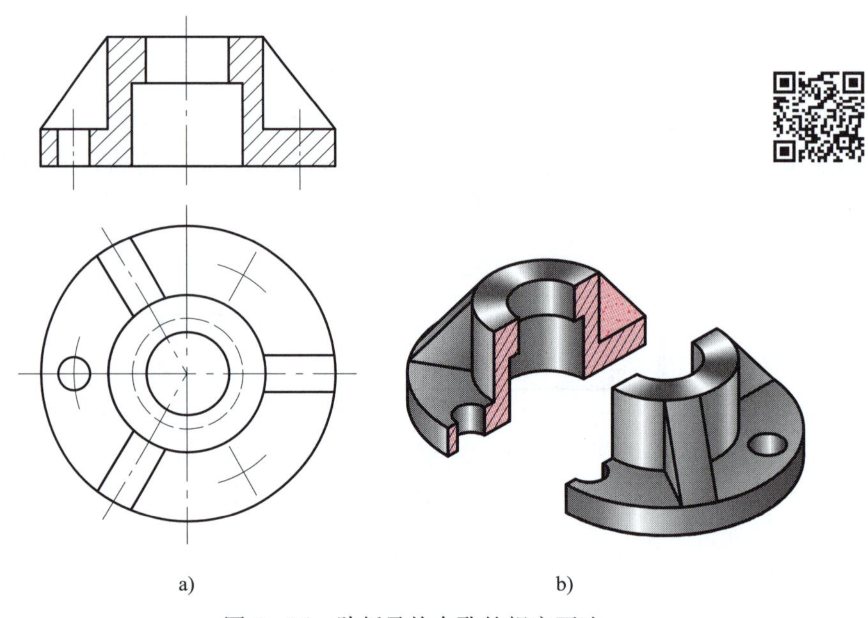

a)　　b)

图 5－36　肋板及均布孔的规定画法

a）视图　b）立体图

（2）若干直径相同且成规律分布的孔，可以仅画出一个或少量几个，其余只需用细点画线表示其中心位置，如图 5－37 所示。

（3）较长的机件（如轴、杆等），当其沿长度方向的形状一致或按一定规律变化时，可断开后缩短绘制，但尺寸仍按实长进行标注，如图 5－38 所示。

（4）当图形不能充分表达平面时，可用平面符号（两条相交的细实线）表示，如图 5－39 所示。

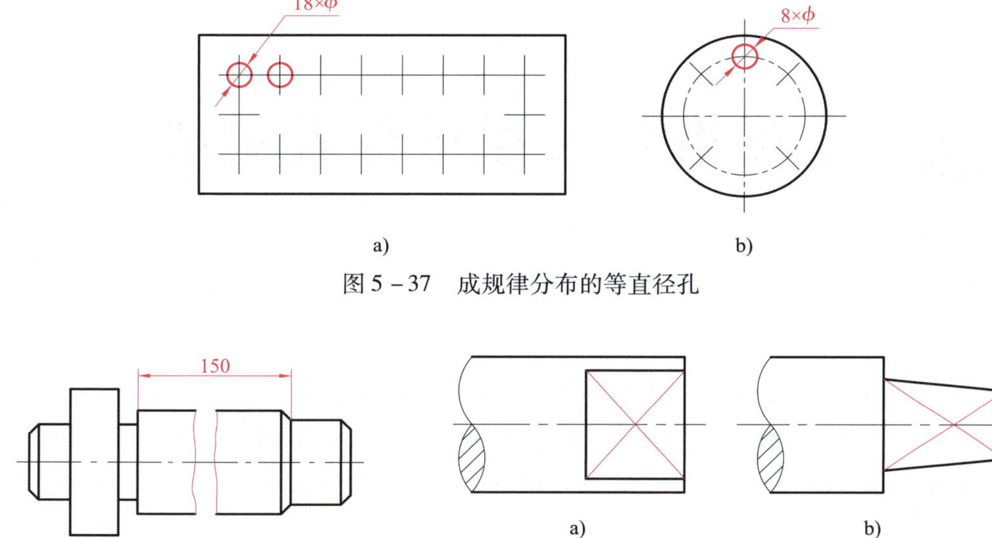

图 5－37 成规律分布的等直径孔

图 5－38 折断画法

图 5－39 平面表示法

（5）在不至于引起误解时，图中的截交线、相贯线等可以简化，如用直线或圆弧代替非圆曲线，如图 5－40 所示。

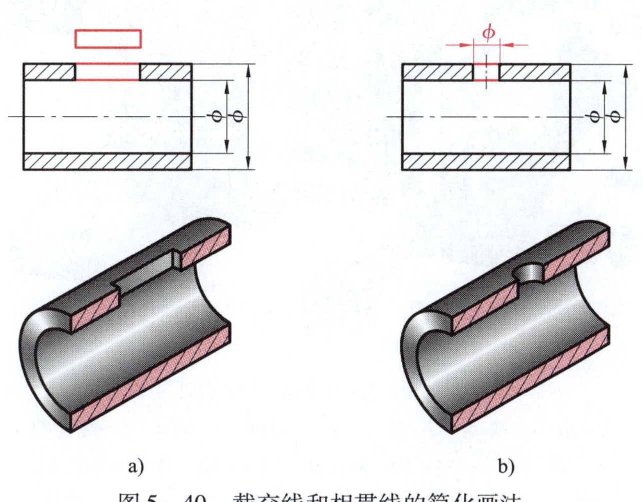

图 5－40 截交线和相贯线的简化画法

a）截交线 b）相贯线

思考与练习

（1）纵向剖切肋板有何画法规定？横向剖切肋板时，在剖面区域要不要绘制剖面符号？

（2）直径相同的孔为何可以只画一个？如何确定其数量和位置？

第六章 标准件与通用件表示法

在各种机器和设备中，经常需要用到螺栓、螺母、齿轮、键、滚动轴承、弹簧等标准件和通用件。这些零部件用途广、用量大，且结构与尺寸都已全部或部分标准化。在图 6－1 所示的齿轮泵中就使用了大量的标准件和通用件，如销、螺栓、垫圈、螺母、钢球、齿轮、弹簧等。

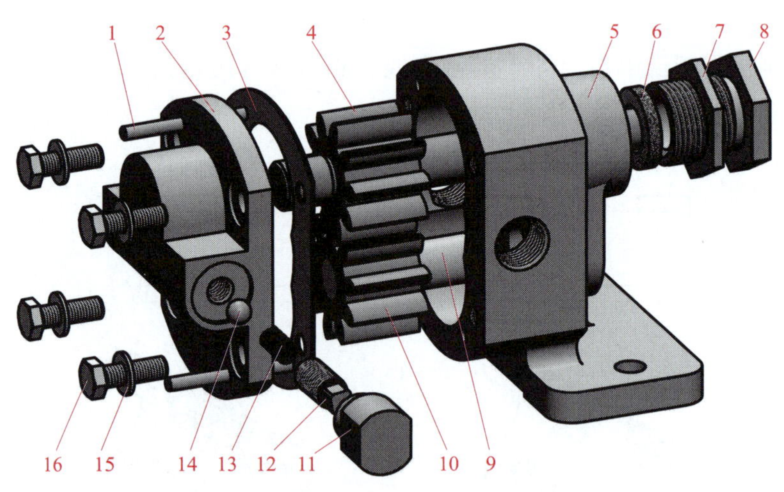

图 6－1　齿轮泵中的标准件和通用件

1—销　2—泵盖　3—垫片　4—齿轮轴　5—泵体　6—密封圈　7—螺母　8—压盖　9—从动轴　10—齿轮　11—防护螺塞　12—调节螺钉　13—弹簧　14—钢球　15—垫圈　16—螺栓

在机械图样中，为简化作图，对标准件和通用件上的某些结构和形状不是按其真实投影画出，而是根据相应的国家标准所规定的简化画法进行绘图，本章主要介绍标准件和通用件的有关规定画法。

§6－1　螺纹及螺纹紧固件表示法

学习目标

1. 了解螺纹的基本结构，掌握外螺纹、内螺纹和螺纹连接图的画法。
2. 了解螺纹紧固件的结构，掌握其画法。
3. 掌握螺栓连接图、螺钉连接图和双头螺柱连接图的画法。

想一想

图6－2所示为螺栓和螺母，其上加工了螺纹，螺栓上的螺纹与螺母上的螺纹有何相同和不同之处？

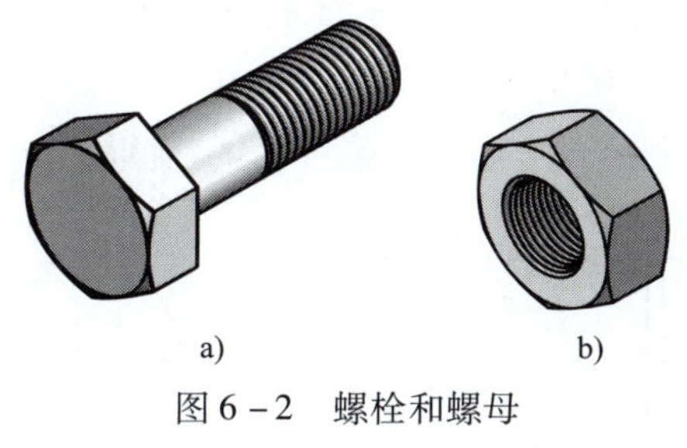

图6－2　螺栓和螺母

a）螺栓　b）螺母

一、螺纹直径

在圆柱（或圆锥）外表面上形成的螺纹称为外螺纹（见图6－3a）；在圆柱（或圆锥）内表面上形成的螺纹称为内螺纹（见图6－3b）。螺纹直径主要有螺纹大径、螺纹小径、公称直径等，如图6－3所示。

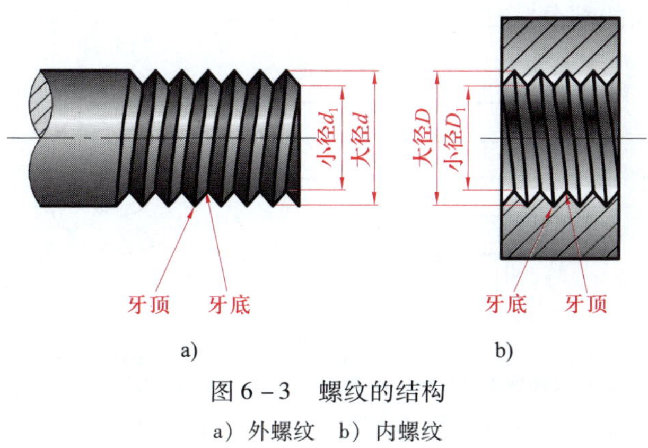

图6－3　螺纹的结构

a）外螺纹　b）内螺纹

1. 螺纹大径

与外螺纹牙顶或内螺纹牙底相切的假想圆柱（或圆锥）的直径称为螺纹大径。外螺纹大径用 d 表示，内螺纹大径用 D 表示。

2. 螺纹小径

与外螺纹牙底或内螺纹牙顶相切的假想圆柱（或圆锥）的直径称为螺纹小径。外螺纹小径用 d_1 表示，内螺纹小径用 D_1 表示。

3. 公称直径

代表螺纹尺寸的直径称为公称直径。除管螺纹外，公称直径是指螺纹的大径。

外螺纹的大径和内螺纹的小径又称为顶径，外螺纹的小径和内螺纹的大径又称为底径。

二、螺纹的画法

1. 外螺纹的画法

（1）外螺纹的牙顶画粗实线，牙底画细实线，如图 6－4 所示。作图时，螺纹的小径可以取 $d_1 \approx 0.85d$。

（2）在反映螺纹轴线的视图中，螺纹终止线用粗实线绘制，表示螺纹牙底的细实线画入倒角（见图 6－4）。

（3）在垂直于螺纹轴线的视图中，表示牙底的细实线圆只画约 3/4 圈，不画倒角圆（见图 6－4）。

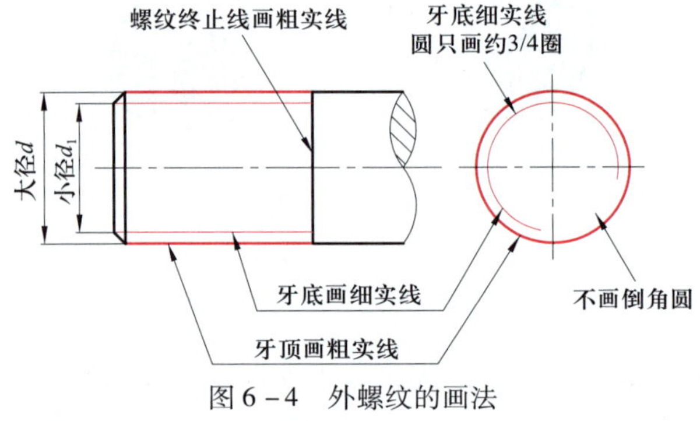

图 6－4 外螺纹的画法

（4）在外螺纹的剖视图（或断面图）中，剖面线应画到牙顶粗实线处，螺纹终止线只画牙顶线与牙底线之间的部分，如图 6－5 所示。

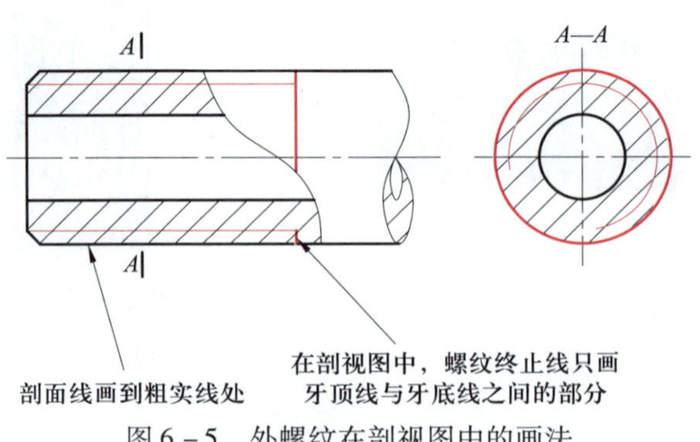

图 6－5 外螺纹在剖视图中的画法

2. 内螺纹的画法

（1）在剖视图中，内螺纹的牙顶画粗实线，牙底画细实线，如图 6－6 所示。作图时，螺纹小径可以取 $D_1 \approx 0.85D$。

（2）在反映螺纹轴线的剖视图中，剖面线画至牙顶粗实线处（见图 6－6）。

（3）在垂直于螺纹轴线的视图中，表示牙底的细实线圆只画约 3/4 圈，不画倒角圆（见图 6－6）。

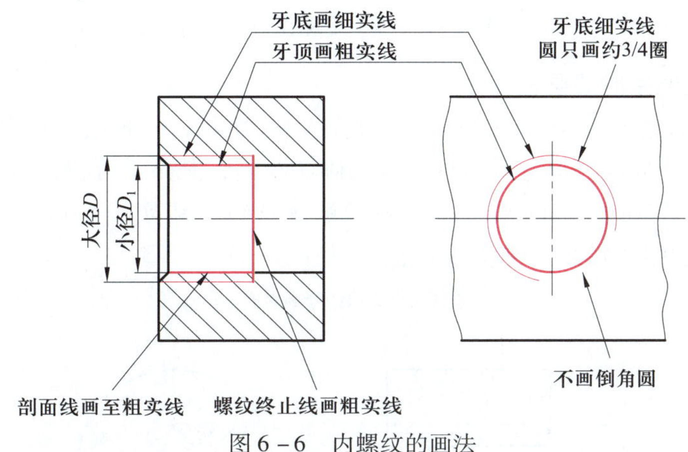

图 6－6　内螺纹的画法

（4）如果在零件上加工的是不穿通的螺孔，由于钻头端部的锥度为 118° ± 2°，所以钻孔底部画成 120°（见图 6－7a）。用丝锥在不穿通的孔上加工螺纹时（见图 6－7b），其底部加工不出有效螺纹。绘图时，一般取光孔部分的深度为 0.5*D*，如图 6－7c 所示。

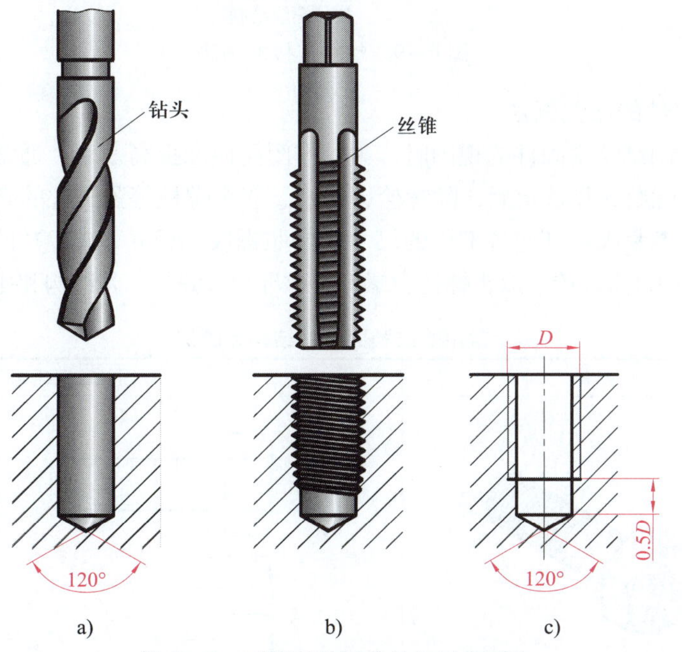

图 6－7　不穿通的螺孔的加工和画法

a）钻孔　b）攻螺纹　c）不穿通的螺孔的画法

（5）不可见螺孔的所有图线用细虚线绘制，如图 6－8 所示。

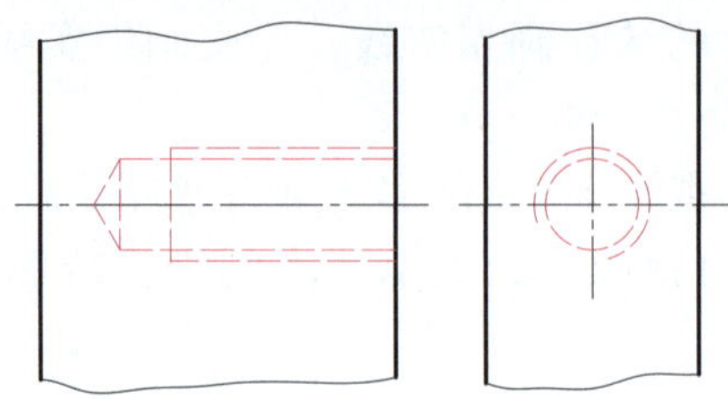

图 6－8　不可见螺孔的画法

3. 内、外螺纹连接时的画法

内、外螺纹连接图常以剖视图来表达，如图 6－9 所示，其画法规则为：

（1）内、外螺纹的旋合部分应按外螺纹的画法绘制，其余部分仍按各自的画法表示。

（2）内螺纹的牙底线（细实线）与外螺纹的牙顶线（粗实线）对齐，内螺纹的牙顶线（粗实线）与外螺纹的牙底线（细实线）也要对齐。

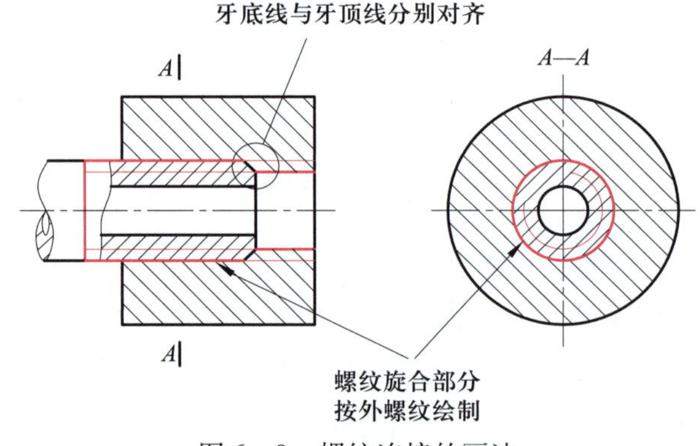

图 6－9　螺纹连接的画法

三、螺纹紧固件的比例画法

在装配图中绘制螺纹紧固件的视图时，为了作图简便和提高效率，通常采用比例画法。所谓比例画法是指当螺纹大径选定后，除螺栓、螺钉、双头螺柱等紧固件的有效长度要根据被紧固件的情况确定外，紧固件其他各部位的尺寸都按照螺纹大径 d（或 D）的一定比例作图的方法。常用的螺纹紧固件有螺栓、双头螺柱、螺钉、螺母和垫圈等，其结构和比例画法见表 6－1。

表 6－1　　常用螺纹紧固件的结构和画法

名称	结构	视图及画图比例
六角头螺栓	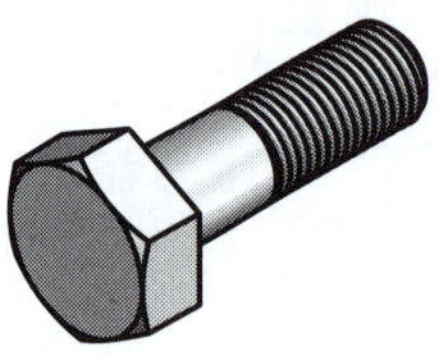	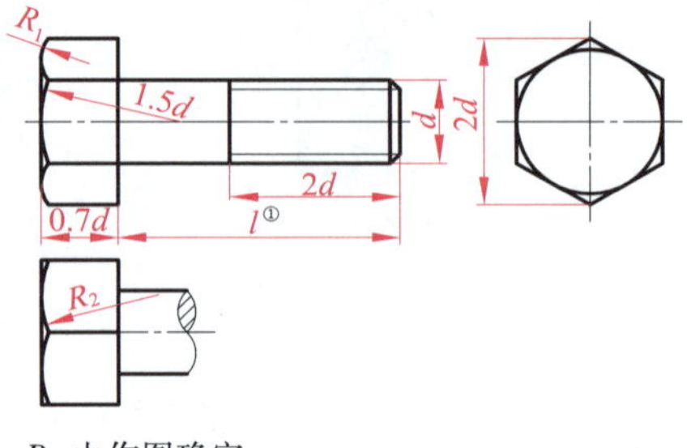 R_1　1.5d　d　2d　2d　0.7d　l①　R_2 注：R_1、R_2 由作图确定

续表

名称	结构	视图及画图比例
双头螺柱		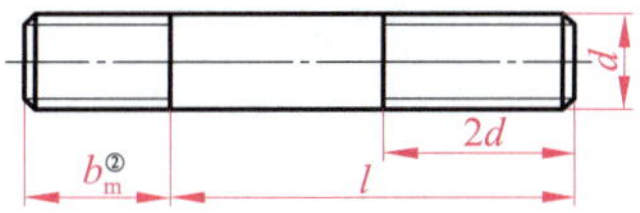 d　$2d$　b_m②　l
开槽圆柱头螺钉	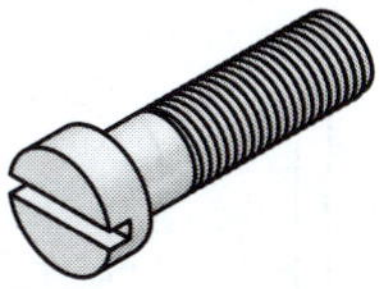	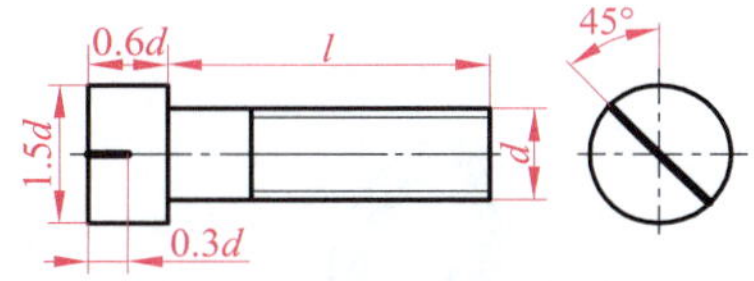 $0.6d$　l　45°　$1.5d$　d　$0.3d$ 注：表示槽的图线宽度既可以等于两倍的粗实线宽度，也可以等于粗实线宽度
十字槽沉头螺钉	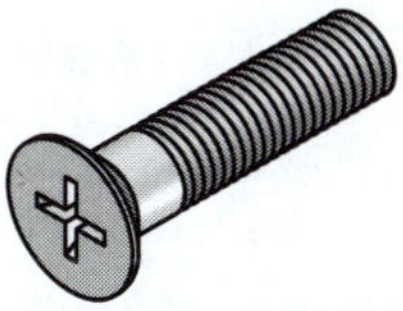	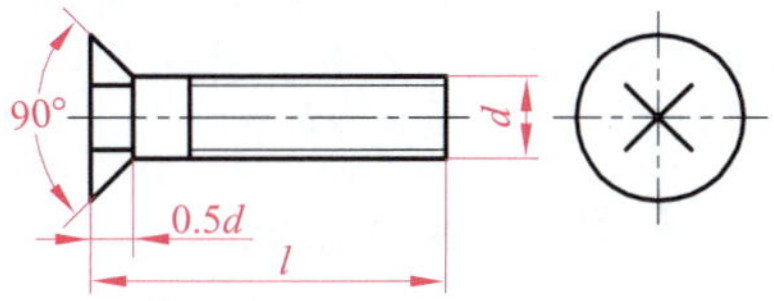 90°　d　$0.5d$　l
内六角圆柱头螺钉	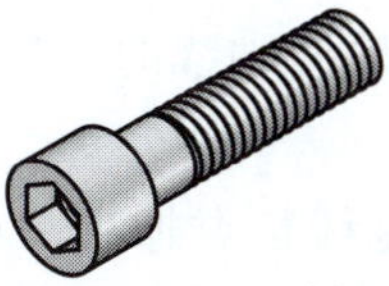	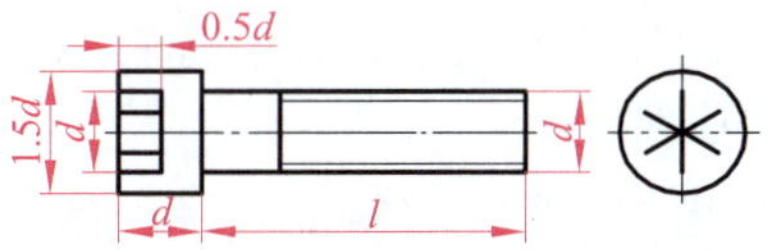 $0.5d$　$1.5d$　d　d　d　l
开槽沉头螺钉		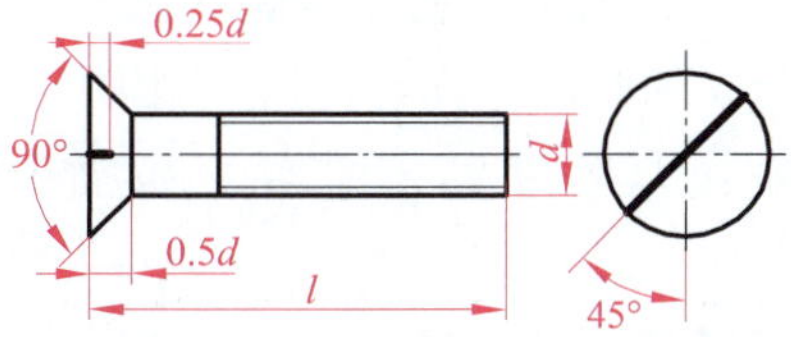 $0.25d$　90°　d　$0.5d$　l　45° 注：表示槽的图线宽度既可以等于两倍的粗实线宽度，也可以等于粗实线宽度
六角螺母	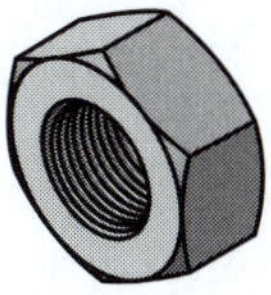	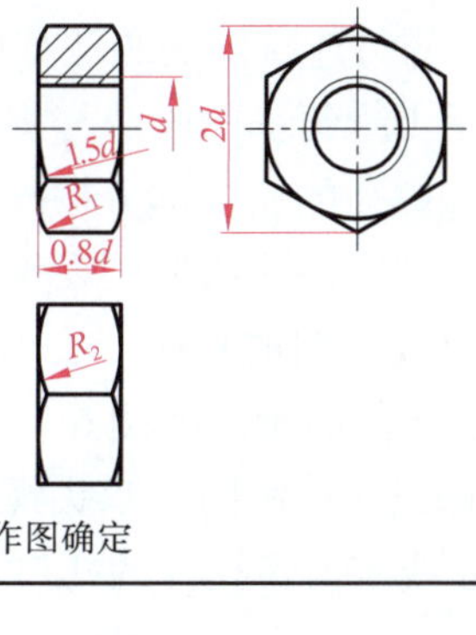 d　$2d$　$1.5d$　R_1　$0.8d$　R_2 注：R_1、R_2 由作图确定

续表

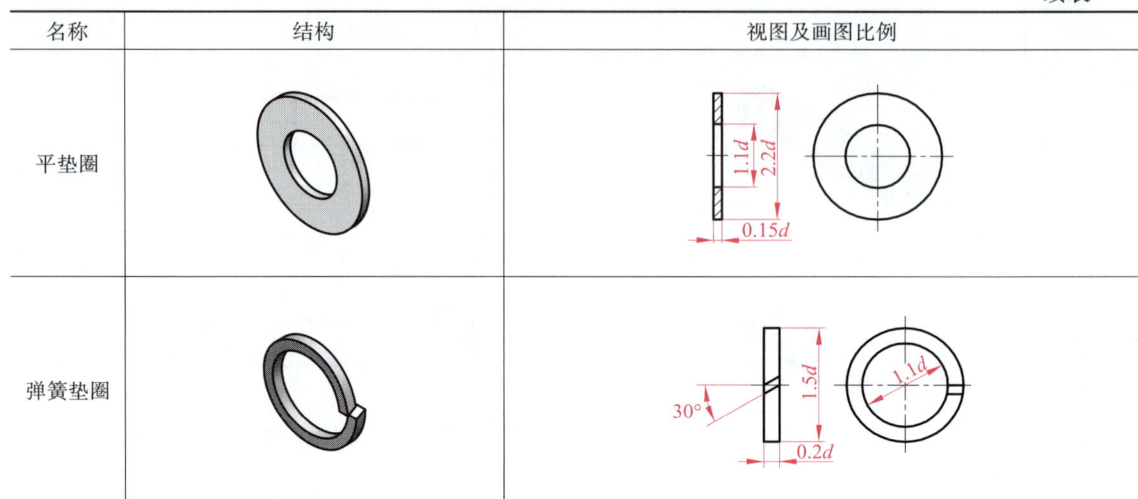

名称	结构	视图及画图比例
平垫圈		1.1d 2.2d 0.15d
弹簧垫圈		30° 1.5d 1.1d 0.2d

① l 为螺栓、双头螺柱、螺钉的公称长度，可通过查阅相关手册获得。

② b_m 为双头螺柱旋入零件（机体）一端的长度，其取值与被旋入零件的材料有关。一般钢用 $b_m=1d$；铸铁用 $b_m=1.25d$ 或 $b_m=1.5d$；铝合金用 $b_m=2d$。

四、螺纹紧固件连接的画法

常用的螺纹紧固件连接有螺栓连接、螺钉连接和双头螺柱连接等。

画螺纹紧固件的连接图时应注意：

（1）当剖切平面通过螺栓、螺钉、螺母及垫圈等紧固件的轴线时，这些零件应按未剖切绘制（只画外形）。

（2）两相邻零件，接触面只画一条粗实线，不得将轮廓线特意加粗；凡不接触的表面，不论间隙多小，在图上均应画出两条轮廓线。

（3）在剖视图中，相互接触的两个零件的剖面线方向应相反。而同一个零件在不同视图中的剖面线的倾斜方向和间隔应相同。

（4）螺纹紧固件的工艺结构，如倒角、圆角、退刀槽、缩颈、凸肩等均可省略不画。

1. 螺栓连接图的画法

螺栓连接图的画法如图 6－10 所示。

2. 螺钉连接图的画法

开槽圆柱头螺钉连接图的画法如图 6－11 所示。画螺钉连接图时应注意：

（1）左视图上螺钉头的画法与主视图相同。

（2）螺钉和螺孔的旋合部分按外螺纹绘制，其余部分仍按各自的画法绘制。

（3）螺钉的螺纹终止线应画在螺孔的孔口之上。

3. 双头螺柱连接图的画法

双头螺柱连接图的画法如图 6－12 所示。画双头螺柱连接图时应注意：

（1）为了保证连接牢固，双头螺柱的旋入机体一端应全部旋入螺孔内，所以旋入机体一端的螺纹终止线应与螺孔件的孔口平齐。

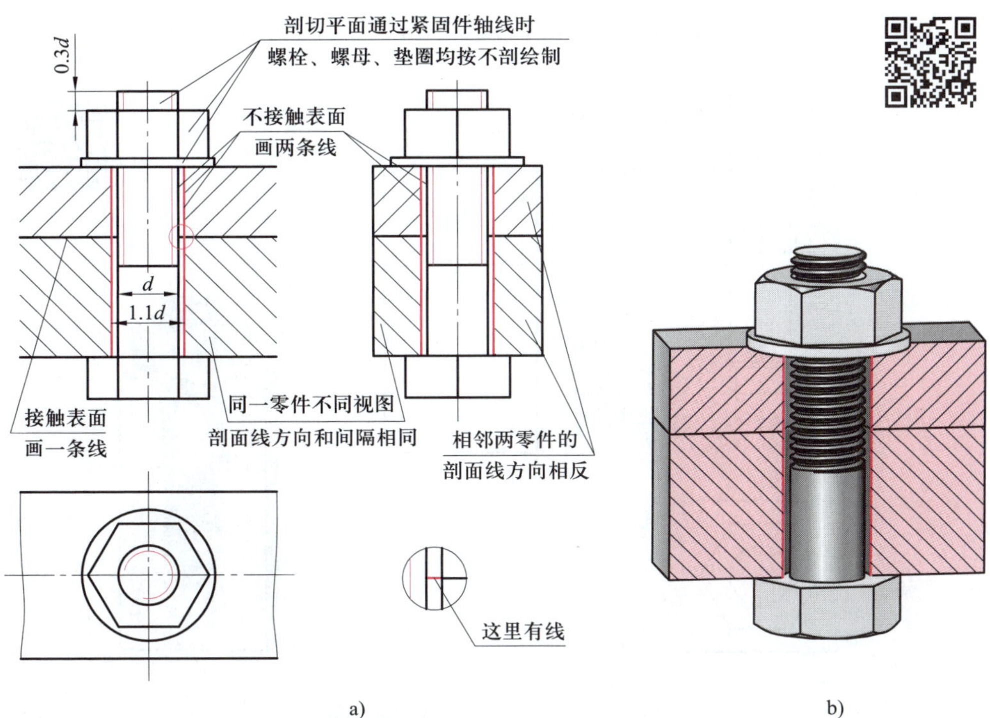

a)　　b)

图 6－10　螺栓连接图的画法

a）三视图　b）立体图

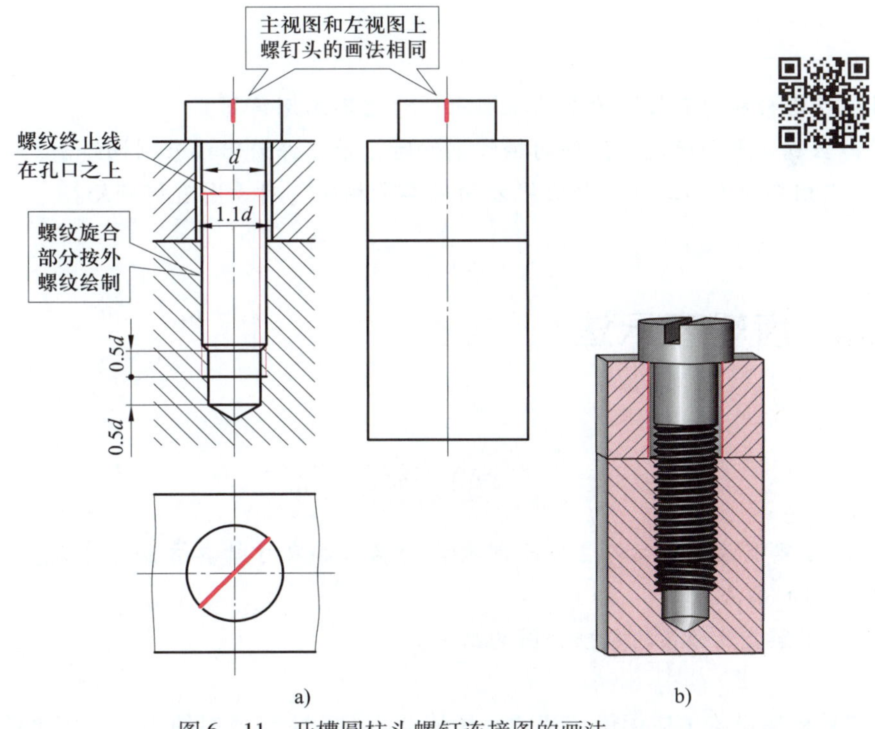

a)　　b)

图 6－11　开槽圆柱头螺钉连接图的画法

a）三视图　b）立体图

（2）主视图、左视图上的弹簧垫圈开口的画法相同，由左上向右下倾斜。

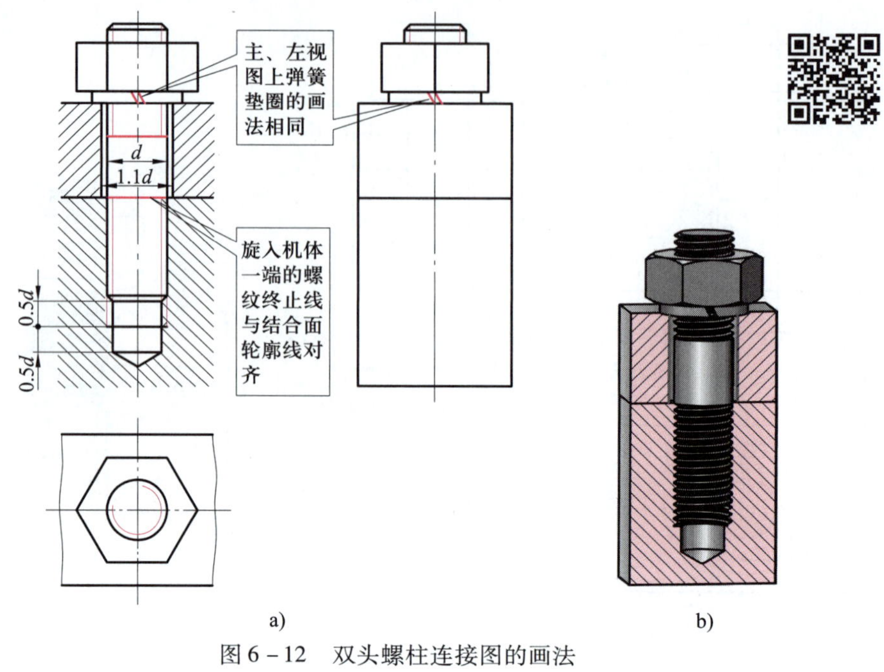

图 6－12 双头螺柱连接图的画法

a）三视图 b）立体图

思考与练习

（1）在螺杆和螺孔投影为圆的视图上，为何不画倒角圆？

（2）当剖切平面通过紧固件的轴线剖切时，紧固件为何按未剖切绘制？

（3）“相邻两不同零件的剖面线方向应尽量相反”对看图有何好处？

§6－2 齿轮表示法

学习目标

1. 了解直齿圆柱齿轮主要几何要素的名称和尺寸计算方法，掌握直齿圆柱齿轮及啮合图的画法。

2. 了解直齿锥齿轮及啮合图的画法。

齿轮是机械设备中应用最广泛的一种传动零件，它们成对使用，可用来传递动力，改变转速和运动方向，常用的齿轮传动形式有圆柱齿轮传动和锥齿轮传动等。

一、直齿圆柱齿轮的画法

想一想

图 6－13 所示为直齿圆柱齿轮传动，可用于传递两平行轴之间的运动，直齿圆柱齿轮的轮齿有何结构特点？如何表达齿轮的轮齿？

图 6－13　直齿圆柱齿轮传动

1. 直齿圆柱齿轮的主要几何要素

直齿圆柱齿轮的轮齿均匀地分布在一个圆柱面上，且与其轴线平行。直齿圆柱齿轮各部分的名称及有关参数如图 6－14 所示。直齿圆柱齿轮主要几何要素的概念及代号见表 6－2，各主要几何要素的计算公式见表 6－3。

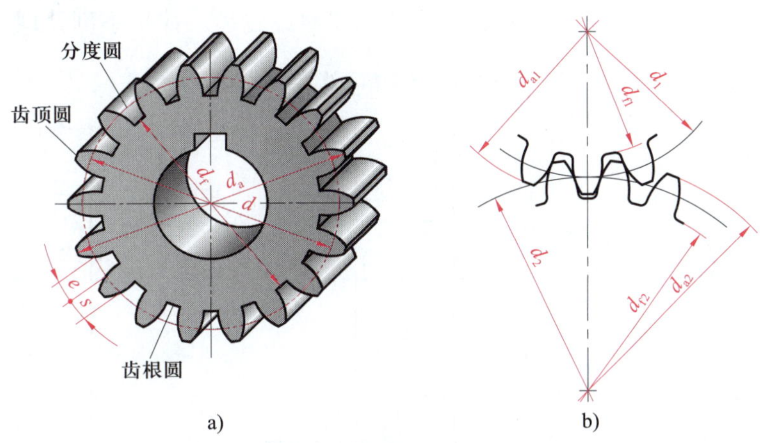

图 6－14　直齿圆柱齿轮各部分的名称及有关参数

a）单个齿轮　b）齿轮啮合

表 6－2　　直齿圆柱齿轮主要几何要素的概念及代号

序号	名称	概念	代号
1	齿顶圆	过齿轮各轮齿顶部的圆	直径 d_a
2	齿根圆	过齿轮各齿槽底部的圆	直径 d_f
3	齿厚	一个轮齿两侧齿廓间的弧长	s
4	齿槽宽	齿槽两齿廓间的弧长	e
5	分度圆	计算齿轮各部分尺寸的基准圆，该圆上的齿厚与齿槽宽相等	直径 d
6	齿数	齿轮的轮齿数量	z
7	模数	计算齿轮几何要素的一个重要参数，已标准化，具体可查阅有关标准	m

表 6－3　　直齿圆柱齿轮主要几何要素的计算公式

名称	代号	公式
分度圆直径	d	$d=mz$
齿顶圆直径	d_a	$d_a=m(z+2)$

续表

名称	代号	公式
齿根圆直径	d_f	$d_f = m\ (z-2.5)$
中心距	a	$a=\frac{1}{2}d_1+\frac{1}{2}d_2=\frac{1}{2}m\ (z_1+z_2)$

2. 单个直齿圆柱齿轮的画法

直齿圆柱齿轮的画法如图 6－15 所示。画图时应注意：

（1）齿顶圆和齿顶线用粗实线绘制。

（2）分度圆和分度线用细点画线绘制。

（3）齿根圆和外形图中的齿根线用细实线绘制，也可省略不画。

（4）在剖视图中的齿根线用粗实线绘制。

（5）在剖视图中，当剖切平面通过齿轮的轴线时，轮齿一律按不剖处理。

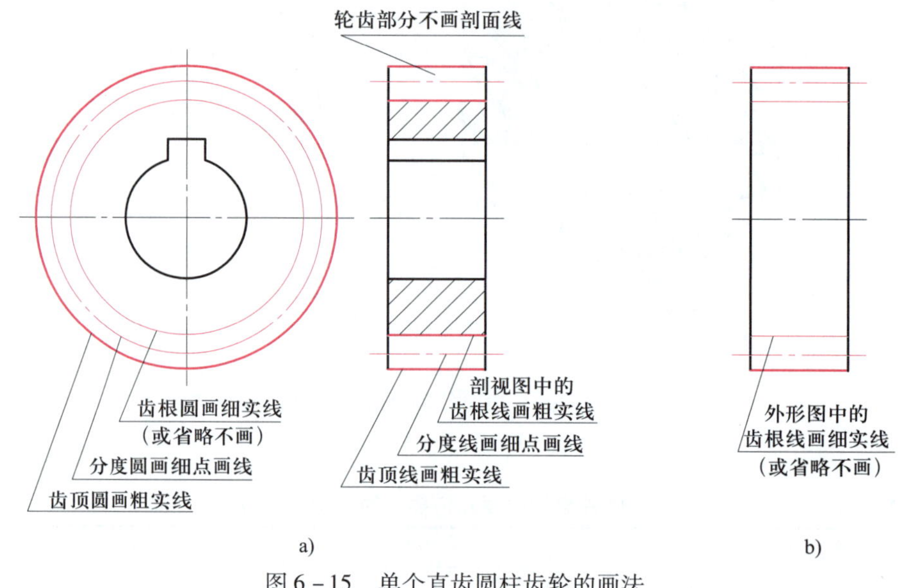

图 6－15　单个直齿圆柱齿轮的画法

a）剖视图　b）外形图

3. 两直齿圆柱齿轮啮合图的画法

两直齿圆柱齿轮啮合图的画法如图 6－16 所示，画图时应注意：

（1）两齿轮的分度圆相切。

（2）剖切平面通过两齿轮的轴线剖切时（见图 6－16a 左视图），在啮合区内将一个齿轮的轮齿用粗实线绘制，另一个齿轮的轮齿被遮挡的部分用细虚线绘制，也可省略不画。

（3）在反映齿轮轴线的外形图中（见图 6－16b 左视图），啮合区内的齿顶线无须画出，分度线用粗实线绘制。

（4）啮合区外的其余部分均按单个齿轮绘制，外形图中的齿根圆和齿根线一般省略不画。

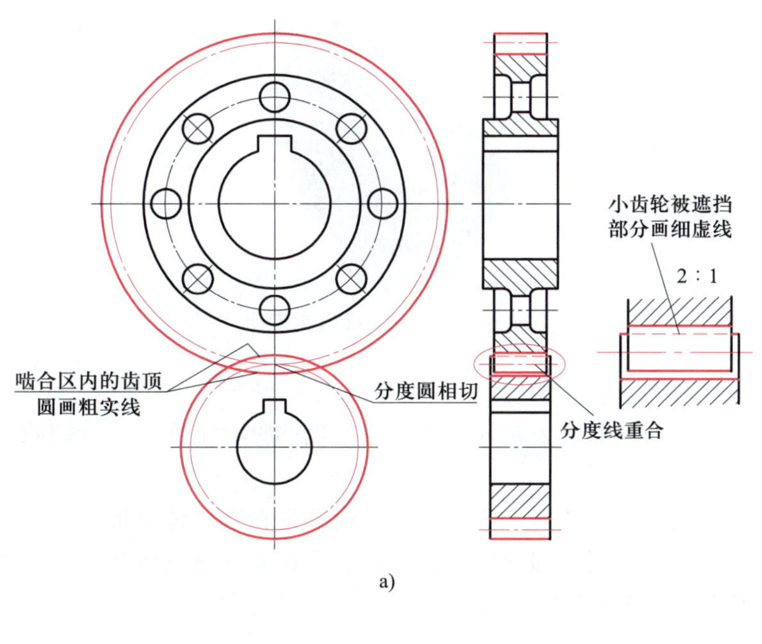

a)

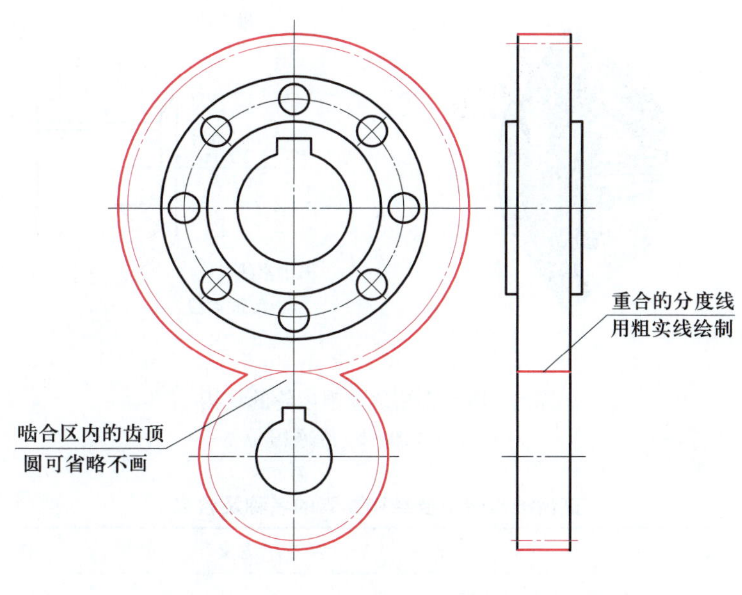

b)

图 6－16　两直齿圆柱齿轮啮合图的画法

a）剖视图　b）外形图

二、直齿锥齿轮的画法

想一想

图 6－17 所示为直齿锥齿轮传动，主要用于两相交轴之间的传动，通常情况下两轴互相垂直，直齿锥齿轮和直齿圆柱齿轮的结构有何异同？

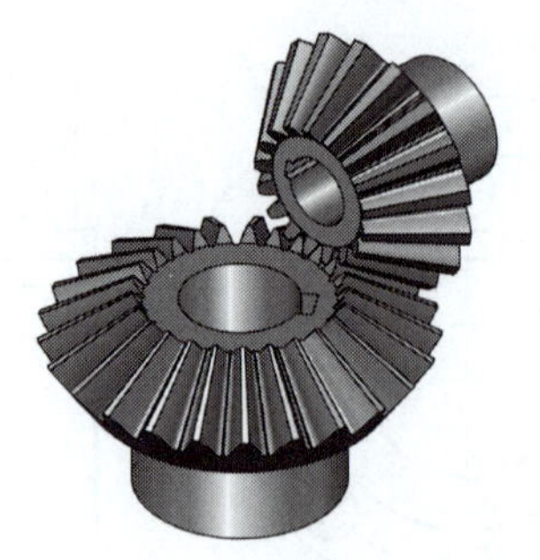

图 6－17　直齿锥齿轮传动

1. 直齿锥齿轮的结构

直齿锥齿轮分为收缩顶隙锥齿轮和等顶隙锥齿轮两种，下面主要介绍收缩顶隙锥齿轮的结构、尺寸和画法。

收缩顶隙锥齿轮的结构如图 6－18 所示，其齿形是在圆锥体上形成的，所以锥齿轮一端大、另一端小，它的齿高是逐渐变化的，其分锥、顶锥和根锥的锥顶重合。直齿锥齿轮主要结构要素的名称及含义见表 6－4。

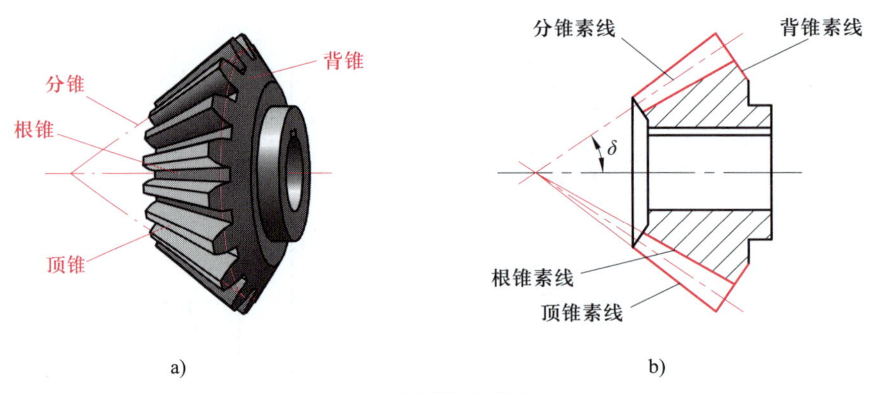

图 6－18　收缩顶隙锥齿轮的结构

a）立体图　b）剖视图

表 6－4　直齿锥齿轮主要结构要素的名称及含义

要素名称	含义
分锥	锥齿轮的分度曲面
顶锥	锥齿轮的齿顶曲面
根锥	锥齿轮的齿根曲面
背锥	锥齿轮大端的一个锥面，其母线与分锥母线垂直相交

2. 直齿锥齿轮的几何尺寸计算

直齿锥齿轮的几何尺寸如图 6－19 所示，其计算公式见表 6－5。为了便于设计制造，国家标准规定以大端参数为标准值。锥齿轮的背锥素线与分锥素线垂直。锥齿轮轴线与分锥素线间的夹角称为分锥角（δ），当相啮合的两锥齿轮轴线垂直时，$\delta_1 + \delta_2 = 90°$。

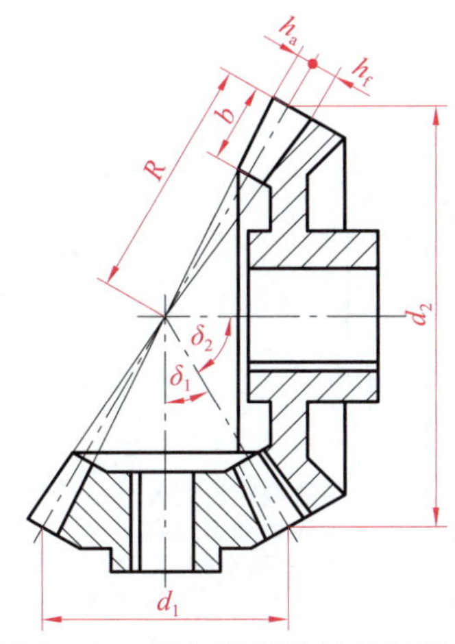

图 6－19　直齿锥齿轮的几何尺寸

表 6－5　标准直齿锥齿轮的主要几何尺寸计算公式（两锥齿轮轴线垂直时）

名称	符号	计算公式
分锥角	δ	$\delta_1=\arctan\frac{z_1}{z_2}$，$\delta_2=90°-\delta_1$
分度圆直径	d	$d_1=mz_1$，$d_2=mz_2$
齿顶高	h_a	$h_a=h_{a1}=h_{a2}=m$
齿根高	h_f	$h_f=h_{f1}=h_{f2}=1.2m$
锥距	R	$R=\frac{1}{2}\sqrt{d_1^2+d_2^2}$
齿宽	b	$b\leqslant R/3$

3. 直齿锥齿轮的画法

直齿锥齿轮的画法如图 6－20 所示。画图时应注意：在投影为圆的视图上用粗实线画出大端和小端的齿顶圆，用细点画线画出大端的分度圆，齿根圆和小端的分度圆不画。

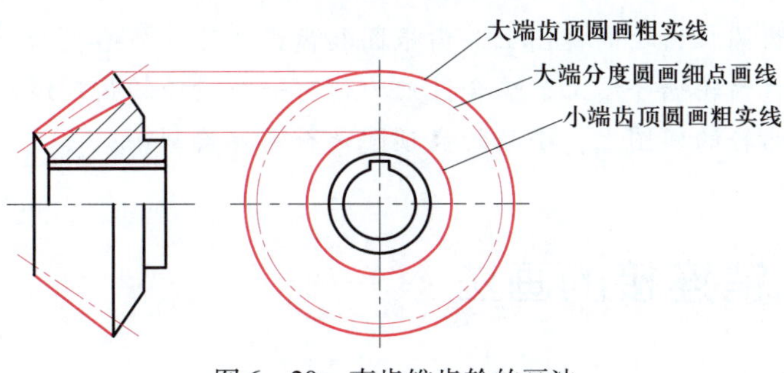

图 6－20　直齿锥齿轮的画法

4. 直齿锥齿轮啮合图的画法

直齿锥齿轮啮合图的画法如图 6－21 所示，其啮合区的画法与直齿圆柱齿轮类似。在反映两直齿锥齿轮轴线的剖视图上，两直齿锥齿轮的分度线重合，被遮挡齿轮的齿顶线画细虚线或省略不画，如图 6－21a 所示。在反映两直齿锥齿轮轴线的外形图上，重合的分度线画粗实线，如图 6－21b 所示。

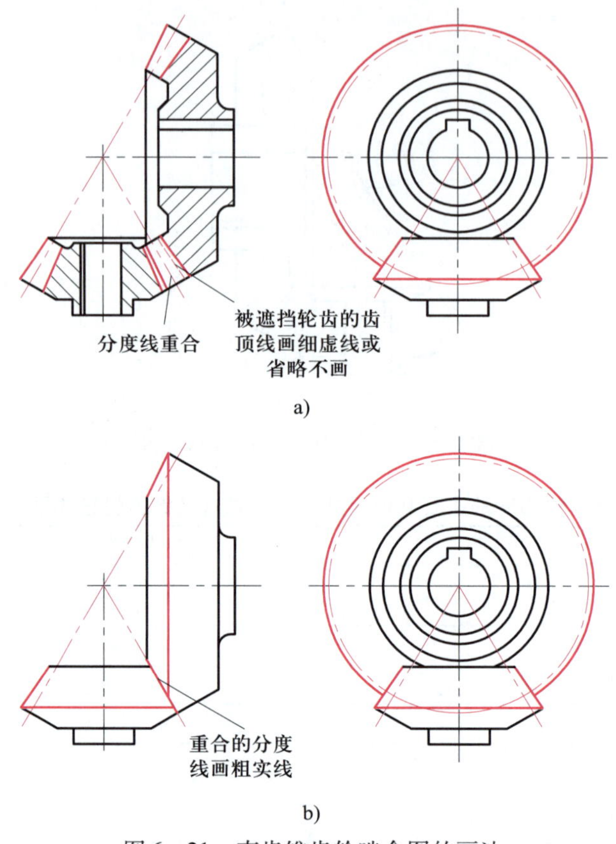

图 6－21　直齿锥齿轮啮合图的画法

a）剖视图　b）外形图

思考与练习

（1）在单个直齿圆柱齿轮的视图上，齿根圆和齿根线可以省略吗？

（2）在直齿圆柱齿轮啮合图上，啮合区内为何有一个齿轮的齿顶线画细虚线？

（3）在直齿锥齿轮的视图上，小端的齿顶圆是否需要绘制？

§6－3　键、销连接的画法

学习目标

1. 掌握普通型平键连接图和普通型半圆键连接图的画法。
2. 掌握销连接图的画法。

键和销属于标准件，键连接和销连接是两种常用的可拆卸连接形式。

一、键连接的画法

想一想

图 6－22 所示为轴和 V 带轮，应如何将 V 带轮与轴连接在一起？

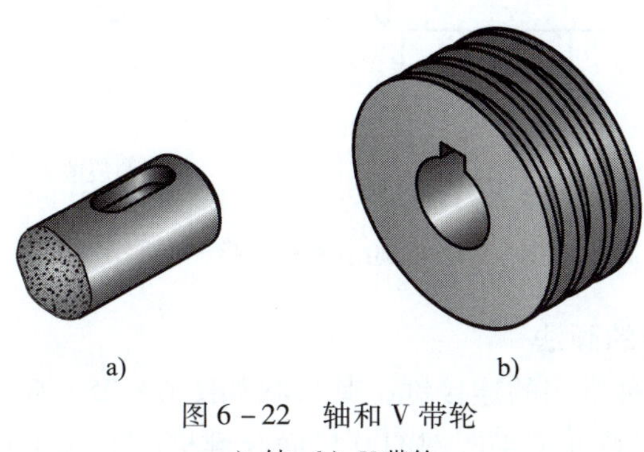

图 6－22　轴和 V 带轮

a）轴　b）V 带轮

键连接可以实现轴与轴上零件（如齿轮、带轮等）之间的周向固定，常用的键连接有普通型平键连接和普通型半圆键连接。

1. 普通型平键连接的画法

（1）普通型平键的类型

普通型平键有 A 型（圆头）、B 型（方头）和 C 型（单圆头）三种，如图 6－23 所示。图 6－22 中，轴与 V 带轮的连接应采用普通 A 型平键。

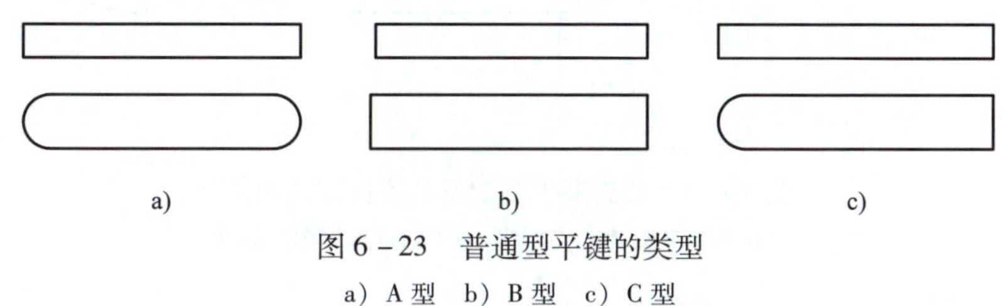

图 6－23　普通型平键的类型

a）A 型　b）B 型　c）C 型

（2）普通型平键连接图的画法

普通型平键连接图的画法如图 6－24 所示。画图时应注意：

1）由于普通型平键的侧面与键槽的侧面配合，配合表面应画一条线。

2）键在安装时应嵌入轴上的键槽中，因此，键与轴上键槽的底面之间也是接触表面，也应画一条线。

3）键的顶面与孔上的键槽底面之间有间隙，应画两条线，即分别画出它们的轮廓线。

4）纵向剖切键时，键按不剖处理；横向剖切键时，键上应画剖面线。故在图 6－24 中，主视图上平键按不剖处理，左视图上平键按剖切处理。

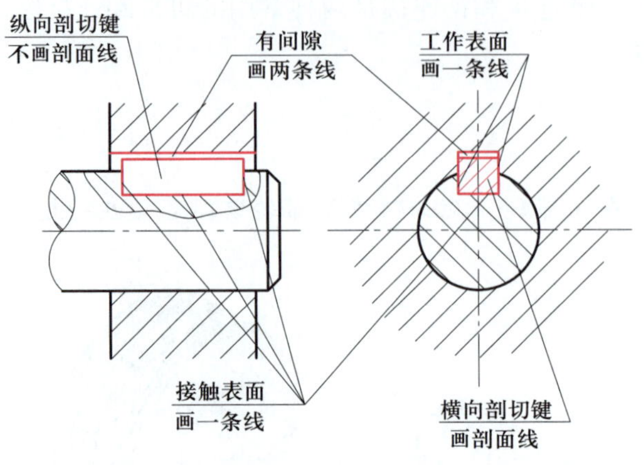

图 6－24　普通型平键连接图的画法

2. 普通型半圆键连接的画法

普通型半圆键也是一种常用的连接键，其形状如图 6－25a 所示。普通型半圆键连接图的画法如图 6－25b 所示，普通型半圆键的圆柱面与键槽底面属于接触表面，画一条线；普通型半圆键的两侧面与键槽两侧面属于配合表面，画一条线；普通型半圆键的顶面与孔上的键槽底面之间有间隙，属于非接触表面，画两条线。

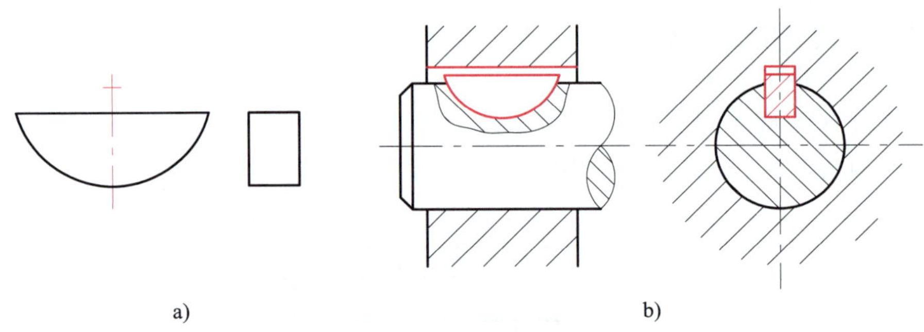

图 6－25　普通型半圆键及其连接图的画法

a）普通型半圆键　b）普通型半圆键连接图的画法

二、销连接的画法

圆柱销和圆锥销的形状如图 6－26 所示，圆柱销为圆柱体两端倒角，圆锥销为圆锥体两端倒圆。

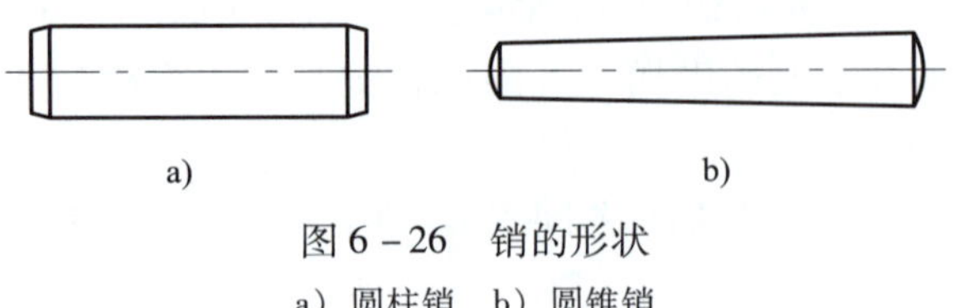

图 6－26　销的形状

a）圆柱销　b）圆锥销

图 6－27 所示为圆柱销和圆锥销连接图，因为圆柱销或圆锥销的圆柱面或圆锥面与

被连接件上的销孔属于配合表面，所以画一条线；图中的剖切平面通过销的轴线剖切，所以销按未剖切绘制，圆柱销两端的倒角和圆锥销两端的球面等工艺结构可以省略不画。

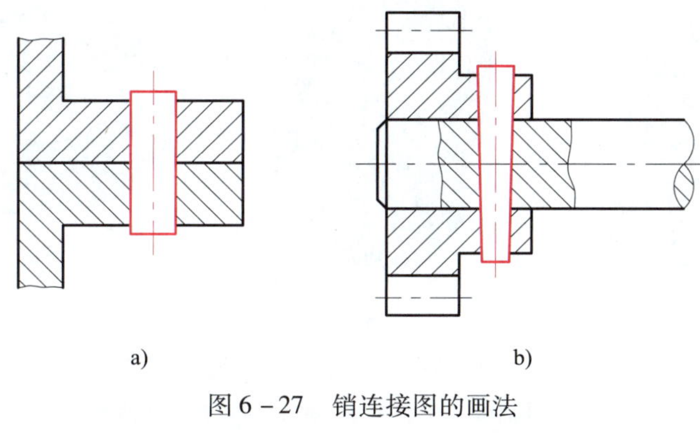

图 6－27　销连接图的画法
a）圆柱销连接图　b）圆锥销连接图

思考与练习

（1）普通型平键连接图和普通型半圆键连接图中，哪个面是非接触表面？

（2）在图 6－24 和图 6－25b 中，为何键在主视图上按未剖切处理，在左视图上按剖切处理？

（3）在图 6－27 中，销为何按未剖切处理？

§6－4　滚动轴承和弹簧表示法

学习目标

1. 了解滚动轴承的特征画法，掌握滚动轴承的通用画法和规定画法。
2. 了解圆柱螺旋弹簧的画法。

一、滚动轴承的画法

想一想

滚动轴承是一种支承转动轴的标准件，由于它能大大减小轴与孔之间的摩擦力，因而得到广泛使用。图 6－28 所示为几种最常用的滚动轴承，如何在图样上表达滚动轴承？有必要绘制其详细结构吗?

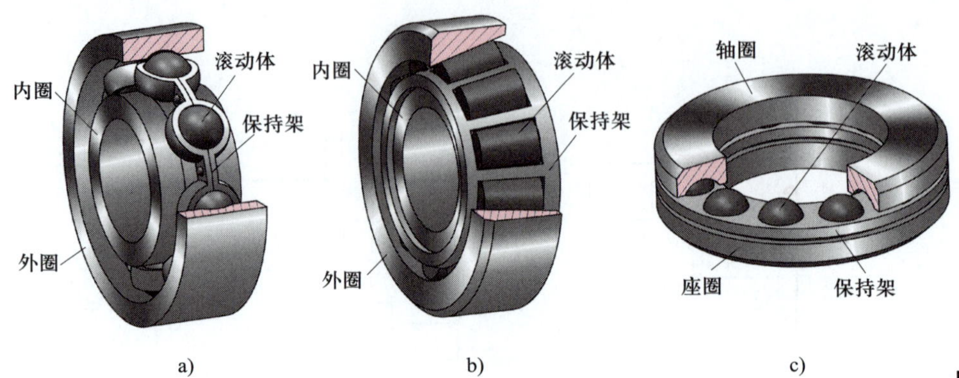

图 6-28　滚动轴承的结构

a）深沟球轴承　b）圆锥滚子轴承　c）推力球轴承

滚动轴承一般由内圈（轴圈）、外圈（座圈）、滚动体、保持架四部分组成。在装配图中绘制滚动轴承时，不必绘制其详细结构，一般可用通用画法、特征画法和规定画法进行表达。

1. 滚动轴承的通用画法

在装配图中，若不必确切地表示滚动轴承的外形轮廓、载荷特性及结构特征时，可采用通用画法。通用画法是在轴的两侧用矩形线框（粗实线）及位于线框中央正立的十字形符号（粗实线）表示，如图 6-29 所示。通用画法适用于表达各种类型的滚动轴承。

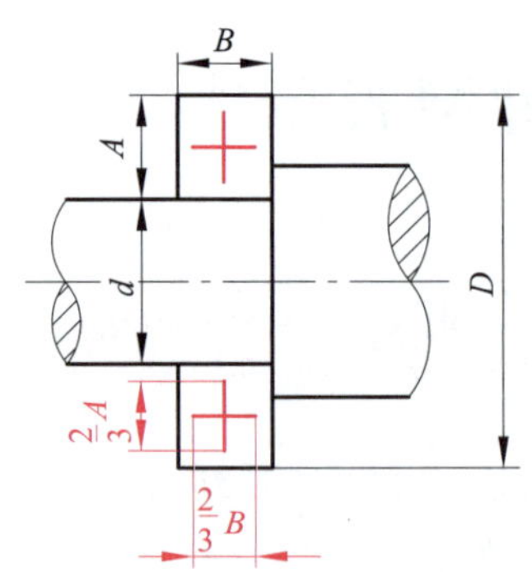

图 6-29　滚动轴承的通用画法

2. 滚动轴承的特征画法

在装配图的剖视图中，若需要形象地表达滚动轴承的结构特征时，可采用特征画法。滚动轴承的特征画法是在表达轴承的矩形线框（粗实线）内，用粗实线画出表示滚动轴承结构特征和载荷特性的要素符号。常用滚动轴承的装配示意图及特征画法见表 6-6。

表 6 - 6　　滚动轴承的装配示意图、特征画法和规定画法

名称和标准号	装配示意图	特征画法	规定画法
深沟球轴承 (GB/T 276—2013)	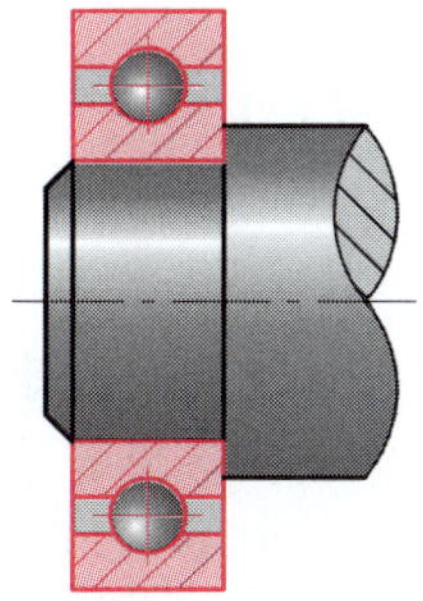	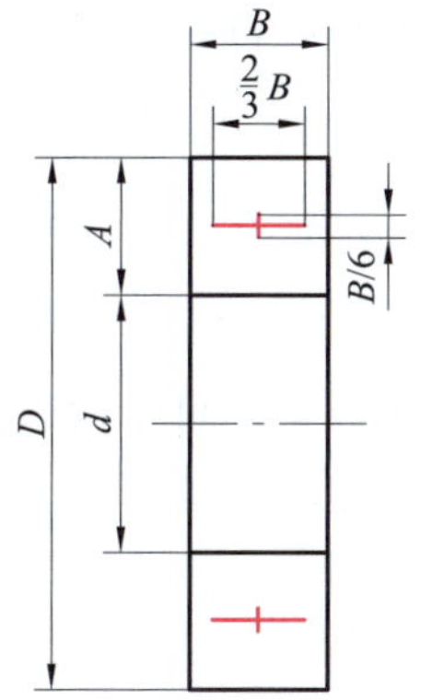	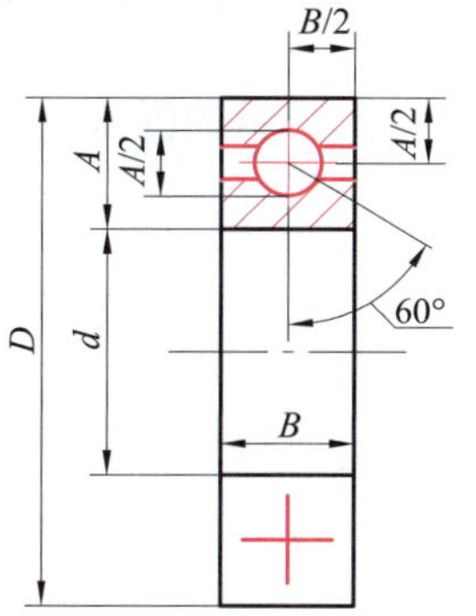
圆锥滚子轴承 (GB/T 297—2015)	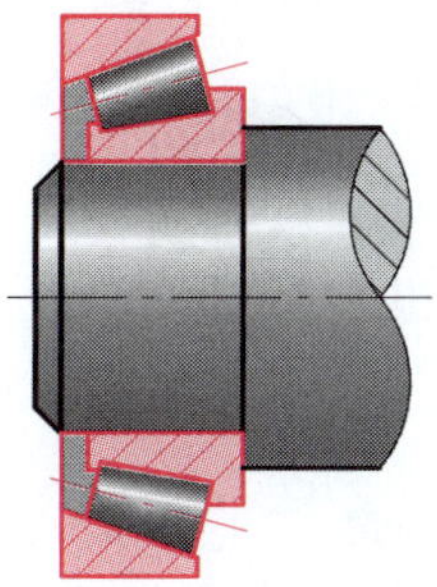	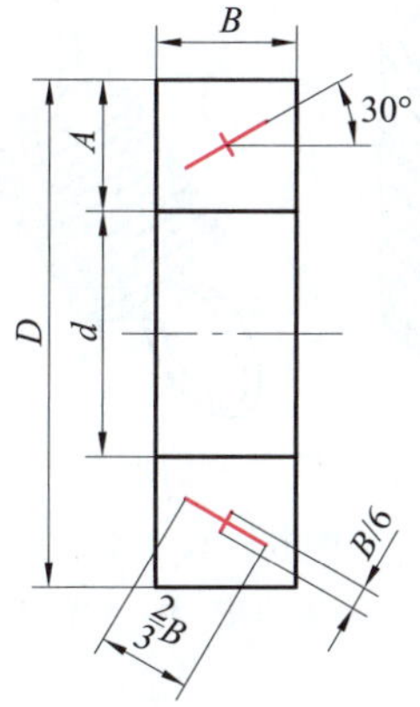	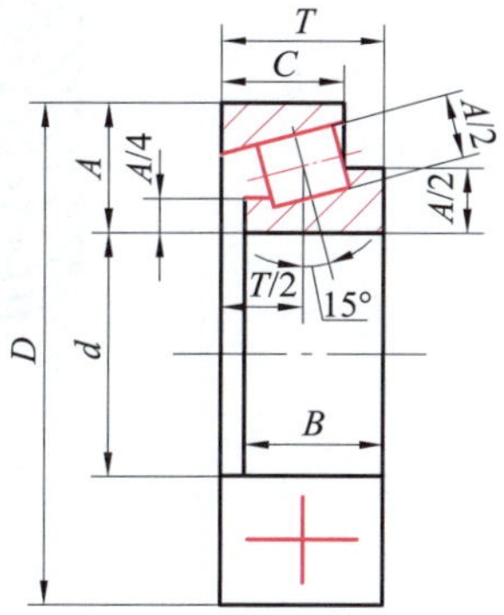
推力球轴承 (GB/T 301—2015)	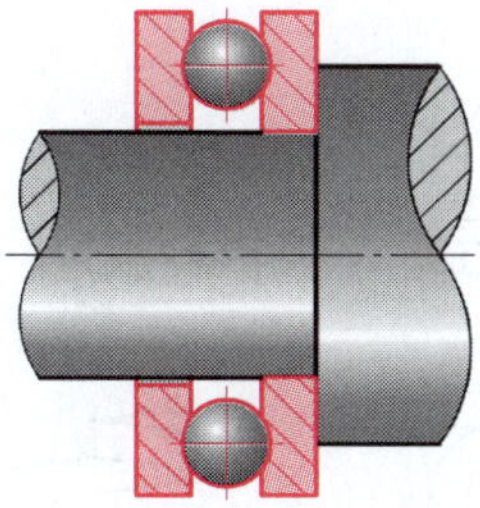	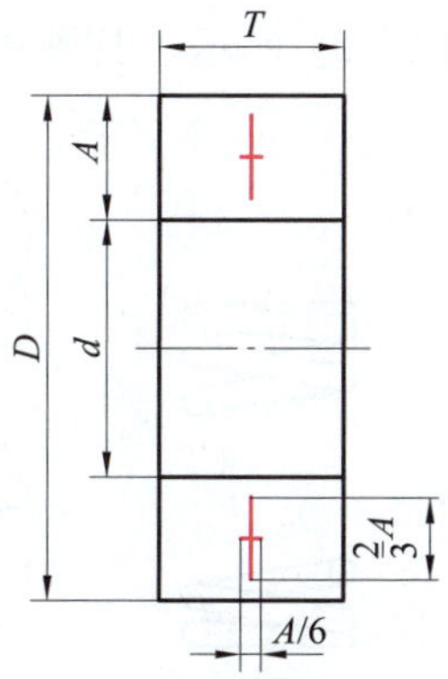	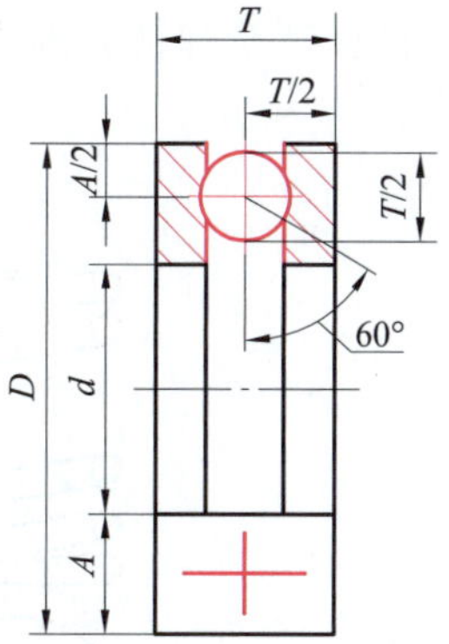

3. 滚动轴承的规定画法

当需要表达滚动轴承的主要结构时，可采用规定画法，常用滚动轴承的规定画法见表 6 - 6。画图时应注意：

（1）内、外圈（或轴圈、座圈）的剖面线应方向一致、间隔相同。

（2）规定画法一般只用在图的一侧，在图的另一侧应按通用画法绘制。

思考与练习

在用规定画法绘制滚动轴承时，内、外圈上剖面线的方向有何规定？

二、弹簧的画法

想一想

弹簧是用途很广的常用零件，主要用于减振、夹紧、储能和测力等。弹簧的种类很多，常用的有圆柱螺旋压缩弹簧、圆柱螺旋拉伸弹簧、圆柱螺旋扭转弹簧等，如图 6－30 所示。如何表达弹簧各圈的轮廓？

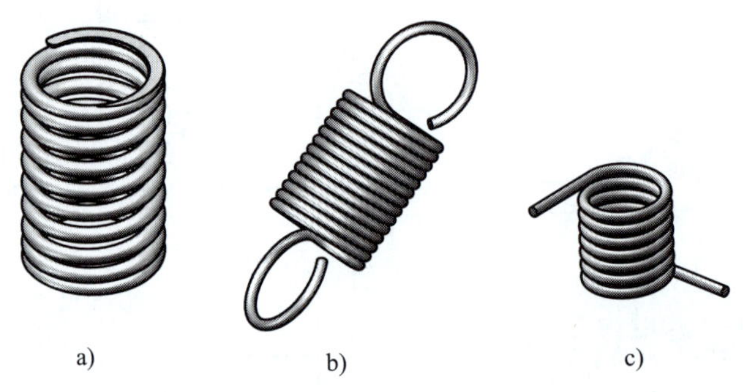

图 6－30　常见圆柱螺旋弹簧

a）压缩弹簧　b）拉伸弹簧　c）扭转弹簧

1. 圆柱螺旋弹簧的画法

圆柱螺旋弹簧的画法如图 6－31 所示。其画法规定如下：

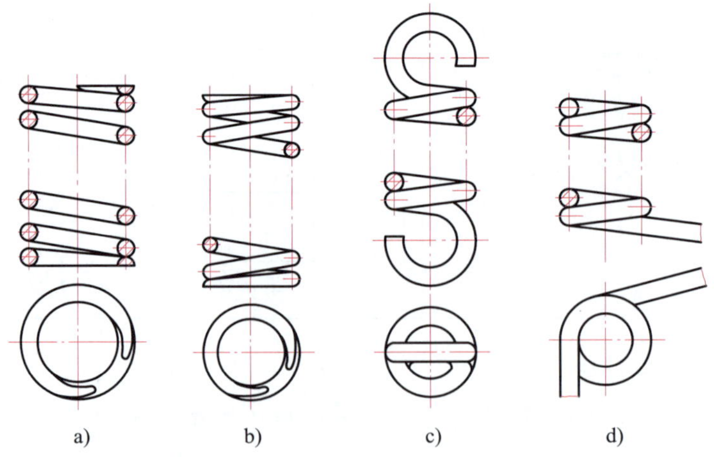

图 6－31　圆柱螺旋弹簧的画法

a）、b）压缩弹簧　c）拉伸弹簧　d）扭转弹簧

（1）在平行于螺旋弹簧轴线的投影面的视图中，其各圈的轮廓应画成直线。

（2）左、右旋螺旋弹簧均可画成右旋，对必须保证的旋向要求应在“技术要求”中注明。

（3）对于螺旋压缩弹簧，如要求两端并紧且磨平时，不论支承圈的圈数多少和末端贴紧情况如何，均按图 6－31a、b 的形式绘制。必要时，也可按支承圈的实际结构绘制。

（4）有效圈数在四圈以上的螺旋弹簧中间部分可以省略。圆柱螺旋弹簧中间部分省略后，允许适当缩短图形的长度。

2. 圆柱螺旋弹簧在装配图中的画法

圆柱螺旋弹簧在装配图中的画法如图 6－32 所示。其画法规定如下：

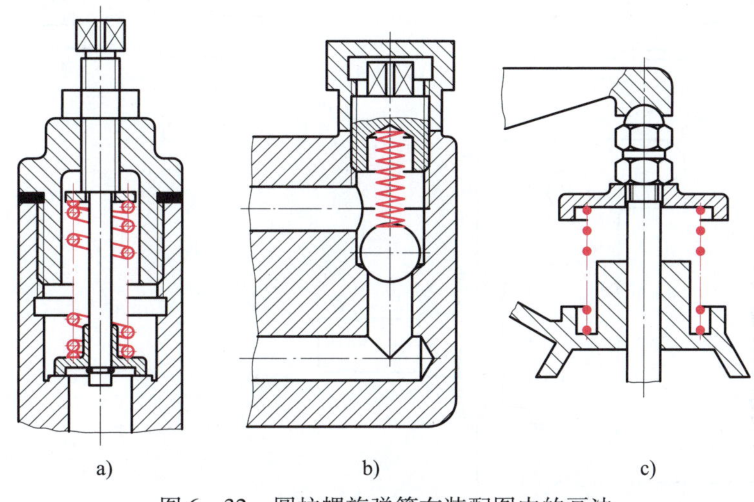

图 6－32　圆柱螺旋弹簧在装配图中的画法

a）普通画法　b）示意画法　c）涂黑表示

（1）被弹簧遮挡的结构一般不画出，可见部分的轮廓线画至弹簧外轮廓线或钢丝断面中心线。

（2）当弹簧的钢丝断面直径在图形上≤2 mm 时，可用示意画法或采用涂黑表示。

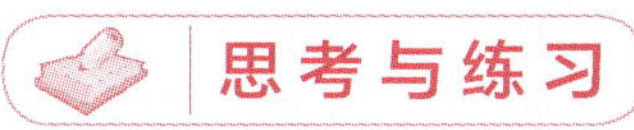

在装配图中，弹簧采用示意画法或采用涂黑表示有何好处？

识读装配图中的标准件与通用件

结合图 6－1，找出图 6－33 所示齿轮泵中的标准件、通用件和加工了螺纹的非标准件。

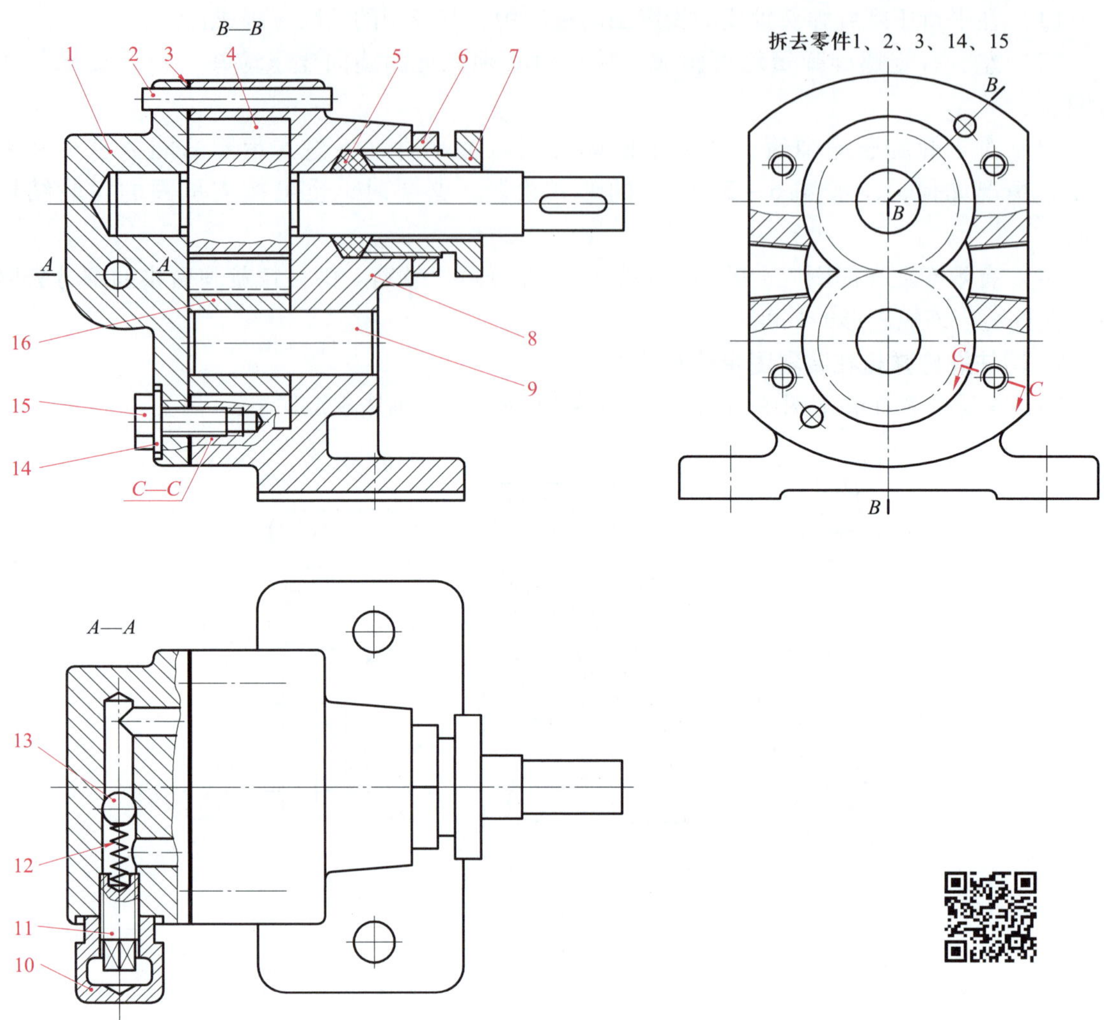

图 6－33　齿轮泵

1—泵盖　2—圆柱销 5×52（GB/T 119.1—2000）　3—垫片　4—齿轮轴　5—填料　6—螺母
7—压盖　8—泵体　9—从动轴　10—防护螺母　11—调节螺钉　12—弹簧　13—钢球（GB/T 308.1—2013）
14—垫圈（GB/T 97.1—2002）　15—螺栓 M8×20（GB/T 5782—2016）　16—从动齿轮

1. 分析齿轮泵中的标准件

在图 6－33 中，垫圈 14、螺栓 15、圆柱销 2、钢球 13 属于标准件。

2. 分析齿轮泵中的通用件

在图 6－33 中，齿轮轴 4、从动齿轮 16、弹簧 12 等属于通用件。

3. 分析加工了螺纹的非标准件

在图 6－33 中，泵盖 1、螺母 6、压盖 7、泵体 8、防护螺母 10、调节螺钉 11 等零件上都加工了螺纹。

第七章 机械图样的技术要求

技术要求是机械图样上必不可少的重要组成部分，它包括制造和检验所需的全部技术参数，归纳起来主要分为尺寸公差、几何公差、表面结构要求、材料的热处理及表面处理要求等。在给出这些要求时，凡是国家标准已规定了代号和符号的，应直接标注在视图上。无规定代号或符号时，则用文字说明。

§7－1 尺寸公差与配合

学习目标

1. 了解公称尺寸、极限尺寸、极限偏差、尺寸公差的概念，能进行它们之间的尺寸换算。

2. 了解公差带的概念，能识读和标注尺寸公差。

3. 掌握配合的概念，了解配合的种类和配合制度，能根据公差带图分析配合性质。

4. 掌握配合代号在图样上的标注方法，能识读和标注配合代号。

一、尺寸公差

想一想

加工好的零件，其尺寸总是存在一定的误差，所以在图样上必须注明误差的限定范围，零件的实际尺寸在误差限制范围内即为合格零件，否则为不合格零件。图 7－1 所示为轴套，图中的标注尺寸与以前有何不同？

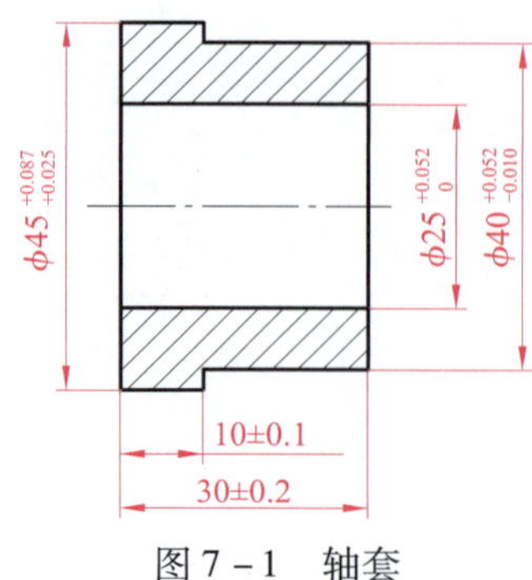

图 7－1　轴套

在图 7－1 中，各尺寸的后面都标注了反映尺寸极限值的后缀，其含义如图 7－2 所示，其左侧的数字是公称尺寸，右上角标注上极限偏差，右下角标注下极限偏差。

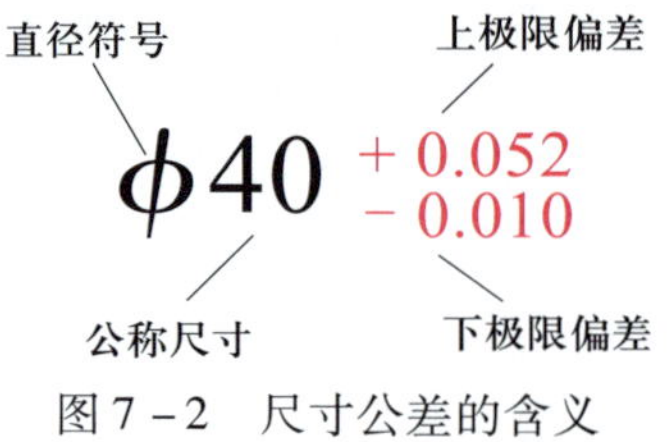

图 7－2　尺寸公差的含义

1. 公称尺寸

图 7－2 中，40 mm 是公称尺寸。公称尺寸是指由图样规范定义的理想形状要素的尺寸，它是由设计者根据零件的使用要求通过计算、试验或按类比法确定的尺寸。

2. 极限尺寸

尺寸要素所允许的极限值称为极限尺寸。尺寸要素允许的最大尺寸称为上极限尺寸，尺寸要素允许的最小尺寸称为下极限尺寸。

3. 极限偏差

极限偏差分为上极限偏差和下极限偏差。上极限尺寸减其公称尺寸所得的代数差称为上极限偏差。下极限尺寸减其公称尺寸所得的代数差称为下极限偏差。

尺寸 $\phi 40^{+0.052}_{-0.010}$ mm 的上极限偏差为 +0.052 mm，下极限偏差为 －0.010 mm。

内尺寸（孔）的上、下极限偏差分别用大写字母 ES、EI 表示，外尺寸（轴）的上、下极限偏差分别用小写字母 es、ei 表示。

尺寸 $\phi 40^{+0.052}_{-0.010}$ mm 的上极限尺寸 = 40 mm + （+0.052）mm = 40.052 mm

尺寸 $\phi 40^{+0.052}_{-0.010}$ mm 的下极限尺寸 = 40 mm + （－0.010）mm = 39.990 mm

4. 尺寸公差

尺寸公差等于上极限尺寸减下极限尺寸之差，或上极限偏差减下极限偏差之差，它是允许尺寸的变动量。尺寸公差分为线性尺寸公差和角度尺寸公差等，如不加说明，本教材中的尺寸公差是指线性尺寸公差，用 IT 表示。

尺寸 $\phi 40^{+0.052}_{-0.010}$ mm 的公差 IT = （+0.052）mm －（－0.010）mm = 0.062 mm

公称尺寸、极限尺寸、极限偏差和尺寸公差的关系如图 7－3 所示。

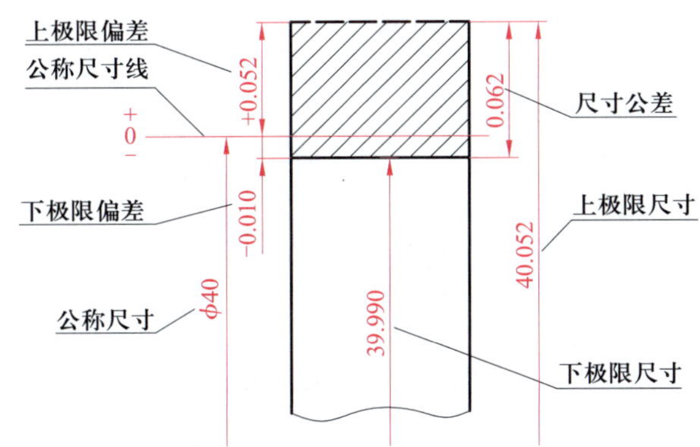

图 7－3　公称尺寸、极限尺寸、极限偏差和尺寸公差的关系

在图 7－1 中，标注了尺寸（30 ±0.2）mm，该尺寸的后缀为“ ±0.2”，它表示尺寸 30 mm 的上极限偏差为 +0.2 mm，下极限偏差为 －0.2 mm。

图 7－1 中各尺寸的公称尺寸、上极限偏差、下极限偏差、尺寸公差、上极限尺寸、下极限尺寸见表 7－1。

表 7－1　　轴套各尺寸的公称尺寸、上极限尺寸、下极限尺寸和尺寸公差等　　mm

序号	标注尺寸	公称尺寸	上极限偏差	下极限偏差	上极限尺寸	下极限尺寸	尺寸公差
1	$\phi 40^{+0.052}_{-0.010}$	40	+0.052	－0.010	40.052	39.990	0.062
2	$\phi 45^{+0.087}_{+0.025}$	45	+0.087	+0.025	45.087	45.025	0.062
3	$\phi 25^{+0.052}_{0}$	25	+0.052	0	25.052	25	0.052
4	10 ±0.1	10	+0.1	－0.1	10.1	9.9	0.2
5	30 ±0.2	30	+0.2	－0.2	30.2	29.8	0.4

思考与练习

（1）公称尺寸、极限尺寸和极限偏差之间有何关系？

（2）尺寸公差与极限偏差之间有何关系？

二、公差带

上极限尺寸和下极限尺寸之间（包括上极限尺寸和下极限尺寸）的尺寸变动值称为公差带，它由公差大小和相对于公称尺寸的位置确定。将公称尺寸、极限偏差、尺寸公差之间的关系用放大比例画成的简图称为公差带图，如图 7－4 所示。

画公差带图时，公差带沿公称尺寸线方向的长度可根据需要适当选取，在垂直公称尺寸线的宽度方向，一般可用 200：1 或 500：1 的比例绘图，偏差较小的也可以用 1 000：1 的比例绘图。$\phi 40^{+0.052}_{-0.010}$ mm 的公差带图如图 7－5 所示。

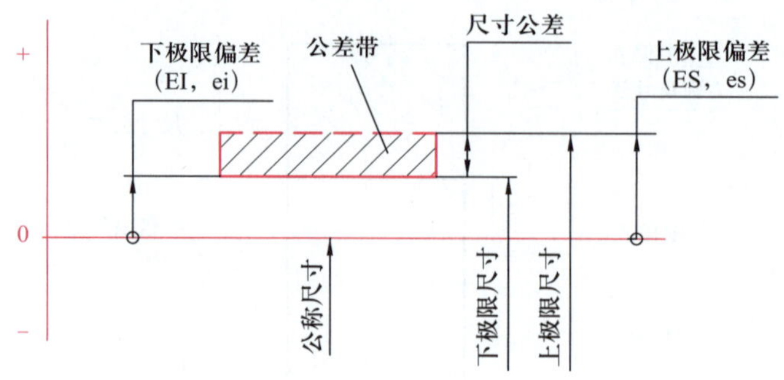

图 7－4　公差带图

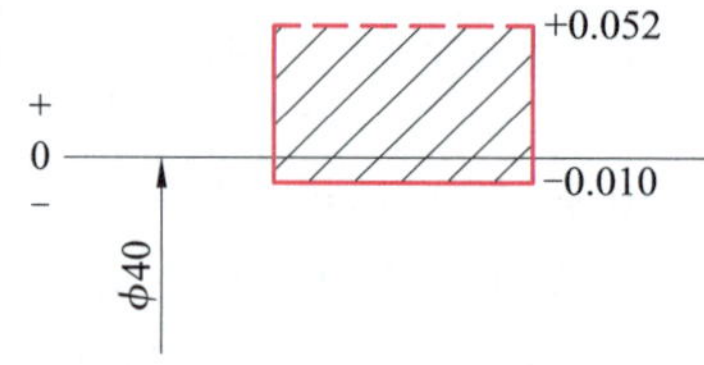

图 7－5　$\phi40^{+0.052}_{-0.010}$ mm 的公差带图

三、公差带代号

想一想

图 7－6 所示为连接轴，图样上的尺寸标注与图 7－1 有何不同？

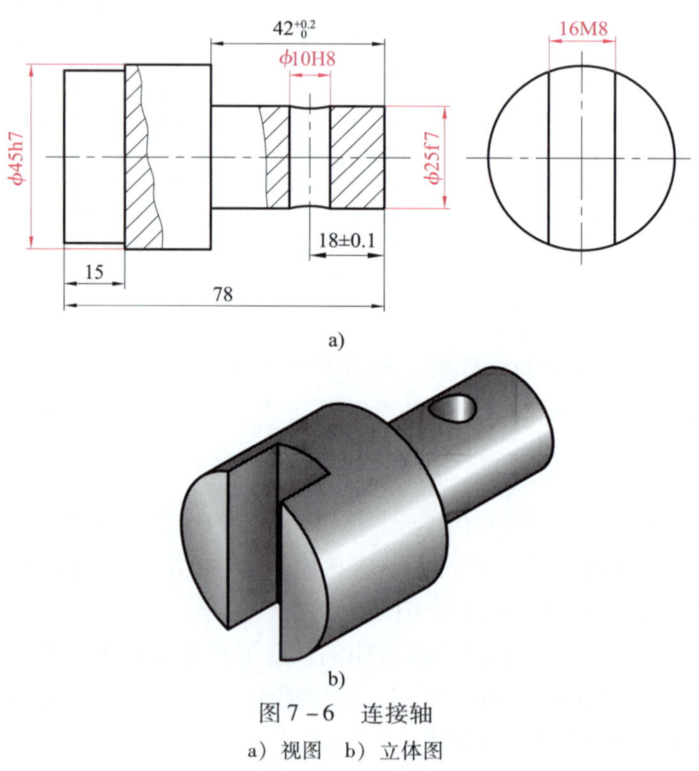

图 7－6　连接轴

a）视图　b）立体图

1. 公差带代号的含义

在图 7－6 中，尺寸 ϕ45h7、ϕ25f7、ϕ10H8、16M8 在公称尺寸后面注写了公差带代号，其含义与标注上、下极限偏差的作用是一样的。

国家标准规定，公差带代号由基本偏差代号和公差等级组成，如图 7－7 所示。

图 7－7　尺寸公差带代号的组成

国家标准规定，标准公差的精度等级分为 20 个等级，用符号 IT 和阿拉伯数字组成的代号表示，分别为 IT01、IT0、IT1、IT2、…、IT18。其中，IT01 精度最高，其余依次降低，IT18 精度最低。同一公称尺寸的标准公差值依次增大，即 IT01 公差值最小，IT18 公差值最大，具体内容见附表 1。

基本偏差是指确定公差带相对于公称尺寸位置的那个极限偏差，它可能是上极限偏差，也可能是下极限偏差。通常，基本偏差多是靠近公称尺寸线的那个基本偏差。国家标准规定，孔、轴的基本偏差各有 28 种，如图 7－8 所示。基本偏差用字母表示，孔的基本偏差用大写字母表示，轴的基本偏差用小写字母表示。基本偏差的数值见附表 2 至附表 5。

2. 根据公差带代号计算上、下极限偏差

下面结合图 7－6 中标注的公差带代号分析计算上、下极限偏差的方法。

（1）求 ϕ45h7 的上、下极限偏差

ϕ45h7 是轴的尺寸，所以基本偏差代号为小写字母，查阅附表 4 可知，基本偏差代号 h 的基本偏差为上极限偏差，数值为 0，即 ϕ45h7 的上极限偏差 es＝0。

根据代号中的数字 7 查阅附表 1，在公称尺寸段“大于 30 至 50”行与公差等级“IT7”列交汇处查得数值 25 μm，得 ϕ45h7 的尺寸公差 IT＝0.025 mm。

则 ϕ45h7 的下极限偏差 ei＝es－IT＝0－0.025 mm＝－0.025 mm。

所以，尺寸 ϕ45h7 可书写为 $\phi 45^{\ 0}_{-0.025}$。

（2）求 ϕ25f7 的上、下极限偏差

查阅附表 4 可知，基本偏差代号 f 的基本偏差为上极限偏差，在公称尺寸段“大于 24 至 30”行与“f”列交汇处查得数值－20 μm，则 ϕ25f7 的上极限偏差为：

$$es = -20\ \mu m = -0.020\ mm$$

根据代号中的数字 7 查阅附表 1，在公称尺寸段“大于 18 至 30”行与公差等级“IT7”列交汇处查得数值 21 μm，得 ϕ25f7 的尺寸公差 IT＝0.021 mm。

则 ϕ25f7 的下极限偏差为：

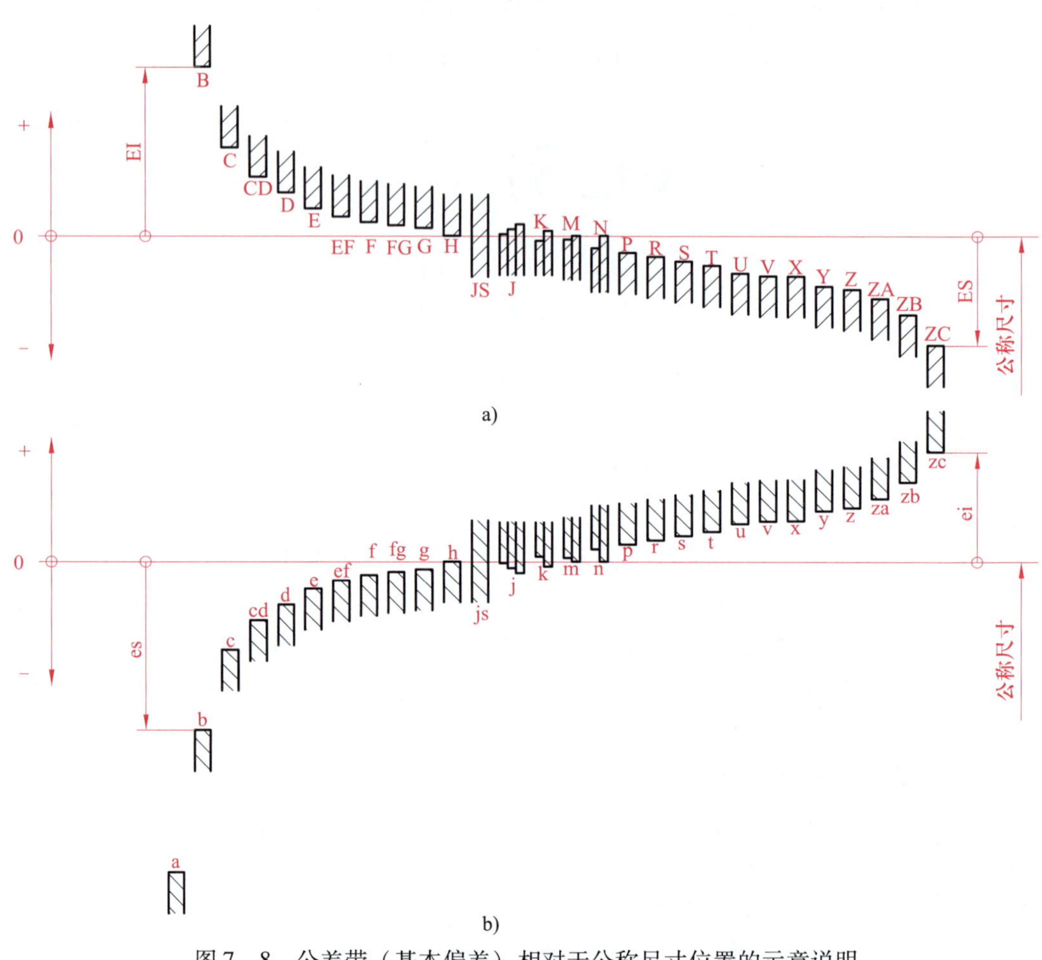

图 7－8　公差带（基本偏差）相对于公称尺寸位置的示意说明

a）孔（内尺寸要素）　b）轴（外尺寸要素）

$$ei = es - IT = -0.020\ \text{mm} - 0.021\ \text{mm} = -0.041\ \text{mm}$$

所以，尺寸 ϕ25f7 可书写为 $\phi 25_{-0.041}^{-0.020}$。

（3）求 ϕ10H8 的上、下极限偏差

根据 ϕ10H8 中的基本偏差代号 H 查阅附表 2 可知，ϕ10H8 的基本偏差为下极限偏差，数值为 0，即 ϕ10H8 的下极限偏差 EI＝0。

根据 ϕ10H8 的公差等级代号 8 查阅附表 1 可知，ϕ10H8 的尺寸公差 IT＝0.022 mm。因此，ϕ10H8 的上极限偏差为：

$$ES = EI + IT = 0\ \text{mm} + 0.022\ \text{mm} = +0.022\ \text{mm}$$

所以，ϕ10H8 可书写为 $\phi 10_{0}^{+0.022}$。

（4）求 16M8 的上、下极限偏差

根据 16M8 中的基本偏差代号 M 查阅附表 2 可知，16M8 的基本偏差为上极限偏差，在“大于 14 至 18”行与“M（≤IT8）”列交汇处查得数值“$-7+\Delta$”。在附表 3 中，在“大于 14 至 18”行与“Δ 值（IT8）”列交汇处查得 $\Delta=9\ \mu m$，因此，16M8 的上极限偏差为：

$$ES=-7\ \mu m+\Delta=-7\ \mu m+9\ \mu m=2\ \mu m=+0.002\ mm$$

根据代号中的数字 8 查阅附表 1，在公称尺寸段“大于 10 至 18”行与公差等级“IT8”列交汇处查得数值 27 μm，则 16M8 的尺寸公差 IT = 0.027 mm。

则 16M8 的下极限偏差为：

$$EI=ES-IT=+0.002\ mm-0.027\ mm=-0.025\ mm$$

所以，尺寸 16M8 可书写为$16^{+0.002}_{-0.025}$。

思考与练习

什么是基本偏差？ϕ60P7 的基本偏差是上极限偏差还是下极限偏差？ϕ40d6 的基本偏差是上极限偏差还是下极限偏差？

四、配合

想一想

在机械设备中，经常遇到轴与孔的结合，图 7－9 所示为三种不同结构的滑动轴承，图中标注的尺寸后缀与图 7－6 有何不同？

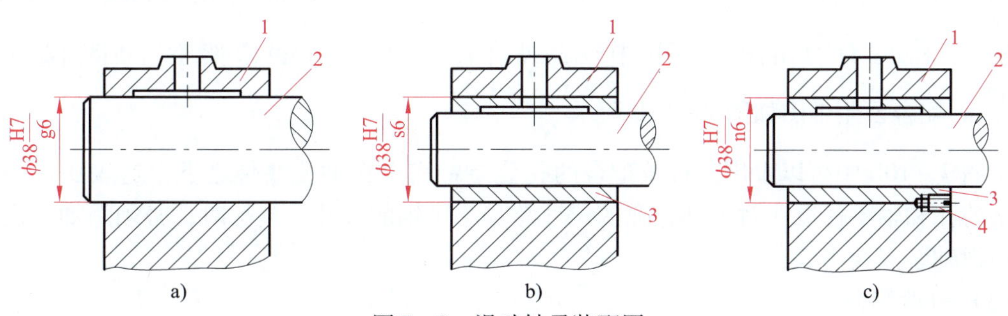

图 7－9　滑动轴承装配图

a）间隙配合　b）过盈配合　c）过渡配合

1—轴承座　2—轴　3—轴瓦　4—紧定螺钉

公称尺寸相同的相互结合的孔和轴公差带之间的关系称为配合，配合代号用分式表示，分子为孔的公差带代号，分母为轴的公差带代号，如图 7－9 所示。

1. 配合的种类

按照孔公差带和轴公差带的相对位置不同，配合分为间隙配合、过渡配合和过盈配合三种。

（1）间隙配合

孔和轴装配时总是存在间隙的配合称为间隙配合。在间隙配合中孔的下极限尺寸大于或在极端情况下等于轴的上极限尺寸，图 7－9a 中标注配合尺寸 $\phi38\ \frac{H7}{g6}$的孔和轴为间隙配合。查附表 1、2，可计算出孔的上、下极限偏差（$\phi 38^{+0.025}_{0}$ mm）；查附表 1、4，可计算出轴的上、下极限偏差（$\phi 38^{-0.009}_{-0.025}$ mm）。$\phi38\ \frac{H7}{g6}$的配合公差带图如图 7－10a 所示。

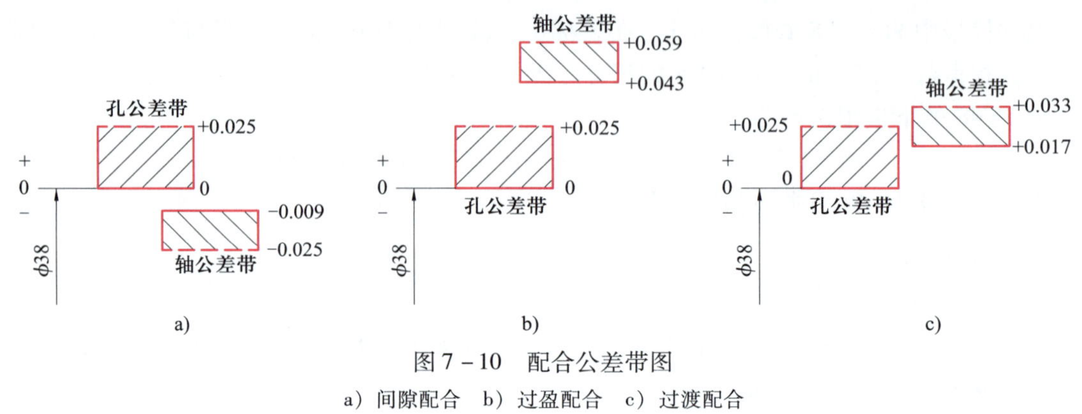

图 7－10　配合公差带图

a）间隙配合　b）过盈配合　c）过渡配合

分析图 7－10a 可知，间隙配合的孔公差带完全在轴公差带之上，这表明从一批尺寸合格的孔和轴中任取一对，装配后都具有间隙。

（2）过盈配合

孔和轴装配时总是存在过盈的配合称为过盈配合。在过盈配合中孔的上极限尺寸小于或在极端情况下等于轴的下极限尺寸，图 7－9b 中标注配合尺寸 $\phi38\ \frac{H7}{s6}$的孔和轴为过盈配合。查附表 1、5，可计算出图 7－9b 中轴瓦外圆柱面的上、下极限偏差（$\phi38^{+0.059}_{+0.043}$ mm）。$\phi38\ \frac{H7}{s6}$ 的配合公差带图如图 7－10b 所示。

从图 7－10b 中可以看出，过盈配合的孔公差带完全在轴公差带之下，这表明从一批尺寸合格的孔和轴中任取一对零件，孔的尺寸总是小于轴的尺寸。装配时，必须施加一定的压力才能把轴装入孔中。

（3）过渡配合

孔和轴装配时可能具有间隙或过盈的配合称为过渡配合。在过渡配合中，孔和轴的公差带或完全重叠或部分重叠，因此，是否形成间隙配合或过盈配合取决于孔和轴的实际尺寸，图 7－9c 中标注配合尺寸 $\phi38\ \frac{H7}{n6}$的孔和轴为过渡配合。查附表 1、5，可计算出图 7－9c 中轴瓦外圆柱面的上、下极限偏差（$\phi38^{+0.033}_{+0.017}$ mm）。$\phi38\ \frac{H7}{n6}$的配合公差带图如图 7－10c 所示。

由图 7－10c 可知，过渡配合的轴公差带和孔公差带相互交叠，这表明从一批尺寸合格的孔和轴中任取一对零件，孔的尺寸可能大于轴的尺寸，也可能小于轴的尺寸，但间隙和过盈都很小。

2. 配合制

配合制是指孔和轴组成的一种配合制度，分为基孔制配合和基轴制配合。

（1）基孔制配合

孔的基本偏差（下极限偏差）为零的配合称为基孔制配合。在基孔制配合中，选作基准的孔称为基准孔，它的基本偏差（下极限偏差）为零，基本偏差代号为H。基孔制配合所要求的间隙或过盈由不同公差带代号的轴与一基本偏差为零的公差带代号的基准孔相配合得到。在图7－9中，轴承座孔的基本偏差代号为H，轴承座孔与轴（或轴瓦）的配合都是基孔制配合。

（2）基轴制配合

轴的基本偏差（上极限偏差）为零的配合称为基轴制配合。在基轴制配合中，选作基准的轴称为基准轴，它的基本偏差（上极限偏差）为零，基本偏差代号为h。基轴制配合所要求的间隙或过盈由不同公差带代号的孔与一基本偏差为零的公差带代号的基准轴相配合得到。在图7－11中标注了配合尺寸$\phi26\frac{F7}{h6}$，说明轴和轴瓦之间的配合为基轴制配合。

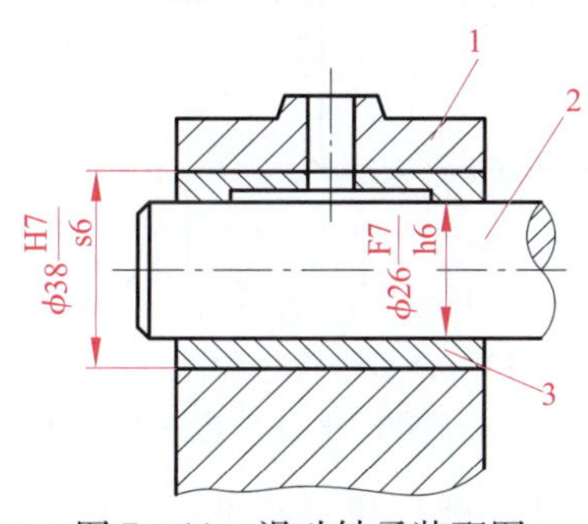

图7－11 滑动轴承装配图

1—轴承座 2—轴 3—轴瓦

思考与练习

（1）间隙配合的孔公差带与轴公差带有何关系？

（2）过盈配合的孔公差带与轴公差带有何关系？

（3）过渡配合的孔公差带与轴公差带有何关系？

五、尺寸公差与配合代号在图样上的标注

1. 尺寸公差在图样上的标注

在图样上标注尺寸公差时，必须遵循以下规定：

（1）尺寸公差的上极限偏差标注在公称尺寸的右上方，下极限偏差标注在公称尺寸的右下方，其数字比尺寸数字小一号，如图7－12中的尺寸$\phi20^{+0.025}_{-0.008}$。

（2）当上极限偏差（或下极限偏差）为0时，小数点后的“0”一般不注出，要将上、下极限偏差的个位“0”对齐，如图7－12中的尺寸$\phi30^{\ 0}_{-0.013}$。

（3）当上、下极限偏差的小数点后的数字位数不同时，可以用“0”补齐，且小数点对齐，如图7－12中的尺寸$\phi45^{-0.025}_{-0.050}$。

（4）当尺寸公差的上、下极限偏差的数字相同、正负相反时，只需注写一次数字，且高度与公称尺寸相同，并在极限偏差与公称尺寸之间注出符号 ±，如图 7－12 中的尺寸 57 ±0.02。

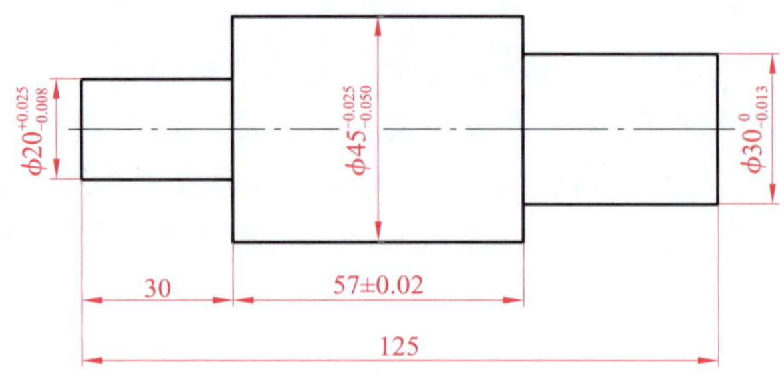

图 7－12　尺寸公差在图样中的标注

（5）标注公差带代号时，公差带代号与公称尺寸的数字同高，如图 7－13 所示。

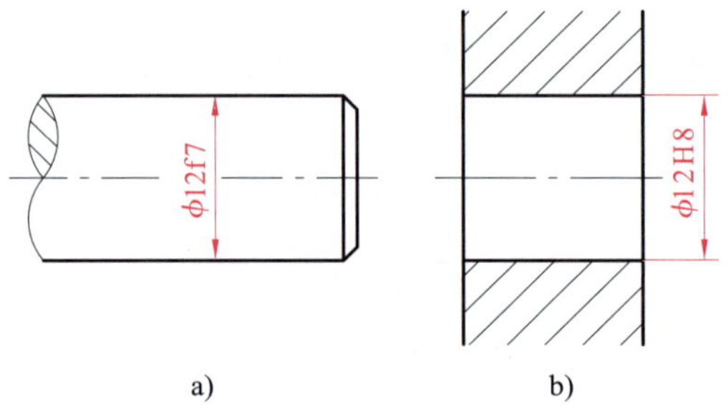

图 7－13　公差带代号在图样中的标注

a）轴的公差带代号　b）孔的公差带代号

（6）角度尺寸公差标注的方法与线性尺寸公差标注的方法相同，如图 7－14 所示。

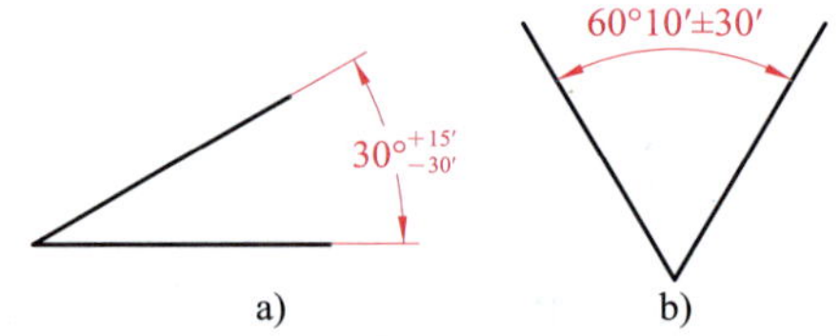

图 7－14　角度尺寸公差的标注

2. 配合代号在图样上的标注

（1）配合代号在图样上的标注形式如图 7－15 所示，基本尺寸和配合代号可标注在尺寸线上方（或左侧），也可标注在尺寸线的中断处。

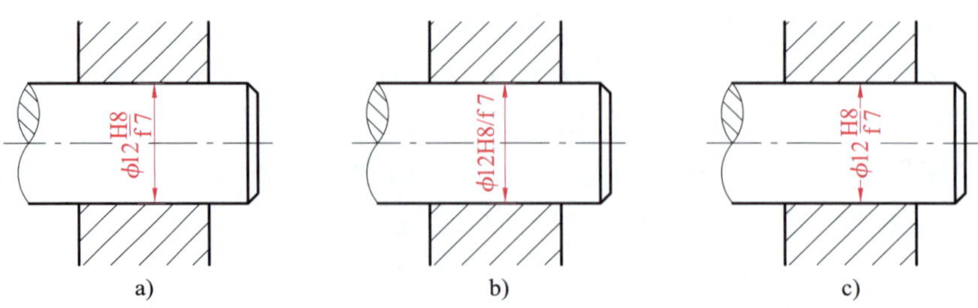

图 7－15　配合代号在图样上的标注形式

（2）标注与标准件配合的要求时，可只标注该零件的公差带代号，如图 7－16 中与滚动轴承配合的轴与孔，只标出了它们自身的公差带代号。

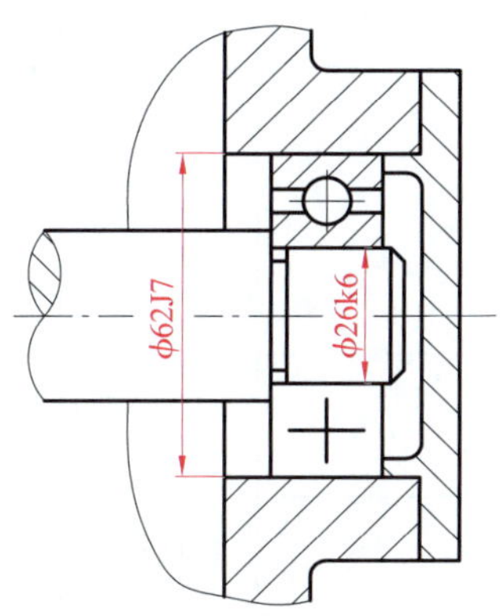

图 7－16　标准件和普通零件配合时的标注

§7－2　几何公差

学习目标

1. 了解几何公差的基本概念，以及几何公差符号、几何公差框格、基准符号的含义。

2. 了解常用几何公差项目的含义。

3. 掌握几何公差框格和基准符号在图样上的标注方法，能识读常见的几何公差框格项目和基准。

一、几何公差的基本概念与符号

想一想

尺寸公差只能控制零件尺寸精度，如何控制其形状精度？

零件在加工以后，其实际几何形状相对于理想几何形状总存在着一定的误差。几何公差是对零件上各要素的形状及其相互间的方向或位置精度所给出的重要技术要求。

1. 几何公差的类型、特征项目及符号

几何公差的类型、特征项目及符号见表 7－2。

表 7-2　　几何公差的类型、特征项目及符号

公差类型	特征项目	符号	有无基准	公差类型	特征项目	符号	有无基准
形状公差	直线度	—	无	方向公差	面轮廓度	⌓	有
	平面度	⏥	无	位置公差	位置度	⌖	有或无
	圆度	○	无		同心度（用于中心点）	◎	有
	圆柱度	⌭	无		同轴度（用于轴线）	◎	有
	线轮廓度	⌒	无		对称度	⌯	有
	面轮廓度	⌓	无		线轮廓度	⌒	有
方向公差	平行度	//	有		面轮廓度	⌓	有
	垂直度	⊥	有	跳动公差	圆跳动	↗	有
	倾斜度	∠	有		全跳动	⌰	有
	线轮廓度	⌒	有				

2. 被测要素与基准要素

被测要素是指图样上给出几何公差要求的要素，是被检测的对象。

基准要素是指用来确定被测要素方向或位置的要素。

被测要素和基准要素可以是零件上某结构的表面、棱线，也可以是对称面、轴线等。

3. 几何公差框格与基准符号的格式

几何公差要求在图样中一般以矩形框格的形式给出，如图 7-17a 所示，几何公差框格由几何特征符号、公差值、基准字母等组成（形状公差只有几何特征符号和公差值两项内容）。基准符号如图 7-17b 所示，它由带大写字母的方框、指引线和涂黑的三角形组成。

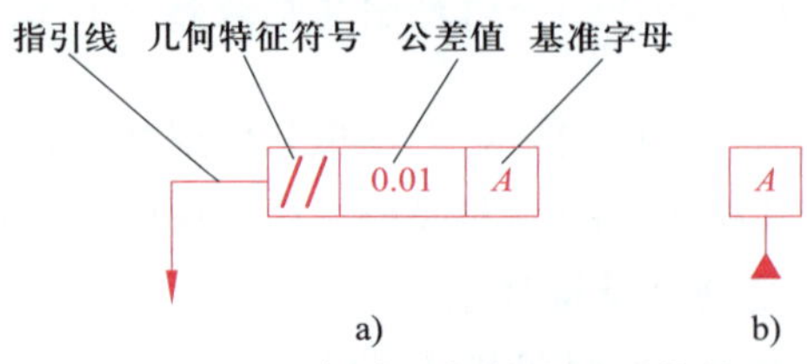

图 7-17　几何公差框格和基准符号

a）几何公差框格　b）基准符号

思考与练习

（1）几何公差有几种类型？

（2）几何公差框格中包含了哪些内容？为什么形状公差没有基准？

二、常用几何公差项目

几何公差项目非常多，下面简要介绍几种常用几何公差的功用、公差带的含义及标注。

1. 直线度

直线度用于限制实际平面内的直线或空间直线（如圆柱的轴线）的形状误差，直线度主要有给定平面内的直线度、圆柱面母线的直线度和圆柱面中心线的直线度三种，下面重点介绍给定平面内的直线度。

给定平面内的直线度是指对实际平面上的直线要素给出的公差要求。在图 7－18a 中标注了零件上表面的直线度要求，图中的基准符号 A 表示以零件的前面作为构建相交平面的基准，相交平面框格 ◁// A 表示相交平面与基准（零件前面）平行，几何公差框格 — 0.01 表示直线度的公差值为 0.01 mm，指引线表示被测要素是上侧的平面。图 7－18a 中几何公差和基准符号的标注表示在由相交平面框格规定的平面内，零件上表面的提取线应限定在间距等于 0.01 mm 的两平行直线之间。如图 7－18b 所示，该直线度的公差带为在平行于基准 A 的任意平面内和给定方向上、间距等于公差值 t 的两平行直线所限定的区域。

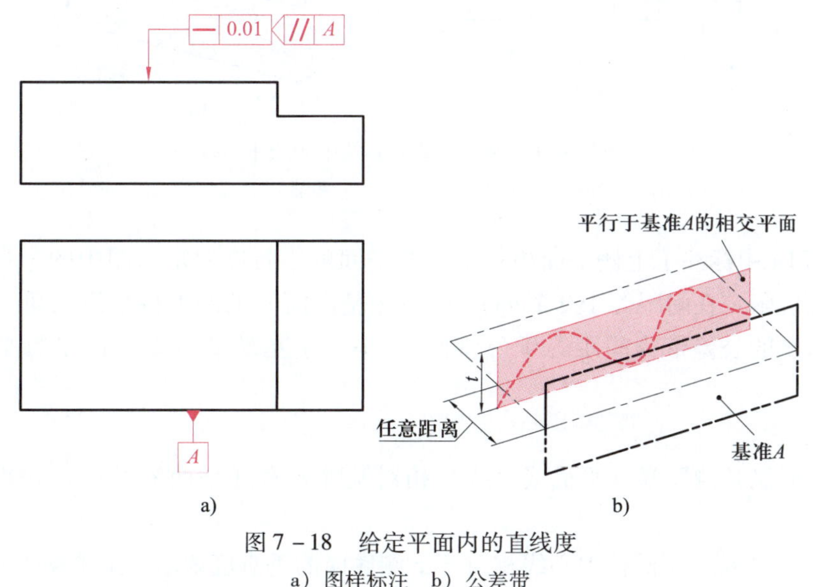

图 7－18 给定平面内的直线度

a）图样标注 b）公差带

2. 平面度

平面度用于限定实际平面的形状误差，在图 7－19a 中标注了零件上表面的平面度要求，图中的平面度公差框格表示实际上表面应限定在间距等于 0.08 mm 的两平行面之间。如图 7－19b 所示，平面度的公差带为间距等于公差值 t 的两平行平面所限定的区域。

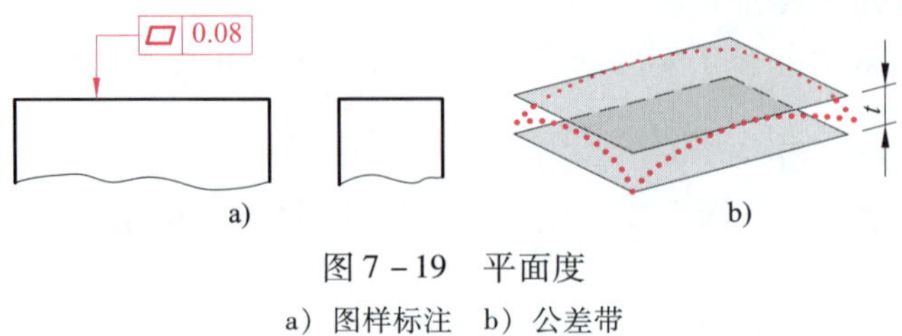

图 7－19　平面度

a）图样标注　b）公差带

3. 平行度

平行度是限制被测要素（平面或直线）相对基准要素（平面或直线）在平行方向上的方向误差。

在图 7－20a 中标注了圆柱孔中心线相对于下侧平面的平行度要求，图中的平行度公差框格表示实际中心线应限定在平行于基准平面 A、间距等于 0.01 mm 的两平行平面之间。如图 7－20b 所示，该平行度的公差带为平行于基准平面 A、间距等于公差值 t 的两平行平面限定的区域。

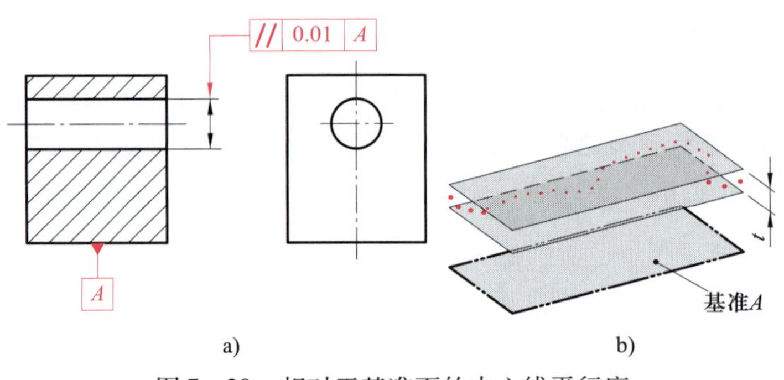

图 7－20　相对于基准面的中心线平行度

a）图样标注　b）公差带

在图 7－21a 中标注了上侧平面相对于下侧平面的平行度要求，图中的平行度公差框格表示实际表面应限定在间距等于 0.1 mm、平行于基准面 B 的两平行平面之间。如图 7－21b 所示，该平行度的公差带为间距等于公差值 t、平行于基准平面 B 的两平行平面所限定的区域。

4. 垂直度

垂直度是限制被测要素（平面或直线）相对基准要素（平面或直线）在垂直方向上的方向误差。

在图 7－22a 中标注了圆柱中心线相对于下侧底面的垂直度要求，图中的垂直度公差框格表示实际中心线应限定在直径等于 0.01 mm、垂直于基准平面 A 的圆柱面内。如图 7－22b 所示，该垂直度的公差带为直径等于公差值 t、轴线垂直于基准平面的圆柱面所限定的区域。

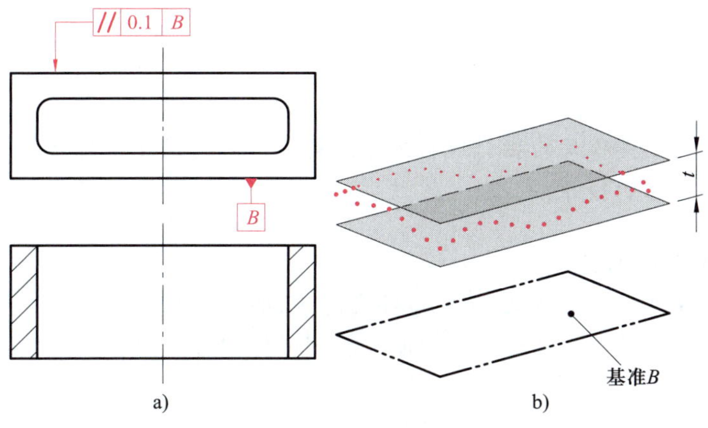

图 7－21　相对于基准面的平面平行度

a）图样标注　b）公差带

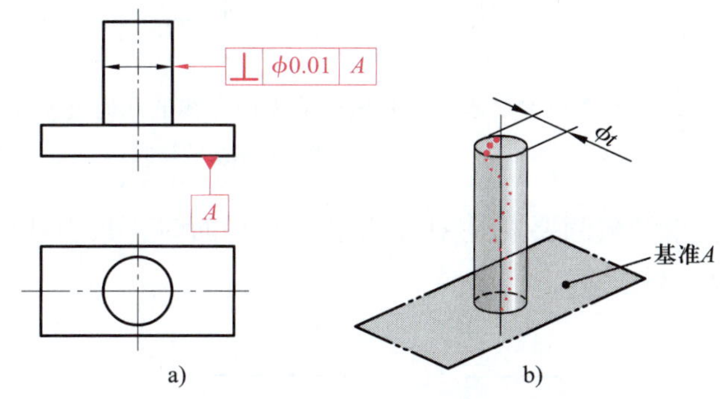

图 7－22　相对于基准面的中心线垂直度

a）图样标注　b）公差带

在图 7－23a 中标注了右侧平面相对于底面的垂直度要求，图中的垂直度公差框格表示实际平面应限定在间距等于 0.08 mm、垂直于基准平面 *A* 的两平行平面之间。如图 7－23b 所示，该垂直度的公差带为间距等于公差值 *t*、垂直于基准平面 *A* 的两平行平面所限定的区域。

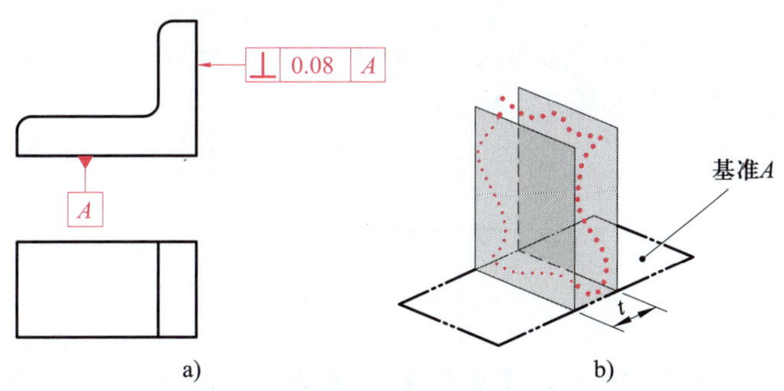

图 7－23　相对于基准面的平面垂直度

a）图样标注　b）公差带

三、几何公差要求与基准的标注

想一想

为什么有的几何公差项目的指引线与尺寸线对齐，有的错开？为什么有的基准符号的三角形与尺寸线对齐，有的错开？

1. 几何公差要求的标注

（1）当几何公差要求的被测要素是零件实际表面或表面上的线时，指引线箭头终止在要素的轮廓线上或轮廓线的延长线上，且必须与尺寸线明显分离，如图 7－24 所示。

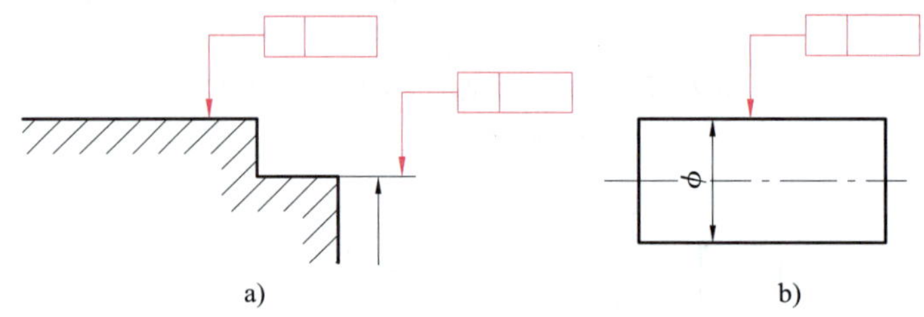

图 7－24　被测要素是零件实际表面或表面上线的几何公差标注

a）被测要素是平面　b）被测要素是圆柱面

（2）当几何公差要求的被测要素是中心线或中心平面时，指引线的箭头应终止在尺寸线的延长线上，如图 7－25 所示。

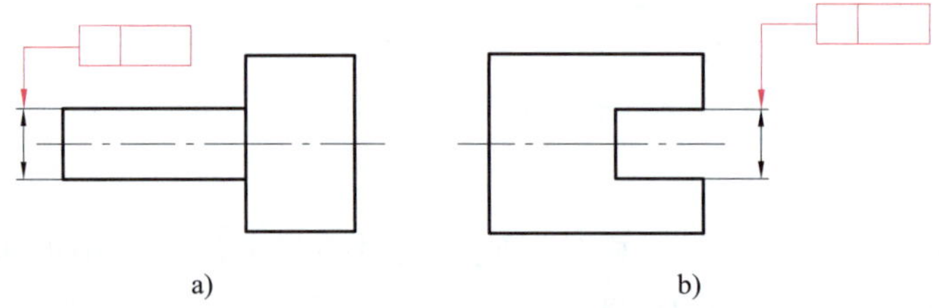

图 7－25　被测要素是中心线或中心平面的几何公差标注

a）被测要素是圆柱面的中心线　b）被测要素是两平行平面的对称面

2. 基准的标注

（1）当基准要素是零件实际表面时，基准符号的三角形放置在要素的轮廓线或其延长线上，且与尺寸线明显错开，如图 7－26 所示。

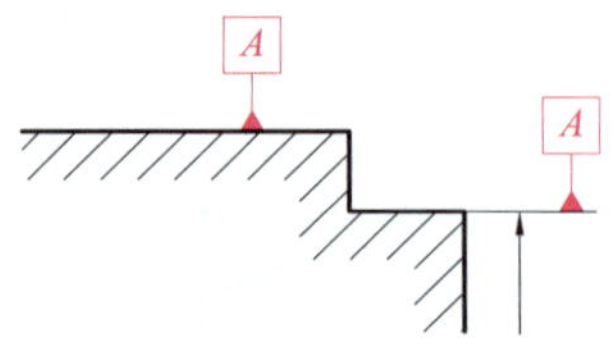

图 7－26　基准要素是零件实际表面时基准的标注

（2）当基准要素是中心线或中心平面时，基准符号的三角形放置在尺寸线的延长线上，如果没有足够的位置标注尺寸的两个箭头，其中一个箭头可用基准符号的三角形代替，如图 7 – 27 所示。

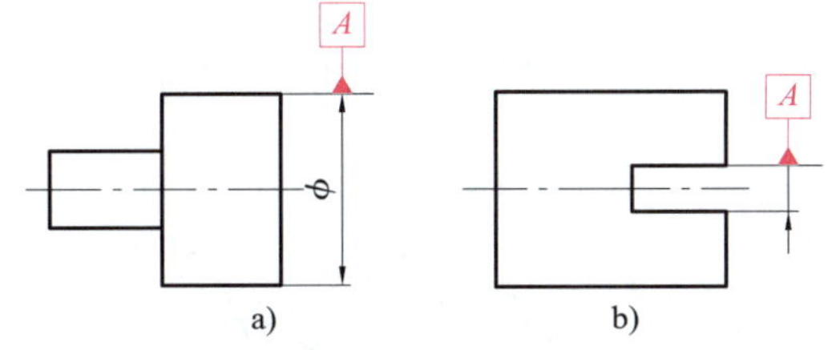

图 7 – 27 基准要素是中心线或中心平面时基准的标注

§7 – 3 表面结构要求

学习目标

1. 了解轮廓算术平均偏差的概念，熟悉表面结构符号的含义。
2. 掌握表面结构符号的标注方法，能识读和标注表面结构符号。

一、表面结构要求的基本知识

零件在机械加工过程中，由于切削时金属表面的塑性变形和机床振动以及刀具在表面上留下刀痕等因素的影响，零件的表面不管加工得多么光滑，都可以在显微镜下观察到峰谷高低不平的情况，如图 7 – 28 所示。表面结构要求包括表面结构参数、加工工艺、表面纹理及方向、加工余量等。表面结构参数有表面粗糙度参数、波纹度参数和原始轮廓参数等，其中表面粗糙度参数是最常用的表面结构要求。

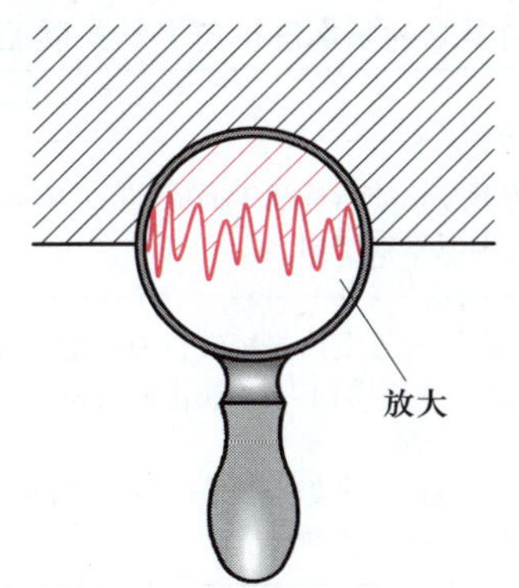

图 7 – 28 加工表面经放大后的图形

二、表面粗糙度

表面粗糙度是指加工表面上所具有的较小间距和峰谷所组成的微观几何形状特性。表面粗糙度常用的评定参数有轮廓算术平均偏差 *Ra* 和轮廓最大高度 *Rz*，其中 *Ra* 为最常用的评定参数。一般来说，表面质量要求越高，*Ra* 值越小，加工成本也越高。

1. 取样长度 *l*

用以判别具有表面粗糙度特征的一段基准线长度，称为取样长度 *l*，如图 7－29 所示。

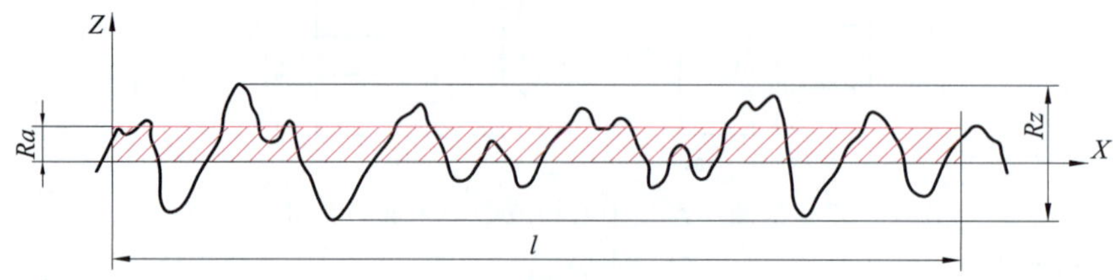

图 7－29　表面粗糙度轮廓曲线

2. 轮廓算术平均偏差 *Ra*

在取样长度内，轮廓偏差绝对值的算术平均值称为轮廓算术平均偏差，如图 7－29 所示，其计算公式为：

$$Ra = \frac{1}{n}\left(z_1 + z_2 + \cdots + z_n\right)$$

式中　*Ra*——轮廓算术平均偏差，μm；

z_1，z_2，…，z_n——轮廓上各点至轮廓中线的距离，μm。

3. 轮廓最大高度 *Rz*

在取样长度内，轮廓峰顶线与轮廓谷底线之间的距离称为轮廓最大高度，如图 7－29 所示。

三、表面结构要求的图形符号

表面结构要求的图形符号分为基本图形符号、扩展图形符号和完整图形符号。

1. 表面结构要求的基本图形符号和扩展图形符号

表面结构要求的基本图形符号和扩展图形符号见表 7－3。

表 7－3　表面结构要求的基本图形符号和扩展图形符号

名称	符号	说明
基本图形符号		由两条不等长的与标注表面成 60°夹角的直线构成，仅用于简化符号标注，没有补充说明时不能单独使用
扩展图形符号		在基本图形符号上加一短横，表示指定表面用去除材料的方法获得，如通过车削、铣削、磨削等切削加工方法获得的表面
		在基本图形符号上加一圆圈，表示指定表面用非去除材料的方法获得，如铸造、锻造、冲压获得的表面

2. 表面结构要求的完整图形符号

当要求标注表面结构特征的补充信息时，应在图形符号的长边上加一横线，并注明表面结构参数的代号和数值，见表 7－4。必要时，还应标注补充要求，如取样长度、加工工艺、表面纹理及方向、加工余量等。

表 7－4　　表面结构参数注写示例

符号	含义
Ra 25	表示表面用非去除材料的方法获得，轮廓算术平均偏差 Ra 为 25 μm
Rz 0.8	表示表面用去除材料的方法获得，轮廓最大高度 Rz 为 0. 8 μm
Ra 3.2	表示表面用去除材料的方法获得，轮廓算术平均偏差 Ra 为 3. 2 μm

四、表面结构要求的标注

1. 表面结构要求的标注规则

（1）表面结构要求对每一表面一般只标注一次，并尽可能标注在相应的尺寸及其公差的同一视图上。除非另有说明，所标注的表面结构要求是对完工零件表面的要求。

（2）应使表面结构符号的注写和读取方向与尺寸的注写和读取方向一致。

2. 表面结构要求的标注方法

表面结构要求的标注方法及示例见表 7－5。

表 7－5　　表面结构要求的标注方法及示例

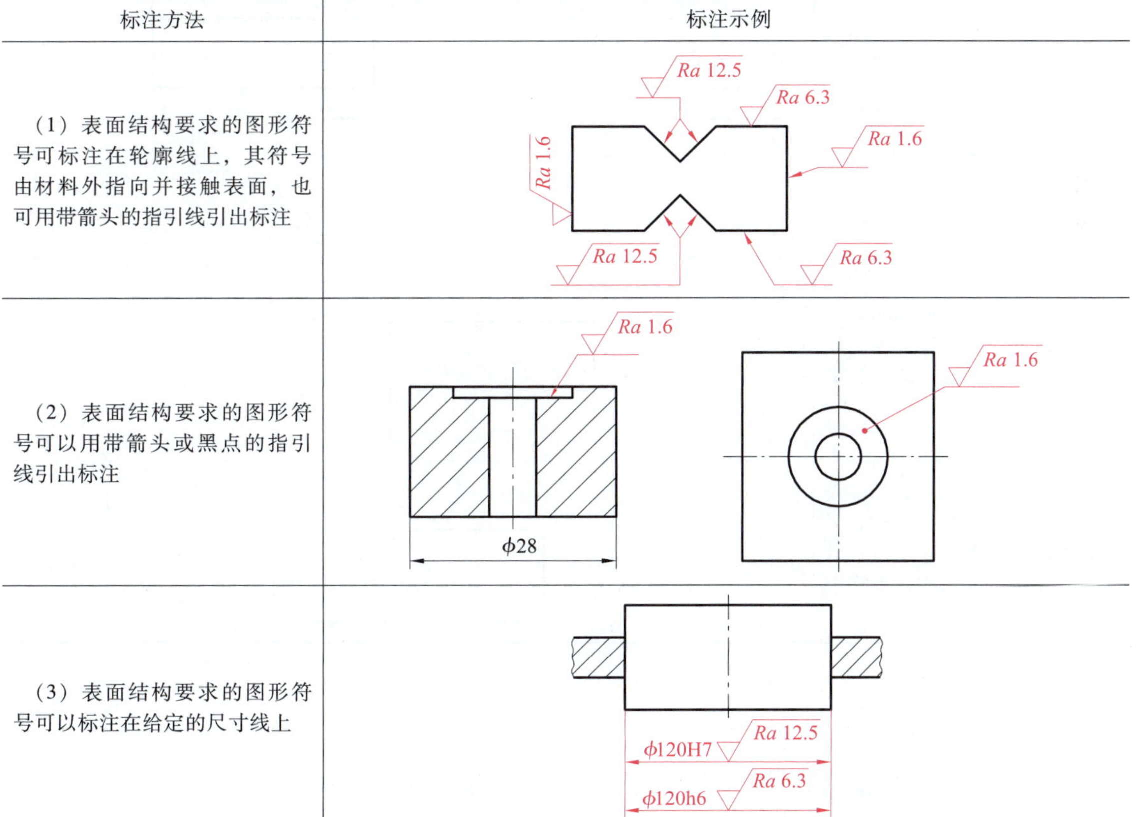

标注方法	标注示例
（1）表面结构要求的图形符号可标注在轮廓线上，其符号由材料外指向并接触表面，也可用带箭头的指引线引出标注	
（2）表面结构要求的图形符号可以用带箭头或黑点的指引线引出标注	
（3）表面结构要求的图形符号可以标注在给定的尺寸线上	

续表

标注方法	标注示例
（4）表面结构要求的图形符号可以标注在圆柱面最外素线的延长线上，或轮廓线的延长线上	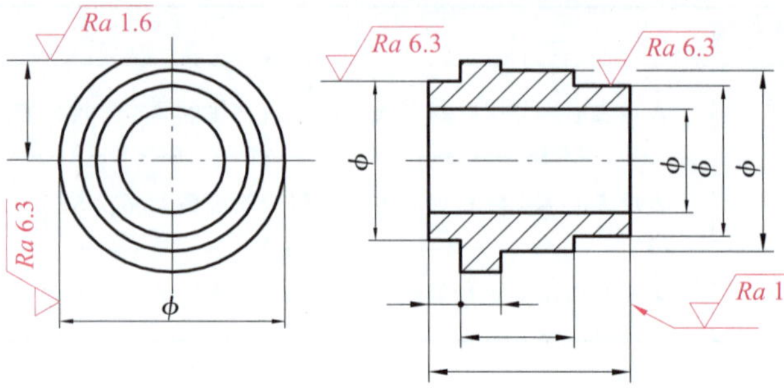
（5）表面结构要求的图形符号可以标注在几何公差框格的上方	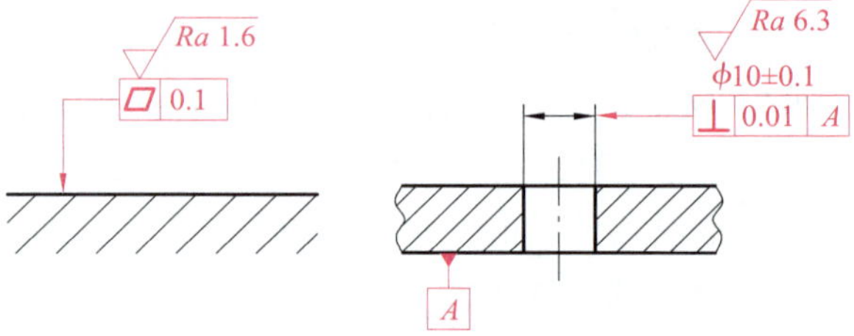
（6）当多个表面具有相同的表面结构要求时，可将表面结构要求的图形符号统一标注在标题栏附近	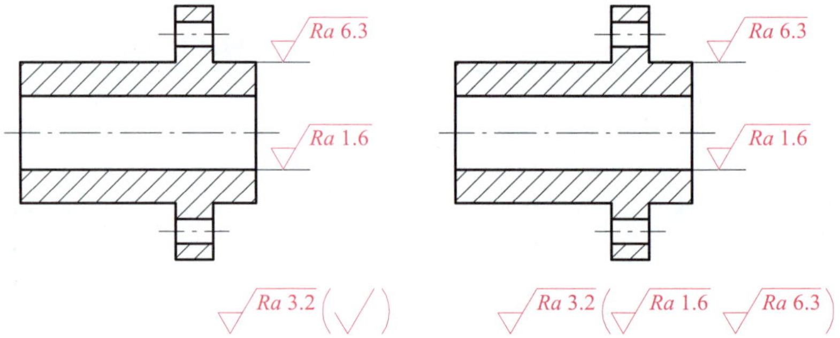
（7）具有相同表面结构要求的表面，可采用简化注法，简化注释标注在图形或标题栏附近	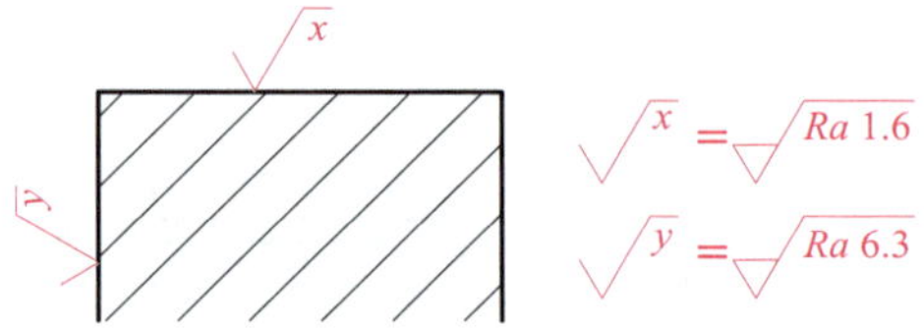
（8）视图上封闭轮廓的各表面有相同表面结构要求时，可以在表面结构要求的图形符号上加注小圆，并标注在图样中工件的封闭轮廓线上	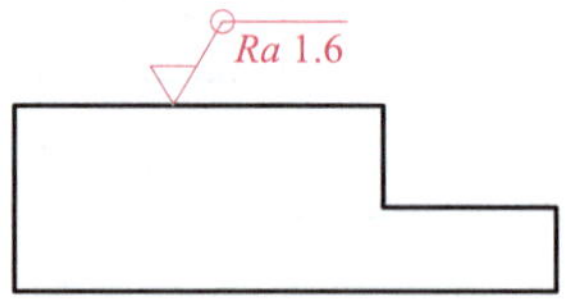

 思考与练习

表面结构符号的注写方向与尺寸数字的注写方向有何关系？

第八章 零件图与装配图

机械图样包括零件图和装配图，用于表达机械和电气设备的结构形状或装配连接关系。掌握识读零件图和装配图的方法，将有助于在机器发生机械故障或电气故障时进行维修调试。本章简要介绍零件图和装配图的主要内容及识读方法。

§8－1 零件图

学习目标

1. 了解零件图的主要内容。
2. 掌握识读零件图的方法和步骤，能识读中等复杂程度的零件图。

机器都是由各种零件装配而成的，制造机器必须加工零件。表达零件的结构形状、尺寸和技术要求的图样称为零件图。零件图可用于指导加工和检验零件。

想一想

图 8－1 所示为端盖的零件图，在图中除了表达零件形状的视图和表达零件大小的尺寸外，还有哪些内容？

一、零件图的主要内容

1. 一组图形

在零件图中，可以采用视图、剖视图、断面图等表达方法，以一组图形完整、清晰地表达零件各部分的结构和形状。

零件图的视图应根据零件的结构形状合理选择，图 8－1 所示端盖的零件图上有 3 个图形，分别是主视图、左视图和局部放大图。其中，主视图采用全剖视图，左视图绘制外形。分析主视图、左视图可以看出，该零件为回转体零件，零件的外形为两个圆柱体，在中心位

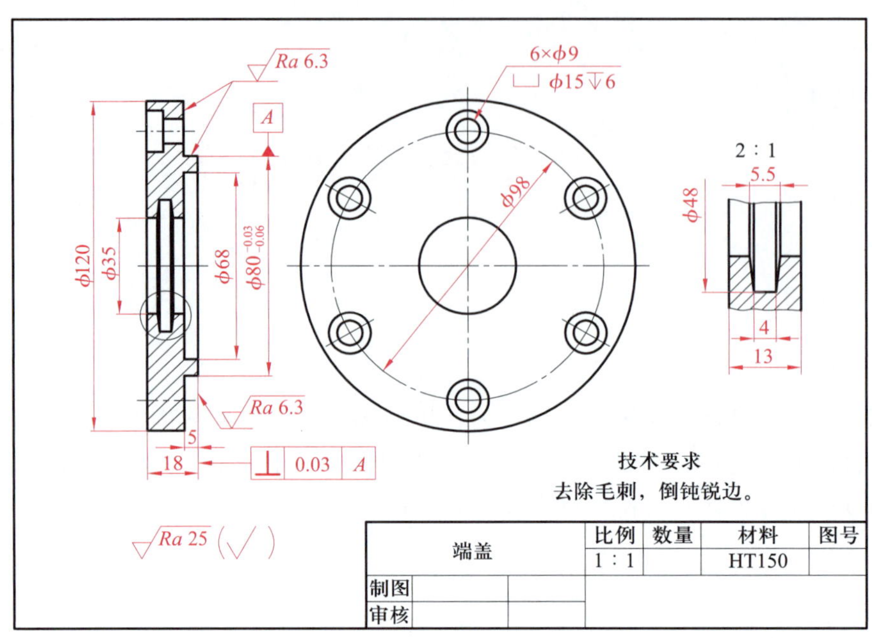

图 8－1　端盖的零件图

置有一个阶梯孔，在大圆盘的四周加工了六个沉孔。该零件的结构已经在主视图、左视图上表达清楚，绘制局部放大图的目的是便于标注尺寸。

2. 一组尺寸

为表达零件各部分的形状大小和相对位置关系，在零件图上标注了一组尺寸，以满足零件加工和检验的需要。零件图上尺寸的类型与组合体上尺寸的类型相同，即零件图上的尺寸也分为定形尺寸、定位尺寸和总体尺寸。

在图 8－1 中标注了反映端盖各部分大小和位置的定形尺寸、定位尺寸和反映零件大小的总体尺寸，如标注了反映大、小圆柱外形的定形尺寸“$\phi120$”“$\phi80^{-0.03}_{-0.06}$”“18”“5”等，标注了六个沉孔的定形尺寸“$\frac{6\times\phi9}{\sqcup\ \phi15 \downarrow 6}$”和定位尺寸“$\phi98$”。

3. 技术要求

在图 8－1 中，零件右侧的 $\phi80$ mm 外圆柱面需要与孔配合，属于重要尺寸，所以标注了尺寸公差，在图中标注为“$\phi80^{-0.03}_{-0.06}$”。

在端盖零件图中标注了几何公差“⊥ 0.03 A”，其含义是零件右端面相对于 $\phi80^{-0.03}_{-0.06}$ mm 圆柱轴线的垂直度误差不大于 0.03 mm。

在端盖的零件图中还标注了各个表面的表面结构要求，从图中可以看出，$\phi80^{-0.03}_{-0.06}$ mm 圆柱面及其右端面、$\phi120$ mm 圆柱右端面的表面结构要求最高，其表面粗糙度 *Ra* 值为 6.3 μm，其余表面的表面粗糙度 *Ra* 值为 25 μm。

4. 标题栏

在零件图的右下角绘制了标题栏，在标题栏中注明了图样名称、绘图比例、零件使用的材料等。在实际工作中，还需要注明制图、审核人员的姓名及设计单位等。

思考与练习

图 8 - 1 所示零件图上的技术要求有哪几项内容?

二、识读零件图

识读零件图的目的是根据零件图想象零件的结构形状，了解零件的尺寸和技术要求。识读零件图时，应尽量了解零件在机器或部件中的位置、作用，以及和其他零件的关系，以便理解和读懂零件图。下面以图 8 - 2 所示托架零件图为例介绍识读零件图的方法。

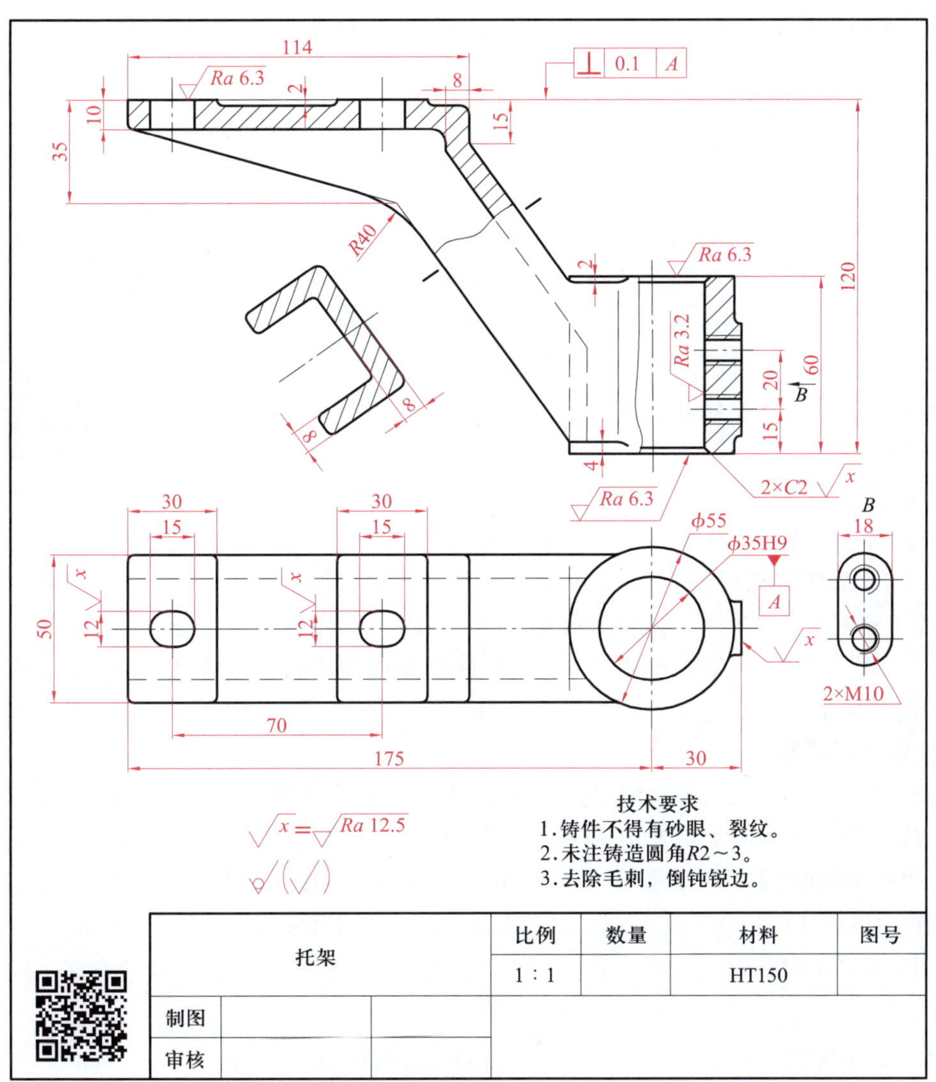

图 8 - 2　托架的零件图

1. 看标题栏

由标题栏可知零件的名称是托架，主要起支承作用，毛坯为铸造件，材料为灰铸铁 HT150，绘图比例为 1 : 1。

2. 分析图形

图 8－2 所示托架零件图用了两个基本视图、一个局部视图、一个移出断面图来表达零件的结构形状。在主视图上有两处局部剖视，一处表达托架上部的凸台、腰形孔的内部结构及板厚等；另一处则表达了托架下部 ϕ35H9 孔和 2×M10 螺孔的内形。俯视图主要表达托架的整体外形结构及腰形孔的位置。局部视图 *B* 主要表达托架右下侧凸台的端面形状及两个螺孔的分布位置。移出断面图表达 U 形支承板的断面结构。

分析托架的视图可知，托架的结构可分为上、中、下三部分。托架的上部为长方形托板，板的两边有高度为 2 mm 的凸台，其上各有一个腰形孔，为安装紧固螺栓之用；托架的下部为 ϕ55 mm 圆筒，其右下侧有一个长圆形凸台，凸台上加工了两个 M10 的螺孔；托架的中间部分为 U 形支承板，把上、下部分连接成整体。

图 8－3 所示为托架的立体图。

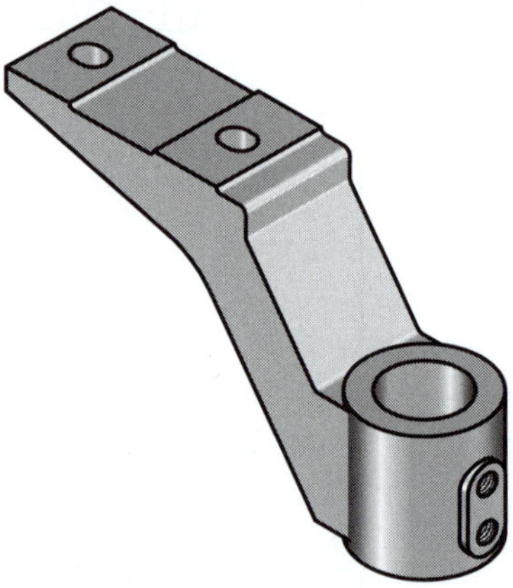

有些零件的相邻表面为圆角过渡。由于圆角的存在，致使零件表面的交线变得不够明显，为了便于看图时区分不同的表面，需要用细实线绘制出没有圆角过渡时两零件表面的理论交线，这种表面交线称为过渡线。过渡线的两端要留有一定的空隙，不可与轮廓线相交。在图 8－2 的主视图上绘制了支承板侧面与圆筒外圆柱面相交处的过渡线，俯视图上绘制了支承板斜面与水平面相交处的过渡线。

图 8－3　托架的立体图

3. 分析尺寸

托架属于中等复杂零件，其零件图上标注的尺寸较多，下面主要分析一些重要结构的定形尺寸和定位尺寸。

托架上部长方形托板的定形尺寸标注了长“114”、宽“50”、高（厚度）“10”等，定位尺寸标注了“120”和“175”；托板上两个腰形孔标注了定形尺寸“12”“15”和定位尺寸“70”。在移出断面图中标注了 U 形支承板的厚度“8”。右下侧圆筒的定形尺寸标注了“ϕ55”“ϕ35H9”和“60”等。其他尺寸请读者自行分析。

4. 分析技术要求

根据托架的功能可知，ϕ35H9 孔与轴配合，所以标注了公差带代号，其表面粗糙度 *Ra* 值为 3.2 μm。托架的上平面用于支承其他零件，为重要结合面，其表面粗糙度 *Ra* 值为 6.3 μm。ϕ55 mm 圆筒两端面的表面粗糙度 *Ra* 值为 6.3 μm。托板上腰形孔的表面粗糙度 *Ra* 值为12.5 μm。图样标题栏上方标注的“$\sqrt{}$（$\sqrt{}$）”表示图中未标注表面结构符号的表面均为毛坯状态。

图中标注了几何公差 |⊥|0.1|*A*|，它表示托架上平面相对于 ϕ35H9 孔轴线的垂直度公差为 0.1 mm。

另外，要求零件不得有砂眼、裂纹，图上未注铸造圆角的半径为 2～3 mm，零件机械加工完成后要去除毛刺，倒钝锐边。

识读行程开关箱体零件图

识读图 8－4 所示行程开关箱体的零件图。

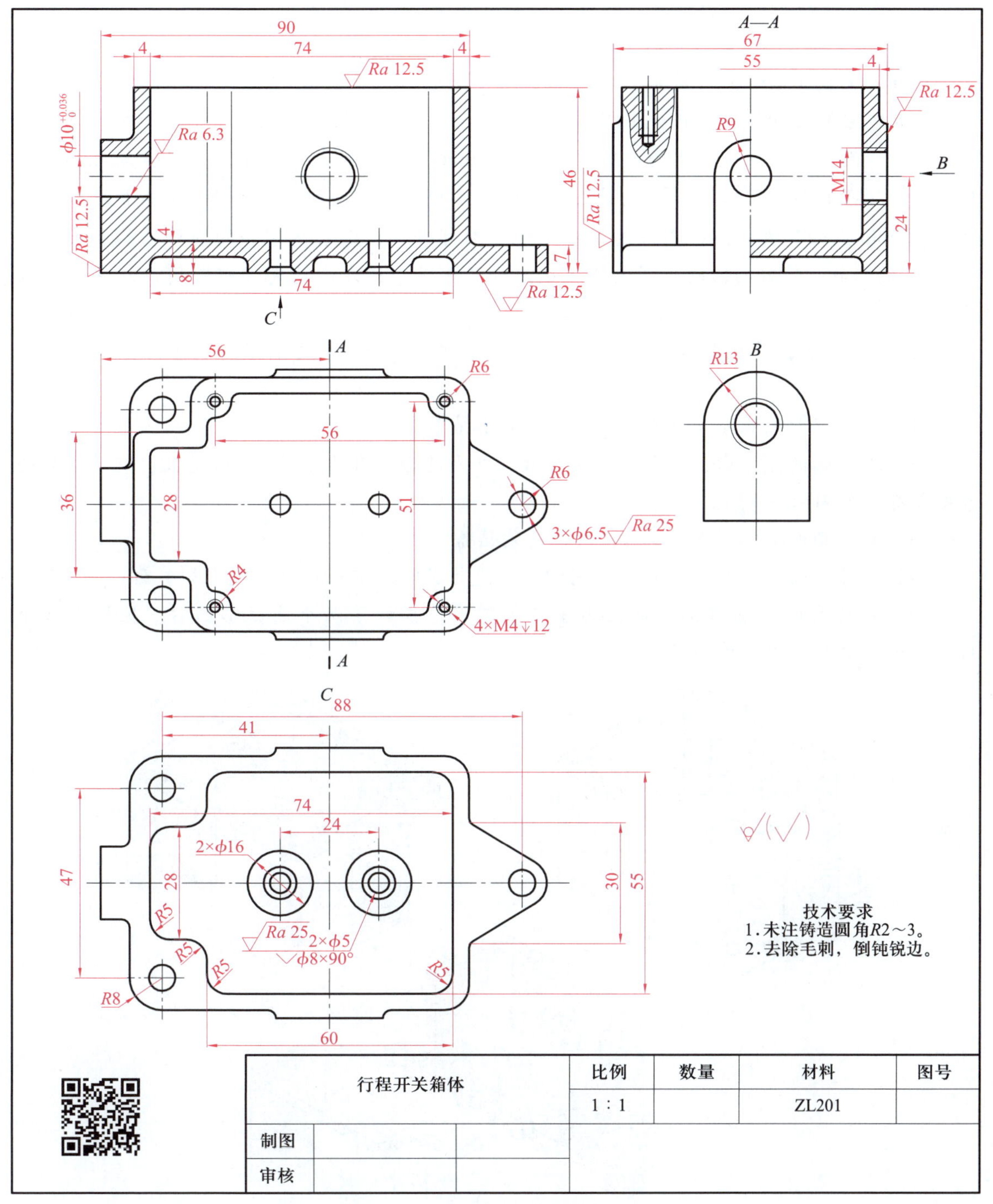

图 8－4　行程开关箱体的零件图

1. 识读标题栏，初步了解零件

看图 8－4 的标题栏可知，该零件的名称是行程开关箱体，用于包容电气元件及其他零件，该零件的材料为 ZL201（铸造铝合金），由绘图比例（1∶1）和视图可以估计出该零件的实际大小。通过以上对标题栏的识读形成对该零件的初步印象。

2. 分析视图，想象零件形状

行程开关箱体零件图采用了三个基本视图、一个 *C* 方向的向视图和一个 *B* 方向的局部视图来表达它的内外结构形状。主视图采用了单一剖切平面的全剖视图，剖切平面通过零件的前后对称面，用以表达箱体的内腔、$\phi10^{+0.036}_{0}$ mm 孔、右侧 $\phi6.5$ mm 孔、M14 螺孔和中间两个锥形沉孔的形状及位置。俯视图主要表达箱体的外形、顶面上四个 M4 螺孔和底板上三个 $\phi6.5$ mm 孔的位置。左视图采用了半剖视和局部剖视，以表达零件的内外结构和顶面上 M4 螺孔的形状。*C* 方向的向视图主要表达底面的形状。*B* 方向的局部视图用以表达前凸台的形状（后凸台的形状与其相同）。

按投影关系，把各视图联系起来进行分析，就可以想象出该零件的结构形状，如图 8－5 所示。

（1）该行程开关箱体的基本形状是中空的长方体。

（2）在箱体的左、前、后各有一个凸台，在左凸台上有 $\phi10^{+0.036}_{0}$ mm 通孔，在前、后凸台上各有一个 M14 的螺孔。

（3）箱体顶面有四个 M4 螺孔，用于安装箱盖。

（4）箱体底面做成四周凸起、中间凹下，是为了既保证稳定性又减少加工面积。

（5）箱底有两个圆锥形沉孔，为了增加厚度，设计了两个圆柱形凸台。底板上三个 $\phi6.5$ mm 通孔用来安装连接螺栓。

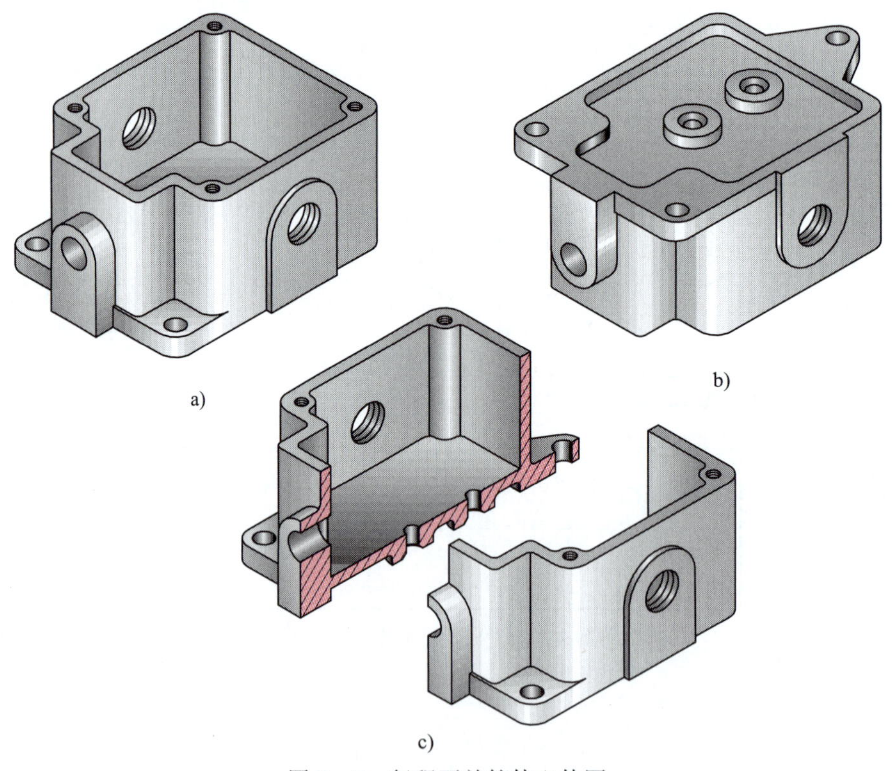

图 8－5　行程开关箱体立体图

3. 分析尺寸

在行程开关箱体的零件图上标注了各个结构的尺寸，分析零件图上的尺寸可知，安装底座上安装孔的定形尺寸为“$3\times\phi6.5$”，长度方向的定位尺寸为“88”，宽度方向的定位尺寸为“47”。零件上方四个螺孔的定形尺寸为“M4 ↧ 12”，长度方向的定位尺寸为“56”，宽度方向的定位尺寸为“51”。左侧有一个 $\phi10^{+0.036}_{0}$ mm 通孔，前后各有一个 M14 螺孔，其高度方向的定位尺寸皆为“24”。其他尺寸请读者自行分析。

4. 分析技术要求

（1）行程开关箱体的 $\phi10^{+0.036}_{0}$ mm 圆柱孔有尺寸公差要求。

（2）$\phi10^{+0.036}_{0}$ mm 圆柱孔的表面粗糙度 *Ra* 值为 6.3 μm，大部分加工表面的表面粗糙度 *Ra* 值为 12.5 μm，少数加工表面的表面粗糙度 *Ra* 值为 25 μm，非加工表面（铸造表面）因为一般铸造方法可以满足零件需要，因此没有提出表面粗糙度要求。

（3）未注明的铸造圆角半径为 2 ~ 3 mm。

（4）零件机械加工完成后要去除零件表面的毛刺，并倒钝锐边。

§8－2　装配图

学习目标

1. 了解装配图的主要内容。
2. 了解装配图的主要表达方法。
3. 了解识读装配图的方法，并能识读简单装配图。

装配图是表达机器或部件的图样，主要用来表示机器、部件的工作原理，各零件间的相对位置和装配连接关系。在设计新产品时，一般应先画出装配图，然后根据装配图绘制零件图；零件制成后，再根据装配图装配成机器或部件；在安装、使用和维修设备时，也常需要通过装配图来了解设备的结构。

想一想

图 8－6 所示为凸缘联轴器，两个凸缘式连接盘分别用键与两轴连接，两个连接盘用螺栓连接在一起，以实现两轴间的连接，并传递转矩和运动。图 8－7 所示为凸缘联轴器装配图，试问：装配图的视图能将所有零件的结构形状表达清楚吗？装配图上的尺寸能完全地表达零件的大小吗？

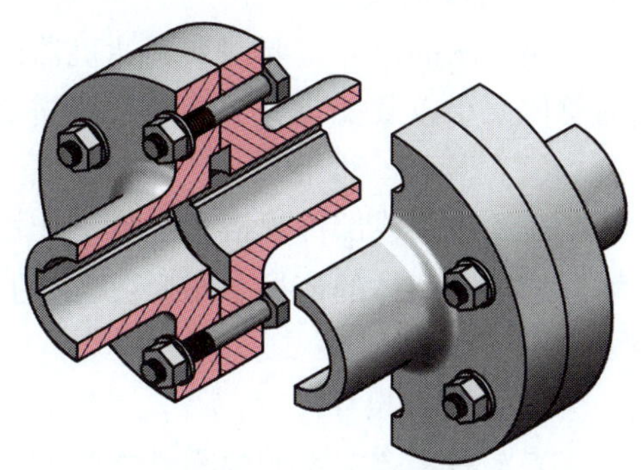

图 8－6　凸缘联轴器

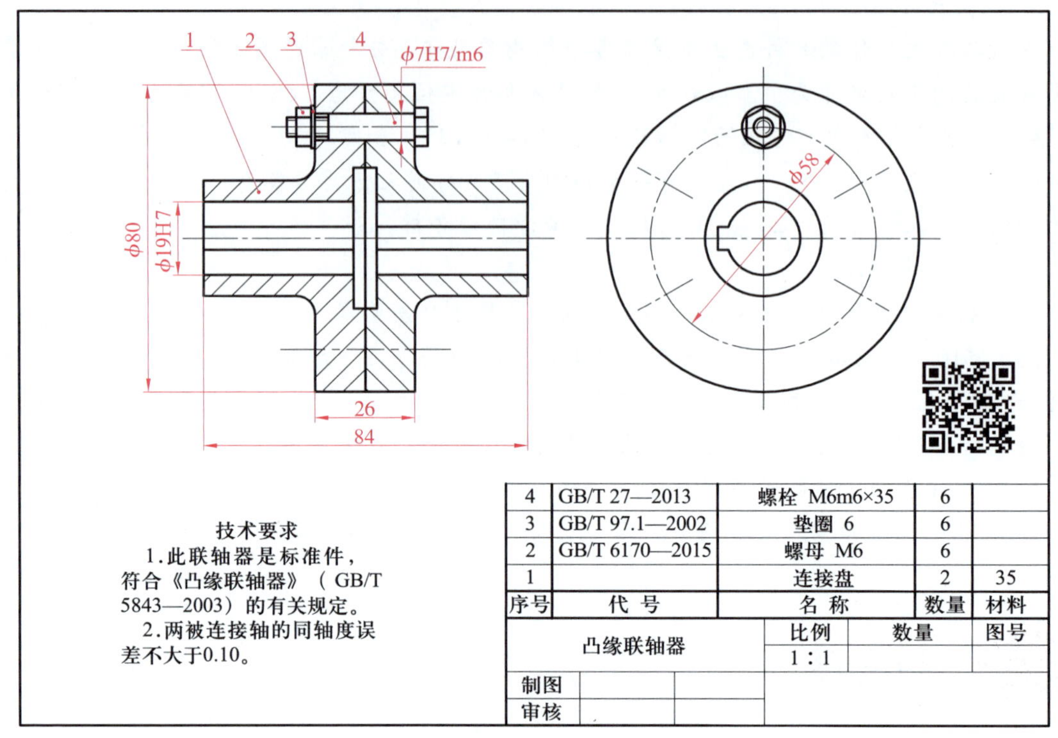

图 8－7　凸缘联轴器的装配图

一、装配图的主要内容

1. 一组图形

装配图可以运用必要的视图和各种表达方法，表达机器或部件的工作原理、零件之间的相互位置和装配连接关系，以及主要零件的基本结构形状。装配图上图形的表达目的不同于零件图，对装配图来说，应从整体出发，将机器或部件的整体结构、工作原理、装配关系放在首位，兼顾主要零件的基本结构形状。至于每个零件的具体结构形状则由零件图详细表达。图 8－7 所示凸缘联轴器装配图用了主、左两个基本视图，主视图采用了全剖视，左视图为外形图。

2. 必要的尺寸

装配图的尺寸主要用来表达机器或部件的规格、性能，各零件之间的配合关系，装配体的总体大小以及安装要求等。一般需要注出以下几种尺寸。

（1）规格、性能尺寸

表示机器或部件规格大小或工作性能的尺寸称为规格、性能尺寸。这类尺寸是设计、了解和选用装配体的依据。图 8－7 中的尺寸“ϕ19H7”是规格尺寸，它确定了所连接轴颈的大小。

（2）配合尺寸

表示有配合关系的两零件之间配合性质和公差等级的尺寸称为配合尺寸。配合尺寸是在公称尺寸后面标注配合代号。图 8－7 所示的凸缘联轴器装配图中标注了配合尺寸 ϕ7H7/m6。

（3）安装尺寸

将部件安装在机器上或将机器安装在基础上所需的尺寸称为安装尺寸。凸缘联轴器和轴相连，图 8－7 中的尺寸“ϕ19H7”也是安装尺寸。

（4）外形尺寸

表示机器或部件的总长、总宽、总高等的尺寸称为外形尺寸。图 8－7 中的尺寸“84”“ϕ80”为外形尺寸。

（5）其他重要尺寸

其他重要尺寸是指在设计中经过计算或根据需要而确定的，但又不属于以上四种尺寸的尺寸。图 8－7 中的尺寸“26”“ϕ58”属于这类尺寸。

在装配图上标注尺寸时，上述各类尺寸并非全部注出，有时同一尺寸可能具有几种不同的用途。因此，在装配图上标注尺寸需根据具体情况来确定。

3. 技术要求

在装配图上需要用说明文字或标注符号指明机器或部件在装配、调试、检验、安装和使用中应遵守的技术条件和要求。由于装配体的技术性能、装配要求各不相同，因此其技术要求也不一样。

在图 8－7 中，用符号标注的技术要求有尺寸公差要求“ϕ19H7”，用文字叙述的技术要求标注在装配图的左下角。

4. 零件序号、明细栏和标题栏

为了便于看图、管理图样和组织生产，在装配图中必须对每种零件编写序号。同时在标题栏上方编制相应的明细栏，并按零件序号将零件一一列出，注明零件的名称、材料、数量等。装配图中标题栏的形式与零件图中标题栏基本一样。

二、装配图的表达方法

1. 装配图的规定画法

用于零件图的各种表达方法同样适用于装配图，但由于装配图侧重于表达机器或部件的工作原理、装配关系等整体情况，国家标准对装配图又单独制定了一些画法规定，如图 8－8 所示。

（1）相邻零件轮廓线的画法

两相邻零件的接触表面（见图 8－8①）和配合表面（见图 8－8②）只画一条共有的轮廓线；不接触的两零件表面，即使间隙很小，也必须分别画出各自的轮廓线（见图 8－8③、④）。

（2）相邻零件剖面线的画法

为区分不同的零件，在剖视图、断面图中，相邻两零件剖面线的倾斜方向应尽量相反（见图 8－8⑤）；若方向一致，则间距不同（见图 8－8⑥）。同一零件在不同视图中的剖面线的方向和间距应保持一致。

（3）紧固件和实心零件的画法

对于紧固件（螺栓、螺母、垫圈、螺钉等），以及轴、连杆、球、键、销等实心零件，若纵向剖切，且剖切平面通过其对称平面或轴线时，则这些零件均按不剖绘制，如图 8－8

中的螺钉、轴即按未剖到绘制。但当剖切平面垂直于这些零件的轴线剖切时，则应按剖切到绘制。

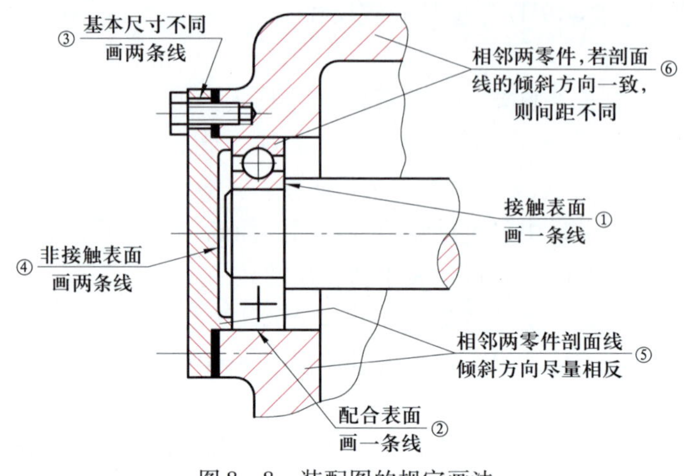

图 8－8　装配图的规定画法

2. 装配图的特殊表达方法

装配图中的视图，除了采用基本视图、剖视图、断面图等一般的表达方法外，还可采用一些特殊的表达方式。

（1）拆卸画法

在装配图中，当某些零件遮住了需要表达的结构和装配关系时，可假想沿某些零件的接合面剖切或假想将某些零件拆卸后绘制。需要说明时，可在相应视图的上方加标注“拆去××等”。图 8－9 所示为拆卸器，用于拆卸轴上的轴承、齿轮等零件。在图 8－9a 的俯视图上方标注了“拆去零件 2、3、4”，表示俯视图是按照拆去零件 2、3、4 后绘制的。

（2）假想画法

在装配图中，为了表达可动零件的极限位置时，可用细双点画线画出该零件在极限位置时的轮廓线，如图 8－10 所示；当需要表达与本部件有关的相邻零件或部件的安装关系时，也可用细双点画线画出相邻零件或部件的轮廓，图 8－9 的主视图中用细双点画线绘制了轴和套的轮廓线。

（3）简化画法

装配图上若干相同的零件组（如螺栓、螺钉等），可详细地画出一组，其余用细点画线表示其中心位置即可。在图 8－7 中，螺栓、螺母和垫圈组成的零件组在主视图、左视图中皆只画了一组。在图 8－8 中，下侧的六角头螺栓也省略未画。在装配图中，倒角、倒圆、退刀槽等工艺结构可省略不画，在图 8－9 中倒角和圆角皆省略未画。

（4）夸大画法

当图形上的孔的直径或薄片厚度较小，以及间隙、斜度和锥度较小时，为提高表达效果，绘图时允许适当增加图线之间的距离或角度，称为夸大画法。在图 8－11 中，垫圈与螺杆之间、螺钉和钳口板上圆柱孔之间的实际间隙为 0.5 mm，画图时两平行线之间的距离增加到 1 mm，圆锥销的锥度也大约增加了一倍。

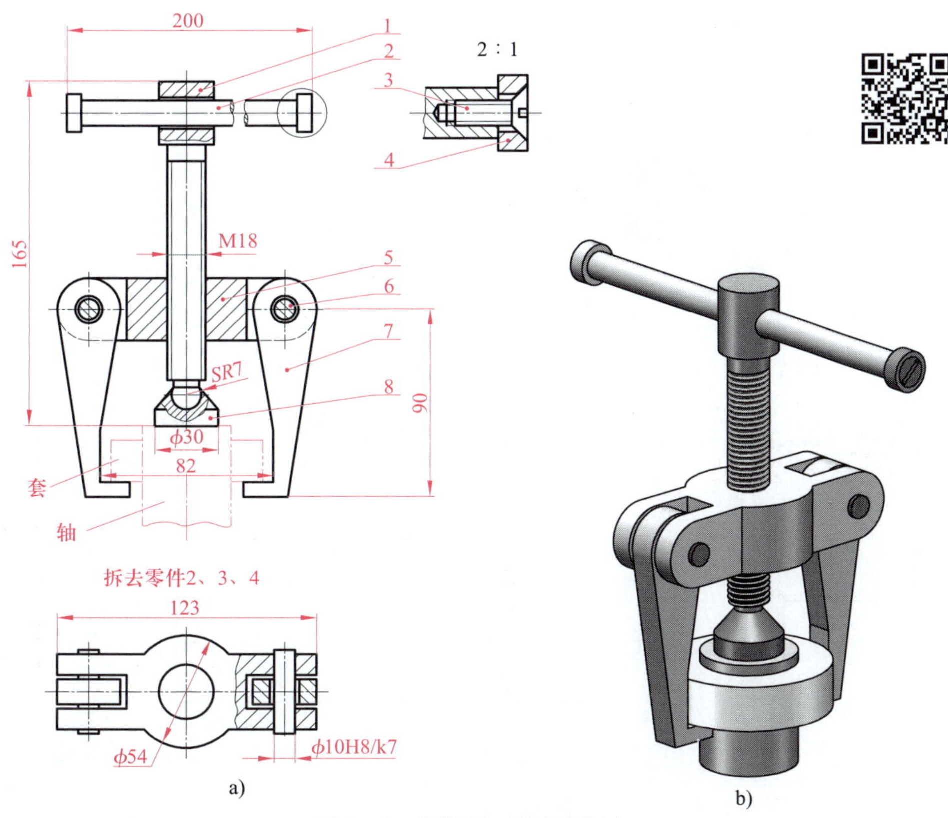

图 8－9　拆卸器（拆卸画法）

a）视图　b）立体图

1—压紧螺杆　2—把手　3—沉头螺钉　4—挡圈　5—横梁　6—销轴　7—抓手　8—压紧垫

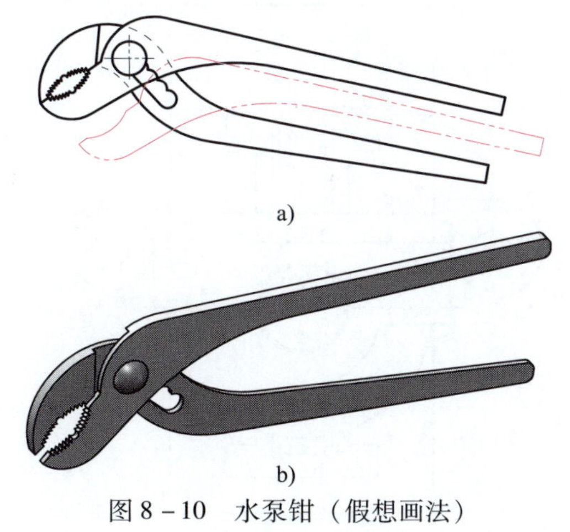

图 8－10　水泵钳（假想画法）

a）视图　b）立体图

三、识读装配图

在机器或部件的设计、装配、使用、维修和技术交流中，都离不开识读装配图。图 8－11 所示为机用虎钳装配图。下面以此为例，分析识读装配图的方法和步骤。

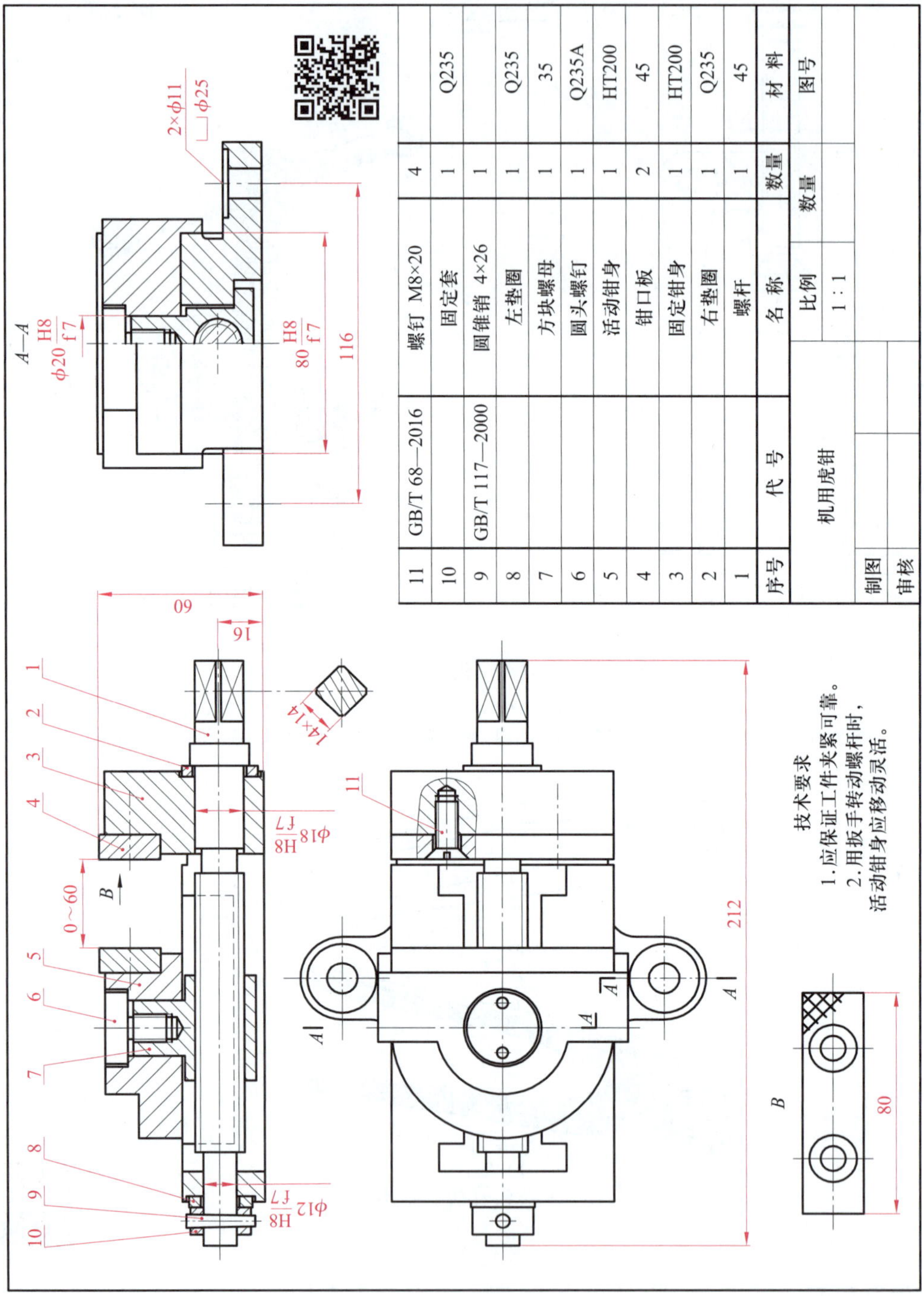

技术要求

1. 应保证工件夹紧可靠。
2. 用扳手转动螺杆时，活动钳身应移动灵活。

序号	代号	名称	数量	材料
11	GB/T 68—2016	螺钉 M8×20	4	
10		固定套	1	Q235
9	GB/T 117—2000	圆锥销 4×26	1	
8		左垫圈	1	Q235
7		方块螺母	1	35
6		圆头螺钉	1	Q235A
5		活动钳身	1	HT200
4		钳口板	2	45
3		固定钳身	1	HT200
2		右垫圈	1	Q235
1		螺杆	1	45

机用虎钳	比例	数量	图号
	1∶1		
制图			
审核			

图 8－11 机用虎钳的装配图

装配图上的信息比较多，在看图时首先要看标题栏和明细栏，了解装配体的大致结构和用途；然后分析视图，看懂主要零件的结构形状，分析装配关系和工作原理；最后了解技术要求等内容。

1. 概括了解

从图 8－11 的标题栏中可以看出，该装配体为机用虎钳，是一种在机床工作台上用来夹持工件，以便于对工件进行加工的通用夹具。从明细栏中可以看出，它由 11 种零件组成，其中圆锥销和螺钉等零件是标准件，其余为非标准件。

2. 看懂视图，分析装配关系和工作原理

从图 8－11 所示机用虎钳装配图中可知：主视图沿前、后对称面剖开，采用全剖视图，表达机用虎钳的工作原理；左视图采用半剖视图，表达主要零件的装配关系；俯视图为局部剖视图，表达机用虎钳的外形及钳口板 4 与固定钳身 3 的装配关系。

分析视图可知：机用虎钳主要由固定钳身 3、活动钳身 5、螺杆 1、方块螺母 7、圆头螺钉 6 和钳口板 4 等零件组成。从装配图中可以看出，螺杆 1 被轴向固定，方块螺母 7 与活动钳身 5 用圆头螺钉 6 连成一体，方块螺母 7 和螺杆 1 之间属于螺旋副连接。当用扳手转动螺杆 1 时，活动钳身 5 即可沿着螺杆的轴线左右移动，以便夹紧或松开工件。从主视图可以看到机用虎钳的钳口张开范围为 0 ~ 60 mm。两块钳口板分别用螺钉紧固在固定钳身 3 和活动钳身 5 上。通过视图分析，想象出图 8－12 所示的机用虎钳的立体形状。

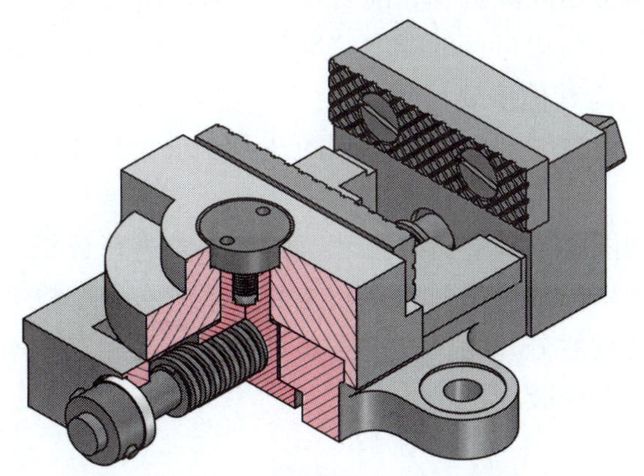

图 8－12 机用虎钳立体图

3. 分析零件结构和作用

在进行视图分析时，要以主视图为中心，结合其他视图，对照明细栏和图上的零件编号对装配体上所有零件的形状逐一分析。如固定钳身 3 在装配体中起支承活动钳身 5、螺杆 1、方块螺母 7 和钳口板 4 等零件的作用，其形状如图 8－13 所示。

固定钳身 3 的左、右两端有两个圆柱孔，它支承螺杆 1 并使其在两圆柱孔中转动，其中间是空腔，使方块螺母 7 带动活动钳身 5 沿固定钳身 3 做直线运动。为了使机用虎钳固定在机床工作台上，固定钳身 3 的前、后各有一个凸耳，凸耳上有一个锪平孔用于将机用虎钳固定在机床的工作台上。

B 向视图表达了钳口板的结构形状。其他零件的形状和用途请读者自行分析。

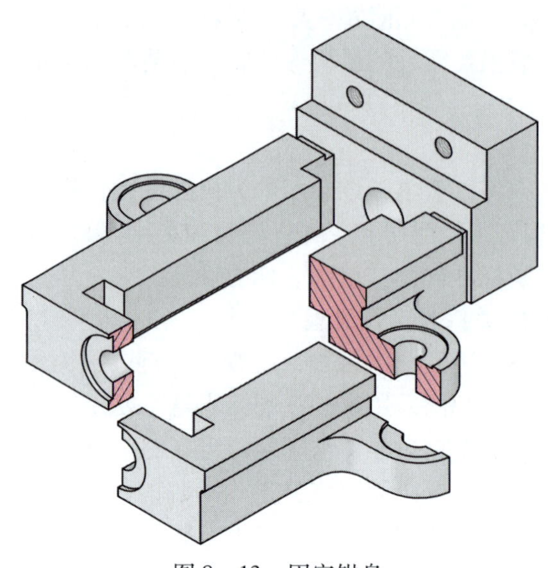

图 8－13　固定钳身

4. 分析尺寸及技术要求

螺杆 1 与固定钳身 3 的左、右端为间隙配合，配合尺寸为 ϕ12H8/f7 和 ϕ18H8/f7。活动钳身 5 与方块螺母 7 之间也是间隙配合，配合尺寸为 ϕ20H8/f7。

该机用虎钳的规格尺寸为钳口板的宽度“80”，外形尺寸有“212”“60”，安装尺寸为“116”“2×ϕ11”，“16”为其他重要尺寸。

在该装配图上用文字标注了装配后应达到的技术要求，具体如图 8－11 所示。

5. 综合归纳

在概括了解、分析视图的基础上，对尺寸、技术要求进行分析，然后综合分析装配图的各项内容，对装配体的结构形状、工作原理和装配关系等有一个较完整、明确的认识。实际上，上述各项步骤是不能截然分开的，通常需要对视图、尺寸、技术要求、标题栏和明细栏等反复地对照、分析，以看懂装配图。

应用举例

识读三相异步电动机结构图

在电工类专业的专业教材中，有大量表示电气设备原理的结构图，它们都是按照机械制图的绘图原理和装配图的绘图规则绘制的。图 8－14 所示为三相异步电动机的结构图，下面识读该图。

1. 分析主要结构

分析图 8－14 可知，该三相异步电动机主要由定子（定子铁芯 6、定子绕组 9）和转子 7 两大基本部分组成，在定子和转子之间具有一定的空隙。

2. 分析外壳

三相异步电动机外壳包括机座 8、前端盖 2、后端盖 10、接线盒 4 及吊环 5 等。

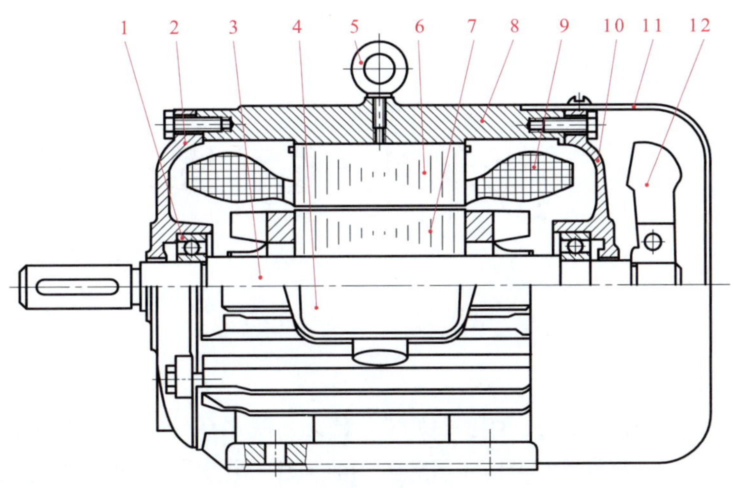

图 8－14　三相异步电动机

1—滚动轴承　2—前端盖　3—转轴　4—接线盒　5—吊环　6—定子铁芯
7—转子　8—机座　9—定子绕组　10—后端盖　11—风罩　12—风扇

(1) 机座

机座 8 的作用是保护和固定三相异步电动机的定子绕组 9，它是三相异步电动机机械结构的重要组成部分。机座的外表要求散热性能好，所以一般都铸有散热片。

(2) 端盖

端盖包括前端盖 2 和后端盖 10，其作用是把转子 7 固定在定子内腔中心，使转子能够在定子中旋转。

(3) 接线盒

接线盒 4 的作用是保护和固定绕组的引出线端子。

(4) 吊环

吊环 5 安装在机座 8 的上端，用来起吊、搬抬三相异步电动机。

3. 分析其他部分

其他部分包括滚动轴承 1、风扇 12 等。在前、后端盖上装有轴承，用以支承转轴。风扇则用来通风，以便冷却电动机。

第九章 建筑电气工程图

建筑电气工程图是一种用以表示电气装置、设备、线路在建筑物中的安装位置、连接关系及其安装方法的简图，主要有系统图、电路图、接线图、电气平面图、电气总平面图、电气详图、电气大样图等类型。建筑电气制图应符合《建筑电气制图标准》（GB/T 50786—2012）。

§9－1 建筑电气制图基本知识

学习目标

1. 掌握建筑电气制图的基本规定、常用电气符号、简图的布局方法、连接线的一般表示方法和常用的标注方式。

2. 学会查阅建筑电气制图的标准。

一、建筑电气制图基本规定

1. 图线

建筑电气制图的图线宽度应根据图样的类型、比例和复杂程度，按《房屋建筑制图统一标准》（GB/T 50001—2017）规定选用，一般选用 0.5 mm、0.7 mm、1.0 mm 的图线宽度。

在建筑电气工程图中，电气平面图和电气总平面图宜采用三种及以上的线宽绘制，其他图样宜采用两种及以上的线宽绘制。图 9－1 所示为一层照明平面图，图中导线用粗实线绘制，其他图线用细实线绘制。

2. 比例

在建筑电气工程图中，电气平面图、电气总平面图应按比例制图，并在图样中标注制图比例。如图样的比例为 1∶100。一个图样最好选用一种比例绘制，若选用两种比例绘制，应做出相关说明。

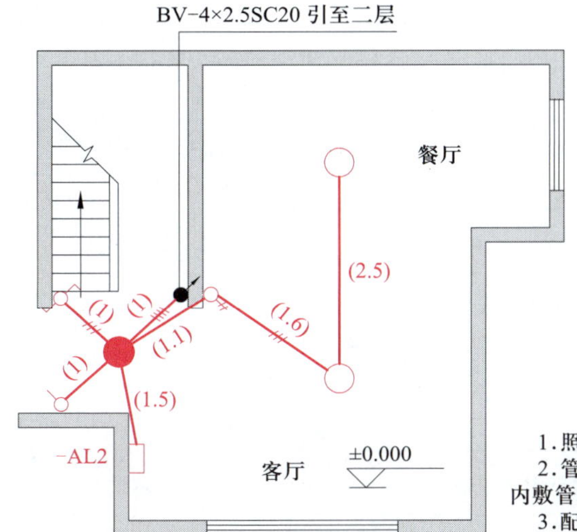

序号	图例	名称、型号、规格	备注
1		照明配电箱JM 600mm×400mm×120mm （宽×高×厚）	箱底标高1.6m
2		装饰灯 FZS-164，1×100W	吸顶
3		圆球罩灯 JXD1-1，1×40W	
4		单联单控开关10A，250V	暗装，安装高度1.3m
5		双联单控开关10A，250V	
6		双控单极开关10A，250V	

说明

1. 照明配电箱AL2为嵌入式安装。 表示向上配线。
2. 管路均采用焊接钢管SC20沿顶板、墙暗配，一、二层顶板内敷管标高分别为3.20m和6.50m，管内穿绝缘导线BV2.5m²。
3. 配管水平长度见图示括号内数字，单位为m。

图 9－1　一层照明平面图（局部）

二、建筑电气工程图常用电气符号

建筑电气工程图大多是采用统一的图形符号并加注文字符号绘制而成的。

1. 图形符号

图形符号是指用于表达一个电气设备或概念的简单图形或字符，如图 9－1 所示，图中图例均用于表达某类电器。为规范图形符号的应用，按《建筑电气制图标准》（GB/T 50786—2012）规定要求，建筑电气制图采用的图形符号主要依据为《电气简图用图形符号》（GB/T 4728）。强电图样常用图形符号见表 9－1。

表 9－1　　强电图样常用图形符号（依据 GB/T 4728 和 GB/T 50786—2012）

图形符号 形式 1	图形符号 形式 2	说明	应用类别
	3	导线组（示出导线数，如示出三根导线）	电路图、接线图、平面图、总平面图、系统图
		T 型连接	
		导线的双 T 连接	
		跨接连接（跨越连接）	
		电机，一般符号	电路图、接线图、平面图、系统图
		双绕组变压器，一般符号	电路图、接线图、平面图、总平面图、系统图 形式 2 只适用于电路图

续表

图形符号		说明	应用类别
形式 1	形式 2		
		物件，一般符号（可作为电气箱、柜、屏的图形符号）	电路图、接线图、平面图、系统图
		电缆沟线路	平面图、总平面图
		垂直通过配线或布线	
3		多个电源插座（符号表示三个插座）	
		带保护极的电源插座	
		单相二、三极电源插座	
		开关，一般符号（单联单控开关）	平面图
		双联单控开关	
		双控单极开关	
		灯，一般符号	
		荧光灯，一般符号（单管荧光灯）	

图形符号的应用规则：

（1）图形符号在不改变其含义的前提下可放大或缩小，但图形符号的大小宜与图样比例相协调。

（2）图形符号可旋转或镜像布置，如图 9－2 所示的插座在图样中的布置。当图形符号旋转或镜像时，图形符号所包含的文字标注方位，宜以设计文件下方或右侧为视图正向。

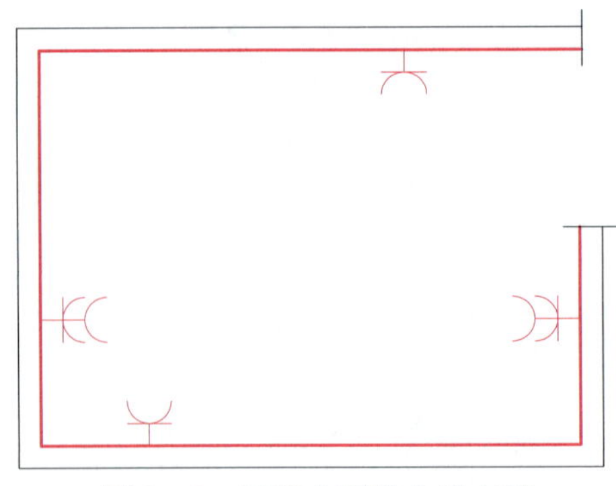

图 9－2　插座在图样中的布置

（3）当图形符号有两种表达形式（如表 9－1 中的双绕组变压器的图形符号）时，可任选用其中一种形式，但同一工程应使用同一种表达形式。

（4）当现有图形符号不能满足设计要求时，可按图形符号生成原则产生新的图形符号，新图形符号创建方法可参见《电气技术用文件的编制　第 1 部分：规则》（GB/T 6988.1—2008）。

2. 参照代号

参照代号是指作为系统组成部分的特定项目，按该系统的一方面或多方面相对于系统的标识符。参照代号唯一地标识所研究系统内所关注的项目，主要用于表示项目的数量，以及安装位置、方案等信息。

当电气设备的图形符号在图样中不会引起混淆时，可不标注参照代号，如电气平面图中的照明开关或电源插座，如果没有特殊要求，可只绘制图形符号，如图 9－1 中的照明开关、灯具等。当电气设备的图形符号在图样中不能清晰地表达其信息时，如电气平面图中的照明配电箱，如果数量大于或等于 2 且规格不同时，只绘制图形符号已不能区别，需要在图形符号附近加注参照代号。如图 9－1 中的参照代号“－AL2”表示 2 号照明配电箱，由于是局部图样，其他配电箱并未全部给出。

当参照代号采用字母代码标注时，参照代号由前缀符号、字母代码和数字组成。参照代号里的数字应标注在字母代码之后，数字可对项目进行编号，也可附加特定含义。参照代号的前缀符号及其含义见表 9－2。当采用参照代号标注不会引起混淆时，参照代号的前缀符号可省略。

表 9－2　　参照代号的前缀符号及其含义

前缀符号	说明	备注
=	功能面	功能面结构以系统的用途为基础，表示系统根据功能被细化分为若干个组成项目，而不是考虑位置或实现功能的产品
-	产品面	产品面结构表示系统根据产品方面被细分为若干个组成项目，而不是考虑功能或位置，如一个产品可以完成一个或多个功能
+	位置面	位置面结构表示系统根据位置方面被分解为若干个组成项目，而不必考虑产品和功能。一个位置可以包含任意数量的产品

为规范参照代号的应用，国家制定了《工业系统、装置与设备以及工业产品　结构原则与参照代号　第 1 部分：基本规则》（GB/T 5094.1—2018）等标准。电气设备常用参照代号的字母代码主要依据《工业系统、装置与设备以及工业产品　结构原则与参照代号　第 2 部分：项目的分类与分类码》（GB/T 5094.2—2018）。

电气设备常用参照代号的字母代码宜采用单字母主类代码。当采用单字母主类代码不能满足设计要求时，可采用主类加子类的多字母代码。常用参照代号的字母代码见表 9－3。

表 9－3　　常用参照代号的字母代码（依据 GB/T 50786—2012）

项目种类	设备、装置和元件名称	字母代码	
		主类	主类加子类
两种或两种以上的用途或任务	动力配电箱（柜、屏）	A	AP
	照明配电箱（柜、屏）		AL
	信号箱（柜、屏）		AS
	控制、操作箱（柜、屏）		AC
	低压配电柜		AN
把某一输入变量（物理性质、条件或事件）转换为供进一步处理的信号	热过载继电器、保护继电器	B	BB
	电流互感器、电压互感器		BE
	接近开关、位置开关		BG
材料、能量或信号的存储	电容器	C	CA
	线圈		CB
提供辐射能或热能	白炽灯、荧光灯、紫外灯	E	EA
	电炉、电暖炉		EB
直接防止（自动）能量流、信息流、人身或设备发生危险或意外的情况，包括用于防护的系统和设备	熔断器	F	FA
	热过载释放器		FD
启动能量流或材料流，产生用作信息载体或参考源的信号	发电机、直流发电机、电动发电机组、柴油发电机组	G	GA
	蓄电池、干电池		GB
处理（接收、加工和提供）信号或信息（用于保护目的的项目除外，见 F 类）	继电器、时间继电器、控制器、输入/输出模块	K	KF
	阀门控制器		KH
提供用于驱动的机械能（旋转或线性机械运动）	电动机、直线电动机	M	MA
	电磁驱动、励磁线圈		MB
提供信息	电压表、告警灯、信号灯、监视器	P	PG
受控切换或改变能量流、信号流或材料流（对于控制电路中的开/关信号，见 K 类和 S 类）	断路器、晶闸管、电动机启动器	Q	QA
	隔离开关		QB
	接地开关		QC
限制或稳定能量、信息或材料的运动或流动	电阻器、二极管、电抗线圈	R	RA
把手动操作转变为进一步处理的特定信号	控制开关、按钮开关、启动按钮	S	SF

续表

项目种类	设备、装置和元件名称	字母代码	
		主类	主类加子类
保持能量性质不变的能量变换，已建立的信号保持信息内容不变的变换，材料形态或形状的转换	电力变压器、DC/DC 转换器	T	TA
	整流器、AC/DC 变换器		TB
	放大器、隔离变压器		TF
保持物体在指定位置	支柱绝缘子，强电梯架、托盘和槽盒	U	UB
	弱电梯架、托盘和槽盒		UG
从一地到另一地导引或输送能量、信号、材料或产品	高压母线、母线槽	W	WA
	高压配电线缆		WB
	低压母线、母线槽		WC
	低压配电线缆		WD
	数据总线		WF
连接物	高压端子、接线盒、高压电缆头	X	XB
	低压端子、端子板、接线盒、插座		XD

3. 编号

当同一类型或同一系统的电气设备、线路（回路）、元器件等的数量大于或等于 2 时，应进行编号。编号宜选用 1、2、3…数字顺序排列，直观、便于统计。

三、电气简图的布局方法

1. 图线的布置方式

图线主要有水平布置和垂直布置两种方式，但有时为了把相应的元器件连接成对称形式也可斜交叉布置。表示导线、信号通路、连接线等图线应采用直线，且交叉和折弯最少。

（1）水平布置

水平布置是将表示设备和电气元器件的图形符号按横向（行）布置，连接线呈水平方向，各类似项目纵向对齐。图 9 - 3a 所示为图线的水平布置，图中各电气元器件按行排列，连接线基本上都是水平线，开关和灯纵向对齐。

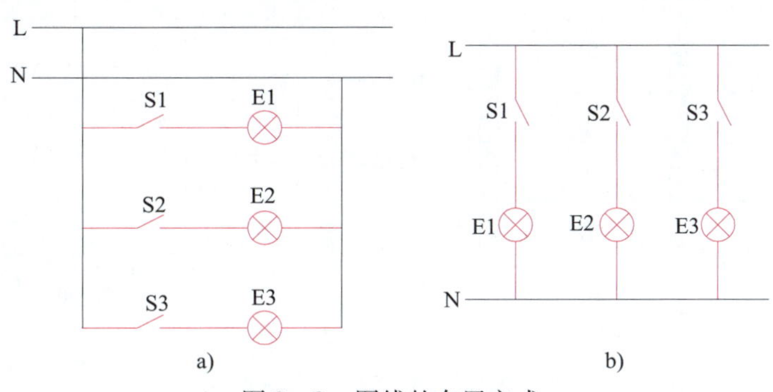

图 9 - 3　图线的布置方式

a）水平布置　b）垂直布置

（2）垂直布置

垂直布置是将表示设备和电气元器件的图形符号按纵向（列）排列，连接线呈垂直方向，各类似项目横向对齐。图 9－3b 所示为图线的垂直布置，图中各电气元器件按列排列，连接线基本上都是垂直线，开关和灯横向对齐。

2. 电路或电气元器件的布局方法

电气图中，电路或电气元器件的布局方法有功能布局法和位置布局法两种。

（1）功能布局法

功能布局法是指简图中表示电路或电气元器件的图形符号的布置，只考虑便于看出它们所表示的电路或电气元器件的功能关系，而不考虑其实际安装位置的一种布局方法。功能布局法广泛用于概略图、电路图、功能图等功能性简图。图 9－4 所示为用一只单联开关控制一盏灯的电路图。

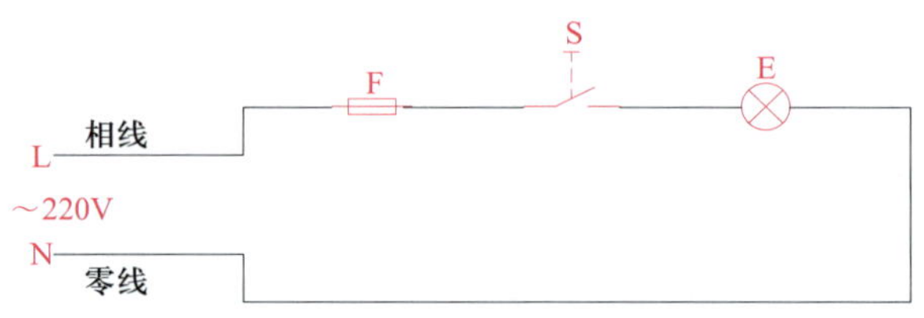

图 9－4　用一只单联开关控制一盏灯的电路图

按功能布置时，电路或电气元器件应尽可能按其工作顺序排列。对因果次序清楚的简图，如电路图，其布局顺序是从左到右或从上到下。在闭合电路中，正（前）向通路上的信号流方向应该从左到右或从上到下，反馈通路的方向则是从右到左或从下到上。在信息线上应画开口箭头以表明流向，但开口箭头不得与其他任何符号相邻近。

（2）位置布局法

位置布局法是指简图中表示电路或电气元器件的图形符号的布置位置与其实际安装位置基本一致的布局方法。位置布局法主要用于接线图、电气平面图等图样，它能清楚地示出电气元器件的相对位置和导线走向。图 9－5 所示电气平面图中，通过纵向和横向两个尺寸标定出电气元器件的相对位置。

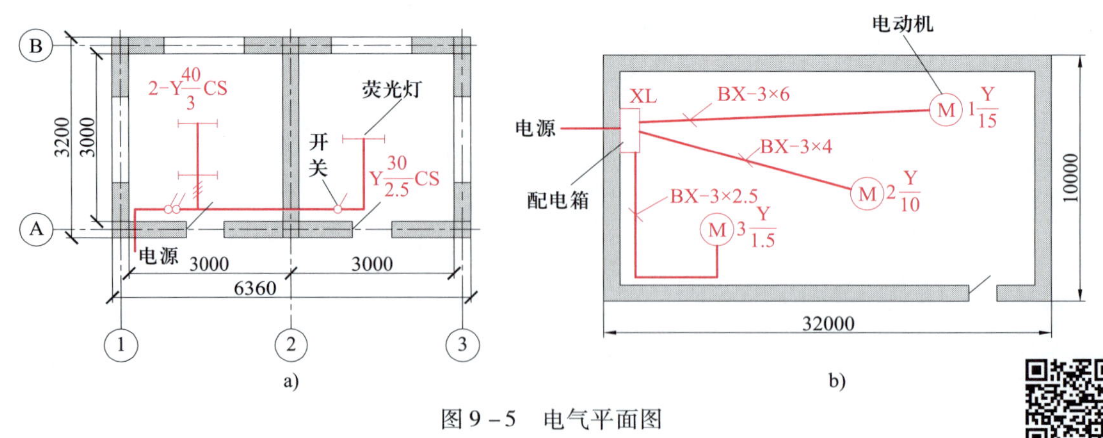

图 9－5　电气平面图

a）照明平面图　b）动力平面图

四、连接线的一般表示方法

1. 导线的一般表示方法

导线的一般表示方法见表9－4，表中给出了用于表示导线的常见图形符号及其含义。

表9－4　　表示导线的常见图形符号及其含义

图形符号	含义	说明
——	连线、连接；连接组；导线；电缆；电线；传输通路	导线的一般符号，主要用于表示导线、导线组、电缆、传输通路、母线、总线等
—///—	导线组（示出导线数），图中示出三根导线	用一条图线表示一组导线；若需示出导线根数，可用在图线上加画小短斜线条数表示
—/3—	导线组（示出导线数），图中示出三根导线	用一条图线表示一组导线；若需示出导线根数，可用短斜线加注数字的方法表示

2. 连接线的多线表示法和单线表示法

（1）多线表示法

每根连接线或导线各用一条图线表示的方法，称为多线表示法。如图9－6a所示，用多线表示法绘制的图样能详细地表达每相（或每线）的内容，特别适用于图线所表达内容不对称的情况。

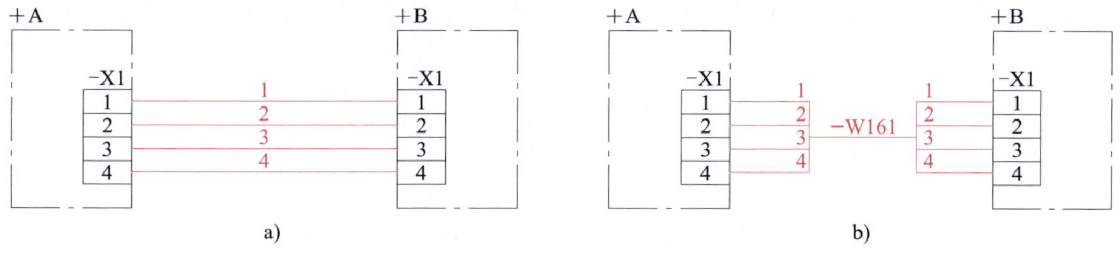

图9－6　连接线的多线、单线表示法

a）多线表示法　b）单线表示法

（2）单线表示法

用一条图线表示两根或两根以上的连接线或导线的方法称为单线表示法。如图9－6b所示，用单线表示多根去向相同的平行线。单线表示法主要适用于三相或多线基本对称的情况。

3. 连接线的连续表示法和中断表示法

（1）连续表示法

连续表示法是指端子之间的连接线用连续的、不间断的图线表示的方法，如图9－7a所示。

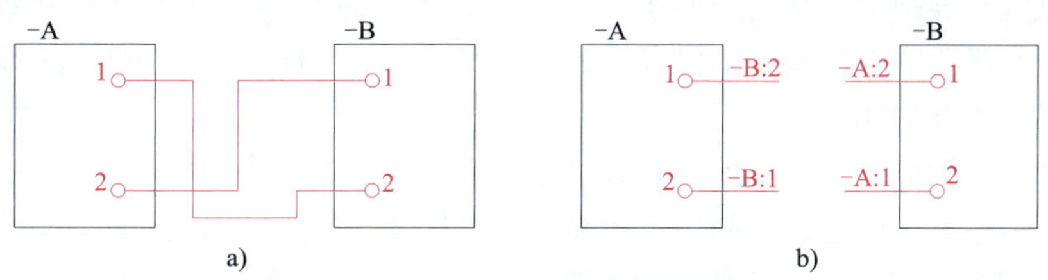

图9－7　连接线的连续、中断表示法

a）连续表示法　b）中断表示法

（2）中断表示法

中断表示法是指将连接线的中间部分断开，然后用标记符号表示导线去向的方法，如图 9－7b 所示。中断表示法是简化连接线作图的一个重要手段。在同一张图中，当穿越图面的连接线较长或穿越稠密区域时，为使图面清晰，可用中断表示法绘制。

4. 平行连接线

电气图中的母线、总线、多芯电缆（或电线）、线束等都可视为平行连接线。

（1）多条平行线的表示方法

如图 9－8 所示，图中将多条平行的连接线中断，然后用短垂线间隔，再用一根连接线表示两垂线之间的平行线。

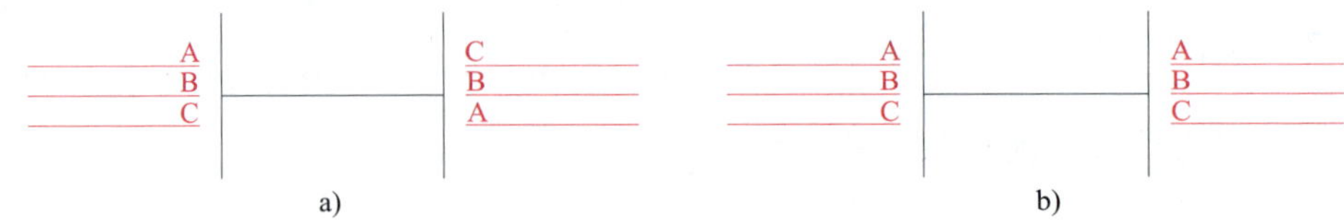

图 9－8　多条平行线的表示方法

a）标记符号的顺序编号、位置不一致　b）标记符号的顺序编号、位置一致

（2）线束表示法

线束表示法是指电气图中的多根去向相同的线用一根图线表示的方法，如图 9－9 所示。

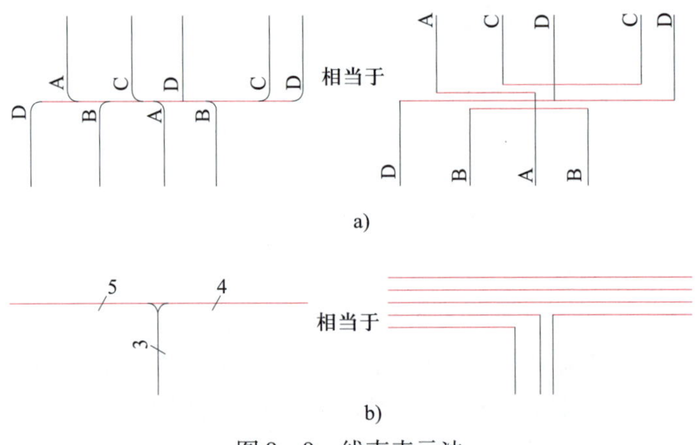

图 9－9　线束表示法

五、建筑电气工程图的标注方式

在建筑电气工程图中，常用一些按照一定格式书写的文字（如字母）与数字组合标注表示电气设备及线路的规格型号、标号、容量、安装方式、标高及位置等信息。

1. 电气设备的标注方式

由于电气设备种类很多，其标注方式也各有不同。在绘制建筑电气图样时，宜在用电设备的图形符号附近标注用电设备的额定功率、参照代号等信息，用电设备的常见标注方式见表 9－5；对于照明灯具，宜在其图形符号附近标注照明灯具的数量、光源数量、光源安装容量、安装高度、安装方式等信息，照明灯具的常见标注方式见表 9－6；对于电气箱（柜、屏）和照明、安全、控制变压器，应在其图形符号附近标注电气箱（柜、屏）和照明、安全、控制变压器的参照代号，并宜标注设备安装容量，电气箱（柜、屏）和照明、安全、控制变压器的标注方式见表9－9。

表9－5　用电设备的常见标注方式

标注方式	说明	示例
$\frac{a}{b}$	a—参照代号（设备编号） b—额定容量，kW或kV·A	$\frac{20}{7.5}$ 20号设备，额定容量为7.5 kW
$a\frac{b}{c}$	a—参照代号（设备编号） b—设备型号 c—额定功率，kW	$2\frac{Y}{10}$ 2号电动机，Y系列笼型感应电动机，额定功率为10 kW

表9－6　照明灯具的常见标注方式（依据GB/T 50786—2012）

标注方式	说明	示例
$a-b\frac{c\times d\times L}{e}f$	a—数量 b—型号（无则省略） c—每盏灯具的光源数量 d—光源安装容量 e—安装高度，m “—”表示吸顶安装 L—光源种类，见表9－7 f—安装方式，见表9－8	（1）$9-\frac{2\times 36\times FL}{3.5}CS$ 9盏灯具，灯管为2根36 W荧光灯管，链吊式安装，距地3.5 m（指灯具底部与地面距离），灯具型号被省略 （2）$5-BYS-80\frac{3\times 36\times FL}{3.5}CS$ 5盏BYS－80型灯具，灯管为3根36 W荧光灯管，链吊式安装，距地3.5 m
备注	（1）当信号灯需要指示颜色时，在符号旁标注下列字母： YE—黄，RD—红，GN—绿，BU—蓝，WH—白 （2）当灯具需要区分不同类型时，在符号旁标注下列字母： ST—备用照明，SA—安全照明，LL—局部照明灯，W—壁灯，C—吸顶灯，R—筒灯，EN—密闭灯，G—圆球灯，EX—防爆灯，E—应急灯，L—花灯，P—吊灯，BM—浴霸	

表9－7　常见光源的种类（依据GB/T 50786—2012）

名称	文字符号	名称	文字符号	名称	文字符号
钠气	Na	汞	Hg	红外线	IR
氙	Xe	碘	I	荧光	FL
氖	Ne	电致发光	EL	紫外线	UV
白炽灯	IN	弧光	ARC	发光二极管	LED

表9－8　常见灯具安装方式标注的文字符号（依据GB/T 50786—2012）

安装方式	文字符号	安装方式	文字符号	安装方式	文字符号	安装方式	文字符号
线吊式	SW	壁装式	W	吊顶内安装	CR	柱上安装	CL
链吊式	CS	吸顶式	C	墙壁内安装	WR	座装	HM
管吊式	DS	嵌入式	R	支架上安装	S		

表 9－9　电气箱（柜、屏）和照明、安全、控制变压器的标注方式（依据 GB/T 50786—2012）

标注方式	说明	示例
－a＋b/c 注：前缀“－”在不会引起混淆时可省略	系统图中电气箱（柜、屏）标注： a—参照代号 b—位置信息 c—型号	－AL2＋B2 安装在地下二层的第 2 个照明配电箱，型号未给出
－a 注：前缀“－”在不会引起混淆时可省略	平面图中电气箱（柜、屏）标注： a—参照代号	－AL2 第 2 个照明配电箱
a b/c d	照明、安全、控制变压器标注： a—参照代号 b/c—一次电压/二次电压 d—额定容量	TL1 220 V/36 V 500 V·A 照明变压器 TL1，变比为 220 V/36 V，额定容量为 500 V·A

2. 电气线路的标注方式

电气线路包括强电的电源线缆、控制线缆及敷设路由，弱电的火灾自动报警系统、安全技术防范系统等智能化各子系统的信号线缆及敷设路由。绘制建筑电气图样时，应标注电气线路的回路编号或参照代号、线缆型号及规格、根数、敷设方式、敷设部位等信息。电气线路的信息，可标注在线路上，也可标注在线路引出线上。简单的弱电系统可不标注回路编号或参照代号。当电气线路的标注不会引起混淆时，电气线路的信息可在系统图或电气平面图任一处标注完整，另一处可只标注回路编号或参照代号。线缆的标注方式见表 9－10。

表 9－10　线缆的标注方式

标注方式	说明	示例
a b－c（d×e＋f×g）i－jh 注： （1）当电源线缆 N 和 PE 分开标注时，应先标注 N 后标注 PE （2）线缆规格中的电压值在不会引起混淆时可省略	a—参照代号 b—型号（不需要可省略），见表 9－11 c—电缆根数 d—相导体根数 e—相导体截面积，mm^2 f—N、PE 导体根数 g—N、PE 导体截面积，mm^2 i—敷设方式和管径，mm，敷设方式见表 9－12 j—敷设部位，见表 9－13 h—安装高度，m 上述字母无内容则省略该部分	（1）－W4 BV－3×25SC15－FC 4 号电缆，型号为 BV，3 根截面积为 25 mm^2 的相线，穿直径为 15 mm 的焊接钢管（SC），暗敷在地面下（FC） （2）WP201 YJV－0.6/1 kV－2（3×150＋1×70＋PE70）SC80－WS3.5 电缆编号为 WP201，2 根型号规格为 YJV－0.6/1 kV 的电缆，每根电缆有 3 根相线（截面积为 150 mm^2）、1 根 N 线（截面积为 70 mm^2）和 1 根 PE 线（截面积为 70 mm^2），敷设方式为穿直径为 80 mm 的焊接钢管沿墙明敷，距地 3.5 m
格式 1： a－d－k－e×f－g－h 格式 2： a－d（e×f）－g－h 注：格式“e×f”中，如有截面不同的导线，则在截面不同的导线之间用符号“＋”表示分开	a—线路编号或功能符号 d—导线型号，见表 9－11 e—导线根数 f—导线截面积，mm^2 g—敷设方式（见表 9－12）和管径，mm h—敷设部位，见表 9－13 k—电压，V 上述字母无内容则省略该部分	2－BX（3×35＋1×25）－SC50－FC 2 号电缆，型号为 BX，共有 4 根导线［其中，截面积为 35 mm^2 的导线 3 根（相线），截面积为 25 mm^2 的导线 1 根（中性线）］，穿直径为 50 mm 的焊接钢管（SC），暗敷在地面下（FC）

注：前缀“－”在不会引起混淆时可省略。

线缆型号一般由系列代号、材料代号和使用特性、结构特征组成。当线缆的额定电压不会引起混淆时，标注可省略。

表 9－11　　常用导线型号

型号	说明	型号	说明
BLV	铝芯聚氯乙烯绝缘电线	BX	铜芯橡皮绝缘电线
BV	铜芯聚氯乙烯绝缘电线	BLX	铝芯橡皮绝缘电线

表 9－12　　常见线缆敷设方式及其文字符号（依据 GB/T 50786—2012）

敷设方式	文字符号	敷设方式	文字符号
穿低压流体输送用焊接钢管敷设	SC	电缆梯架敷设	CL
穿普通碳素钢电线套管敷设	MT	金属槽盒敷设	MR
穿可挠金属电线保护套管敷设	CP	塑料槽盒敷设	PR
穿硬塑料导管敷设	PC	钢索敷设	M
穿阻燃半硬塑料导管敷设	FPC	直埋敷设	DB
穿塑料波纹电线管敷设	KPC	电缆沟敷设	TC
电缆托盘敷设	CT	电缆排管敷设	CE

表 9－13　　常见线缆敷设部位及其文字符号（依据 GB/T 50786—2012）

敷设部位名称	文字符号	敷设部位名称	文字符号	敷设部位名称	文字符号
沿或跨梁（屋架）敷设	AB	沿屋面敷设	RS	暗敷在墙内	WC
沿或跨柱敷设	AC	暗敷在顶板内	CC	暗敷在地板或地面下	FC
吊顶内敷设	SCE	暗敷在梁内	BC	沿吊顶或顶板面敷设	CE
沿墙面敷设	WS	暗敷在柱内	CLC		

3. 标高的标注方式

如图 9－10 所示，建筑物标高的标注方式是一个小小的直角等腰三角形，三角形的尖端应指至被标注的高度位置，数字表示的是三角尖所指平面的标高。标高的单位是 m，小数点后保留 3 位。±0.000 一般代表该建筑物的室内地面为相对零点，往上省略“＋”号，往下加“－”号。

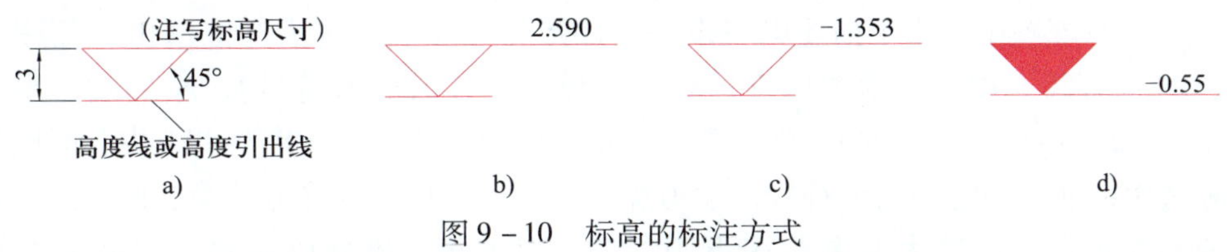

图 9－10　标高的标注方式

a）画法尺寸　b）高于零点标高　c）低于零点标高　d）电气总平面图室外整平标高

应用举例

分析图 9－5b 所示动力平面图的绘制特点，并识读图样。

1. 分析图样的绘制特点

图 9－5b 所示图样按位置布局法布置，用单线表示法绘制，用连续表示法表示。用图形符号、文字符号给出电气设备、电缆的参照代号或规格等相关信息。

2. 识读图样

外接电源经动力配电箱 XL 引出 BX－3×6、BX－3×4、BX－3×2.5 三条动力电缆，分别接 $1\frac{Y}{15}$、$2\frac{Y}{10}$、$3\frac{Y}{1.5}$ 三台电动机。

§9－2 基本电气图

学习目标

1. 掌握电气系统图、电路图、接线图的基本概念及其基本绘制要求。
2. 会通过查阅标准识读和绘制简单的电气系统图、电路图和接线图。

在建筑电气工程图中，常见的基本电气图有电气系统图、电路图、接线图等，其绘制要求应符合国家标准《电气技术用文件的编制　第 1 部分：规则》（GB/T 6988.1—2008）中的相关规定。

一、电气系统图

1. 电气系统图的基本概念

电气系统图又称概略图，是一种概略地表达一个项目全面特性的简图，常见的主要有变配电系统图、动力系统图、照明系统图、弱电系统图等。图 9－11 所示为动力配电箱系统图。

2. 电气系统图的基本绘制要求

在建筑电气工程图中，电气系统图应表示出系统的主要组成、主要特征、功能信息、位置信息、连接信息等。

（1）电气系统图中，用于描述电气设备的图形符号应选用国家标准《电气简图用图形符号》（GB/T 4728）中给定的图形符号或带注释的框（或框形符号）。框的表达形式有实线框和点画线框两种，其中点画线框包含的容量一般更多些。如在图 9－11 中，断路器、隔离开关等选用标准中规定的图形符号；动力配电箱、直流柜、维修电源箱、照明配电箱等用带注释的框表示，其中动力配电箱用点画线框，直流柜、维修电源箱、照明配电箱用实线框。

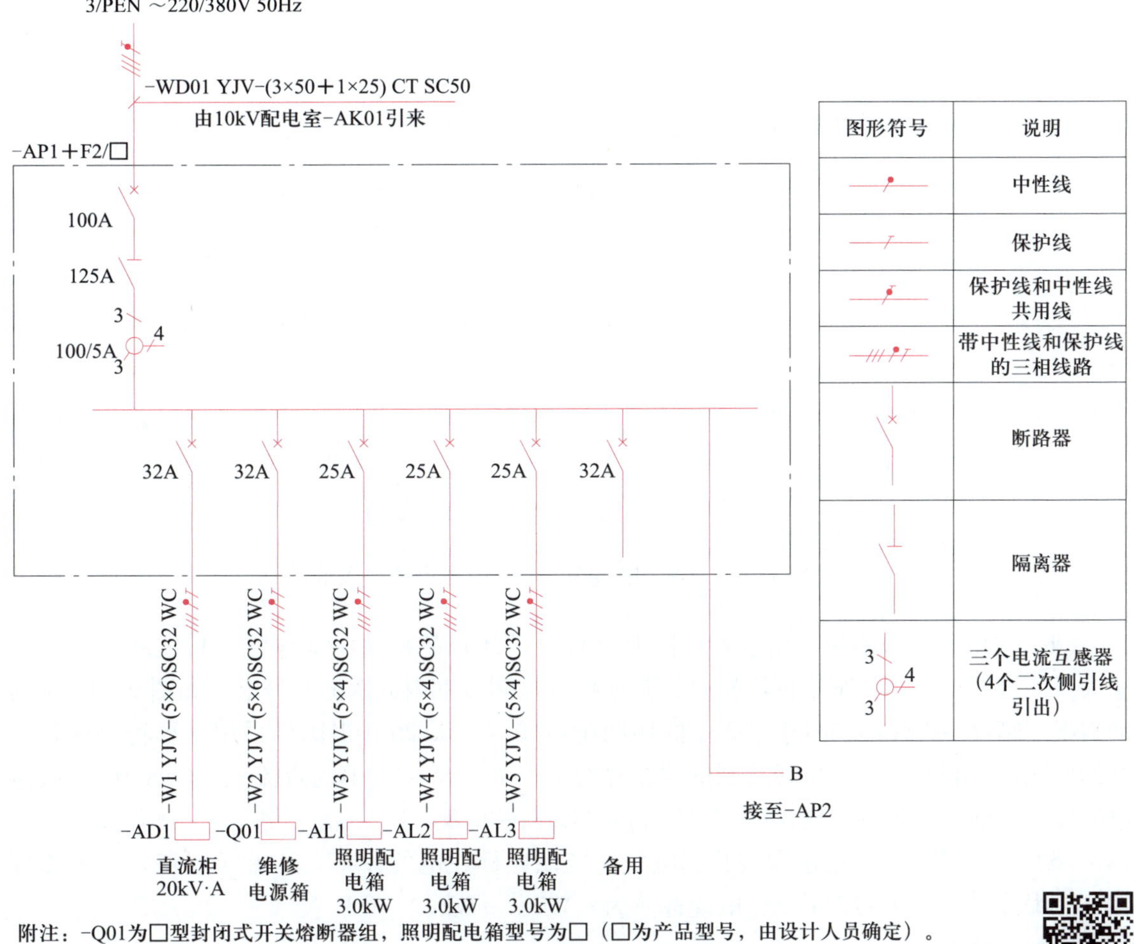

附注：-Q01为□型封闭式开关熔断器组，照明配电箱型号为□（□为产品型号，由设计人员确定）。

图9-11　动力配电箱系统图（垂直方向表示）

（2）电气系统图按功能布局法布置，但图中可补充位置信息。当位置信息对理解其功能很重要时，电气系统图也可用位置布局法布置。

电气系统图中用以表示电气设备的图形符号按工作顺序或功能关系自上而下、从左到右布置，每个功能组的元件集中布置在一起，而不考虑其实际尺寸、形状和安装位置，必要时每个图形符号应标注参照代号。如图9-11所示，用于表示电气设备的图形符号按工作顺序自上而下布置；动力配电箱（-AP1）的功能组元件集中布置；表示动力配电箱、直流柜、维修电源箱、照明配电箱的图形符号旁均标注了参照代号，如-AP1、-AD1、-Q01和-AL1、-AL2、-AL3等。

（3）电气系统图可根据系统的功能或结构的不同层次分别绘制。对于一个比较复杂的系统，可按系统或设备的组成、功能等逐级分解，划分成若干层次，并分别绘制成图。例如，图9-11所示动力配电箱系统图和图9-12所示照明配电箱系统图。图9-12中的照明配电箱系统（-AL2）引自图9-11中的动力配电箱系统（-AP1），电源经电缆-AP1-W4接入配电室二层照明系统的配电装置。

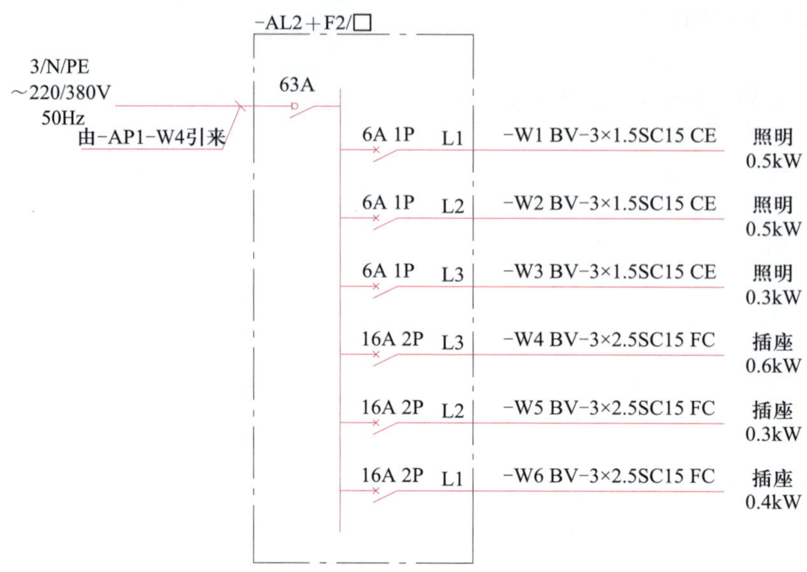

图9－12　二层照明配电箱系统图（水平方向表示）

（4）在电气系统图中，用于表示框形符号或带注释的框之间的电气连接线用单线表示法表示。当图样采用点画线框绘制时，其连接线接到该框内的图形符号上，如图9－11中的动力配电箱（－AP1）和图9－12中的照明配电箱（－AL2）；当图样采用框形符号或带注释的实线框绘制时，则连接线接到框的轮廓线上，如图9－11中的直流柜（－AD1）、维修电源箱（－Q01）、照明配电箱（－AL1、－AL2、－AL3）。

（5）为了便于位置检索和查找，电气系统图应标注电气设备、路由（回路）等的参照代号、编号。如图9－12所示，电缆标注为－W1、－W2、－W3等。

二、电路图

1. 电路图的基本概念

电路图是一种用于表达项目电路组成和物理连接信息的简图，主要用于阐述电路的构成和工作原理，为编制接线图提供基础文件、为安装和维修提供依据等。

如图9－4所示用一只单联开关控制一盏灯的电路图中，用图形符号、参照代号等电气符号详细地表达出构成图样电路的实际元器件及其实际连接关系，但不涉及元器件的实际尺寸、形状及安装位置等信息。

2. 电路图的基本绘制要求

在建筑电气工程图中，电路图一般包括图形符号、连接线、参照代号、端子代号及了解其功能必需的补充信息，图中元器件可采用单个符号或多个符号组合表示。

（1）图形符号一般选用国家标准《电气简图用图形符号》（GB/T 4728）中规定或按此规定组合生成的图形符号，也可根据需要采用简化外形表示。如图9－13所示，图样中的插座用简化外形表示。

（2）电路图按功能布局法布置，布局时应突出控制过程或信号流的方向，各项目按工作顺序从左至右、自上而下进行排列。如图9－14所示，电路图的图形符号排列应整齐，电

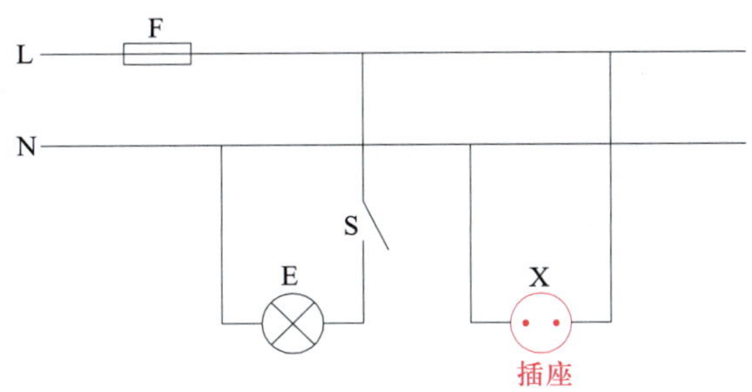

图 9－13　照明电路图

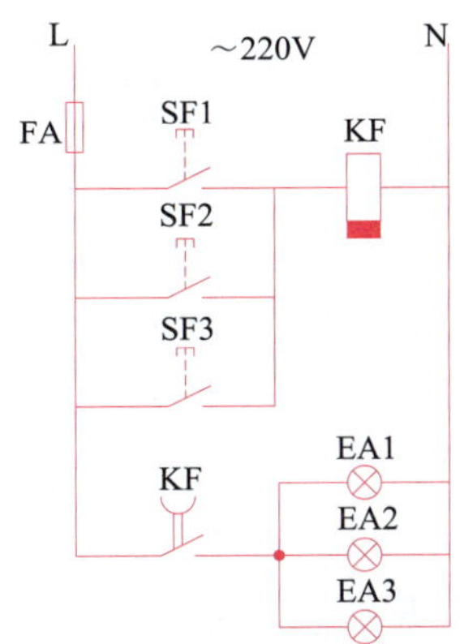

图 9－14　廊照明灯自动延时关灯电路图

路连线应最短、交叉最少，且直通。依据功能关系，应将功能相关元件放到一起进行绘制。

为了便于理解和检索元器件在布置图中的位置，可在电路图图样的某个位置列出元器件及符号表，还可增加端子接线图（表）、设备表等内容。

（3）图中元器件可采用集中、半集中、分开表示法表示。

1）集中表示法，也叫整体表示法，是指在简图上把表示一个项目的各组成部分的图形符号绘制在一起的方法。在集中表示法中，各组成部分用机械连接线（虚线）互相连接起来，连接线必须为直线。图 9－15 所示为用集中表示法绘制的电路图。

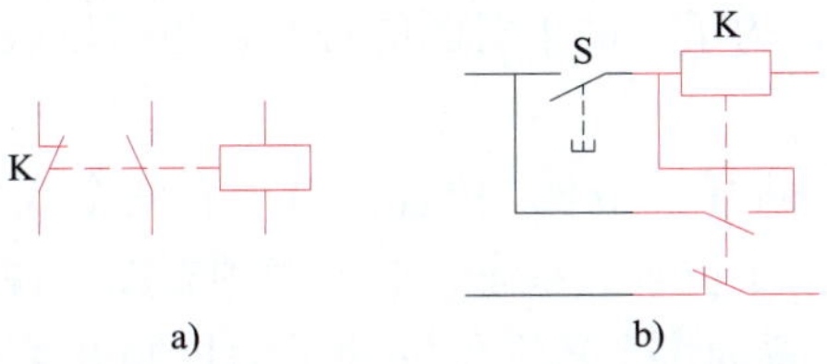

图 9－15　用集中表示法绘制的电路图

a）继电器图形符号　b）继电器控制电路

用集中表示法绘制的图整体性较强，电气元器件之间的相互关系比较直观，适用于简单电路图。

2）半集中表示法。为了使设备和装置的电路布局清晰，易于识别，把同一个项目（通常用于具有机械功能联系的元器件）中某些部分的图形符号在简图中分开布置，并用机械连接线（虚线）表示它们之间的关系，该方法称为半集中表示法。图中机械连接线可以弯折、分支和交叉。图 9－16 所示为用半集中表示法绘制的电路图。

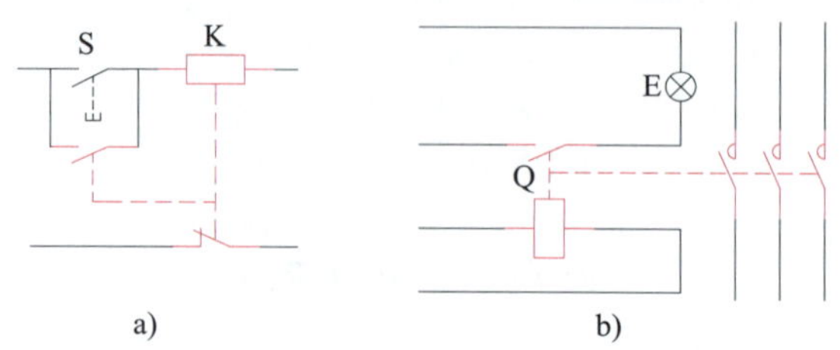

图 9－16　用半集中表示法绘制的电路图

a）继电器控制电路　b）接触器控制电路

3）分开表示法，也称为展开表示法，是把同一项目中的不同部分（用于有功能联系的元器件）的图形符号，在简图上按不同功能和不同回路分散在图上，并使用参照代号表示它们之间关系的表示方法。不同部分的图形符号用同一参照代号表示。图 9－17 所示为用分开表示法绘制的电路图。

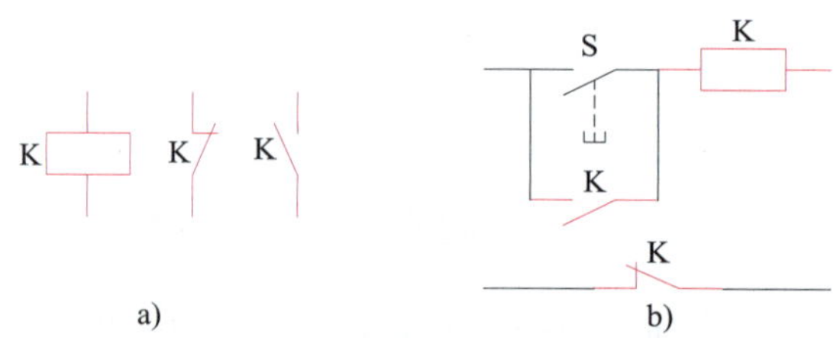

图 9－17　用分开表示法绘制的电路图

a）继电器图形符号　b）继电器控制电路图

分开表示法适用于复杂电路图。用分开表示法绘制的电路图图面清晰，便于了解整套装置的动作顺序和工作原理。

（4）组成部分（如触点）可动元器件的规定位置或状态如下：

1）单一稳定状态的手动或机电元器件，如继电器、接触器、制动器和离合器在非激励或断电状态。在特定情况下，为了有助于对图的理解，也可以表示在激励或通电状态，但此时应在图中说明。

2）断路器和隔离开关在断开（OFF）位置。对于有两个或多个稳定位置或状态的其他开关装置，可表示其中任何一个位置或状态，必要时须在图中说明。

3）标有断开（OFF）位置的多个稳定位置的手动控制开关在断开（OFF）位置。未标断开（OFF）位置的控制开关在图中规定的位置。应急、备用、告警、测试等用途的手动控制开关，应表示在设备正常工作时所处的位置，或其他规定的位置。

三、接线图

1. 接线图的基本概念

接线图是一种用以表达项目组件或单元之间物理连接信息的简图。接线图是根据电路图中各项目之间、各单元之间、单元和设备的端子及外部导线之间的连接关系绘制或编制的，用以反映上述范围内的接线关系，其主要目的是用来指导电气设备的安装、接线和查线。接线图常与电路图、电气平面图配合使用。图 9－18a 所示为电动机控制电路接线图，图 9－18b 所示为与之对应的电路图。

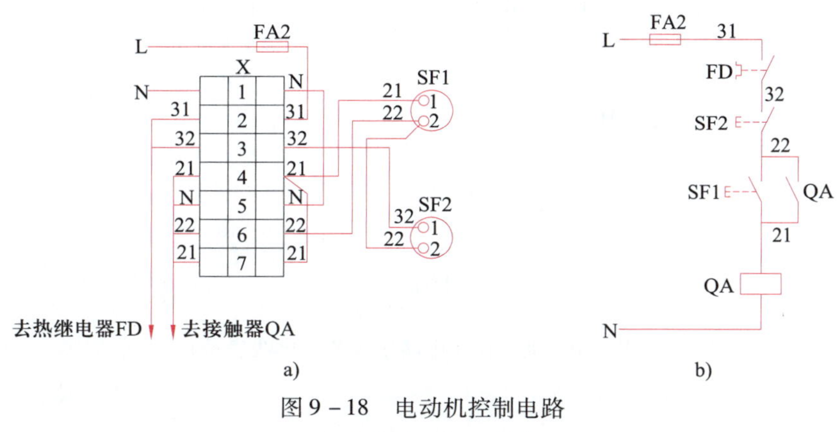

图 9－18　电动机控制电路

a）接线图　b）电路图

2. 接线图的基本绘制要求

在建筑电气工程图中，接线图要表示出各电气设备的实际接线情况，应能识别每个连接点上所连接的线缆，并应表示出线缆的型号、规格、根数、敷设方式、端子标识，表示出线缆的编号、参照代号及补充说明。接线图应标明各连线从何处引出，连向何处，即各线的走向，并标注出外部接线所需的数据和信息。

（1）接线图中的项目一般用简化外形符号表示，如矩形、正方形、圆形等。如图 9－19a 所示，项目用细实线绘制的简化外形符号表示。如图 9－19b 所示，项目有时也用点画线围框表示，但有引出线的围框边应用细实线绘制。

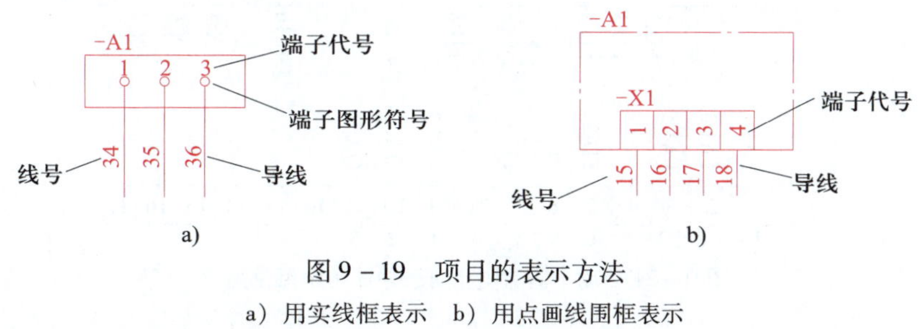

图 9－19　项目的表示方法

a）用实线框表示　b）用点画线围框表示

（2）接线图按位置布局法布置，图中清楚地给出各项目之间的相对位置和导线走向，但并没有按比例给出它们之间的确切位置关系以及电气元器件的具体形状和实际尺寸。图 9－20 所示的动力控制电路接线图中，仅给出了设备的相对位置和导线走向。

（3）接线图中各电气元器件的参照代号、文字符号、连接顺序、接线号都必须与电路图一致，如图 9－18 所示。

（4）与电路图不同，接线图中同一电气元器件的各个部分（触点、线圈等）必须画在一起。如图 9－21 所示，接触器（－QA）、热继电器（－FD）均画在一起。

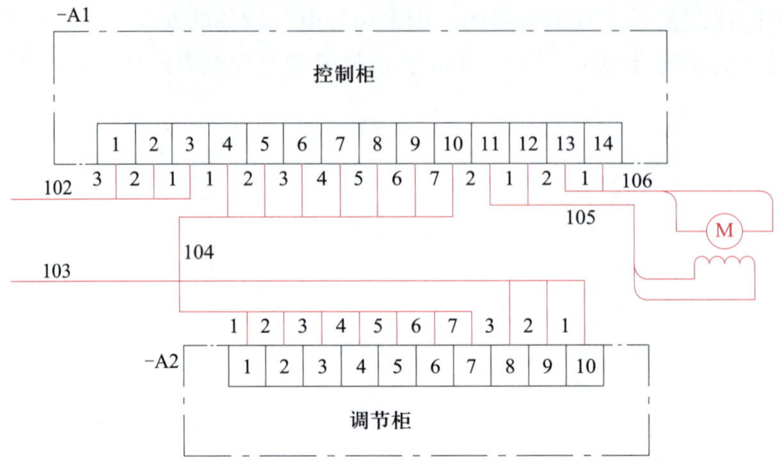

图 9－20　动力控制电路接线图（单线表示）

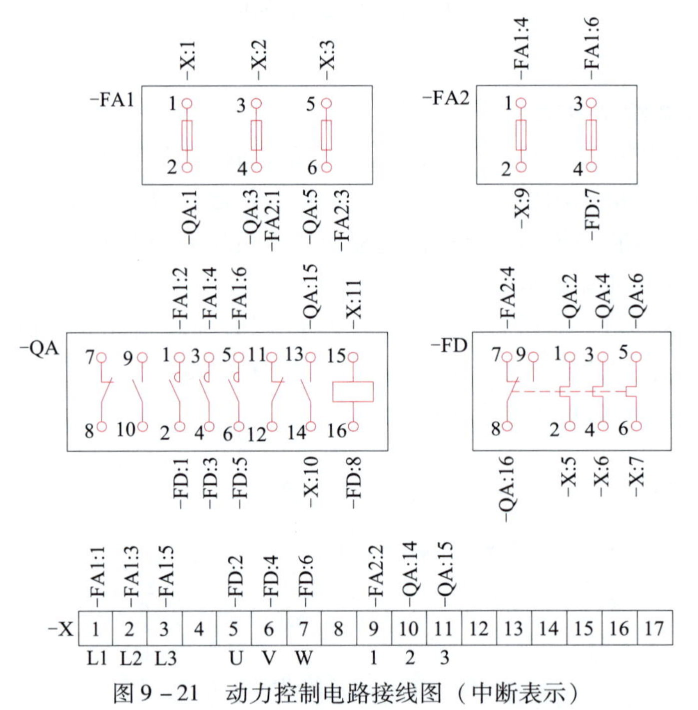

图 9－21　动力控制电路接线图（中断表示）

（5）除大截面导线，各单元的进出线都应经过接线端子板，不得直接进出。端子板上各接点按接线号顺序排列，并将动力线、交流控制线、直流控制线分类排列，如图 9－21 中的端子板（－X）。

应用举例

以图 9－11 所示动力配电箱系统图为例，分析图样的绘制特点，并识读。

1. 分析图样的绘制特点

图 9-11 按功能布局法布置，用单线表示法绘制，垂直分支电路从左到右布置，电源进线在图样的上侧。图线垂直布置，文字标注于图形符号的左侧，回路容量和用途标注于图形符号下方。该图用图形符号、文字符号等给出了电气设备、电缆的规格等相关信息。

2. 识读图样

配电装置进线采用三相四线制，出线采用三相五线制，在图中绘制出了相线、中性线和保护线的图形符号。

§9-3 建筑电气平面图

学习目标

1. 掌握建筑电气平面图的基本绘制要求和识读的基本方法。
2. 会通过查阅标准识读和绘制简单的建筑电气平面图。

一、建筑电气平面图的基本概念

建筑电气平面图是采用图形和文字符号将电气设备及电气设备之间电气通路的连接线缆、路由、敷设方式等信息绘制在一个以建筑平面图为基础的图内，并表达其相对或绝对位置信息的图样。建筑电气平面图种类很多，主要有照明平面图、动力平面图、变配电所平面图、防雷平面图、接地平面图、弱电平面图等。在图 9-5 中，图 a 为照明平面图，图 b 为动力平面图。

二、建筑电气平面图的基本绘制要求

建筑电气平面图应绘制出安装在本层的电气设备、敷设在本层和连接本层电气设备的线缆、路由等信息。

1. 电气设备的表示方法

建筑电气平面图中的电气设备用图形符号、文字符号或简化外形表示。图形符号应采用《电气简图用图形符号　第 11 部分：建筑安装平面布置图》（GB/T 4728.11—2008）中建筑安装平面布置图的图形符号。

电气平面图用图形符号与电路图中的图形符号并不完全相同。例如，电气平面图中开关的一般图形符号为“[symbol]”，电路图中开关的一般图形符号为“[symbol]”。

2. 图样的布局

建筑电气平面图按位置布局法布置，是在建筑平面图基础上完成的，所以图中电气设备和设施的位置应与建筑平面图一致。图 9-22 所示为二层照明平面图，图中用定位轴线法和尺寸标注法来确定线路和电气设备的布置位置。

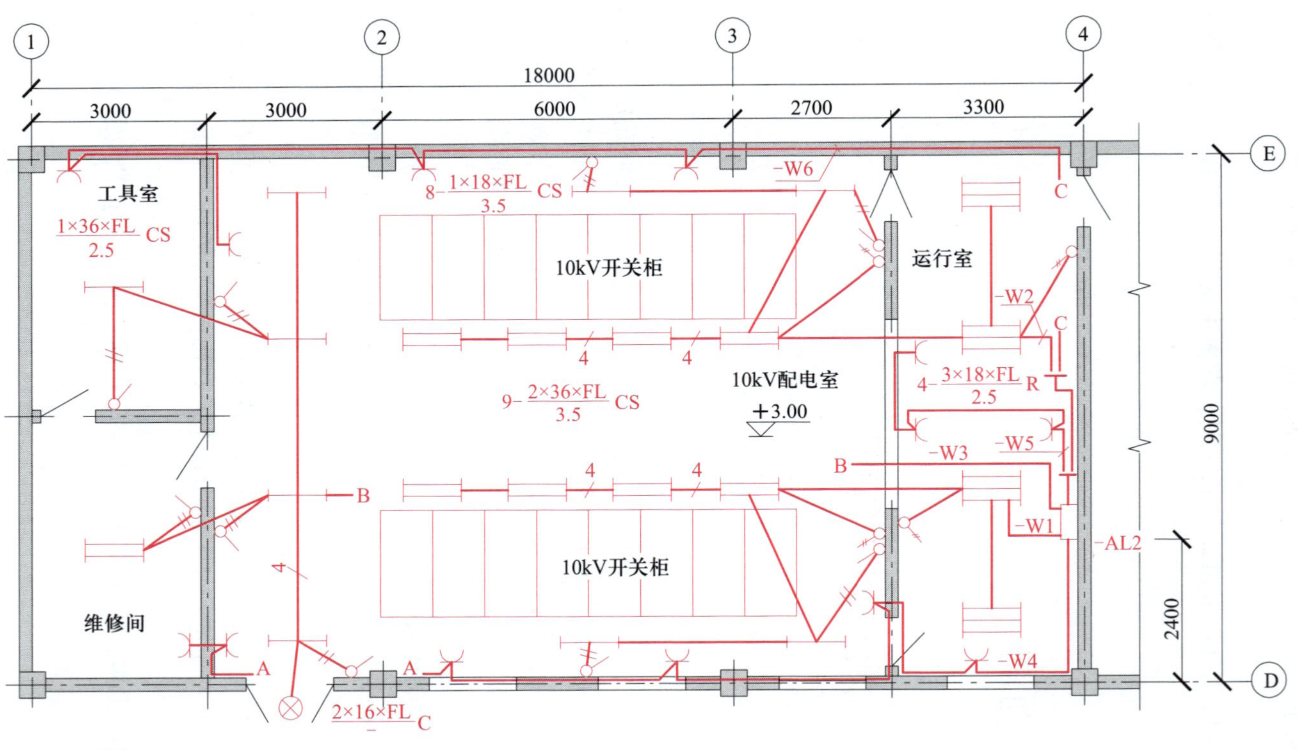

附注：

1. 照明线路采用BV-3×1.5电线穿SC15管暗敷。灯开关为暗装，安装高度距地1.3m。
2. 插座线路采用BV-3×2.5电线穿SC15管暗敷。图中⩛代表10A二、三极单相插座，暗装，安装高度距地0.3m。
3. 图中未标导线数均为3根。

二层照明平面图1：100

图 9－22　二层照明平面图（局部）

（1）定位轴线法

定位轴线是指确定建筑平面图上的承重墙、柱、梁等主要承重构件位置的轴线。定位轴线的编号原则是：在水平方向，按从左至右的顺序给轴线标注数字编号，如①、②、③、④…；在竖直方向，按从下到上的顺序给轴线标注字母编号（易混淆的 I、O、Z 不用），如 A、B、C …；数字和字母分别用点画线引出。用定位轴线法确定线路和设备布置位置的方式，只能确定设备的大概位置，并粗略估算出电气管线的长度。

（2）尺寸标注法

尺寸标注法是指通过标注尺寸来确定图上位置的方法。用尺寸标注法定位类似于直角坐标系，这种方式能通过水平方向和竖直方向的尺寸数字准确定位。如图 9－22 所示，图样中没有标注尺寸单位，默认为 mm。在建筑电气平面图中，尺寸标注法常与定位轴线法结合运用。

3. 图线表示方法

如图 9－22 所示，在电气平面图中，电气图线一般用单线来表示。为突出电气布置，通常电气图线用较粗的实线，建筑图线用细实线。

电气平面图中的连接线与接线图中所提供的连接线有所不同，在接线图中所表示的主要是设备端子之间的接线，而在电气平面图中所表示的主要是各设备之间的位置，其间的连接线一般只表示设备之间的连接关系，而不具体指明端子之间的接线情况，具体接线由接线图来指明。

4. 建筑构件的表示方法

电气平面图应表示出建筑物轮廓线、轴线号、房间名称、楼层标高、门窗、墙体、梁柱、平台和绘图比例等信息。为清楚地表示电气平面的布置情况，要求绘制墙体、门窗、楼梯、房间等建筑构件图形的图线不能与绘制电气线路的图线相混淆。为突出电气布置，通常用一些能改善对比度的方法，如图 9－22 所示，外墙体用浅墨色表示。

5. 照明电路接线的表示方法

（1）直接接线法

直接接线法是一种可以从线路上直接引线连接的接线方法，导线中间允许有接头。如图 9－23 所示，图 a 为用直接接线法绘制的电气平面图；图 b 为接线示意图，图中 A、B、C 为接头。直接接线法虽然能够省工省料，但不便于检测维修，应用较少。

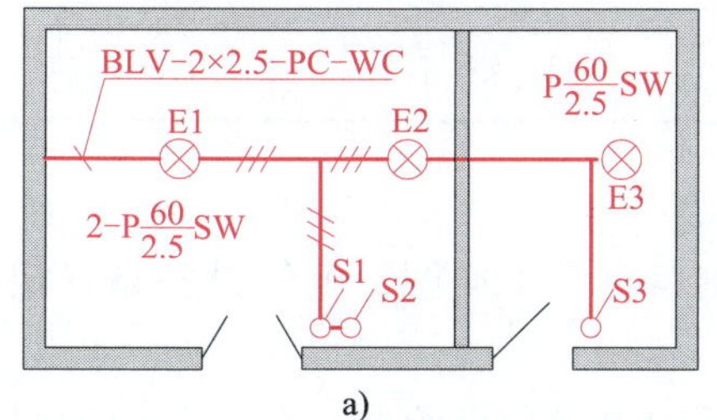

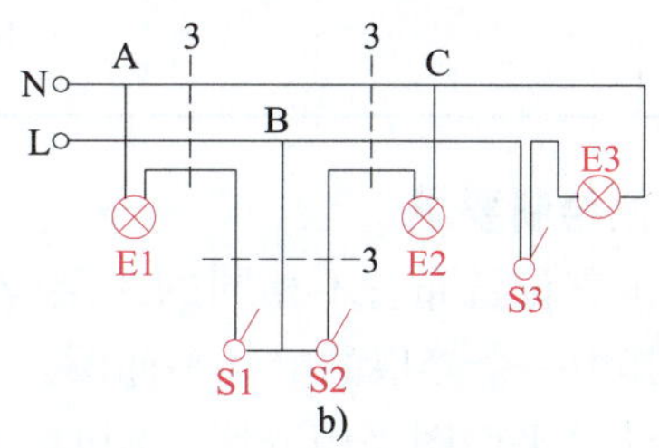

图 9－23　直接接线法

a）电气平面图　b）接线示意图

（2）共头接线法

共头接线法是一种只能通过设备的接线端子引线的接线方法，导线中间不允许有接头。如图 9－24 所示，图 a 为用共头接线法绘制的电气平面图；图 b 为接线示意图，图中显示在接线端子与接线端子之间没有任何接头。共头接线法的可靠性比直接接线法高，检修方便，使用广泛，但导线用量较大。

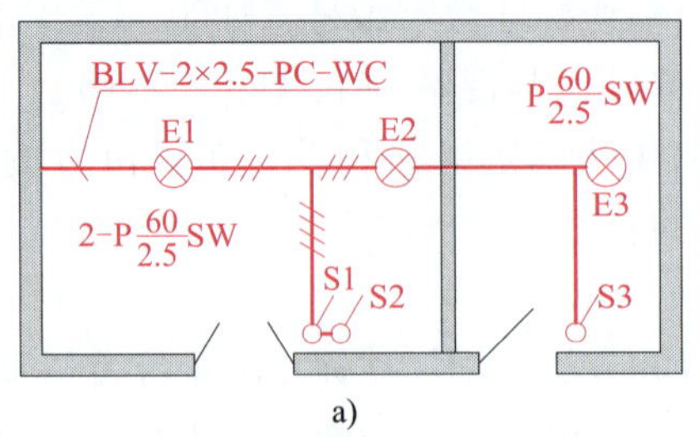

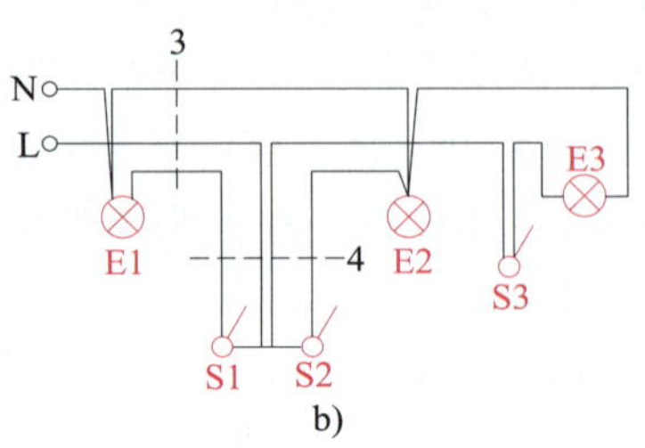

图 9－24　共头接线法

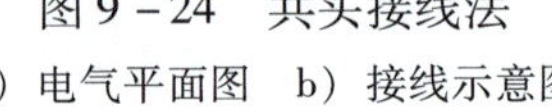
a）电气平面图　b）接线示意图

6. 基本照明控制电路的表示方法

常用基本照明控制电路的表示方法见表 9－14。为便于理解，在表中又列出了与之对应的电路图和接线示意图。

表 9－14　常用基本照明控制电路的表示方法

控制方式	1 只开关控制	双联控制	三联控制
电气平面图	S, E	S1, S2, E	S1, S2, S3, E
电路图	N, E, L, S	L, S1, 1, 2, 1, 2, S2, E, N	L, S1, S2, S3, E, N
接线示意图	N, L, S, E	N, L, 3, 3, 1, 1, S1, 2, E, 2, S2	N, L, 3, 3, 4, 3, S1, E, S2, S3

7. 其他绘制要求

（1）电气设备布置不相同的楼层应分别绘制其电气平面图；电气设备布置相同的楼层可只绘制其中一个楼层的电气平面图。

（2）建筑平面图采用分区绘制时，电气平面图也应分区绘制，分区部位和编号宜与建筑平面图一致，并应绘制分区组合示意图。各区电气设备线缆连接处应加标注。

（3）强电和弱电应分别绘制电气平面图。图 9－22 所示为二层照明平面图（强电），图 9－25 所示为弱电系统平面图，强电和弱电分别绘制。电气平面图上线缆的根数如已用文字说明且不会引起混淆，可不用在线缆上示出其根数，如图 9－25 所示，图例说明见表 9－15，文字符号“GCS”表示综合布线系统。

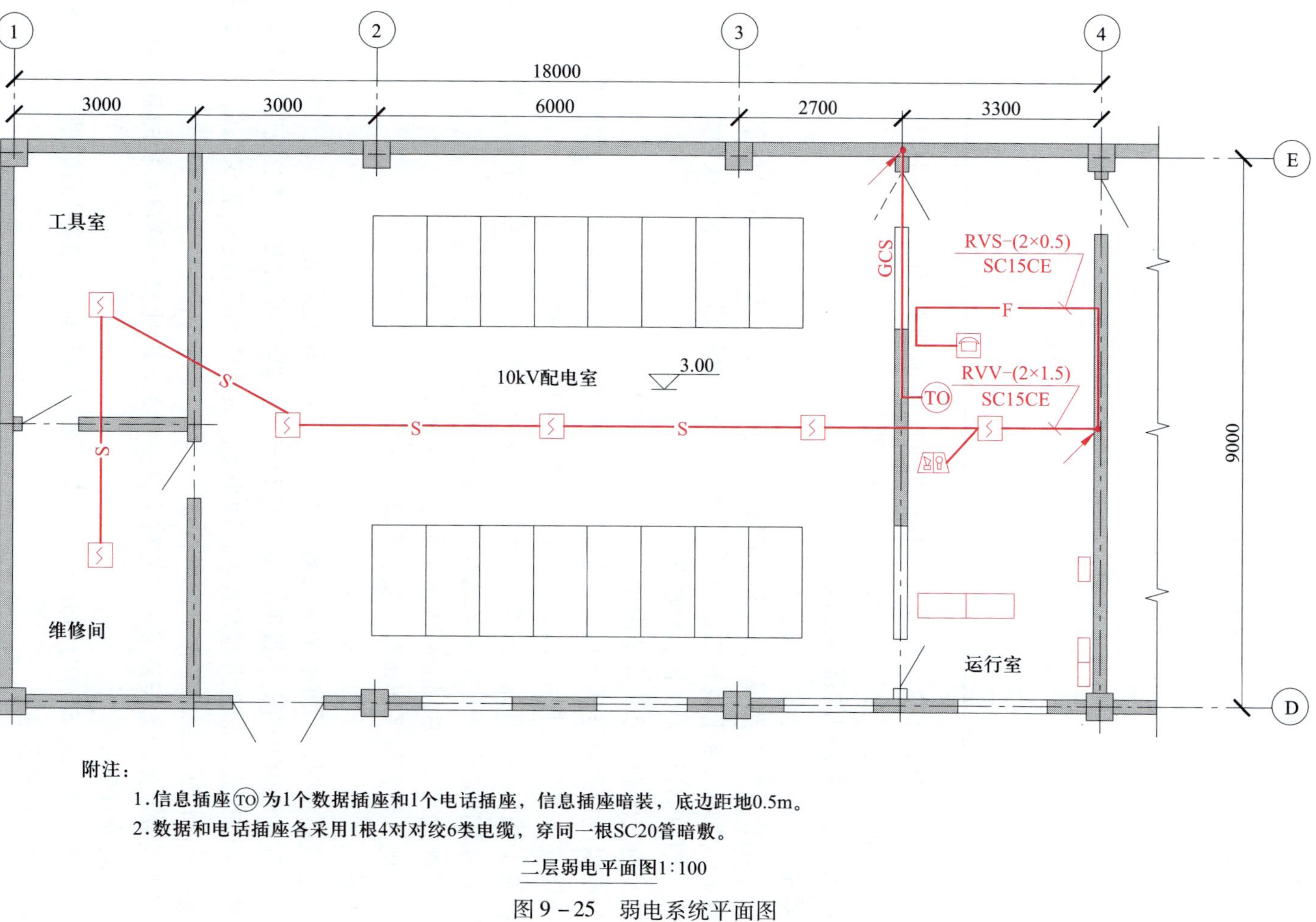

附注：

1. 信息插座Ⓣ为1个数据插座和1个电话插座，信息插座暗装，底边距地0.5m。
2. 数据和电话插座各采用1根4对对绞6类电缆，穿同一根SC20管暗敷。

二层弱电平面图1∶100

图9－25　弱电系统平面图

表 9－15　　图例说明（依据 GB/T 50786—2012）

图形符号		说明	应用类别
形式 1	形式 2		
S	—— S ——	信号线路	电路图、平面图、系统图
F	—— F ——	消防电话线	
TO	TO	信息插座	平面图、系统图
		感烟火灾探测器（点型）	
		火灾声光警报器	
		火警电话	

（4）防雷接地平面图应在建筑物或构筑物建筑专业的顶部平面图上绘制接闪器、引下线、断接卡、连接板、接地装置等的安装位置及电气通路。

三、识读建筑电气平面图的基本方法

1. 识读顺序

建筑电气平面图一般按照从电气系统图到电气平面图、从电源进户线到总配电箱（盘）、从总配电箱沿着各条干线到分配电箱、从各个分配电箱沿着各条支线分别到各个负载的顺序识读。读图时应注意以下基本要点。

（1）弄清楚电气图例符号，弄清图例、符号所代表的内容。

（2）弄清楚供电方式和电压等级；弄清楚电源进户线方式，常用的进户线方式有电缆进户（埋地或架空）、户外电杆引线入户和沿墙预埋支架敷设导线入户等。

（3）弄清楚干线及支线情况，主要是干线在各层或配电箱之间的连接情况、各条干线或支线接入三相电路的相别、干线和支线的敷设方式和部位等信息。

（4）弄清楚配线方式，常用的有明敷设和暗敷设两种。

（5）弄清楚电气设备的平面布置、安装方式和安装高度。

2. 识读方法

（1）阅读电气系统图，了解整个电气系统的基本组成及相互关系。

（2）阅读电气平面图上的文字说明，如图样目录、元器件明细表、施工说明、图例符号等。平面图常用设计或施工说明的方式表达图中无法表示或不易表示，但又与施工有关的内容，有时还给出设计所采用的非标准图形符号。

（3）电气管线敷设及设备安装与房屋的结构直接相关，因此要了解建筑物的基本情况，如房屋结构、房间分布与功能等。

（4）熟悉电气设备在建筑物内的分布及安装位置，同时还要了解它们的型号、规格、性能、特点及安装技术要求等。

（5）了解各支路的负荷分配情况和连接情况。在了解了电气设备的分布之后，就要进一步明确它是属于哪条支路的负荷，从而厘清它们之间的连接关系，这是最重要的。一般从进线开始，经过配电箱后，一条支路一条支路地阅读。

（6）电力、电气照明平面图只表示设备和线路的平面位置而很少反映空间高度，但在识读平面图时，必须建立起空间概念。

应用举例

以图 9－22 所示二层照明平面图为例，分析图样的绘制特点，并识读。图 9－12 为与图 9－22 相对应的照明配电箱系统图。

1. 分析照明平面图的绘制特点

图 9－22 所示二层照明平面图是按位置布局法绘制的，导线用单线表示法表示。它清晰地表达了某建筑物第二层照明线路和灯具及其相关开关、插座、配电箱等电气设备的安装位置。

2. 识读图样

（1）识读图样中的非电信息

照明平面图的基本图是建筑平面图，因此在照明平面图中含有必要的非电信息，如建筑构件等。图中非电信息与主要的电气信息有明显的区别。如图 9－22 所示二层照明平面图，为了清晰地表示线路、灯具、插座等电气设备的布置，图中按比例用细实线简略地绘出了建筑物的墙体、门窗、承重梁柱等平面结构，用定位轴线法和尺寸标注法表达了各部分的尺寸关系和安装位置。

（2）识读照明配电箱系统图

如图 9－12 所示，照明配电箱系统图中的水平分支电路自上而下布置，电源线进线在上部。该图表示出了元器件、参照代号、元器件规格等。当照明配电箱系统图采用水平方向表示时，文字标注于图形符号的上方，回路容量和用途标注于图形符号右侧。

由图 9－12 可知，该楼层电源引自图 9－11 中的动力配电箱（－AP1），经电缆－AP1－W4 到二层照明配电箱（－AL2），供电方式为三相五线制，为 220/380 V 的交流电，经照明配电箱（－AL2）分配成 W1～W6 六条分干线，其中 W1、W2、W3 为照明，W4、W5、W6 为插座。

（3）识读电气照明平面图

1）电源。由图 9－22 和图 9－12 可知，电源经照明配电箱（－AL2）分配成 W1～W6 六条分干线。

2）照明线路。由图 9－22 和图 9－12 可知，W1、W2、W3 为照明线路，说明见图中附注。

3）插座线路。由图 9－22 和图 9－12 可知，W4、W5、W6 为插座线路，说明见图中附注。

第十章 AutoCAD 绘图

AutoCAD 2022 是 Autodesk 公司推出的计算机辅助设计软件，它具有良好的工作界面与灵活、高效、快捷的绘图环境，已广泛应用于机械设计、电工电子电路设计等诸多领域。

§10－1 AutoCAD 基础知识

学习目标

1. 了解 AutoCAD 2022 的启动方法，熟悉 AutoCAD 2022 的工作界面。
2. 掌握 AutoCAD 文件新建、保存和另存的方法。
3. 了解打开 dwg 格式图形文件的方法。
4. 能熟练使用平移和缩放命令查看图形。

想一想

Word 是如何启动的？如何新建、打开和保存 Word 文件？

一、启动 AutoCAD 2022

计算机安装了 AutoCAD 2022 软件后，双击桌面上的 AutoCAD 2022 快捷图标，或单击桌面任务栏中的“开始”→“AutoCAD 2022”选项，即可启动 AutoCAD 2022 应用程序，启动后的 AutoCAD 2022 欢迎界面如图 10－1 所示。

启动 AutoCAD 时，用户不能直接进入 CAD 软件的绘图界面，必须新建文件。

执行“新建”命令的方法：单击快速访问工具栏的“新建”按钮（见图 10－1），或选择菜单栏的“文件”→“新建”命令，或选择菜单浏览器的“新建”命令等。

执行“新建”命令后，系统弹出“选择样板”对话框，如图 10－2 所示。单击“打开（O）”按钮右侧的下拉按钮，在弹出的下拉菜单中选择“无样板打开－公制（M）”选

图 10－1　AutoCAD 2022 欢迎界面

项，系统便会新建一个 AutoCAD 2022“无样板－公制”空白图形文件，并自动命名为“Drawing1. dwg”，如图 10－3 所示。

图 10－2　“选择样板”对话框

如果在“选择样板”对话框的“名称”窗口中选择“acadiso. dwt”图形样板，同样也可以新建公制图形文件。

为满足用户的使用需求，AutoCAD 2022 提供了“草图与注释”“三维基础”“三维建模”三种工作空间模式。“草图与注释”工作空间（见图 10－3）用于绘制二维图形，它也是 AutoCAD 2022 默认启动的工作空间，“三维基础”和“三维建模”用于绘制三维

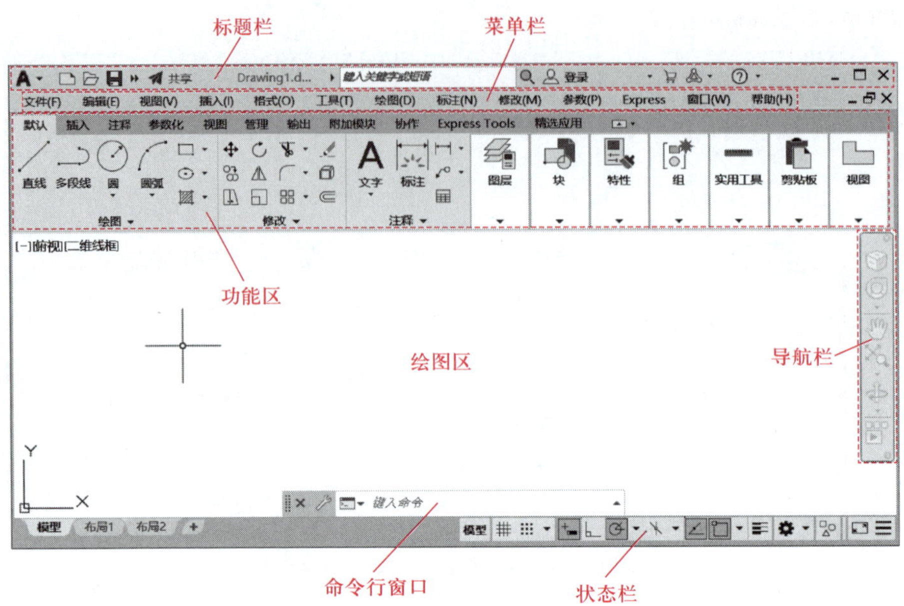

图 10－3 “草图与注释”工作界面

实体。

二、AutoCAD 2022 操作界面

AutoCAD 2022 的“草图与注释”工作界面主要由标题栏、菜单栏、功能区、绘图区、命令行窗口、状态栏、导航栏等组成，如图 10－3 所示。

1. 标题栏

标题栏位于 AutoCAD 操作界面的最顶部。如图 10－4 所示，标题栏主要包括菜单浏览器、快速访问工具栏、程序名称、文件名和窗口控制按钮等内容。

图 10－4 标题栏

快速访问工具栏在窗口的左上方，AutoCAD 的几个最常用的命令放在这里，包括新建、打开、保存、另存为、打印、放弃以及重做等。

窗口控制按钮位于标题栏最右端，主要有“最小化”“恢复窗口大小/最大化”“关闭”按钮，分别用于控制 AutoCAD 窗口的大小和关闭。

2. 菜单栏

菜单栏位于标题栏的下侧，如图 10－5 所示。AutoCAD 为用户提供了“文件”“编辑”“视图”“插入”“格式”“工具”“绘图”“标注”“修改”“参数”“窗口”“帮助”等主菜单。AutoCAD 的常用制图工具和管理、编辑工具等都分门别类地排列在这些主菜单中，用户可以非常方便地启动各主菜单中的相关菜单项，进行必要的图形绘制和编辑工作。具体操作方法是：在主菜单项上单击鼠标左键，展开此主菜单，然后将光标移至需要启动的命令选项上，再次单击即可。

文件(F)　编辑(E)　视图(V)　插入(I)　格式(O)　工具(T)　绘图(D)　标注(N)　修改(M)　参数(P)　Express　窗口(W)　帮助(H)

图 10－5　菜单栏

默认设置下，菜单栏是隐藏的。单击快速访问工具栏右侧的下拉按钮，在弹出的“自定义快速访问工具栏”下拉菜单（见图 10－6）中单击“显示菜单栏”，即可在屏幕上显示菜单栏。

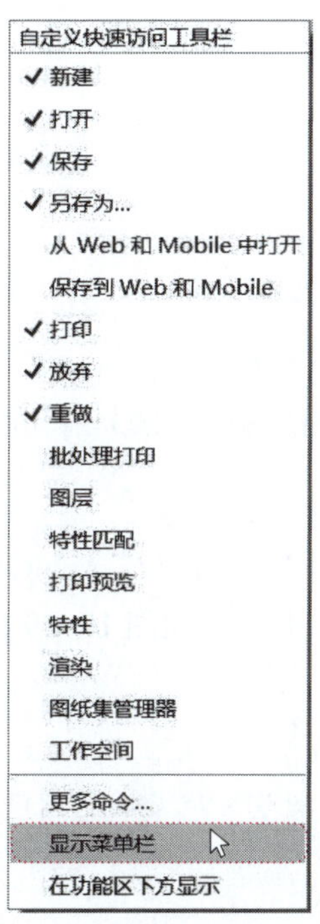

图 10－6　“自定义快速访问工具栏”下拉菜单

3. 功能区

AutoCAD 2022 的功能区位于标题栏下方，功能区主要包括“默认”“插入”“注释”“参数化”“视图”等选项卡，其中最常用的是“默认”选项卡。

单击“默认”按钮，即可进入“默认”选项卡，它包括“绘图”“修改”“注释”“图层”等面板，如图 10－7 所示。

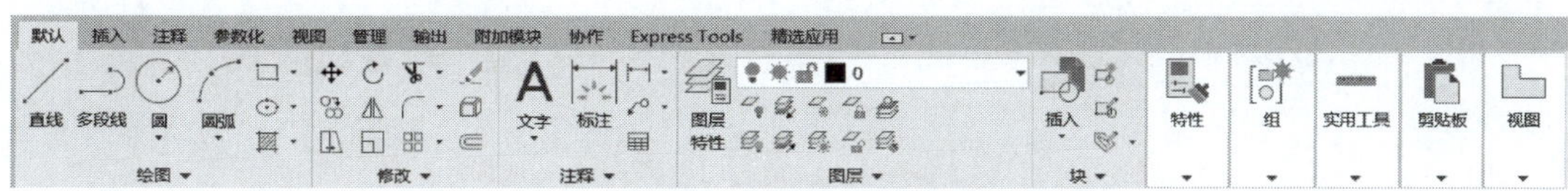

图 10－7　“默认”选项卡

4. 绘图区

绘图区是指位于功能区下方的大片空白区域，它是用户使用 AutoCAD 绘制图形的区域，用户完成一幅设计图的主要工作都是在绘图区中进行的。此区域是用户的工作区域，图形的设计与修改工作就是在此区域内进行操作的。默认状态下，绘图区是一个无限大的电子屏幕，无论尺寸多大或多小的图形，都可以在绘图区中绘制和灵活显示。

当移动鼠标时，绘图区会出现一个随鼠标移动的十字符号，此符号被称为十字光标，它由拾取点光标和选择光标叠加而成。拾取点光标是点的拾取器，当执行绘图或注释命令的过程中需要拾取点时，显示为拾取点光标；选择光标是对象拾取器，当执行修改命令的过程中需要选择对象时，显示为选择光标；当没有任何命令执行时，显示为十字光标，如图 10－8 所示。

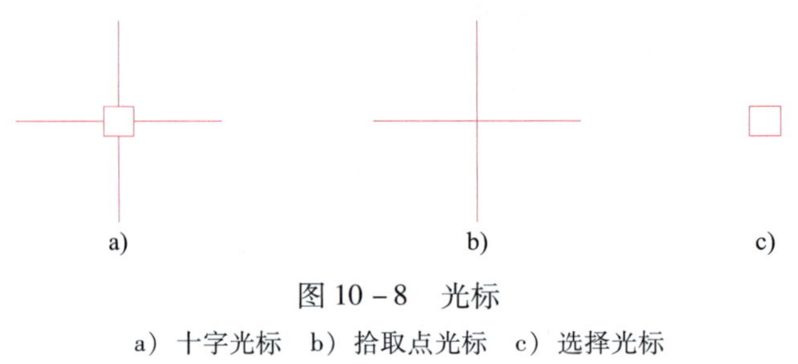

图 10－8　光标

a）十字光标　b）拾取点光标　c）选择光标

5. 命令行窗口

命令行窗口位于绘图区的下侧，它是用户与 AutoCAD 软件进行数据交流的平台，其主要功能是提示和显示用户当前的操作步骤，如图 10－9 所示。

图 10－9　命令行窗口

6. 状态栏

状态栏位于屏幕的最下方，包括当前光标的坐标和辅助工具栏，如图 10－10 所示。辅助工具栏的按钮主要提供一些辅助绘图功能，它包括栅格、捕捉模式、动态输入、正交模式、极轴追踪、等轴测草图、对象捕捉追踪、对象捕捉、线宽、切换工作空间、全屏显示等开关按钮。单击它们可在启用与不启用之间进行切换。单击“自定义”按钮可以设置状态栏的显示内容。

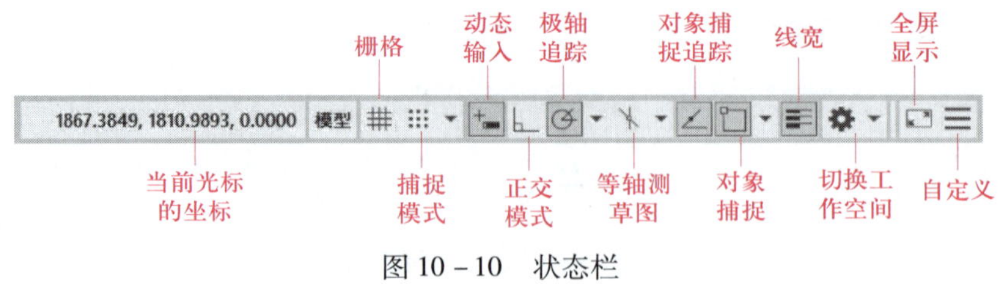

图 10－10　状态栏

7. 导航栏

导航栏位于屏幕的右侧，包括平移、缩放、动态观察等工具，如图 10－11 所示。

8. 右键快捷菜单

在 AutoCAD 2022 中，启动某项命令的方法往往有多种。如在绘图区内单击鼠标右键（简称单击右键），即可弹出快捷菜单，如图 10－12 所示。在不同状态下单击鼠标右键可弹出不同的快捷菜单，用户只需选择菜单中的命令或选项，即可快速执行相应的命令。

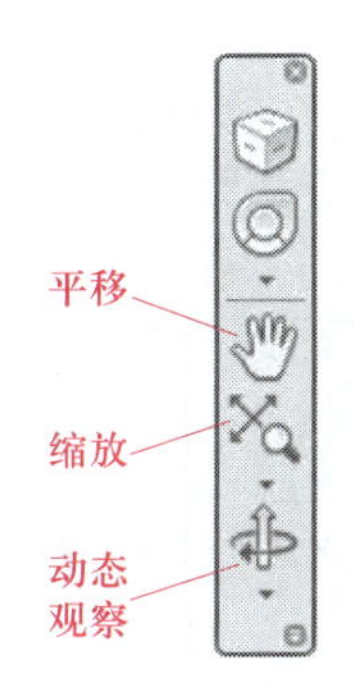

图 10－11 导航栏

图 10－12 右键快捷菜单

三、文件管理

※源文件[①]：AutoCAD 绘图源文件\半联轴器零件图 . dwg

1. 打开文件

AutoCAD 的图形文件为“. dwg”格式，当用户需要查看、使用或编辑已经存盘的 dwg 格式的图形文件时，可使用“打开”命令将图形打开。启动“打开”命令的方法：单击快速访问工具栏的“打开”按钮，或选择菜单栏的“文件”→“打开”命令，或选择菜单浏览器的“打开”命令。

下面以打开半联轴器零件图为例，介绍打开文件的步骤。

（1）启动“打开”命令，系统弹出“选择文件”对话框。

（2）在对话框的“查找范围”栏中选择“AutoCAD 绘图源文件”文件夹，在对话框“名称”栏的列表中单击文件“半联轴器零件图”，如图 10－13 所示。

（3）单击对话框上的“打开（O）”按钮，即可打开该文件，如图 10－14 所示。

未启动 AutoCAD 软件时，双击要打开的 AutoCAD 文件图标，可直接启动 AutoCAD 并打开图形文件。在启动 AutoCAD 软件后也可双击 AutoCAD 文件图标打开图形文件。

① 本章中提及的 AutoCAD 绘图源文件可通过技工教育网（http：//jg. class. com. cn）下载。

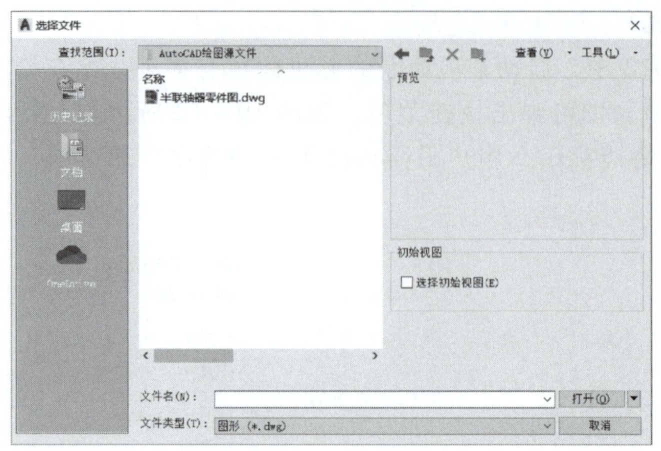

图 10－13　打开名为“半联轴器零件图”的文件

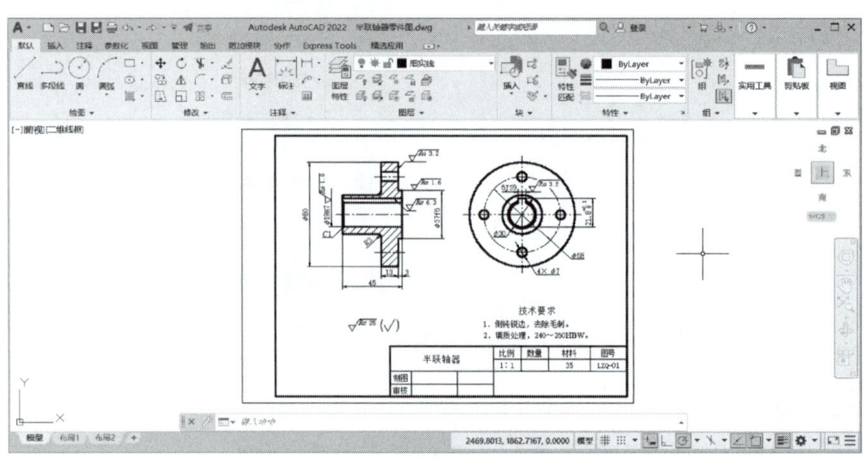

图 10－14　打开半联轴器零件图后

2. 显示图形

在使用 AutoCAD 绘图过程中或观察已绘制的图形时，需要在屏幕上恰当地显示图形，这就需要对图形进行缩放和平移。

（1）缩放图形

“缩放”命令可将图形放大或缩小显示，以便观察和绘制图形，该命令并不改变图形实际位置和尺寸，只是变更视图的显示比例。启动“缩放”命令的方法：单击导航栏“缩放”按钮下侧的下拉按钮，在弹出的菜单中选择缩放命令选项，如图 10－15 所示。

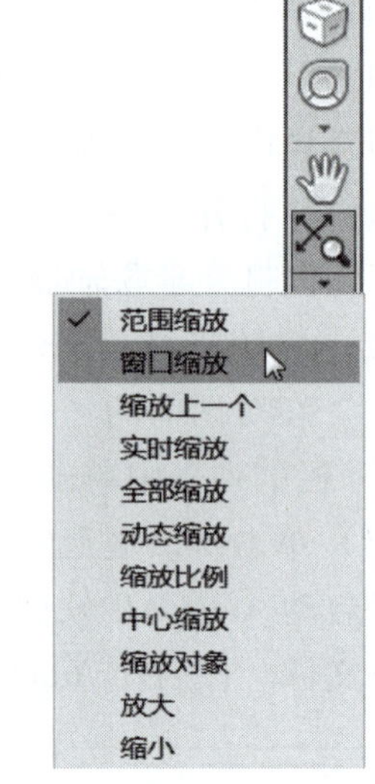

图 10－15　导航栏的“缩放”菜单

“缩放”菜单常用选项的功能如下。

范围缩放：缩放以显示所有对象的最大范围。

窗口缩放：缩放显示矩形窗口指定的区域。

缩放上一个：缩放显示上一个视图。

全部缩放：缩放以显示所有可见对象和视觉辅助工具。

下面以使用“窗口缩放”命令为例，介绍使用缩放命令的方法。

单击导航栏“缩放”按钮下侧的下拉按钮，在展开的菜单中单击“窗口缩放”按钮，启动“窗口缩放”命令，在半联轴器零件图标题栏的左上角单击鼠标左键，然后移动鼠标到标题栏的右下角，拖出一个缩放窗口（见图 10－16），单击鼠标左键。窗口缩放结果如图 10－17 所示。

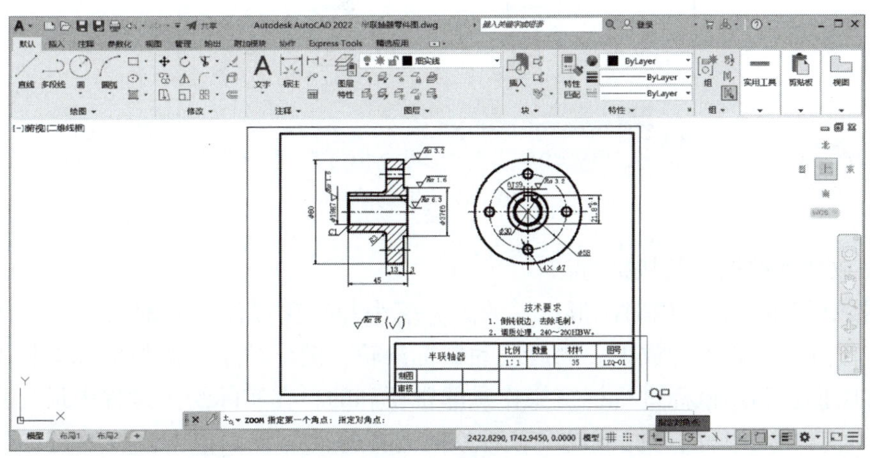

图 10－16　缩放窗口

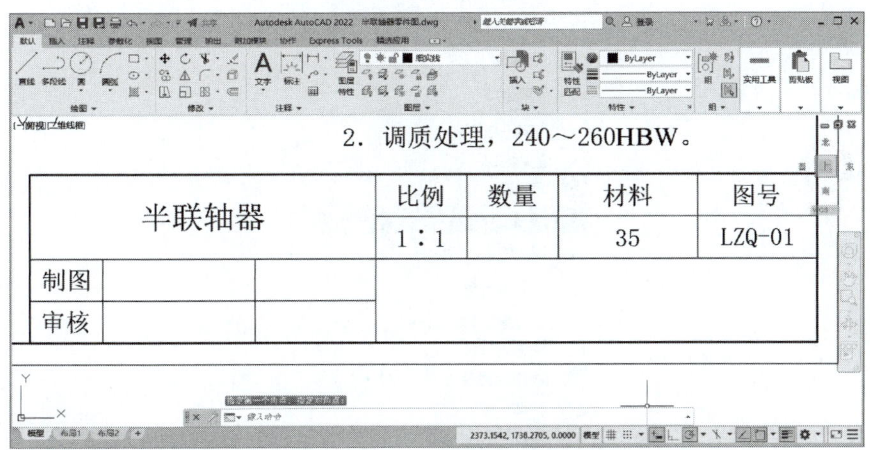

图 10－17　窗口缩放结果

（2）平移图形

“平移”命令用于移动图形在屏幕上的显示位置，该命令不改变图形的实际位置。执行“平移”命令的方法：单击导航栏的“平移”按钮。启动“平移”命令后，光标变为手型图标，如图 10－18 所示。上下或左右移动鼠标，即可移动图形在屏幕上的位置。按回车键（空格键或 ESC 键）即可退出“平移”命令。

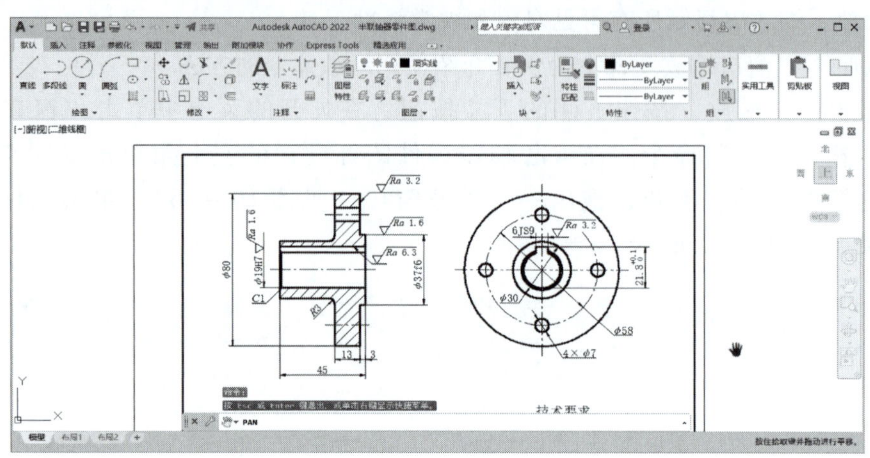

图 10－18　平移图形

（3）缩放和平移图形的快捷方法

1）直接利用鼠标也可以对图形进行放大、缩小和平移操作。向前滚动鼠标滚轮，图形以光标所在位置为中心进行放大；向后滚动鼠标滚轮，图形缩小；按住鼠标滚轮不放并移动鼠标可平移图形。利用鼠标进行视窗操作是非常便利的，在实际绘图过程中最为常用。

2）在没有命令执行的前提下或没有对象被选择的情况下，单击鼠标右键，弹出快捷菜单（见图 10－19），选择“平移”或“缩放”命令，也可以对图形进行平移或缩放。

图 10－19　右键快捷菜单

3. 保存与另存文件

保存文件是为了将绘制的图形以文件的形式进行存盘，在绘图过程中和绘制完图样后都可以保存文件。启动“保存”命令的方法：单击快速访问工具栏的“保存”按钮，或选择菜单栏“文件”→“保存”命令，或选择菜单浏览器的“保存”命令。

在 AutoCAD 2022 中，启动“保存”命令后，系统会将当前图形文件以原文件名存入磁盘，不会给用户任何提示。如果当前图形文件名是第一次存储文件，则系统会弹出“图形另存为”对话框，如图 10－20 所示。用户可以在“保存于（I）”下拉列表和“名称”栏中设定文件的存储位置，在“文件名（N）”文本框中输入文件名。

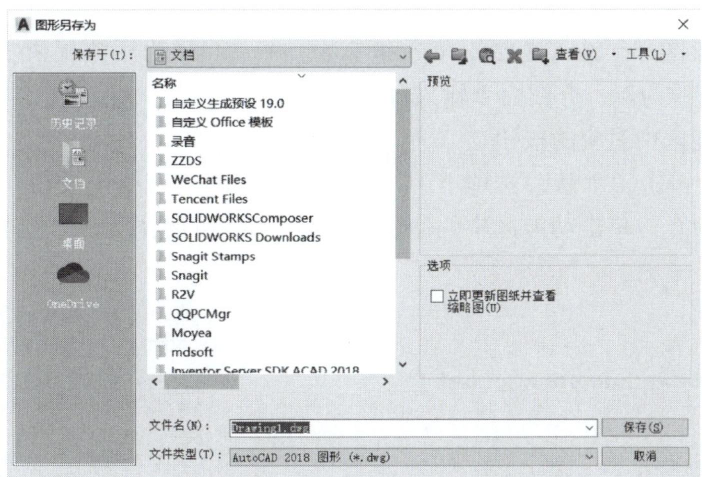

图 10－20　“图形另存为”对话框

此外，AutoCAD 2022 系统还提供了另外一种保存文件的命令，即“另存为”命令。启动“另存为”命令的方法：单击快速访问工具栏的“另存为”按钮，或选择菜单栏的“文件”→“另存为”命令，或选择菜单浏览器的“另存为”命令。

“另存为”命令主要用于将当前的文件以新的文件名保存。

默认状态下，AutoCAD 系统保存的文件格式为“＊.dwg”。

4. 关闭文件

绘图结束并已将文件保存后，需要关闭文件并退出 AutoCAD。AutoCAD 2022 中的“关闭”按钮有两个，位于窗口的右上角（见图 10－21），单击下侧的“关闭”按钮，只关闭文件，而不关闭软件；单击上侧的“关闭”按钮则在关闭文件的同时也关闭软件。

图 10－21　关闭按钮

如用户没有提前将绘制的图形进行保存，在执行“关闭”命令时，AutoCAD 2022 将弹出图 10－22 所示的提示对话框。如单击“是（Y）”按钮，系统将弹出“图形另存为”对话框，可对图形进行命名保存；如单击“否（N）”按钮，系统将放弃存盘，退出 AutoCAD 2022 程序；如单击“取消”按钮，系统将取消“关闭”命令，返回到 AutoCAD 2022 的工作界面。

四、命令的输入与执行

1. 启动命令的方法

用 AutoCAD 绘图必须输入必要的命令和参数。AutoCAD 为用户提供了多种命令输入方式，下面以绘制直线为例，介绍命令输入方式。

（1）单击功能区中对应的按钮

在功能区中，单击“默认”选项卡中“绘图”面板的“直线”按钮（见图 10－23）即可启动“直线”命令。单击功能区中的命令按钮是最常用的执行命令的方法。

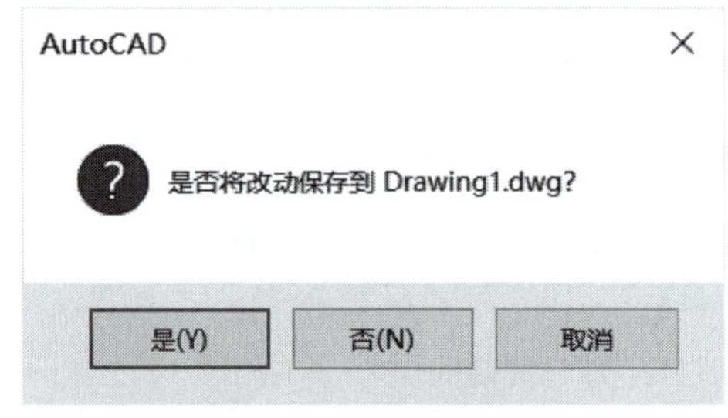

图 10－22　提示对话框

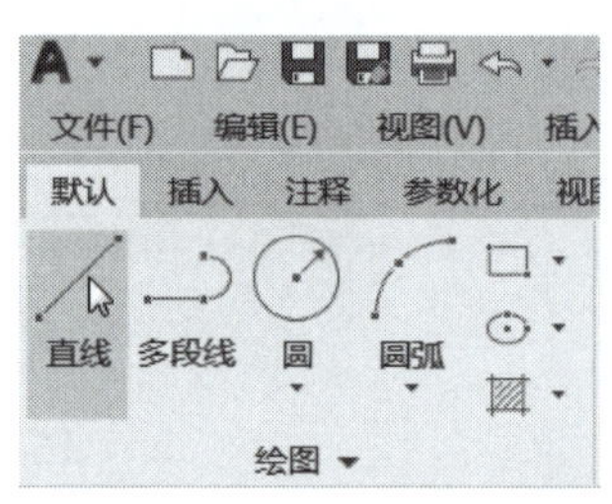

图 10－23　“绘图”面板

（2）在命令行输入命令

命令字符可不区分大小写，例如在启动“直线”命令时，既可输入大写字母“LINE”，也可输入小写字母“line”。在命令行输入绘制直线命令“LINE”按回车键后，系统给出如下提示。

命令：LINE
指定第一个点：　//在绘图区单击鼠标左键指定一点或输入一个点的坐标
指定下一点或［放弃（U）］：
　//在绘图区单击鼠标左键指定直线的另一点或输入一个点的坐标
指定下一点或［放弃（U）］：　//按回车键

执行命令时，在命令行提示中会出现相关的命令选项。命令行中不带括号的提示为默认选项（如上面的“指定下一点”），可以直接输入点的坐标或在绘图区单击鼠标左键指定一点。如果要选择其他选项，则应该首先输入该选项的标识字符（如“放弃”选项的标识字符“U”），然后按系统提示进行操作。在命令选项的后面有时还带有尖括号，其中的内容为系统默认的选项或参数。

（3）在命令行输入命令缩写字母

在命令行输入“直线”命令的缩写字母“L”，也可以执行该命令。

（4）在菜单栏中选择对应的命令

AutoCAD 的各项命令在菜单栏中都有相应的菜单，打开菜单栏中“绘图”菜单，选择

“直线”命令（见图 10－24），即可启动“直线”命令。

图 10－24　在“绘图”菜单中选择“直线”命令

2. 命令的重复、放弃与重做

在绘图过程中经常会重复使用相同命令或者放弃用错的命令，下面介绍命令的重复、放弃和重做。

（1）命令的重复

重复调用上一个命令的方法主要有按回车键或空格键等。

（2）命令的放弃

使用“放弃”命令可以在命令执行的任何时刻取消或终止命令。执行“放弃”命令的方法：单击快速访问工具栏的“放弃”按钮。

（3）命令的重做

要将已被放弃的命令恢复，可以使用“重做”命令。执行“重做”命令的方法：单击快速访问工具栏的“重做”按钮。

§10－2　绘制基本几何图形

学习目标

1. 了解 AutoCAD 的坐标系。
2. 掌握直线、圆、圆弧、矩形、正多边形的绘制方法，能绘制基本几何图形。

想一想

1. 什么是平面直角坐标系？
2. 在机械图样上有哪些基本图形要素？

一、坐标系

在绘图过程中要精确定位某个对象时，必须以某个坐标系作为参照，以便精确指定点的位置，使用 AutoCAD 提供的坐标系可以精确绘制图形。

AutoCAD 的默认坐标系为 WCS，即世界坐标系。此坐标系是 AutoCAD 的基本坐标系，它由两个相互垂直并相交的坐标轴 X、Y 组成，如图 10－25 所示。X 轴正方向水平向右，Y 轴正方向垂直向上（如果在三维空间工作，还有一个 Z 轴），坐标原点在绘图区左下角。

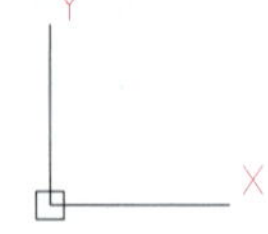

图 10－25　世界坐标系

1. 绝对坐标

（1）绝对直角坐标

绝对直角坐标是以原点（0，0）为参照点来定位所有的点，其表达式为（X，Y），用户可以通过输入点的实际 X、Y 坐标值来定义点的位置。

如 B 点的 X 坐标值为 35（该点在 X 轴上的垂足到原点的距离为 35 个图形单位，公制样板的图形单位为 mm），Y 坐标值为 15（该点在 Y 轴上的垂足到原点的距离为 15 个图形单位），那么 B 点的绝对直角坐标表达式为（35，15）。B 点在坐标系中的位置如图 10－26 所示。

（2）绝对极坐标

绝对极坐标是以原点作为极点，通过相对于原点的极长和角度来定义点的位置，其表达式为（$L<\alpha$）。L 为某点与原点之间的距离，即极长；α 为该点和原点的连线与 X 轴正方向的夹角。在默认设置下，AutoCAD 是以逆时针方向来测量角度的，即逆时针的角度为正值。因此，X 轴的正向为 0°，Y 轴的正向为 90°。如 D 点的绝对极坐标为（20＜30），则 D 点在坐标系中的位置如图 10－27 所示。

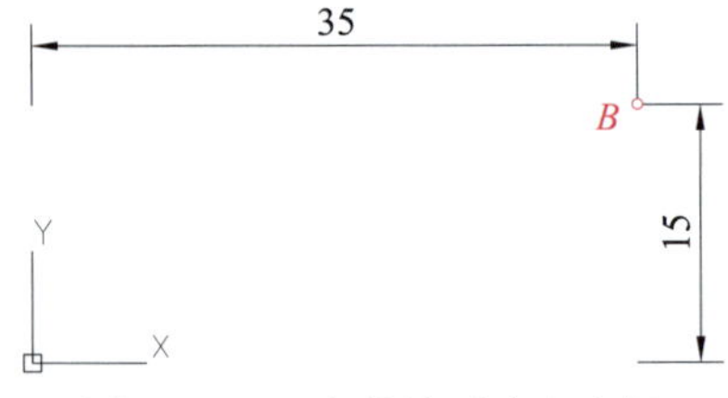

图 10－26　点的绝对直角坐标

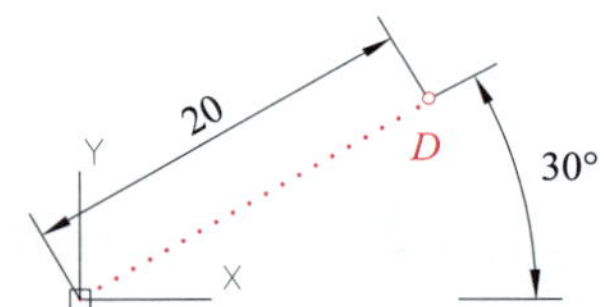

图 10－27　点的绝对极坐标

2. 相对坐标

（1）相对直角坐标

相对直角坐标是指相对于某一点的 X 轴和 Y 轴位移。它的表示方法是在绝对直角坐标表达式前加上“@”，如 A 点相对 B 点的相对直角坐标为（@－13，8），则 A 点相对 B 点的位置如图 10－28 所示。

（2）相对极坐标

相对极坐标是指相对于某一点的距离和角度，其中，相对极坐标的角度是新点和上一点连线与 X 轴的夹角。它的表示方法是在绝对极坐标表达式前加上“@”，如 C 点相对于 D 点的相对极坐标为（@11＜24），则 C 点相对于 D 点的位置如图 10－29 所示。

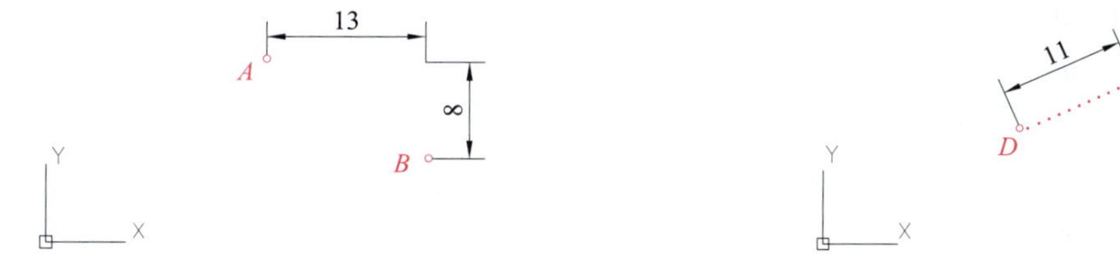

图 10－28　A 点相对 B 点的位置（相对直角坐标）　　图 10－29　C 点相对于 D 点的位置（相对极坐标）

二、绘制直线

“直线”命令主要用于绘制一条或多条直线，也可以绘制首尾相连的闭合图形，启动“直线”命令最常用的方法是在功能区单击“默认”→“绘图”→“直线”按钮╱。

在单击某一个命令按钮时，如果将光标在按钮上停留一段时间，系统会自动弹出显示该按钮帮助信息的窗口（见图 10－30），初学者可以使用 AutoCAD 的这个功能进行学习。

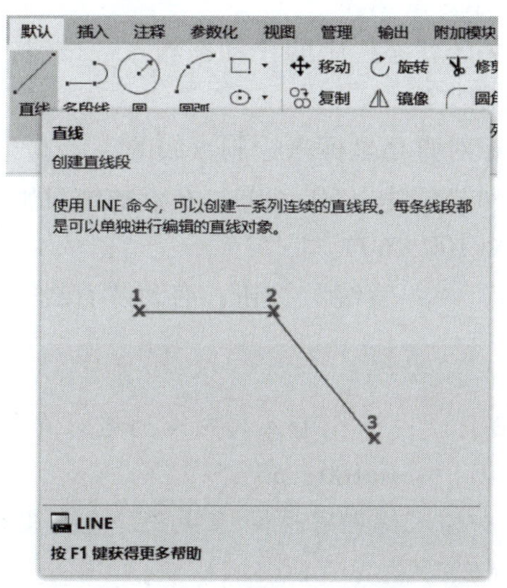

图 10－30　AutoCAD 2022 的帮助功能

AutoCAD 系统提供了很多种绘制直线的方法，如使用鼠标单击绘制直线、利用绝对直角坐标绘制直线、利用相对直角坐标绘制直线以及利用绝对和相对极坐标绘制直线。这五种方法归根到底都是利用确定点的坐标来绘制直线的，只是确定点的坐标的方式不同而已。

1. 利用鼠标单击绘制直线

该方法是通过单击鼠标左键在绘图区指定两点来绘制直线的。

单击“默认”→“绘图”→“直线”按钮，启动“直线”命令，系统给出如下提示。

```
命令：_ line
指定第一个点：                    //在绘图区适当位置单击左键，指定一点作为起点
指定下一点或［放弃（U）］：        //移动光标到另一位置单击，指定一点作为终点
指定下一点或［退出（E）/放弃（U）］：        //按回车键结束命令
```

绘制结果如图 10－31 所示。

起点

终点

图 10－31　鼠标单击方式绘制直线

2. 利用绝对直角坐标绘制直线

该方法是通过输入点的绝对直角坐标来绘制直线的。

单击“默认”→“绘图”→“直线”按钮，启动“直线”命令，系统给出如下提示。

```
命令：_ line
指定第一个点：0，50                    //输入起点绝对直角坐标“0，50”，按回车键
指定下一点或［放弃（U）］：110，100
                                  //输入终点绝对直角坐标“110，100”，按回车键
指定下一点或［退出（E）/放弃（U）］：                       //按回车键结束命令
```

绘制结果如图 10－32 所示。

在输入绝对坐标时，要关闭状态栏中的“动态输入”按钮，否则输入的是相对坐标。

3. 利用相对直角坐标绘制直线

该方法是通过输入点的相对直角坐标来绘制直线的。

在坐标系中，如 *A* 点绝对坐标为（50，30），*B* 点的绝对坐标为（150，90），那么 *B* 点相对于 *A* 点的相对坐标为（@100，60）。

单击“默认”→“绘图”→“直线”按钮，启动“直线”命令，系统给出如下提示。

```
命令：_ line
指定第一个点：50，30             //输入起点 A 的绝对直角坐标“50，30”，按回车键
指定下一点或［放弃（U）］：@100，60
                       //输入终点 B 相对于 A 点的直角坐标“@100，60”，按回车键
指定下一点或［退出（E）/放弃（U）］：                       //按回车键结束命令
```

绘制结果如图 10－33 所示。

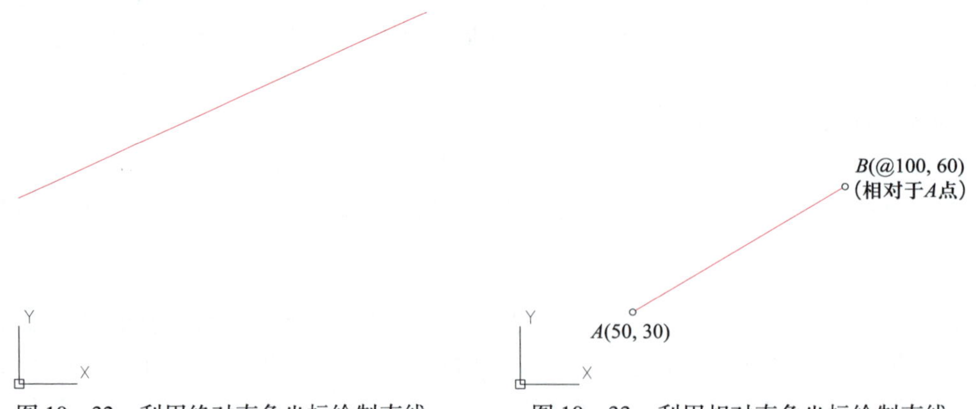

图 10－32　利用绝对直角坐标绘制直线　　图 10－33　利用相对直角坐标绘制直线

4. 利用绝对极坐标绘制直线

该方法是通过输入点的绝对极坐标来绘制直线的。

单击“默认”→“绘图”→“直线”按钮，启动“直线”命令，系统给出如下提示。

```
命令：_ line
指定第一点：0，0                          //输入起点绝对直角坐标“0，0”，按回车键
指定下一点或［放弃（U）］：100 <45          //输入绝对极坐标“100 <45”，按回车键
指定下一点或［放弃（U）］：                  //按回车键结束命令
```

绘制结果如图 10 – 34 所示。

5. 利用相对极坐标绘制直线

该方法是通过输入点的相对极坐标来绘制直线的。

单击“默认”→“绘图”→“直线”按钮，启动“直线”命令，系统给出如下提示。

```
命令：_ line
指定第一个点：                          //在绘图区适当位置单击，确定直线的起点 A
指定下一点或［放弃（U）］：@50 <20
                                       //输入 B 点相对 A 点的极坐标“@50 <20”，按回车键
指定下一点或［退出（E）/放弃（U）］：      //按回车键结束命令
```

绘制结果如图 10 – 35 所示。

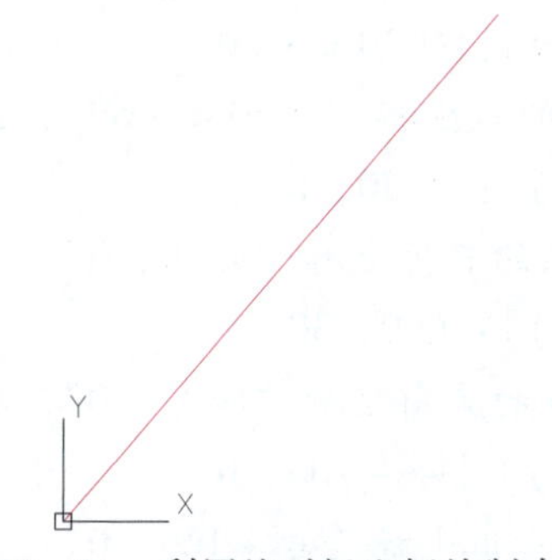

图 10 – 34　利用绝对极坐标绘制直线

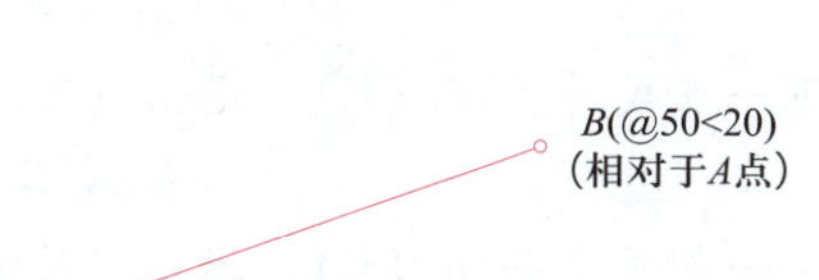

图 10 – 35　利用相对极坐标绘制直线

绘制卡规平面图

利用“直线”命令绘制如图 10 – 36 所示卡规平面图（不标注尺寸）。

1. 新建图形文件

启动 AutoCAD 2022，打开“选择样板”对话框，单击“打开（O）”按钮右侧的下拉按钮，在弹出的下拉菜单中选择“无样板打开 – 公制（M）”选项，新建一个 AutoCAD 2022

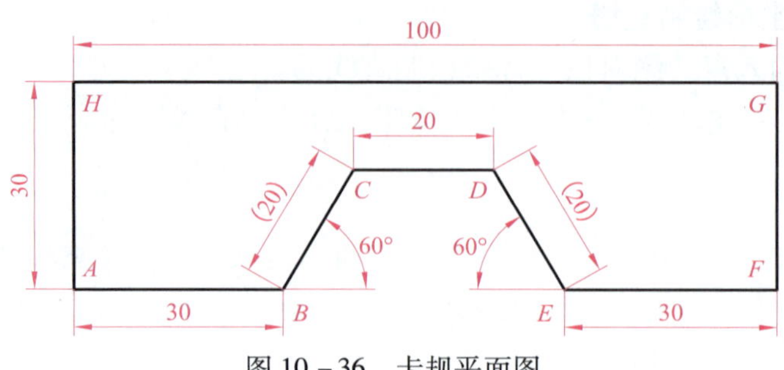

图 10－36　卡规平面图

的图形文件。

2. 绘制图形

启动“直线”命令，系统给出如下提示。

命令：_ line

指定第一个点：　　//在绘图区适当位置指定一点，确定起始点 *A*

指定下一点或［放弃（U）］：@30，0

　　//输入 *B* 点相对 *A* 点的直角坐标“@30，0”，按回车键

指定下一点或［退出（E）/放弃（U）］：@20＜60

　　//输入 *C* 点相对 *B* 点的极坐标“@20＜60”，按回车键

指定下一点或［关闭（C）/退出（X）/放弃（U）］：@20，0

　　//输入 *D* 点相对 *C* 点的直角坐标“@20，0”，按回车键

指定下一点或［关闭（C）/退出（X）/放弃（U）］：@20＜－60

　　//输入 *E* 点相对 *D* 点的极坐标“@20＜－60”，按回车键

指定下一点或［关闭（C）/退出（X）/放弃（U）］：@30，0

　　//输入 *F* 点相对 *E* 点的直角坐标“@30，0”，按回车键

指定下一点或［关闭（C）/退出（X）/放弃（U）］：@0，30

　　//输入 *G* 点相对 *F* 点的直角坐标“@0，30”，按回车键

指定下一点或［关闭（C）/退出（X）/放弃（U）］：@－100，0

　　//输入 *H* 点相对 *G* 点的直角坐标“@－100，0”，按回车键

指定下一点或［关闭（C）/退出（X）/放弃（U）］：C

　　//输入“C”，按回车键，闭合图形

绘制结果如图 10－37 所示。

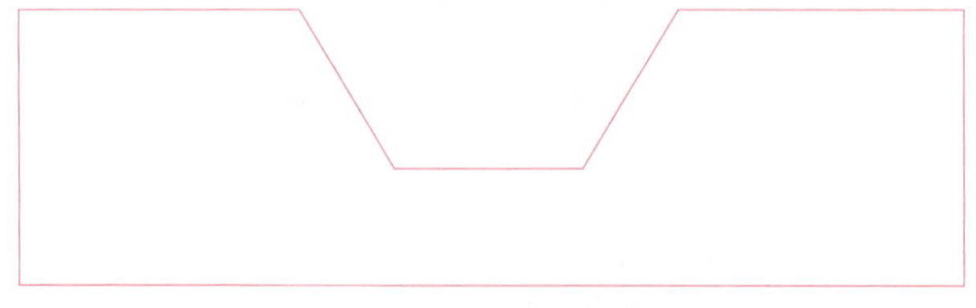

图 10－37　图形绘制结果

3. 保存图形

将文件命名为“卡规平面图”，保存在桌面上或自己建立的文件夹中。

三、绘制圆

在 AutoCAD 2022 中，可启动“圆”命令来绘制圆，启动“圆”命令的方法：在功能区选择“默认”→“绘图”→“圆”的下拉菜单中的某一个绘圆命令，如图 10－38 所示。

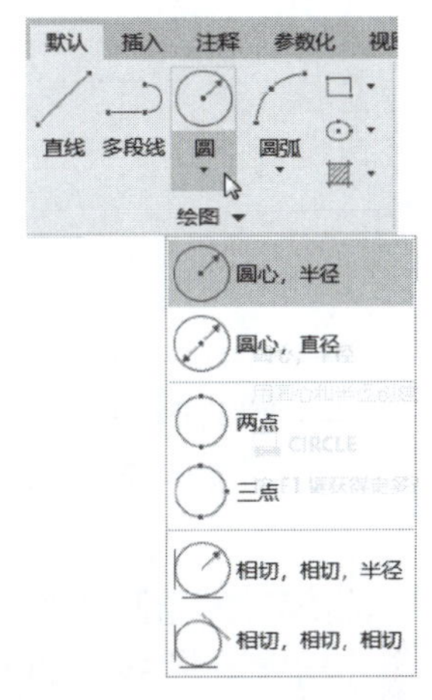

图 10－38 “圆”的下拉菜单

利用“圆”命令绘制圆时，AutoCAD 系统提供了六种绘制圆的方式，下面介绍几种常用的方式。

1. 利用“圆心、半径”命令绘制圆

该方式是通过确定圆心的位置及圆的半径来绘制圆，常用于已知圆的圆心及半径的情况，下面利用“圆心、半径”命令绘制半径为 10 mm 的圆。

单击“默认”→“绘图”→“圆”→“圆心、半径”按钮（系统默认状态为“圆心、半径”），启动“圆心、半径”命令，系统给出如下提示。

命令：_ circle

指定圆的圆心或［三点（3P）/两点（2P）/切点、切点、半径（T）］：

//在绘图区适当位置单击鼠标左键，指定一点作为圆心位置

指定圆的半径或［直径（D）］：10

//输入圆的半径“10”（见图 10－39a），按回车键

圆的绘制结果如图 10－39b 所示。

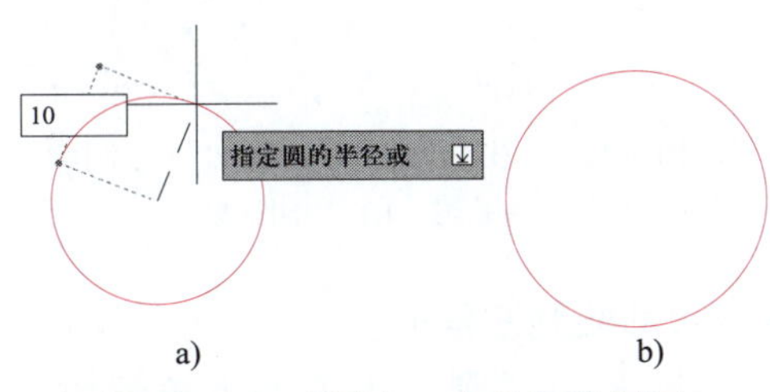

图 10－39 “圆心、半径”绘制圆

a）输入半径 b）绘制结果

2. 利用“相切、相切、半径”命令绘制圆

“相切、相切、半径”命令是通过选择两个与圆相切的对象，并输入半径的方式来绘制圆。如图 10－40a 所示，绘制一个半径为 20 mm 的圆与直线 *AB* 和 *AC* 相切。

（1）根据图 10－40a 所示尺寸绘制两条直线。

（2）单击“默认”→“绘图”→“圆”下方的下拉按钮，在弹出的菜单中选择“相切、相切、半径”命令，系统给出如下提示。

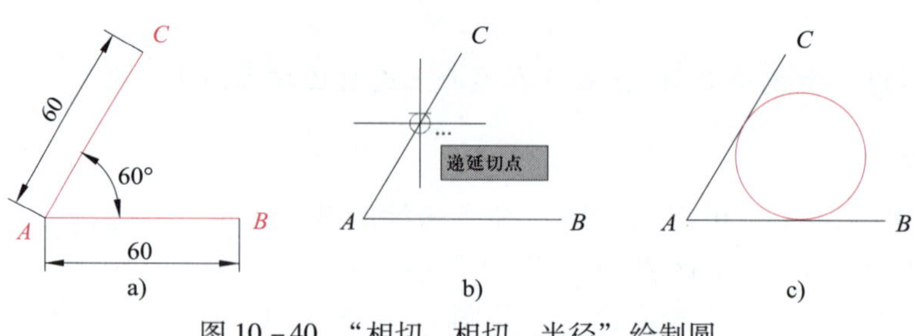

图 10－40 “相切、相切、半径”绘制圆

a）已知直线 b）选择圆的切点 c）绘制结果

命令：_ circle

指定圆的圆心或［三点（3P）/两点（2P）/切点、切点、半径（T）］：_ ttr

指定对象与圆的第一个切点：

//移动光标到线段 *AC* 上单击鼠标左键（见图 10－40b）

指定对象与圆的第二个切点： //移动光标到线段 *AB* 上单击鼠标左键

指定圆的半径：20 //输入圆的半径“20”，按回车键

绘制结果如图 10－40c 所示。

3. 利用“相切、相切、相切”命令绘制圆

“相切、相切、相切”命令是通过选择三个与圆相切的对象来绘制圆。如图 10－41 所示，绘制三角形的内切圆。

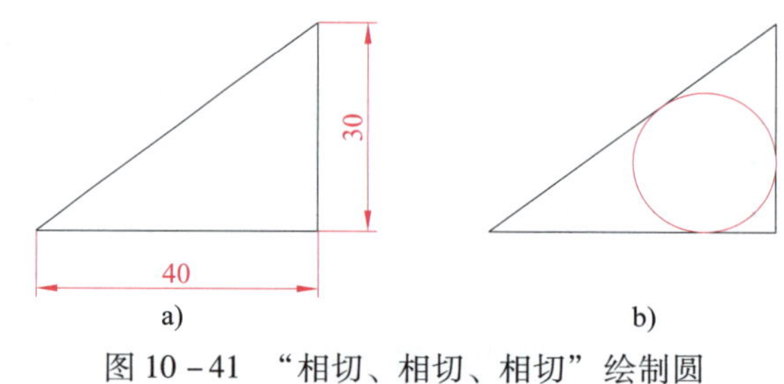

图 10－41 “相切、相切、相切”绘制圆

a）三角形 b）绘制结果

（1）根据图 10－41a 所示尺寸绘制三角形。

（2）单击“默认”→“绘图”→“圆”下方的下拉按钮，在弹出的菜单中选择“相切、相切、相切”命令，系统给出如下提示。

命令：_ circle

指定圆的圆心或［三点（3P）/两点（2P）/切点、切点、半径（T）］：_ 3p 指定圆上的第一个点：_ tan 到 //拾取三角形上的任意一条边

指定圆上的第二个点：_ tan 到 //拾取三角形上的另外一条边

指定圆上的第三个点：_ tan 到 //拾取三角形上的第三条边

绘制结果如图 10－41b 所示。

四、绘制圆弧

在 AutoCAD 2022 中，可启动“圆弧”命令绘制圆弧，软件提供了十一种绘制圆弧的方式，启动“圆弧”命令最常用的方法：在功能区选择“默认”→“绘图”→“圆弧”下拉菜单中的某一个“圆弧”命令，如图 10－42 所示。

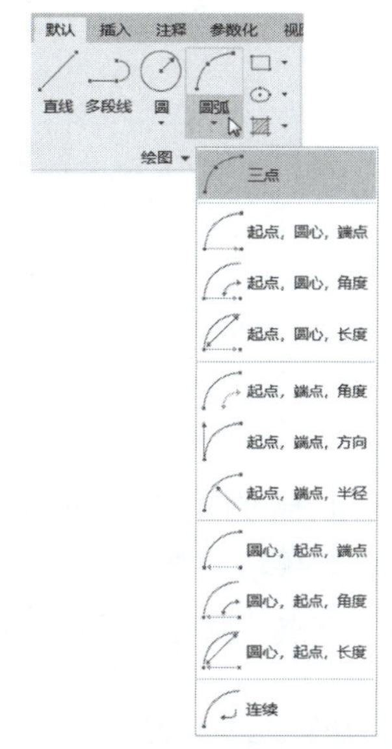

图 10－42　绘制圆弧的十一种命令

1. 利用“三点”命令绘制圆弧

“三点”命令是通过分别确定圆弧的起点、圆弧的第二点、圆弧的端点的方式绘制圆弧，其中“圆弧的第二点”为除起点和端点外圆弧上的任意一点。此方式为 AutoCAD 2022 默认的绘制圆弧的方法。下面在图 10－43a 所示三角形上，利用“三点”命令，过△ABC 的 3 个顶点绘制圆弧 $\overset{\frown}{ABC}$。

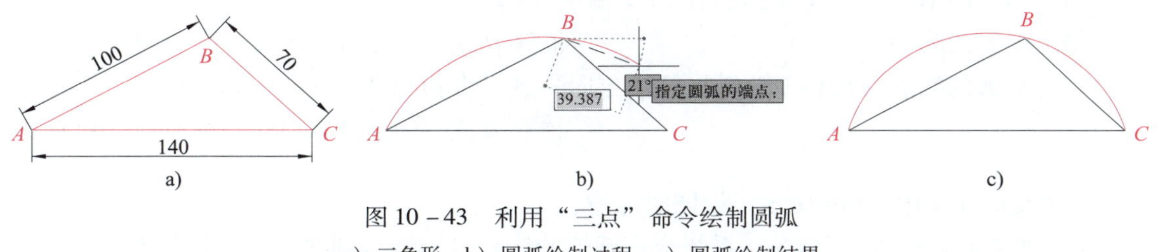

图 10－43　利用“三点”命令绘制圆弧

a）三角形　b）圆弧绘制过程　c）圆弧绘制结果

（1）根据图 10－43a 所示尺寸绘制三角形。

（2）单击“默认”→“绘图”→“圆弧”→“三点”按钮（系统默认状态为“三点”），启动“三点”命令，系统给出如下提示。

命令：_ arc

指定圆弧的起点或［圆心（C）］：　　//拾取 *A* 点作为圆弧起点

指定圆弧的第二个点或［圆心（C）/端点（E）］：

　　//拾取 *B* 点作为圆弧上一点（见图 10－43b）

指定圆弧的端点：　　//拾取 *C* 点作为圆弧终点

绘制结果如图 10－43c 所示。

2. 利用“起点、圆心、端点”命令绘制圆弧

“起点、圆心、端点”命令是通过依次确定圆弧的起点、圆心及端点的方式绘制圆弧。下面在图 10－44a 所示的图形上，利用“起点、圆心、端点”命令，以 *O* 点为圆心，绘制圆弧 $\overset{\frown}{AB}$。

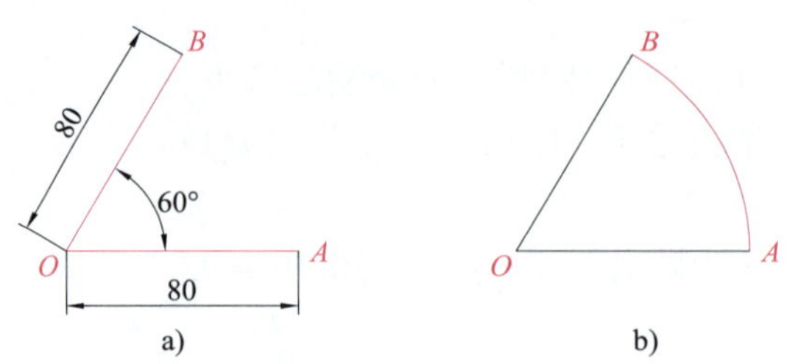

图 10－44 “起点、圆心、端点”绘制圆弧

a）绘制圆弧前的图形 b）绘制结果

（1）根据图 10－44a 所示尺寸绘制图形。

（2）单击“默认”→“绘图”→“圆弧”下方的下拉按钮，弹出“圆弧”命令菜单，单击“起点、圆心、端点”按钮，系统给出如下提示。

```
命令：_ arc
指定圆弧的起点或［圆心（C）］：          //拾取 A 点（见图 10－44a）作为圆弧起点
指定圆弧的第二个点或［圆心（C）/端点（E）］：_ c
指定圆弧的圆心：                          //拾取 O 点（见图 10－44a）作为圆弧的圆心
指定圆弧的端点（按住 Ctrl 键以切换方向）或［角度（A）/弦长（L）］：
                                          //拾取 B 点（见图 10－44a）作为圆弧的端点
```

绘制结果如图 10－44b 所示，绘图时注意：

（1）如果 *OA* 与 *OB* 不相等，系统会将圆弧的终点自动调节到线段 *OB* 上或其延长线上。

（2）在利用该命令绘制圆弧时，系统默认按逆时针方向绘制，如果以 *B* 点（见图 10－44）为起点顺时针绘制圆弧 $\widehat{BA}$，在选择 *A* 点时，要同时按住 Ctrl 键以切换方向。

3. 利用“起点、端点、半径”命令绘制圆弧

“起点、端点、半径”命令是通过确定圆弧的起点、端点及半径的方式来绘制圆弧。如图 10－45 所示，用“起点、端点、半径”命令绘制一条半径为 50 mm 的向上凸起的圆弧 $\widehat{AB}$（见图 10－45b）。

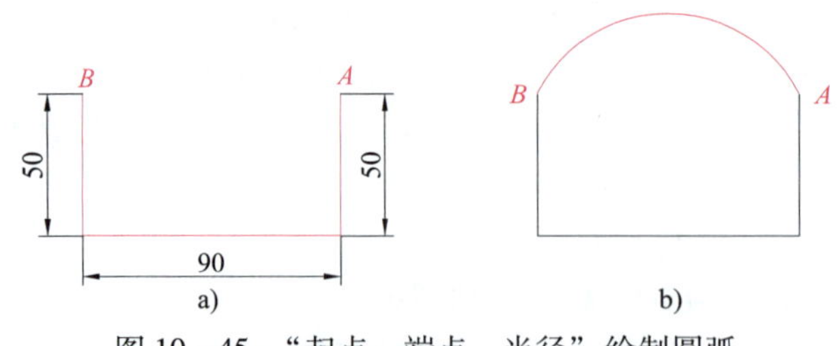

图 10－45 “起点、端点、半径”绘制圆弧

a）绘制圆弧前的图形 b）绘制结果

（1）根据图 10－45a 所示尺寸绘制图形。

（2）单击“默认”→“绘图”→“圆弧”下方的下拉按钮，在弹出的菜单中单击“起点、端点、半径”按钮，系统给出如下提示。

命令：_ arc

指定圆弧的起点或［圆心（C）］：　　//拾取 *A* 点（见图 10－45a）作为圆弧起点

指定圆弧的第二个点或［圆心（C）/端点（E）］：_ e

指定圆弧的端点：　　//拾取 *B* 点（见图 10－45a）作为圆弧端点

指定圆弧的中心点（按住 Ctrl 键以切换方向）或［角度（A）/方向（D）/半径（R）］：_ r

指定圆弧的半径（按住 Ctrl 键以切换方向）：50　　//输入圆弧的半径“50”，按回车键

绘制结果如图 10－45b 所示。

利用“起点、端点、半径”命令绘制图 10－45b 所示圆弧时，必须沿逆时针方向由 *A* 点到 *B* 点画弧，若由 *B* 点向 *A* 点画弧，则圆弧为内凹，如图 10－46 所示。

五、绘制矩形

在使用 AutoCAD 2022 绘图时，除了可以用绘制直线的方法绘制矩形外，系统还提供了直接绘制矩形的命令，用户可以直接启动“矩形”命令来绘制矩形，AutoCAD 系统会把创建的矩形看作是一个单一的复合对象，而不是一个由四条直线组合而成的对象。启动“矩形”命令的方法：在功能区单击“默认”→“绘图”→“矩形”按钮。

下面利用“矩形”命令绘制一个长 40 mm、宽 30 mm 的矩形。

单击“默认”→“绘图”→“矩形”按钮，启动“矩形”命令，系统给出如下提示。

命令：_ rectang

指定第一个角点或［倒角（C）/标高（E）/圆角（F）/厚度（T）/宽度（W）］：

//在绘图区适当位置单击，确定矩形的第一个角点 *A*（见图 10－47）

指定另一个角点或［面积（A）/尺寸（D）/旋转（R）］：D

//输入“D”，按回车键

指定矩形的长度 <10.0000>：40　　//输入矩形的长度“40”，按回车键

指定矩形的宽度 <10.0000>：30　　//输入矩形的宽度“30”，按回车键

指定另一个角点或［面积（A）/尺寸（D）/旋转（R）］：

//移动光标，在 *A* 点的右上侧单击，确定另一角点 *B* 的位置

矩形绘制结果如图 10－47 所示。

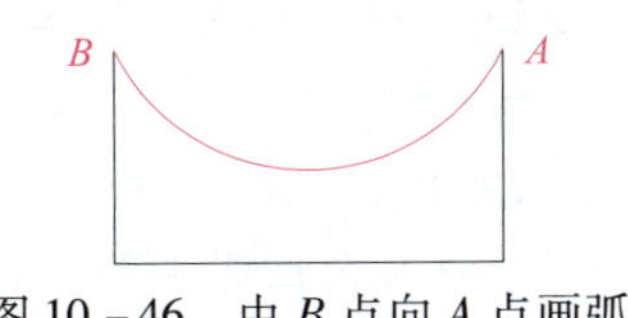

图 10－46　由 *B* 点向 *A* 点画弧

图 10－47　矩形绘制结果

六、绘制正多边形

正多边形是指由相等的边、角组成的闭合图形，如正三角形、正方形、正五边形、正六边形、正八边形等。绘制正多边形可用“多边形”命令，启动“多边形”命令的方法：在功能区单击“默认”→“绘图”→“多边形”按钮（如果在“绘图”面板上显示的是矩形，则选择下拉菜单中的“多边形”命令，如图 10－48 所示）。在绘制正多边形时，常用的有“内接于圆”和“外切于圆”两种方法。

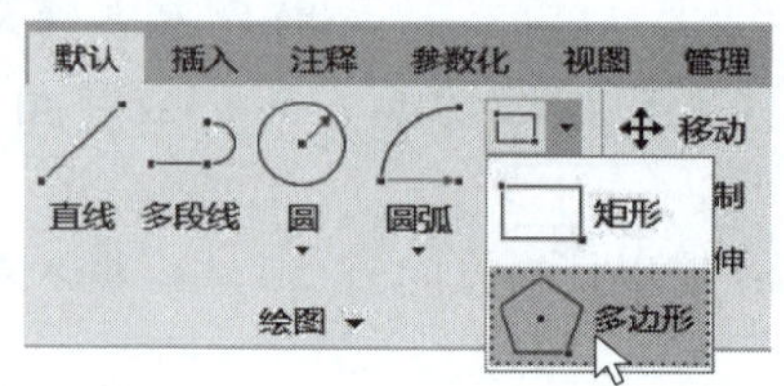

图 10－48 “多边形”命令的菜单位置

1. 用“内接于圆”方式绘制正多边形

“内接于圆”为系统默认设置，是在指定了正多边形的边数和中心点后，直接输入正多边形外接圆的半径，即可精确绘制正多边形。

下面绘制一个边长为 100 mm 的正六边形。

单击“默认”→“绘图”→“多边形”按钮，启动“多边形”命令，系统给出如下提示。

命令：_ polygon 输入侧面数 <4>：6　　//输入正多边形的边数“6”，按回车键
指定正多边形的中心点或［边（E）］：
　　//在绘图区单击鼠标左键，指定一点作为正多边形的中心点
输入选项［内接于圆（I）/外切于圆（C）］<I>：
　　//按回车键，默认正多边形内接于圆
指定圆的半径：100　　//输入外接圆半径“100”，按回车键

正六边形绘制结果如图 10－49 所示。

2. 用“外切于圆”方式绘制正多边形

确定了正多边形的边数和中心点后，也可用“外切于圆”方式绘制正多边形。

下面绘制一个对边距为 200 mm 的正六边形。

单击“默认”→“绘图”→“多边形”按钮，启动“多边形”命令，系统给出如下提示。

命令：_ polygon 输入侧面数 <4>：6　　//输入正多边形的边数“6”，按回车键
指定正多边形的中心点或［边（E）］：
　　//在绘图区单击鼠标左键，指定一点作为正多边形的中心点
输入选项［内接于圆（I）/外切于圆（C）］<I>：C
　　//输入“C”，按回车键，选择“外切于圆（C）”选项
指定圆的半径：100　　//输入内切圆半径“100”，按回车键

正六边形绘制结果如图 10－50 所示。

图 10－49　边长为 100 mm 的正六边形绘制结果　　图 10－50　对边距为 200 mm 的正六边形绘制结果

当绘制正多边形时，选定中心点位置后，屏幕上会自动弹出“输入选项”快捷菜单（见图 10－51），单击其中的某一个菜单，即可确定所绘制正多边形是内接于圆还是外切于圆。

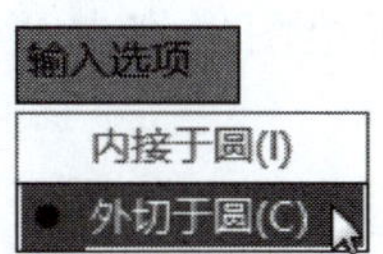

图 10－51　正多边形的“输入选项”快捷菜单

§10－3　常用辅助绘图工具

学习目标

1. 掌握图层管理的知识，能创建图形样板。

2. 掌握正交模式、对象捕捉、极轴追踪、对象捕捉追踪和动态输入等精确定位工具的使用方法，能绘制简单平面图形。

3. 掌握选择对象和夹点编辑的方法。

想一想

1. 如何管理不同类型的图线？

2. 基本图形对象上有哪些确定其形状和位置的特殊点？

为了快捷准确地绘制图形和方便高效地管理图形，AutoCAD 提供了多种必要的辅助绘图工具，如图层管理工具、精确定位工具、对象选择工具等。利用这些工具，可以方便、迅速、准确地实现图形的绘制和编辑。

一、图层管理工具

为了便于对不同类型的图线进行管理，AutoCAD 提供了图层管理工具。图层的属性信息有颜色、线型、线宽等，用户可以对其属性进行编辑修改。当在某一图层上作图时，图形元素的颜色、线型和线宽就可以与当前图层完全相同。

下面创建“粗实线”“细实线”“细虚线”“细点画线”“细双点画线”等图层，并保存为图形样板。

1. 新建图形文件

启动 AutoCAD 2022，打开“选择样板”对话框，单击“打开（O）”按钮右侧的下拉按钮，在弹出的下拉菜单中选择“无样板打开－公制（M）”选项，新建一个图形文件。

2. 新建图层

在用 AutoCAD 创建新文件时，系统会自动创建一个层名为“0”的图层，这是系统的默认图层，如果没有切换到其他图层，所绘图形都在“0”层上。如果用户要使用多个图层，则需要创建新图层。

（1）打开“图层特性管理器”选项板

单击“默认”→“图层”→“图层特性”按钮，系统弹出“图层特性管理器”选项板，如图 10－52 所示。

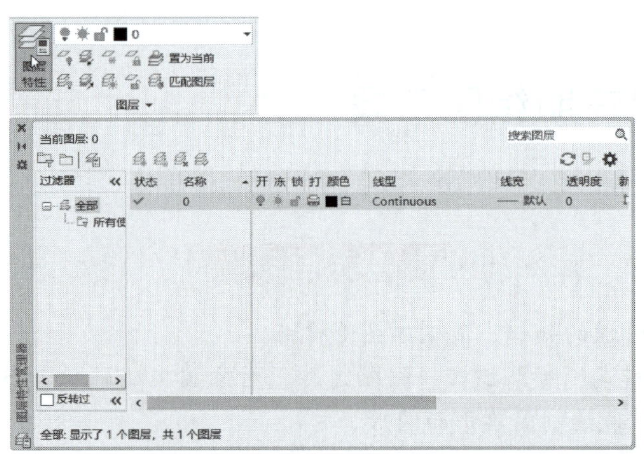

图 10－52 “图层特性”按钮与“图层特性管理器”选项板

单击该选项板上的“新建图层”按钮，系统会自动在列表框中创建一个名为“图层 1”的新图层，如图 10－53 所示。此时“图层 1”文本框处于可编辑状态，为便于区分各个图层，可直接在文本框中输入新图层名。

（2）创建“粗实线”图层

在“名称”栏中输入文字“粗实线”。单击“线宽”栏，弹出“线宽”对话框，选择 0.30 mm 线宽（见图 10－54），单击“确定”按钮，设置结果如图 10－55 所示。

（3）创建“细点画线”图层

1）单击“新建图层”按钮，新建“图层 2”。在“名称”栏中输入“细点画线”。单击

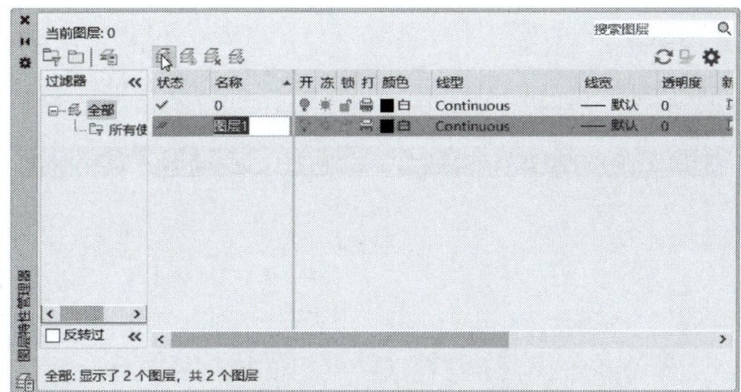

图 10－53　新建图层

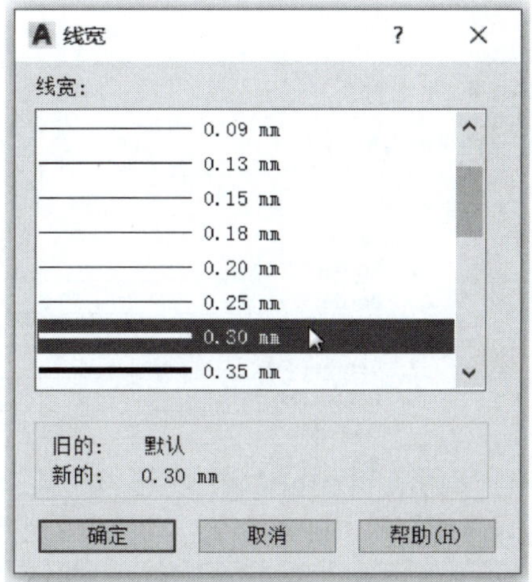

图 10－54　“线宽”对话框

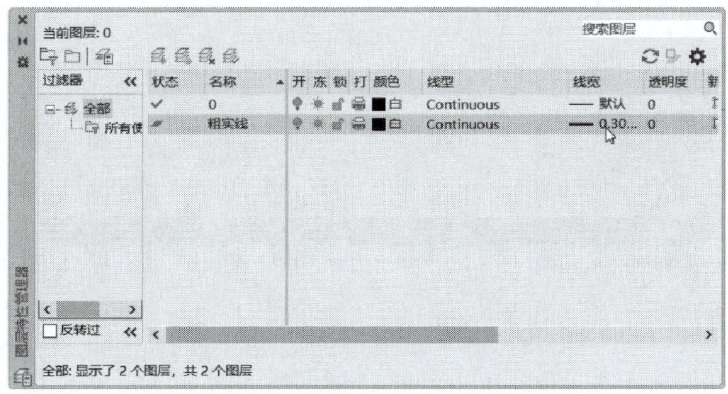

图 10－55　设置“粗实线”图层

该图层的“线型”栏图标，弹出“选择线型”对话框，如图 10－56 所示。

2）单击“加载（L）...”按钮，打开“加载或重载线型”对话框，选择“CENTER”线型，如图 10－57 所示。

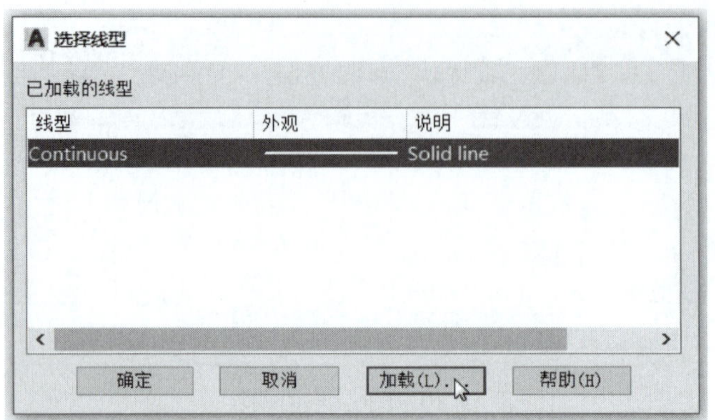

图 10－56　“选择线型” 对话框

图 10－57　“加载或重载线型” 对话框

3）单击 “确定” 按钮，选择的线型被加载到 “选择线型” 对话框内，如图 10－58 所示。

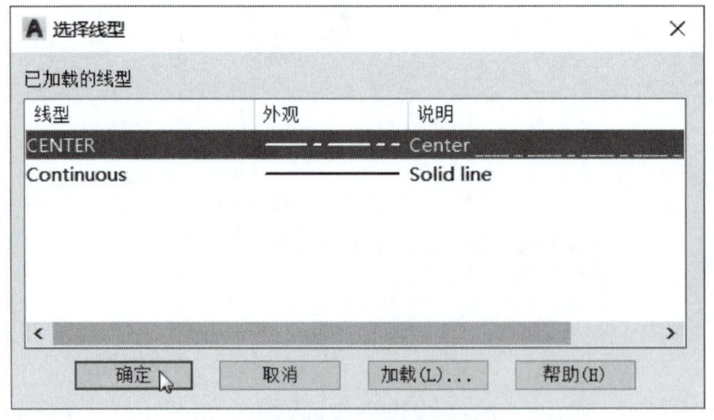

图 10－58　加载线型

4）选择 “CENTER” 线型，单击 “确定” 按钮（见图 10－58），即将此线型加载给当前被选择的“细点画线”图层，如图 10－59 所示。

5）单击“线宽”栏，将线宽设置为 0. 15 mm，结果如图 10－59 所示。

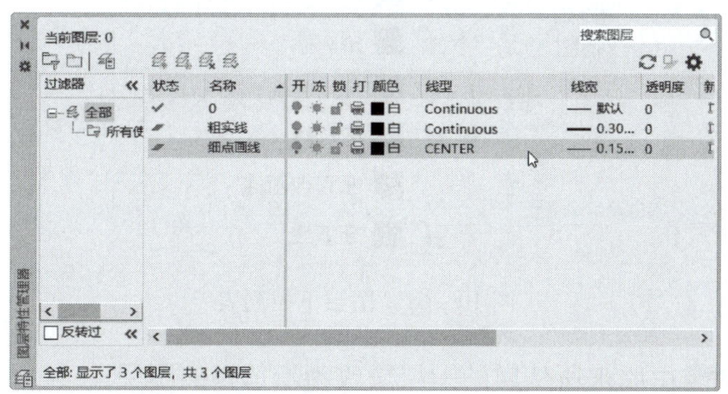

图 10－59 设置细点画线的线型和线宽

（4）创建其他图层

用同样的方法创建“细实线”“细虚线”和“细双点画线”图层，如图 10－60 所示。细实线、细虚线、细双点画线的线型分别为“Continuous”“DASHED”“PHANTOM”，线宽皆为 0. 15 mm。

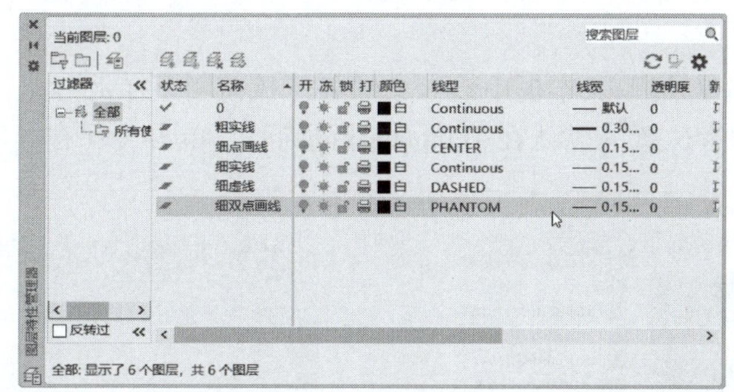

图 10－60 创建“细实线”“细虚线”和“细双点画线”图层

图层设置完成后，单击“图层特性管理器”选项板左上角的关闭按钮，关闭“图层特性管理器”选项板。

3. 设置当前图层

在 AutoCAD 中，虽然允许用户设置很多图层，但当前绘图图层只能有一个，称为“当前图层”。用户只能在当前图层上绘制图形，且绘制的图形的属性也从属于当前图层的属性。系统默认的当前图层为“0”层，因此在绘图时，应根据要绘制对象的属性把相应的图层设置为当前图层。例如，绘制细点画线时，就要把“细点画线”图层设置为当前图层；绘制粗实线时，就要把“粗实线”图层设置为当前图层。切换当前图层的方法：单击“图层”面板上方的图层列表框按钮，打开图层下拉列表（见图 10－61），选择要设置成当前图层的图层名称。

上述方法只能在当前没有对象被选择的情况下使用。如在有对象被选择的情况下进行上

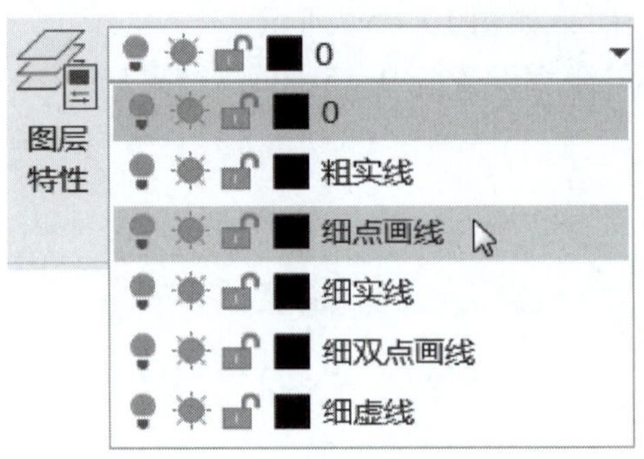

图 10－61　图层下拉列表

述操作，则会使此对象由原来所从属的图层更改为新选择的图层。

4. 保存图形样板

为了今后绘图方便，可以将设置好的图层文件保存为图形样板文件。具体步骤如下。

（1）选择“文件”菜单中的“保存”（或“另存为”）命令，弹出“图形另存为”对话框。

（2）在“文件类型（T）”下拉列表中选择“AutoCAD 图形样板（＊.dwt）”格式，如图 10－62 所示。

（3）在“文件名（N）”文本框中输入文件名“机械制图样板”。

（4）选择文件保存位置（默认在 Template 目录下），单击“保存（S）”按钮。

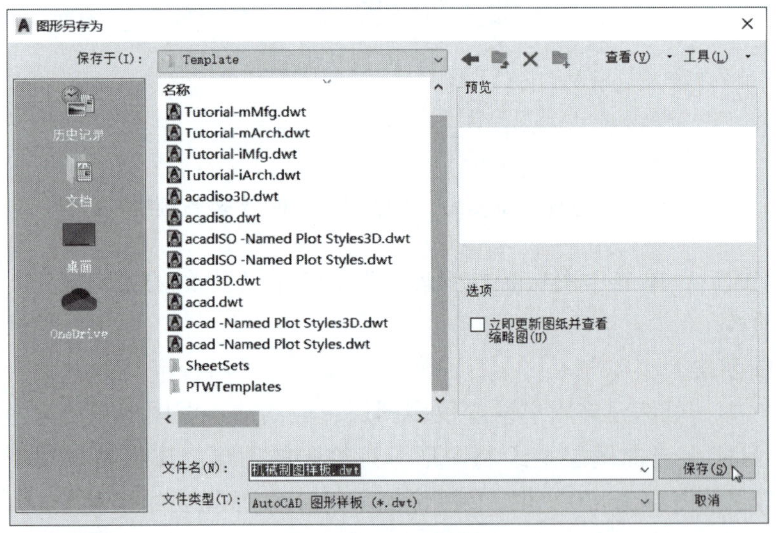

图 10－62　保存样板

（5）系统弹出“样板选项”对话框（见图 10－63），可以在“说明”文本框中输入对该样板的简短描述，如“设置了图层的机械制图样板”。单击“确定”按钮，完成图形样板的创建。以后的绘图工作就可以在此样板的基础上进行了。

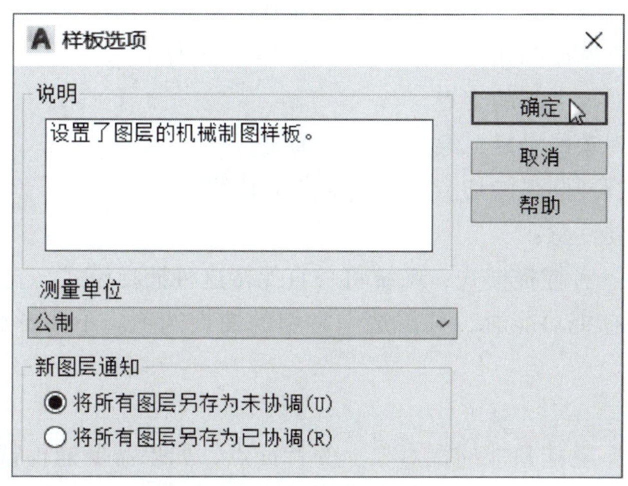

图 10－63 “样板选项”对话框

二、精确定位工具

为了快速、精确地绘制平面图形，AutoCAD 系统提供了许多辅助绘图工具，如正交模式、对象捕捉、极轴追踪、对象捕捉追踪、动态输入等工具，它们都放置在工作界面右下侧的辅助工具栏中。

1. 正交模式

“正交模式”功能用于将光标强行控制在水平或竖直方向上，以绘制水平和竖直的线段。启动“正交模式”功能的方法：在辅助工具栏单击“正交模式”按钮。

2. 对象捕捉

在线段、圆、椭圆、矩形、正多边形等几何对象上都有几个确定其位置、形状和大小的特征点，使用“对象捕捉”功能，可以非常方便地捕捉到图形上的各种特征点，以便对图形对象进行修改。启动“对象捕捉”功能的方法：在辅助工具栏单击“对象捕捉”按钮。

AutoCAD 为用户提供了 14 种对象的捕捉功能，如图 10－64 所示，使用这些功能可以非常方便地将光标定位到图形的特征点上。设置对象捕捉的方法：在辅助工具栏，右键单击“对象捕捉”按钮，或左键单击“对象捕捉”按钮右侧的下拉按钮，在弹出的设置菜单（见图 10－64）中勾选需要的选项。

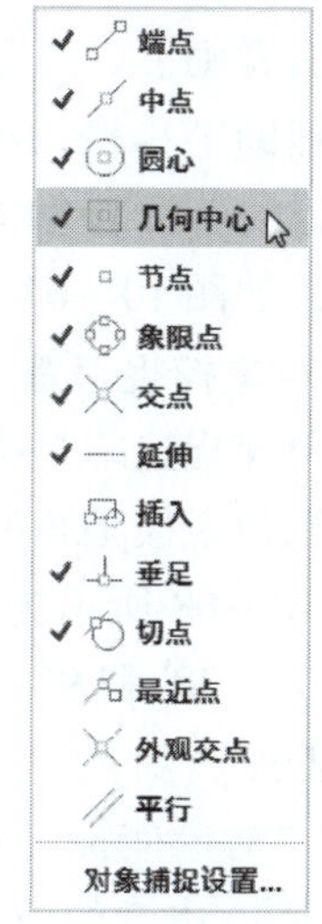

图 10－64 “对象捕捉”设置菜单

“对象捕捉”设置菜单中常用选项的功能如下。

端点：用于捕捉对象的端点，如线段的端点，矩形、多边形的角点等。

中点：用于捕捉对象的中点，如线段或圆弧的中点。

圆心：用于捕捉圆、圆弧或圆环的圆心。

几何中心：用于捕捉矩形、正多边形的几何中心。

象限点：用于捕捉圆或圆弧的象限点，如图 10－65 所示。

交点：用于捕捉对象之间的交点。

垂足：用于捕捉对象的垂足，绘制对象的垂线。

切点：用于捕捉圆或圆弧的切点，绘制对象的切线。

设置对象捕捉时要注意：

（1）一旦设置了某种捕捉模式，系统将一直保持这种捕捉模式，直到取消为止。

（2）在设置对象捕捉功能时，只需选中常用的捕捉选项。不要开启全部捕捉功能，否则会给绘图带来不便。

3. 极轴追踪

使用“对象捕捉”功能只能捕捉对象上的特征点，如果需要捕捉特征点之外的目标点，则需要使用“极轴追踪”和“对象捕捉追踪”功能。

“极轴追踪”可以根据当前设置的追踪角度，引出相应的极轴追踪线，从而追踪定位目标点，如图 10－66 所示。启动“极轴追踪”功能的方法：单击辅助工具栏的“极轴追踪”按钮。

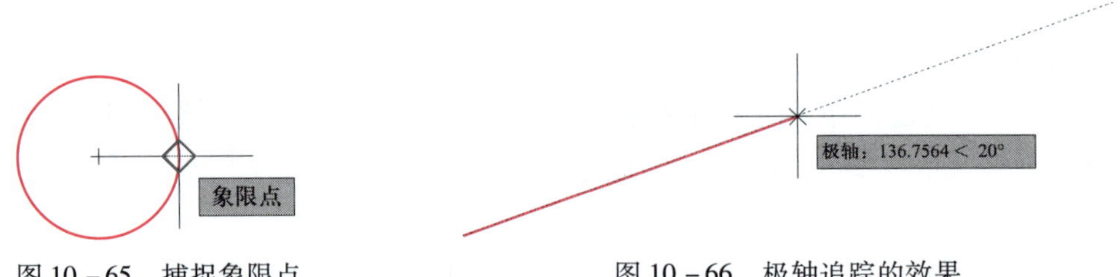

图 10－65　捕捉象限点　　图 10－66　极轴追踪的效果

“正交模式”和“极轴追踪”不能同时打开，因为前者是使光标限制在水平或竖直轴上，而后者则可以追踪任意方向的目标。

在辅助工具栏，单击“极轴追踪”按钮右侧的下拉按钮，可以打开“极轴追踪”设置菜单，用户可以勾选需要的增量角，如图 10－67 所示。

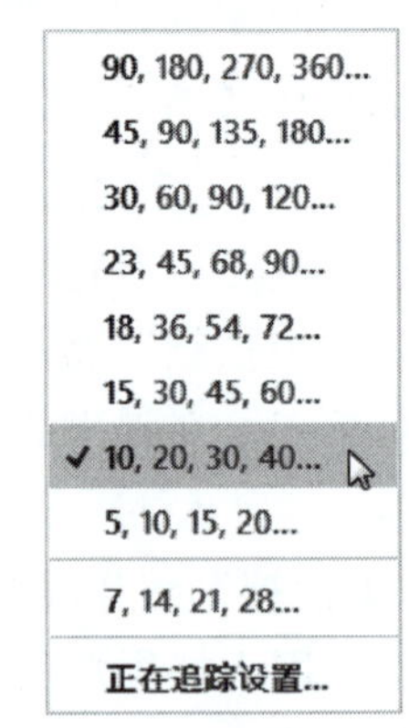

图 10－67　“极轴追踪”设置菜单

4. 对象捕捉追踪

对象捕捉追踪是指以捕捉到的特殊位置点为基点，按指定的极轴角或极轴角的倍数对齐要追踪点的路径。

图 10－68 所示为以捕捉点 A 为基点，追踪点的极轴角分别为 0°、30°和 90°时的状态。“对象捕捉追踪”必须与“对象捕捉”功能一起使用，即状态栏中的“对象捕捉追踪”和“对象捕捉”按钮都要处于打开状态。启动“对象捕捉追踪”功能的方法：在辅助工具栏单击“对象捕捉追踪”按钮。

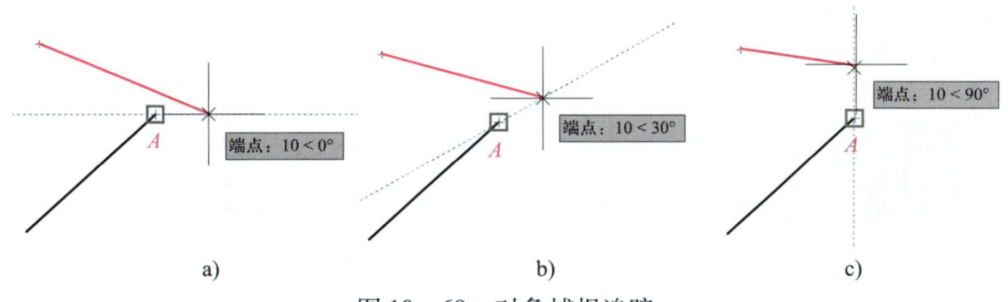

a) b) c)

图 10－68 对象捕捉追踪

a）追踪 *A* 点的 0°极轴角 b）追踪 *A* 点的 30°极轴角 c）追踪 *A* 点的 90°极轴角

5. 动态输入

启用“动态输入”功能，可以直接在光标附近显示绘制要素的信息。例如，画直线时，会动态显示直线的长度和倾斜角度；用“圆心、半径”命令画圆时，会动态显示圆的半径。图 10－69 所示为关闭和开启“动态输入”功能时图线显示的变化。单击辅助工具栏上的“动态输入”按钮，可以启动或关闭“动态输入”功能。

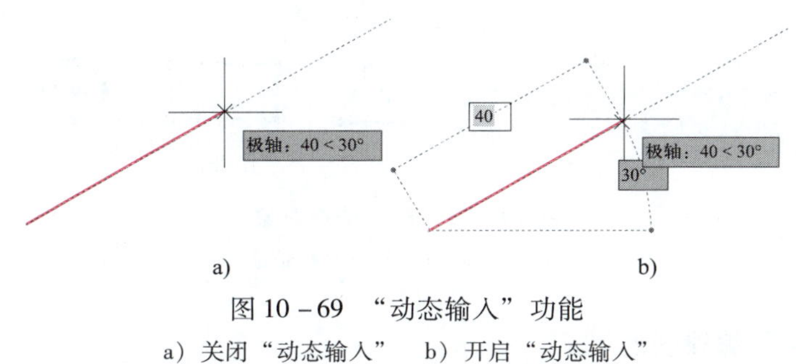

a) b)

图 10－69 “动态输入”功能

a）关闭“动态输入” b）开启“动态输入”

三、选择对象与夹点编辑

1. 选择对象

AutoCAD 2022 支持三种选择对象的方式，分别是点选择、窗口选择和窗交选择。

（1）点选择对象

点选择对象是最基本、最简单的一种选择方式，此种方式一次只能选择一个对象。将光标移动到所选对象上单击鼠标左键，即可选中该对象，被选中对象的图线变宽并呈现蓝色，如图 10－70 所示。

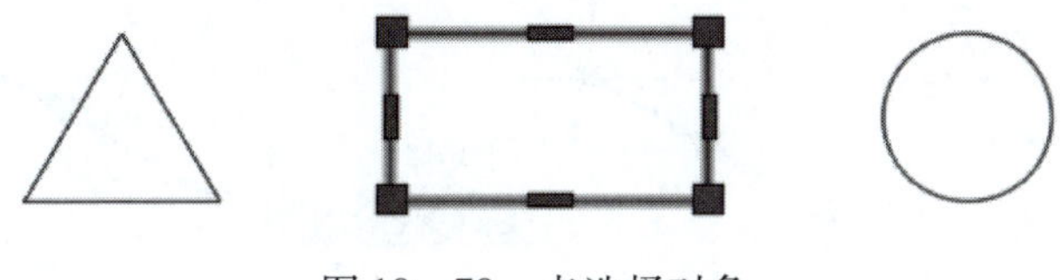

图 10－70 点选择对象

（2）窗口选择对象

窗口选择对象一次可以选择多个对象，方法是用光标从左向右拉出一个矩形选择框，选择框以实线显示，内部以浅蓝色填充，如图 10－71a 所示。此选择方法能把完全位于框内的对象选中，如图 10－71b 所示。

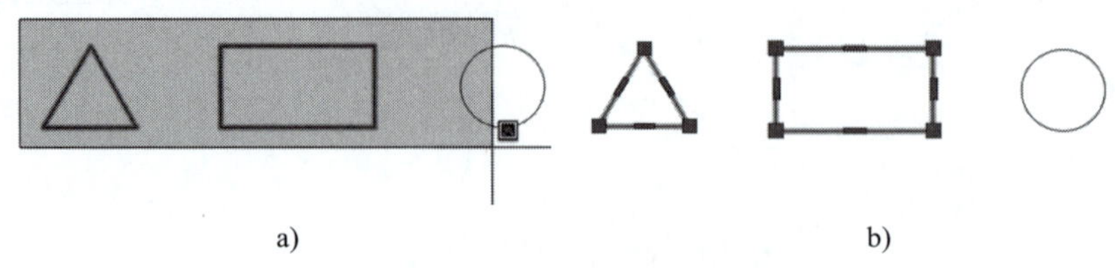

a) b)

图 10－71 窗口选择对象

a）窗口框 b）窗口选择结果

（3）窗交选择对象

窗交选择一次也可以选择多个对象，方法是用光标从右向左拉出一个矩形选择框，选择框以虚线显示，内部以浅绿色填充，如图 10－72a 所示。此选择方法能把所有与选择框相交和完全位于框内的对象都选中，如图 10－72b 所示。

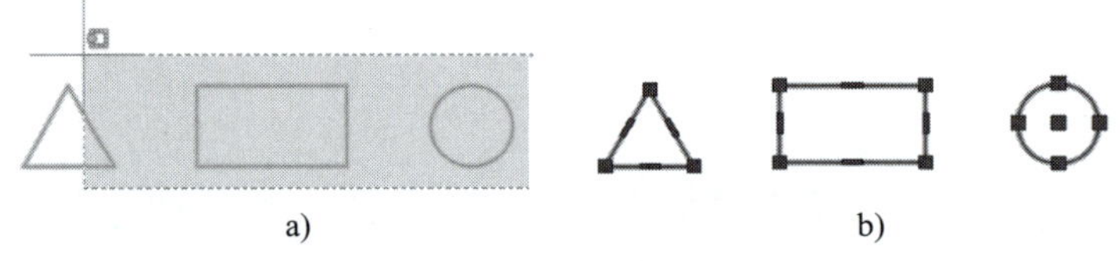

a) b)

图 10－72 窗交选择对象

a）窗交框 b）窗交选择结果

2. 使用“夹点”编辑图形

在没有命令运行时选中对象，对象上会显示一些蓝色的点，这些蓝色点就是夹点。夹点是对象上的控制点，也是特征点。“夹点”编辑是一种常用且简单的编辑功能，通过编辑图形上的夹点，可以快速编辑图形。

（1）用夹点拉伸直线

如图 10－73 所示，绘制一条直线，然后选择直线，将光标移到右上端点上，该端点显示为红色，同时弹出一个快捷菜单，单击“拉长”按钮，即可在该直线的延长线上拉伸直线。

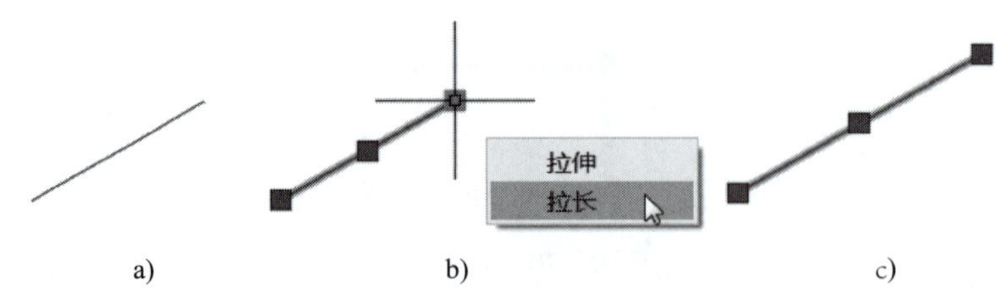

a) b) c)

图 10－73 用夹点拉伸直线

a）绘制一条直线 b）单击“拉长”按钮 c）拉伸直线

（2）用夹点编辑圆

绘制一个任意半径的圆，然后选中圆的任意一个象限点作为编辑的夹点（见图 10－74a），输入新的半径尺寸“30”（见图 10－74b）后按回车键，即可得到赋予新值的圆。

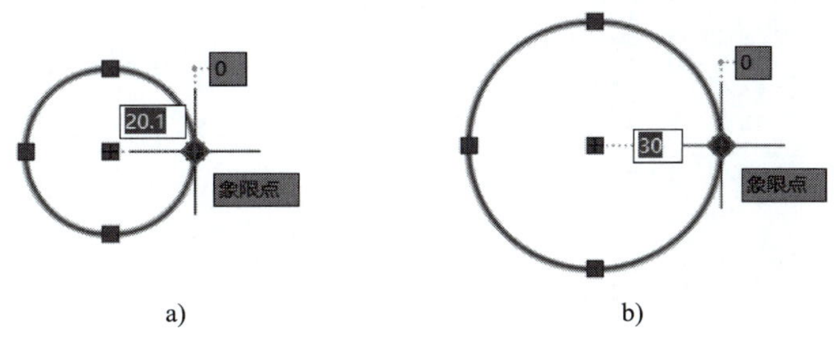

图 10－74　用夹点编辑圆

a）选中象限点　b）输入新半径尺寸“30”

在选择对象后，如果将直线的中点或圆的圆心作为编辑夹点，可对该对象进行移动。

绘制顶尖

绘制图 10－75 所示顶尖（不标注尺寸）。

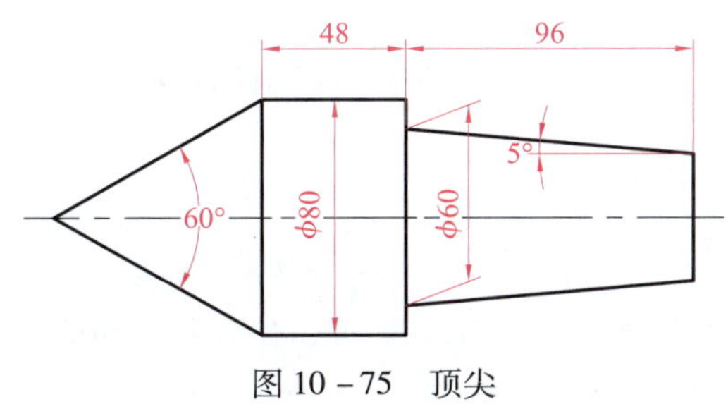

图 10－75　顶尖

顶尖由正三角形、矩形和梯形组成。

1. 新建图形文件

（1）启动 AutoCAD 2022，单击快速访问工具栏的“新建”按钮，打开“选择样板”对话框，在“名称”栏单击“机械制图样板 . dwt”，单击“打开（O）”按钮（见图 10－76），新建一个基于“机械制图样板”的图形文件。

（2）将辅助工具栏上的“极轴追踪”“对象捕捉”“对象捕捉追踪”“动态输入”“显示线宽”等设置为开启状态。本书后续内容中，均默认该状态。

2. 绘制轴线

将“细点画线”图层设置为当前图层。单击“默认”→“绘图”→“直线”按钮，启动“直线”命令绘制轴线，系统给出如下提示。

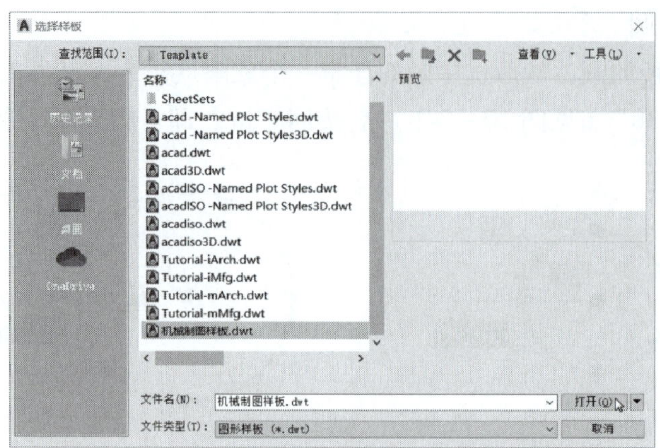

图 10－76　新建基于“机械制图样板”的图形文件

命令：_ line
指定第一个点：　　　　　　　　//在绘图区适当位置单击鼠标左键，确定直线的起点
指定下一点或［放弃（U）］：235　　　　//向右移动光标，输入“235”，按回车键
指定下一点或［退出（E）/放弃（U）］：　　　　　　　　　//按回车键结束命令

绘制结果如图 10－77a 所示。

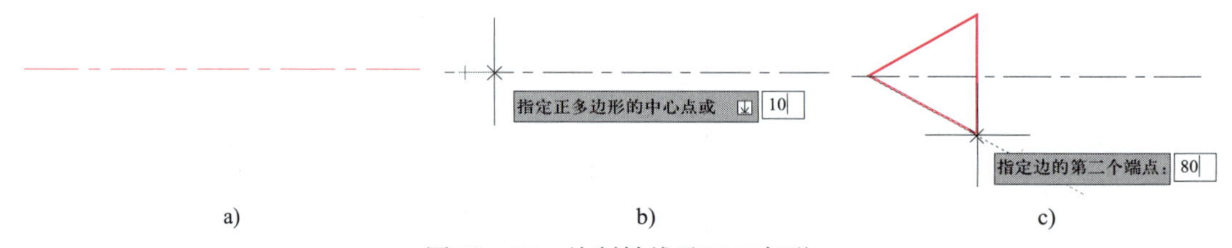

图 10－77　绘制轴线及正三角形

a）绘制轴线　b）指定正三角形的左端点　c）绘制正三角形

3. 绘制正三角形

将“粗实线”图层设置为当前图层。单击“多边形”按钮，启动“多边形”命令，系统给出如下提示。

命令：_ polygon 输入侧面数 <4>：3　　　　//输入正多边形的边数“3”，按回车键
指定正多边形的中心点或［边（E）］：E　//输入“E”，按回车键，启动“边”选项
指定边的第一个端点：10　　　//捕捉轴线的左端点，向右移动光标（见图 10－77b），
　　　　　　　　　　　　　　　　　　　　　　　　　　　//输入“10”，按回车键
指定边的第二个端点：80
　　　　　　　　　//沿 330°方向移动光标（见图 10－77c），输入“80”，按回车键

4. 绘制矩形

启动“直线”命令，绘制矩形的上、右、下三条边，系统给出如下提示。

```
命令：_ line
指定第一个点：                    //捕捉 A 点（见图 10-78），单击鼠标左键
指定下一点或［放弃（U）］：48       //水平向右移动光标，输入“48”，按回车键
指定下一点或［退出（E）/放弃（U）］：
            //捕捉 B 点的竖直追踪线和 C 点的水平追踪线的交点，单击鼠标左键
指定下一点或［关闭（C）/退出（X）/放弃（U）］：   //捕捉 C 点，单击鼠标左键
指定下一点或［关闭（C）/退出（X）/放弃（U）］：        //按回车键结束命令
```

绘制结果如图 10-78 所示。

5. 绘制梯形

（1）绘制梯形右侧轮廓

按空格键重新启动“直线”命令，系统给出如下提示。

```
命令：_ line
指定第一个点：96 //捕捉 D 点（见图 10-79），向右移动光标，输入“96”，按回车键
指定下一点或［放弃（U）］：         //竖直向上移动光标到适当位置，单击鼠标左键
指定下一点或［退出（E）/放弃（U）］：                  //按回车键，结束命令
```

绘制结果如图 10-79 所示。

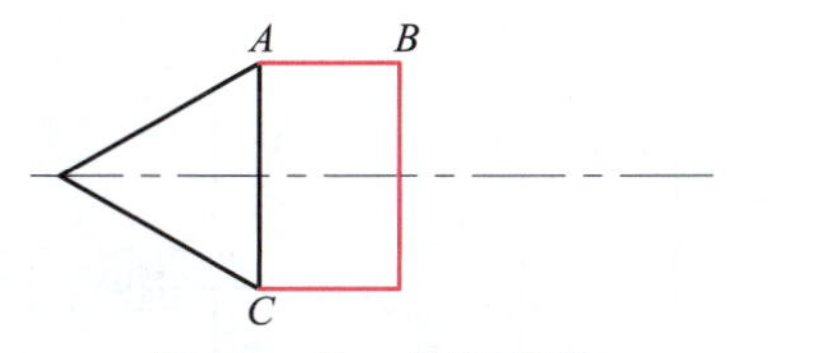

图 10-78 绘制矩形

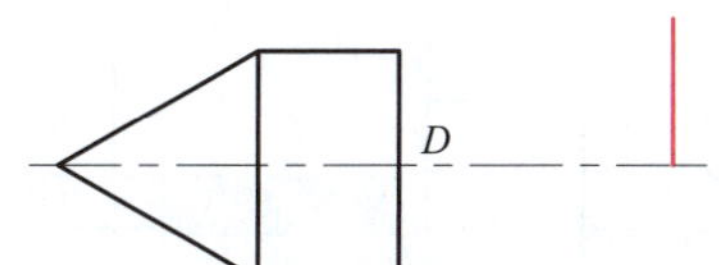

图 10-79 绘制梯形右侧轮廓线

（2）拉伸轮廓线

选择刚刚绘制的轮廓线，单击下侧夹点（见图 10-80a），向下移动光标到适当位置，单击鼠标左键，如图 10-80b 所示，按 ESC 键结束命令。

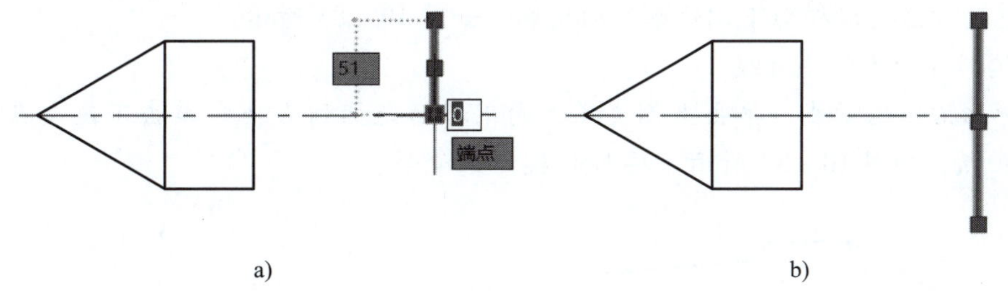

图 10-80 通过编辑夹点拉伸直线

a）选择下侧夹点 b）拉伸直线

（3）绘制梯形上边的轮廓线

设置“极轴追踪”的增量角为 5°（见图 10-81）。启动“直线”命令，系统给出如下提示。

命令：_ line
指定第一个点：30
//捕捉 *D* 点，向上移动光标，输入“30”（见图 10－82a），按回车键
指定下一点或［放弃（U）］：
//捕捉顺时针方向 5°的追踪线与右侧轮廓线的交点（见图 10－82b），单击鼠标左键
指定下一点或［退出（E）/放弃（U）］：　　//按回车键结束命令

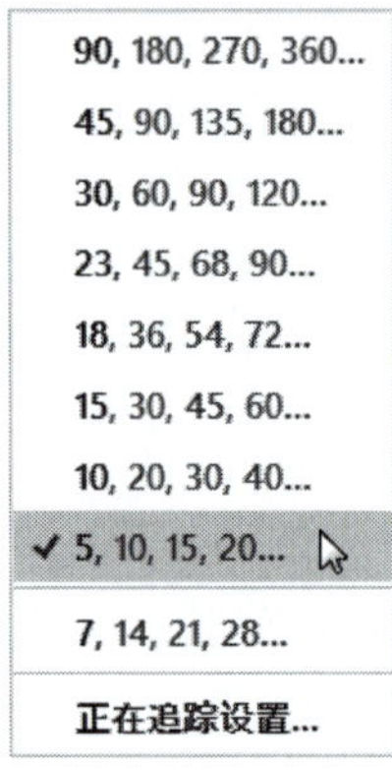

图 10－81　设置“极轴追踪”的增量角

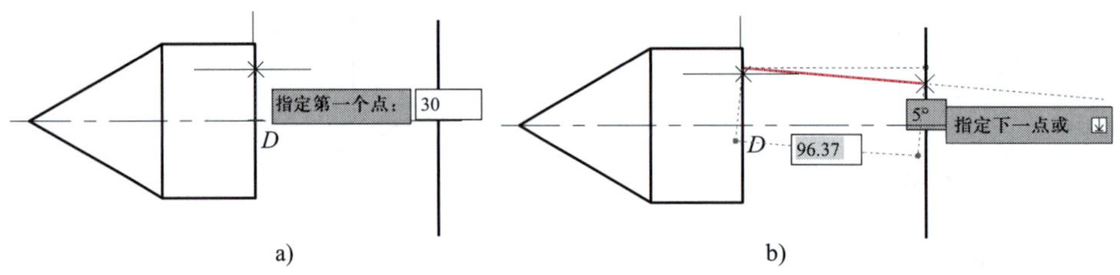

图 10－82　绘制梯形上边的轮廓线

（4）绘制梯形下边的轮廓线

用同样的方法完成梯形下侧轮廓线的绘制，如图 10－83 所示。

（5）编辑梯形右侧轮廓线

选择梯形右侧轮廓线，单击上侧夹点，向下移动光标到 *E* 点。单击下侧夹点，向上移动光标到 *F* 点，如图 10－84 所示。按 ESC 键结束命令。

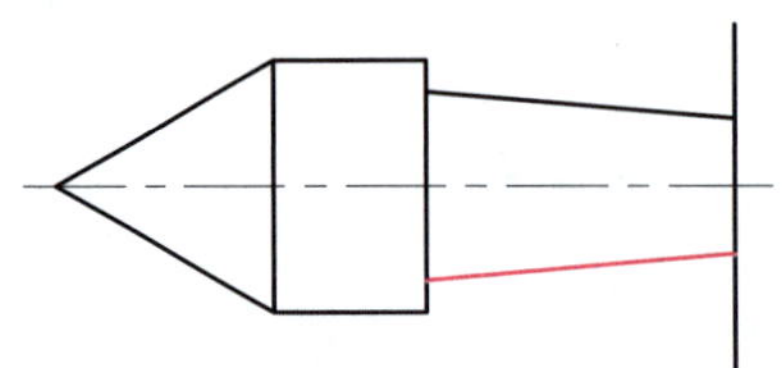

图 10－83　绘制梯形下边的轮廓线

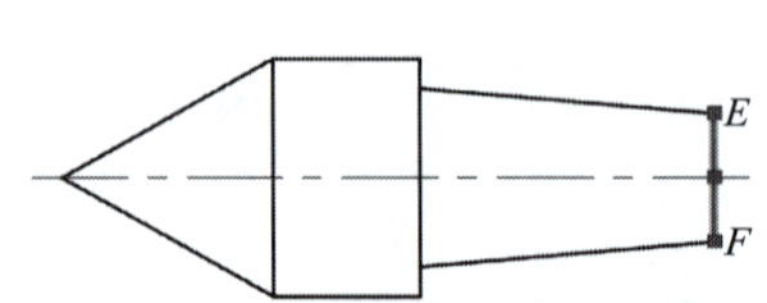

图 10－84　编辑梯形右侧轮廓线

§10－4 绘制平面图

学习目标

1. 掌握“移动”“矩形阵列”“分解”“复制”“圆角”“修剪”“镜像”和“打断于点”命令的使用方法。

2. 掌握线型比例的设置方法。

3. 了解“特性”选项板的使用方法。

4. 培养用 AutoCAD 绘制平面图的能力。

一、绘制盖板的平面图

盖板的平面图如图 10－85 所示，下面绘制该平面图（不标注尺寸）。

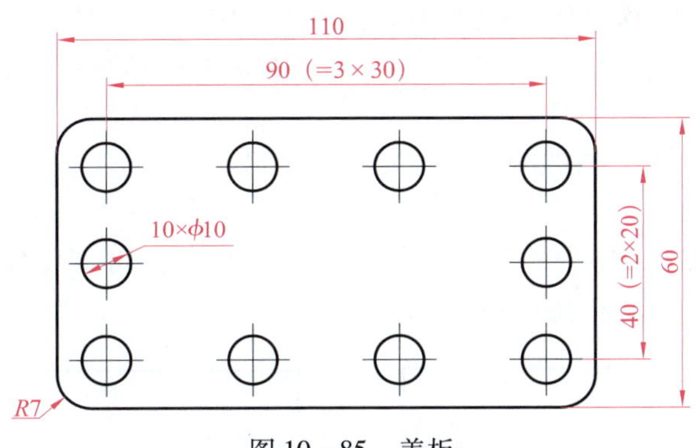

图 10－85 盖板

图 10－85 所示盖板由一个倒圆角的矩形和 10 个小圆及中心线组成，绘图时可先绘制矩形，然后绘制小圆及中心线，最后倒圆角。

1. 新建图形文件

打开“机械制图样板”，新建一个图形文件。

2. 绘制矩形

将“粗实线”图层设置为当前图层。启动“矩形”命令，绘制一个长 110 mm、宽 60 mm 的矩形，如图 10－86 所示。

3. 绘制一个 ϕ10 mm 圆

启动“圆”命令，以矩形左下角端点为圆心，绘制一个 ϕ10 mm 圆，如图 10－87 所示。

4. 移动圆

“移动”命令用于在不改变图形对象大小和形状的情况下，将图形对象从一个位置移动

图 10－86　绘制 110 mm×60 mm 矩形

图 10－87　绘制一个 ϕ10 mm 圆

到另一位置上。在功能区单击“默认”→“修改”→“移动”按钮，启动“移动”命令，系统给出如下提示。

```
命令：_ move
选择对象：找到 1 个                                   //选择圆作为移动对象
选择对象：                                     //按回车键结束移动对象的选择
指定基点或［位移（D）］<位移>：                    //按回车键激活“位移”选项
指定位移 <0.0000，0.0000，0.0000>：@10，10
                                         //输入位移坐标“@10，10”，按回车键
```

移动圆的结果如图 10－88 所示。

5. 绘制圆的中心线

国家标准规定，机械图样中的短中心线用细实线绘制。将“细实线”图层设置为当前图层，绘制圆的中心线，如图 10－89 所示。

图 10－88　移动圆的结果

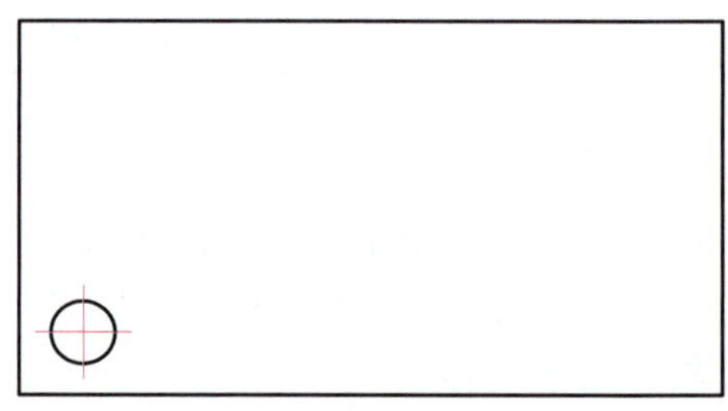
图 10－89　绘制圆的中心线

6. 阵列圆及中心线

阵列命令可以按照一定的排列规律一次复制多个图形对象。在 AutoCAD 2022 中，阵列方式有“矩形阵列”“环形阵列”和“路径阵列”，其中“矩形阵列”和“环形阵列”应用最普遍。矩形阵列主要用于将选择的图形对象按指定的行数和列数呈矩形排列。

（1）在功能区单击“默认”→“修改”→“矩形阵列”按钮，启动“矩形阵列”命令。

（2）选择阵列对象（圆及中心线），按回车键。在屏幕上方弹出“阵列创建”选项板，

如图 10－90 所示。同时，在屏幕上显示与之对应的阵列图形（系统默认为四列三行），如图 10－91 所示。

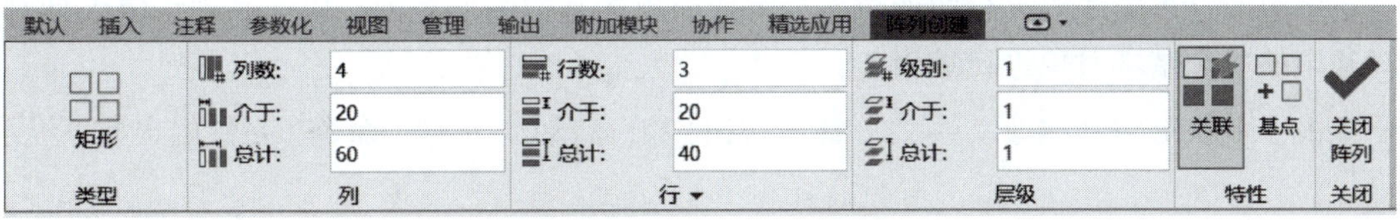

默认 插入 注释 参数化 视图 管理 输出 附加模块 协作 精选应用 阵列创建
矩形 类型
列数: 4 介于: 20 总计: 60 列
行数: 3 介于: 20 总计: 40 行
级别: 1 介于: 1 总计: 1 层级
关联 基点 特性
关闭阵列 关闭

图 10－90 矩形阵列的“阵列创建”选项板

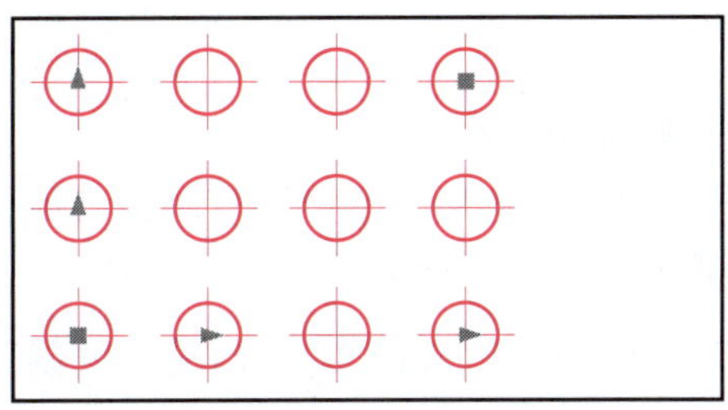

图 10－91 阵列预览

（3）修改“阵列创建”选项板中的参数如下。

“列”选项：列数为 4，介于（列距）为 30。

“行”选项：行数为 2，介于（行距）为 40。

“层级”选项：采用默认值。

若“关联”按钮框呈蓝色显示，则表示被阵列对象处于关联状态，即被阵列对象是一个复合对象，需要单击“关联”按钮取消关联。

修改“阵列创建”选项板的结果如图 10－92 所示。在修改选项板参数的同时，屏幕上的阵列图形会随之改变，如图 10－93 所示。用户可以根据变化情况判断参数修改是否正确。

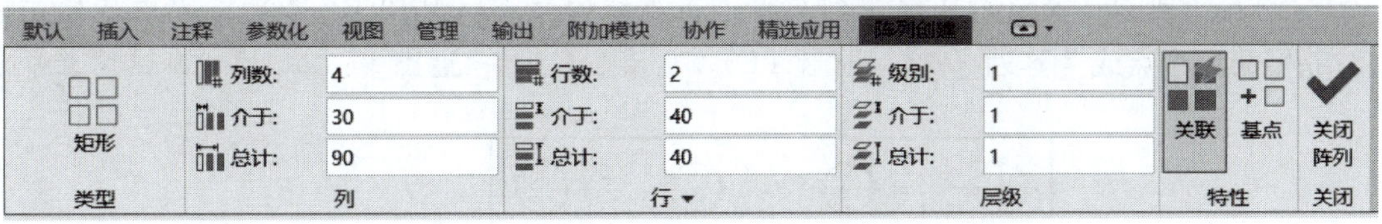

默认 插入 注释 参数化 视图 管理 输出 附加模块 协作 精选应用 阵列创建
矩形 类型
列数: 4 介于: 30 总计: 90 列
行数: 2 介于: 40 总计: 40 行
级别: 1 介于: 1 总计: 1 层级
关联 基点 特性
关闭阵列 关闭

图 10－92 修改“阵列创建”选项板的参数

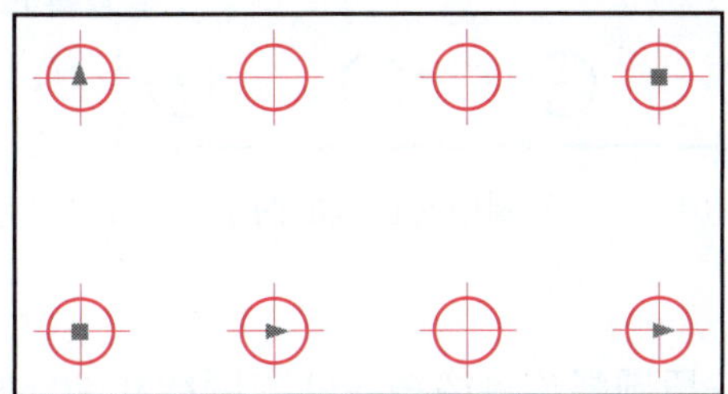

图 10－93 “矩形阵列”结果

（4）按回车键或单击“阵列创建”选项板中的“关闭阵列”按钮，完成矩形阵列操作。

若忘记取消关联，可以利用“分解”命令对阵列对象进行分解。“分解”命令用于将矩形、正多边形、多段线等复合图形对象分解成简单的基本图形对象，以便利用编辑工具对复合对象中的单个基本对象进行编辑。

单击“默认”→“修改”→“分解”按钮，启动“分解”命令，系统给出如下提示。

```
命令：_ explode
选择对象：找到 1 个                                  //选择要分解的复合对象
选择对象：                                            //按回车键完成分解
```

7. 复制中间位置的两个小圆及中心线

“复制”命令用于将选择的图形对象从一个位置复制到其他位置，执行一次“复制”命令可以相对于基点多次复制所选择的目标对象。

单击“默认”→“修改”→“复制”按钮，启动“复制”命令，系统给出如下提示。

```
命令：_ copy
选择对象：指定对角点：找到 3 个                //选择左上侧圆和两条短中心线
选择对象：                                            //按回车键结束选择
当前设置：复制模式 = 多个
指定基点或［位移（D）/模式（O）］<位移>：           //拾取圆心作为复制基点
指定第二个点或［阵列（A）］<使用第一个点作为位移>：20          //竖直向下
            //移动光标（屏幕上出现一条竖直追踪线），输入“20”，按回车键
指定第二个点或［阵列（A）/退出（E）/放弃（U）］<退出>：
            //水平向右移动光标（屏幕上出现一条水平追踪线），然后捕捉右上
//侧圆的圆心，竖直向下追踪到与水平追踪线的交点（见图 10－94），单击鼠标左键
指定第二个点或［阵列（A）/退出（E）/放弃（U）］<退出>：  //按回车键结束命令
```

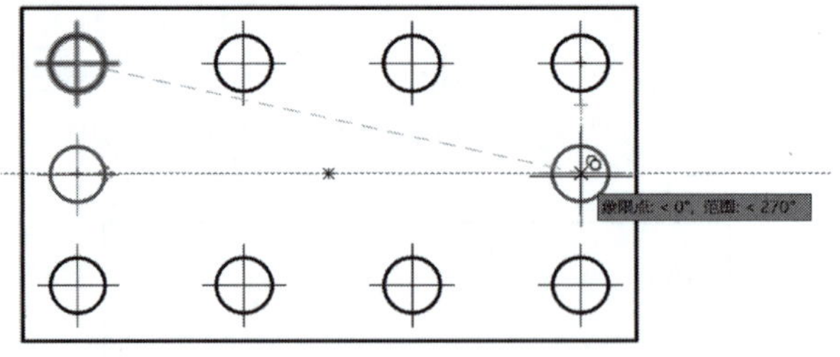

图 10－94　复制中间位置的两个小圆及中心线

8. 倒圆角

“圆角”命令用于通过一段圆弧连接两图线并与图线相切，称为倒圆角。在功能区单击“默认”→“修改”→“圆角”按钮，启动“圆角”命令，系统给出如下提示。

命令：_ fillet
当前设置：模式 = 修剪，半径 = 0.0000
选择第一个对象或［放弃（U）/多段线（P）/半径（R）/修剪（T）/多个（M）］：R
//输入“R”按回车键，激活“半径”选项
指定圆角半径 <0.0000>：7　　//输入圆角半径“7”，按回车键
选择第一个对象或［放弃（U）/多段线（P）/半径（R）/修剪（T）/多个（M）］：M
//输入“M”按回车键，激活“多个”选项
选择第一个对象或［放弃（U）/多段线（P）/半径（R）/修剪（T）/多个（M）］：
//单击矩形某端点的一条边
选择第一个对象或［放弃（U）/多段线（P）/半径（R）/修剪（T）/多个（M）］：
//单击矩形该端点的另一条边，完成一个倒圆角
……　　//依次完成其他倒圆角
选择第一个对象或［放弃（U）/多段线（P）/半径（R）/修剪（T）/多个（M）］：
//按回车键结束命令

执行“圆角”命令的结果如图 10－95 所示。

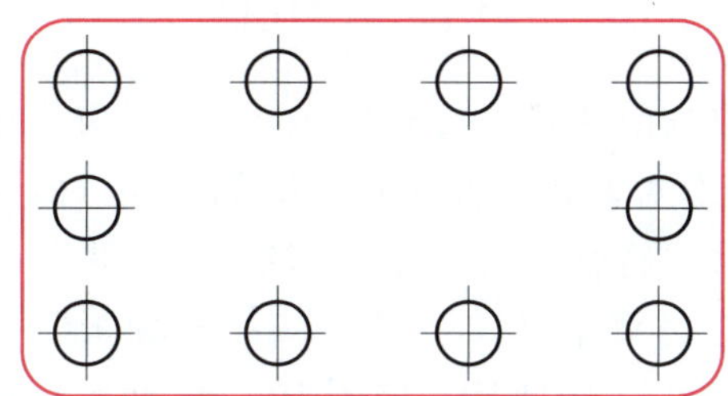

图 10－95　倒“圆角”

在执行“圆角”命令时，系统默认状态是“修剪”，如果不需要修剪边线，可在执行命令时输入“T”，然后再输入“N”，选择“不修剪”选项。

二、绘制密封板平面图

绘制图 10－96 所示密封板平面图（不标注尺寸）。

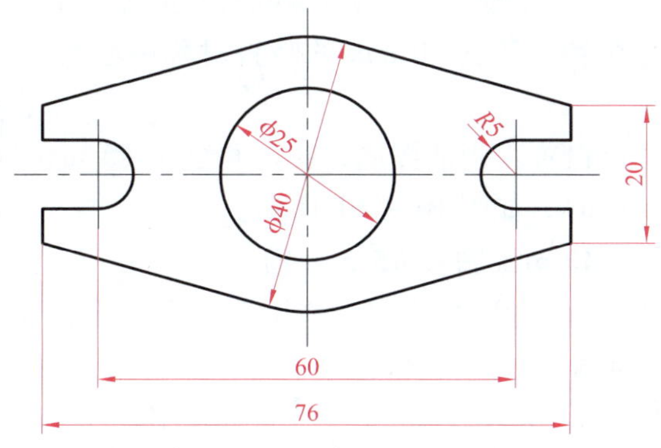

图 10－96　密封板平面图

图 10－96 所示密封板上下、左右对称，绘图时可先绘制对称中心线，再绘制 $\phi40$ mm 圆弧和两侧的 $R5$ mm 圆，然后绘制某一侧的直线轮廓，再用“镜像”命令完成其余直线轮廓的绘制。

1. 新建图形文件

打开“机械制图样板”，新建一个图形文件。

2. 设置线型比例

线型比例可以用于设定细点画线、细虚线、细双点画线等非连续图线的比例。长度为 100 mm 的不同线型比例的 CENTER 线型、DASHED 线型和 PHANTOM 线型示例如图 10－97 所示。

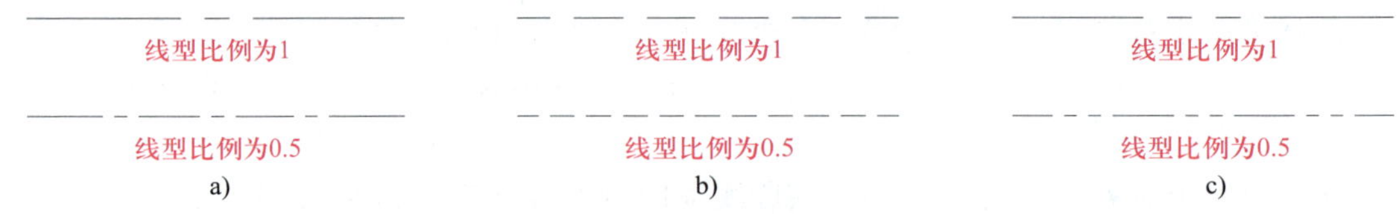

图 10－97 不同线型比例的线型示例

a）CENTER 线型 b）DASHED 线型 c）PHANTOM 线型

系统默认的线型比例为“1”，用户可以根据需要在“特性”选项板中修改线型比例。

“特性”选项板用于列出当前图层或选定对象的当前设置，使用“特性”选项板来编辑图形对象是一种比较快捷的方法。默认情况下，绘图区中不会显示“特性”选项板。单击“默认”→“特性”右侧的斜箭头，或选择菜单栏“工具”→“选项板”→“特性”命令，可以打开“特性”选项板，如图 10－98 所示。通过“特性”选项板，可以对当前绘图环境的颜色、图层、线型、线型比例和线宽进行设置，也可对选定对象的图层、颜色、线型、线宽、线型比例和文本特性等进行修改。

图 10－98 “特性”选项板

根据图 10－96 的大小和复杂程度，将线型比例设置为 0.25。

3. 绘制对称中心线

（1）将“细点画线”图层设置为当前图层，绘制一条长 86 mm 的水平对称中心线和一条长 50 mm 的竖直对称中心线，如图 10－99a 所示。

（2）将“细实线”图层设置为当前图层，在左侧绘制 $R5$ mm 圆弧的竖直中心线（长16 mm），如图 10－99b 所示。

4. 绘制 $\phi25$ mm 圆、$\phi40$ mm 圆和 $R5$ mm 圆

将“粗实线”图层设置为当前图层，启动“圆”命令，绘制 $\phi25$ mm 圆、$\phi40$ mm 圆和 $R5$ mm 圆，如图 10－100 所示。

5. 修剪 $R5$ mm 圆弧

“修剪”命令用于沿指定的修剪边界修剪掉对象中不需要的部分，默认情况下，修剪边

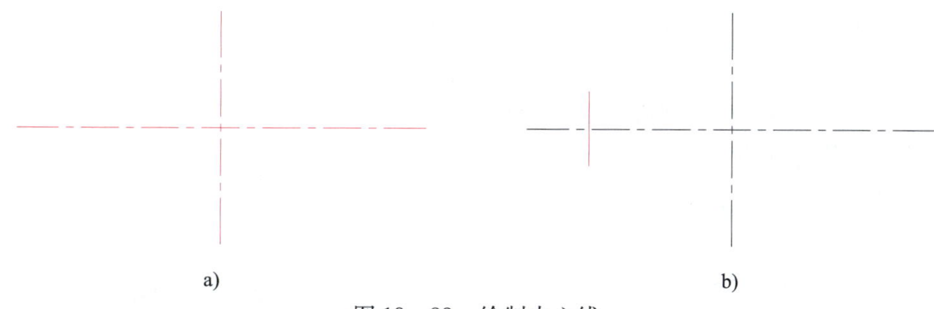

图 10－99 绘制中心线

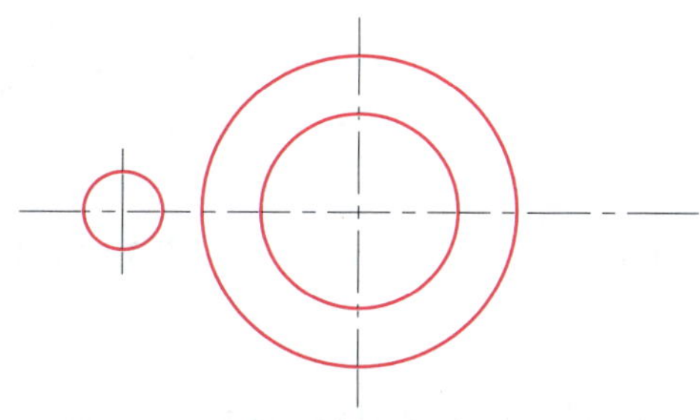

图 10－100 绘制 ϕ25 mm 圆、ϕ40 mm 圆和 R5 mm 圆

界为与被修剪对象相交且靠近被修剪部分的其他图线，若没有被作为修剪边界的相交图线，则被修剪掉的是整条图线。在启动“修剪”命令后，若按下鼠标左键并拖动鼠标，则光标滑过的图线全部被修剪。

在功能区单击“默认”→“修改”→“修剪”按钮，启动“修剪”命令，系统给出如下提示。

```
命令：_ trim
当前设置：投影 = UCS，边 = 无，模式 = 快速
选择要修剪的对象，或按住 Shift 键选择要延伸的对象或
[剪切边（T）/窗交（C）/模式（O）/投影（P）/删除（R）]:
                                   //捕捉 R5 mm 圆左上侧圆弧，单击鼠标左键
选择要修剪的对象，或按住 Shift 键选择要延伸的对象或
[剪切边（T）/窗交（C）/模式（O）/投影（P）/删除（R）/放弃（U）]:
                                   //捕捉 R5 mm 圆左下侧圆弧，单击鼠标左键
选择要修剪的对象，或按住 Shift 键选择要延伸的对象或
[剪切边（T）/窗交（C）/模式（O）/投影（P）/删除（R）/放弃（U）]:
                                                  //按回车键结束命令
```

修剪结果如图 10－101 所示。

6. 绘制左上侧轮廓

（1）启动“直线”命令，捕捉半圆弧的上端点，单击鼠标左键。

（2）水平向左移动光标，输入“8”，按回车键。

（3）竖直向上移动光标，输入“5”，按回车键。

（4）捕捉直线与 ϕ40 mm 圆的左上切点，单击鼠标左键。

（5）按回车键结束命令。

绘制结果如图 10－102 所示。

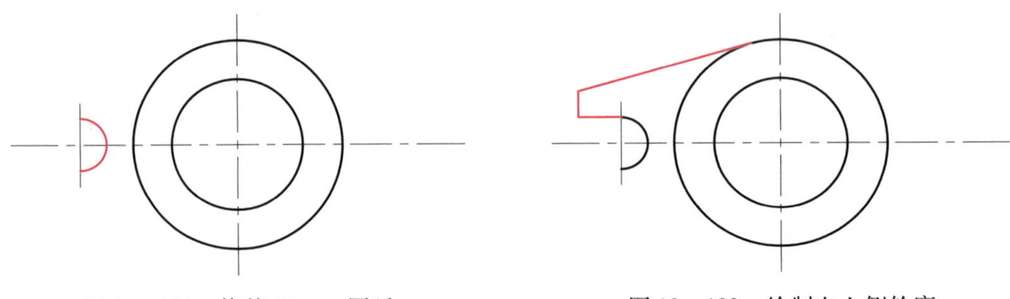

图 10－101　修剪 $R5$ mm 圆弧　　　图 10－102　绘制左上侧轮廓

7. 镜像左下侧轮廓

“镜像”命令是通过指定对称线对称复制目标对象，原目标对象可保留也可删除。

在功能区单击“默认”→“修改”→“镜像”按钮，启动“镜像”命令，系统给出如下提示。

```
命令：_ mirror
选择对象：指定对角点：找到 3 个              //选择三条直线轮廓（见图 10－103a）
选择对象：                                   //按回车键结束选择
指定镜像线的第一点：                         //捕捉水平对称中心线左端点，单击鼠标左键
指定镜像线的第二点：                         //捕捉水平对称中心线右端点，单击鼠标左键
要删除源对象吗？[是（Y）/否（N）] <否>：      //按回车键默认不删除源对象
```

镜像结果如图 10－103b 所示。

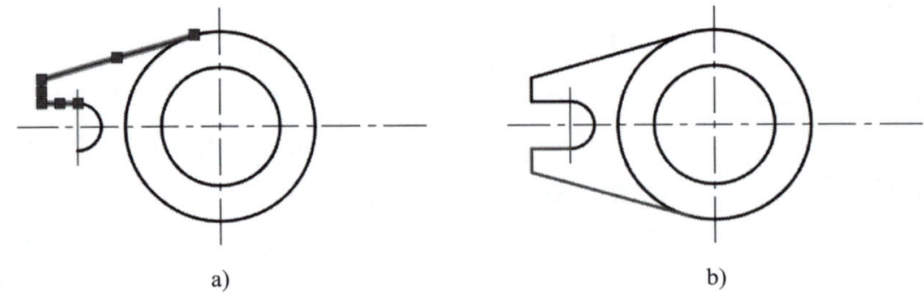

a)　　b)

图 10－103　镜像左下侧轮廓

8. 镜像右侧轮廓

重新启动“镜像”命令，镜像右侧轮廓及中心线，如图 10－104 所示。

9. 修剪多余圆弧

启动“修剪”命令，选中四条圆的切线作为修剪边界，修剪 $\phi 40$ mm 圆上的多余圆弧，如图 10－105 所示。

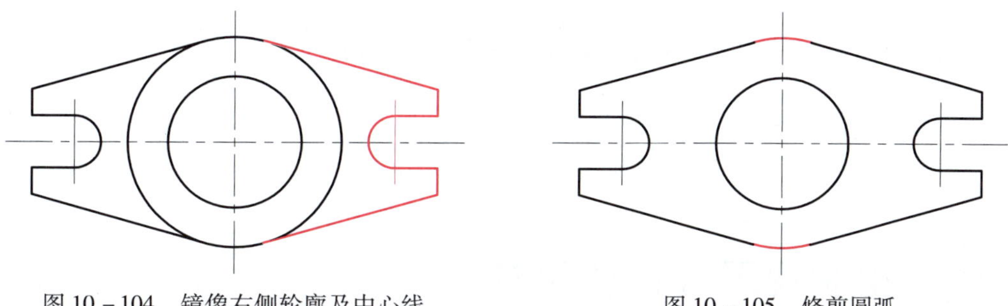

图 10－104　镜像右侧轮廓及中心线　　　　图 10－105　修剪圆弧

10. 编辑细点画线

国家标准规定，细点画线在自身相交或与其他图线相交时，应该交于长画处。图 10－105 中的细点画线有多处不规范的交点，可采用“打断于点”命令对其进行修改。

“打断于点”命令用于将所选对象在某一点处打断，打断之处没有间隙。有效的打断对象包括直线、圆弧、矩形和多边形等，但不能打断圆和椭圆。

在功能区的“默认”选项卡中，单击“修改”面板下侧的下拉箭头，在展开的面板中单击“打断于点”按钮，启动“打断于点”命令，系统给出如下提示。

命令：_ breakatpoint
选择对象：　　　　//在竖直对称中心线上单击鼠标左键，
　　　　//拾取竖直对称中心线作为打断对象（见图 10－106a）
指定打断点：
　　　　//沿竖直对称中心线移动光标到适当位置，单击鼠标左键（见图 10－106b）

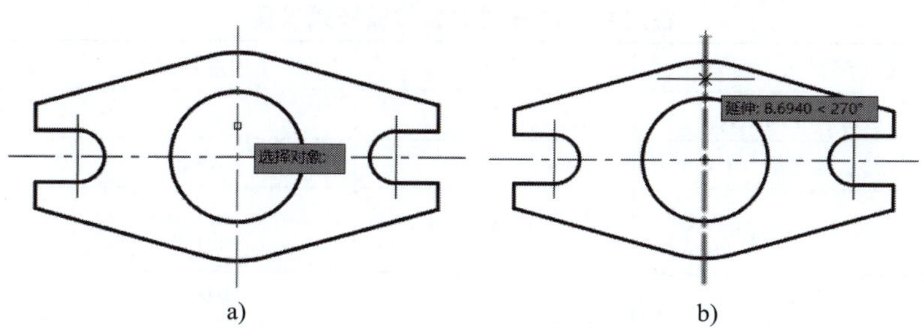

图 10－106　打断竖直对称中心线

对细点画线采用多次“打断于点”命令进行编辑，最终使其符合国家标准的规定，如图 10－107 所示。

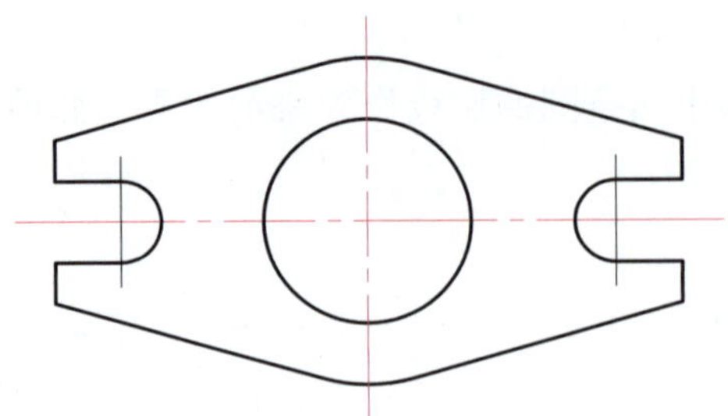

图 10－107　打断细点画线的结果

§10－5　绘制视图并标注尺寸

学习目标

1. 掌握修改文字标注样式的方法，掌握创建尺寸标注样式的方法。

2. 掌握“倒角”“环形阵列”“旋转”“打断”“图案填充”“多段线”“删除”“缩放”“偏移”“样条曲线拟合”命令的使用方法。

3. 掌握标注尺寸的方法。

4. 培养用 AutoCAD 绘制机械图样的能力。

一、创建尺寸标注样式

机械图样上的尺寸有线性尺寸、半径和直径尺寸、角度尺寸等各种不同的类型，在机械图样上标注尺寸时需要根据尺寸的类型设置尺寸标注样式，下面分别创建名为“线性尺寸”“半径和直径尺寸”“角度尺寸”的尺寸标注样式，各尺寸标注样式的参数及样式设置见表 10－1。

表 10－1　各尺寸标注样式的参数及样式设置

样式（S）		线性尺寸	半径和直径尺寸	角度尺寸
“线”选项卡	超出尺寸线（X）	2	2	2
	起点偏移量（F）	0	0	0
“符号和箭头”选项卡	箭头大小（I）	3	3	3
“文字”选项卡	文字样式（Y）	宋体	宋体	宋体
	文字高度（T）	3.5	3.5	3.5
	从尺寸线偏移（O）	1	1	1
	文字对齐（A）	与尺寸线对齐	ISO 标准	水平
“调整”选项卡	调整选项（F）	文字和箭头（最佳效果）	文字	文字和箭头（最佳效果）

1. 修改文字样式

（1）在功能区的“默认”选项卡中，单击“注释”面板下侧的下拉按钮，展开“注释”面板的扩展面板（见图 10－108），单击“文字样式”按钮，系统弹出“文字样式”对话框（见图 10－109）。在默认状态下，AutoCAD 2022 系统提供了一个名为“Standard”的文字样式，用户可以修改此样式的设置或在此基础上新建文字样式。

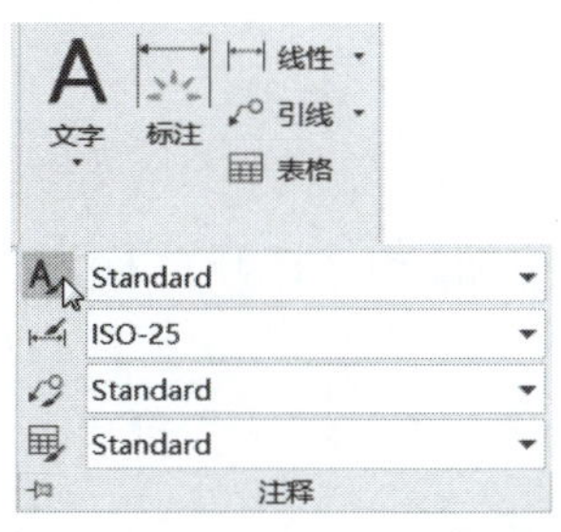

图 10－108 “注释”扩展面板

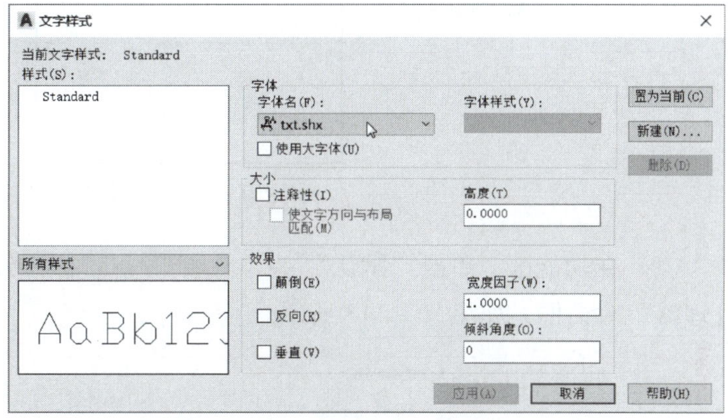

图 10－109 “文字样式”对话框

（2）单击“字体名（F）”列表框，展开下拉列表，选择“宋体”，如图 10－110 所示。其他参数采用默认设置。

（3）先单击“应用（A）”按钮，然后单击“关闭（C）”按钮（见图 10－111），完成文字样式的修改。

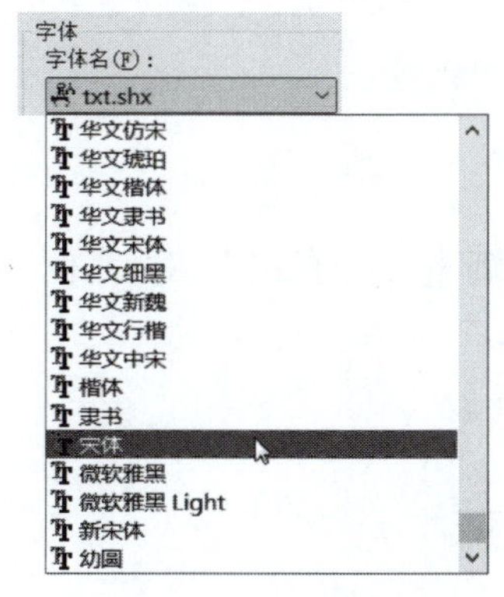

图 10－110 选择字体

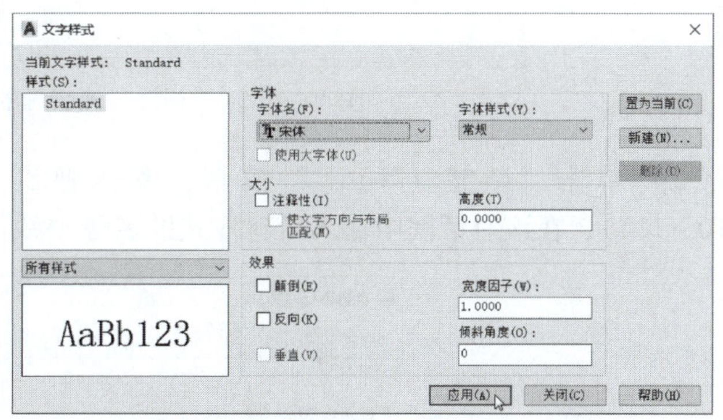

图 10－111 关闭“文字样式”对话框

2. 创建“线性尺寸”标注样式

在 AutoCAD 中标注的尺寸是一个复合对象，其组成元素包括尺寸线、尺寸界线、标注文字和箭头等，如图 10－112 所示。在默认状态下，AutoCAD 2022 提供了一个名为“ISO－25”的标注样式，用户可以根据需要在此基础上新建标注样式或修改此标注样式的设置。

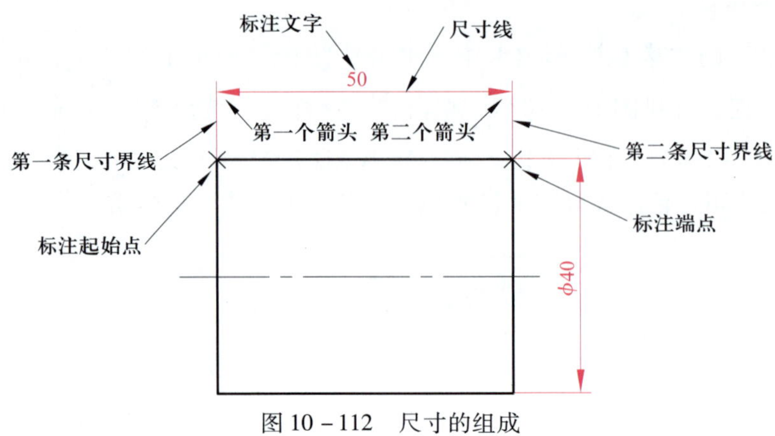

图 10－112　尺寸的组成

（1）在功能区，单击“默认”→“注释”→“标注样式”按钮，打开“标注样式管理器”对话框，如图 10－113 所示。

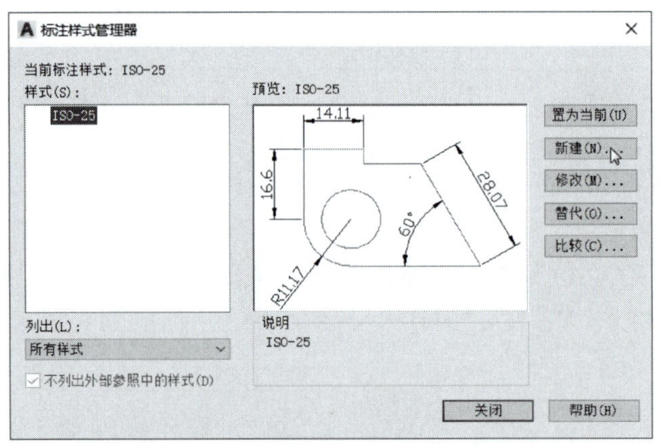

图 10－113　“标注样式管理器”对话框

（2）单击“新建（N）...”按钮，系统弹出“创建新标注样式”对话框（见图 10－114），在该对话框中输入新建样式的名称“线性尺寸”。

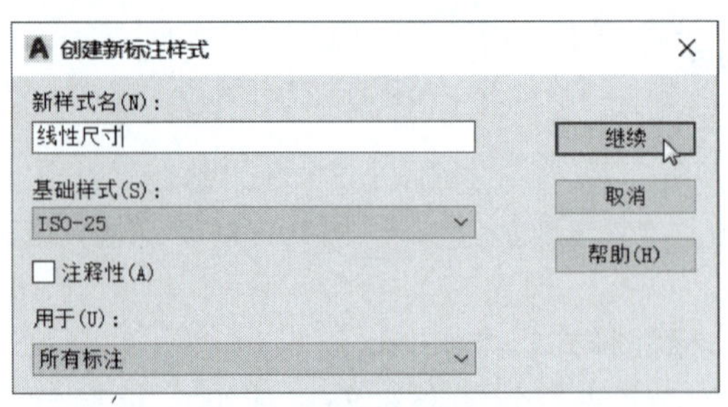

图 10－114　“创建新标注样式”对话框

（3）单击“继续”按钮，系统弹出“新建标注样式：线性尺寸”对话框，如图 10－115 所示。该对话框包括“线”“符号和箭头”“文字”“调整”“主单位”“换算单位”和“公差”7 个选项卡，在这些选项卡中用户可以根据需要修改参数。

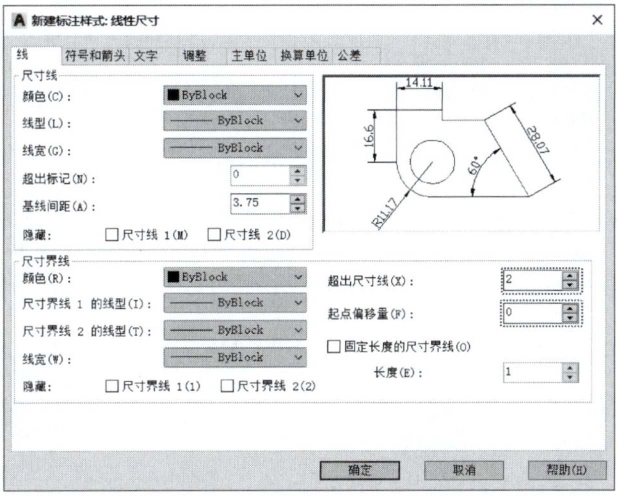

图 10－115　“新建标注样式：线性尺寸”对话框

（4）图 10－115 所示为“线”选项卡，主要用于设置尺寸线、尺寸界线的参数。将“超出尺寸线（X）”设置为“2”，“起点偏移量（F）”设置为“0”，其他参数采用默认设置。

（5）切换到“符号和箭头”选项卡，将“箭头大小（I）”设置为“3”，其他参数采用默认设置，如图 10－116 所示。

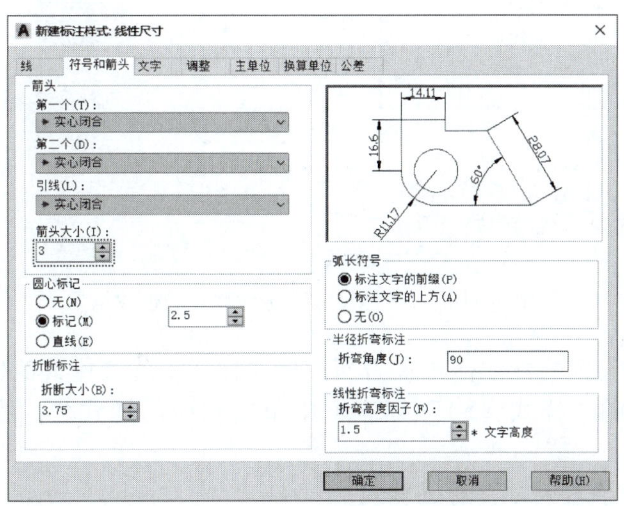

图 10－116　“符号和箭头”选项卡

（6）切换到“文字”选项卡，将“文字高度（T）”设置为“3.5”，“从尺寸线偏移（O）”设置为“1”，其他参数采用默认设置［“文字对齐（A）”栏为“与尺寸线对齐”］，如图 10－117 所示。

（7）“调整”“主单位”“换算单位”“公差”等选项卡的参数均采用默认设置。

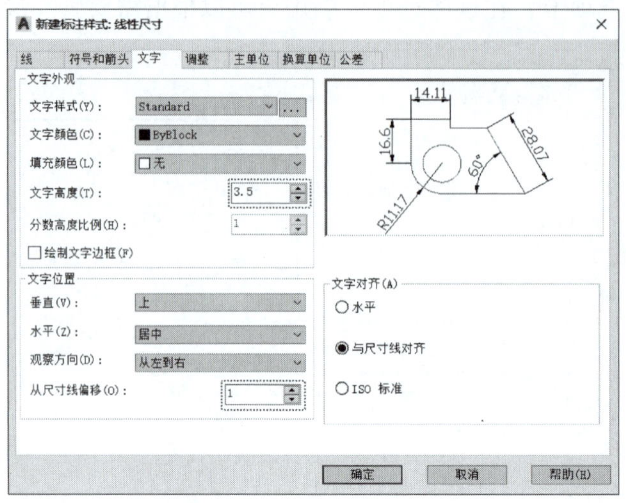

图 10－117 “文字”选项卡

（8）单击“新建标注样式：线性尺寸”对话框的“确定”按钮，“线性尺寸”标注样式设置完毕，系统返回“标注样式管理器”对话框，此时对话框上的“样式（S）”列表框中会增加一个“线性尺寸”标注样式，如图 10－118 所示。

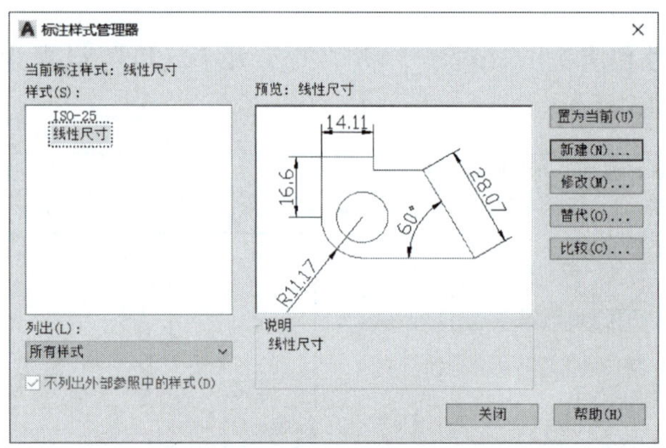

图 10－118 “线性尺寸”标注样式的创建结果

系统会自动将新设置的标注样式置为当前标注样式。若选择其他标注样式，则需要在“标注样式管理器”的“样式（S）”列表框中单击相应的样式名，然后单击“置为当前（U）”按钮。

3. 创建“半径和直径尺寸”标注样式

在“标注样式管理器”对话框的“样式（S）”列表框中，选中“线性尺寸”，单击“新建（N）...”按钮，打开“创建新标注样式”对话框。以“线性尺寸”标注样式为基础样式，创建“半径和直径尺寸”标注样式。将“文字”选项卡的“文字对齐（A）”栏修改为“ISO 标准”，将“调整”选项卡的“调整选项（F）”栏修改为“文字”。

4. 创建“角度尺寸”标注样式

以“线性尺寸”标注样式为基础样式，创建“角度尺寸”标注样式。将“文字”选项卡的“文字对齐（A）”栏修改为“水平”。

单击“标注样式管理器”对话框的“关闭”按钮，结束标注样式的创建。

5. 保存图形样板

为方便今后绘图，单击“保存”按钮，将创建了尺寸标注样式的文件重新保存为“机械制图样板.dwt”，并覆盖源文件。

二、绘制法兰盘

绘制如图 10－119 所示法兰盘的两视图，并标注尺寸。

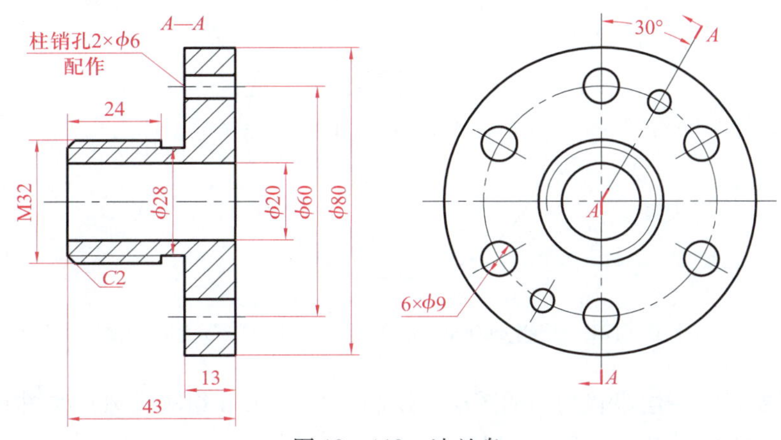

图 10－119 法兰盘

图 10－119 所示法兰盘由两个视图组成，主视图采用两相交剖切平面剖切的全剖视图，左视图绘制外形。在法兰盘上有六个 ϕ9 mm 的螺栓孔，两个 ϕ6 mm 的圆柱销孔，中间有 ϕ20 mm 圆孔，形体左侧有外螺纹，螺纹右侧有退刀槽。绘图时应先绘制大致轮廓，然后绘制细部结构。标注尺寸时可先标注主视图上除引出标注之外的其他线性尺寸，然后标注左视图上的“6×ϕ9”和“30°”，最后标注“柱销孔 2×ϕ6 配作”和“*C*2”。

1. 新建图形文件

打开“机械制图样板”，新建一个图形文件。

2. 绘制两视图

（1）绘制零件的主要中心线

将“细点画线”图层设置为当前图层，绘制主要的中心线，如图 10－120 所示。

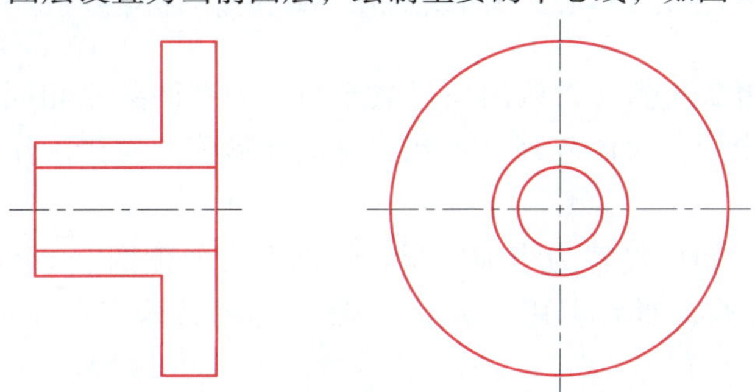

图 10－120 绘制主要的中心线和零件的大致轮廓

（2）绘制零件的大致轮廓

将“粗实线”图层设置为当前图层，绘制零件的大致轮廓，如图 10－120 所示。

（3）在左视图上绘制 ϕ60 mm 细点画线圆和一个 ϕ9 mm 粗实线圆

1）将“细点画线”图层设置为当前图层，在左视图上绘制 ϕ60 mm 细点画线圆，如图 10－121 所示。

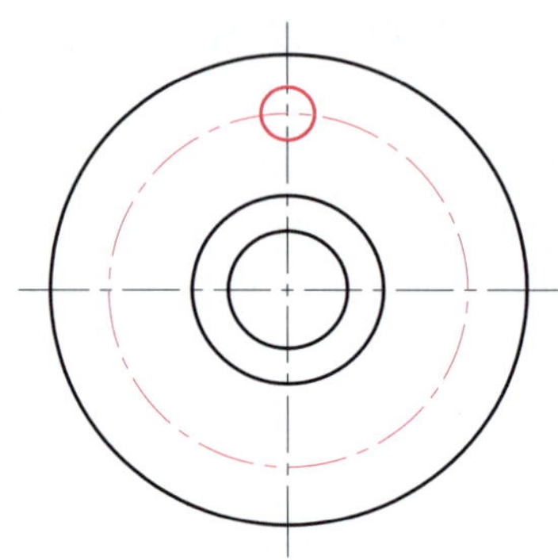

图 10－121　绘制 ϕ60 mm 细点画线圆和 ϕ9 mm 粗实线圆

2）将“粗实线”图层设置为当前图层，绘制一个 ϕ9 mm 粗实线圆，如图 10－121 所示。

（4）环形阵列六个 ϕ9 mm 粗实线圆

环形阵列主要用于将选择的图形对象按指定的圆心和数目呈环形排列。

1）在功能区单击“默认”→“修改”→“环形阵列”按钮，启动“环形阵列”命令。

2）选择阵列对象（ϕ9 mm 粗实线圆），按回车键。

3）捕捉 ϕ60 mm 细点画线圆的圆心，单击鼠标左键，系统弹出“阵列创建”选项板，如图 10－122 所示。

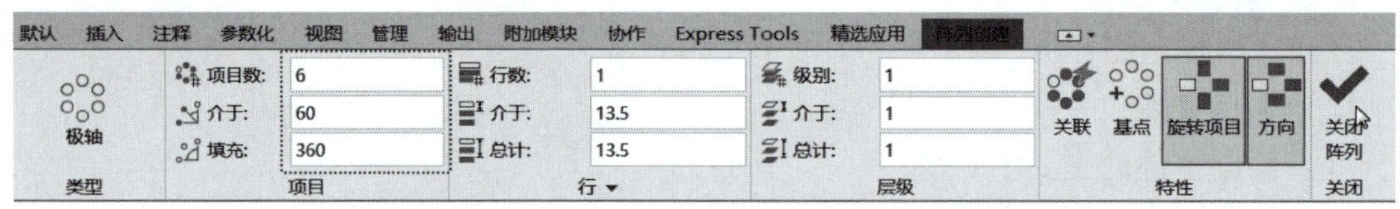

图 10－122　环形阵列的“阵列创建”选项板

4）所有参数采用默认值（默认的项目数 6 与阵列圆的数量相同），按回车键或单击“阵列创建”选项板中的“关闭阵列”按钮，完成环形阵列操作，阵列结果如图 10－123 所示。

5）将“细实线”图层设置为当前图层，绘制左右两侧四个 ϕ9 mm 圆的中心线。方法是先绘制一条中心线，然后利用“镜像”命令得到另外三条中心线，如图 10－123 所示。

（5）在左视图上绘制右上侧的 ϕ6 mm 粗实线圆及中心线

1）绘制 ϕ6 mm 圆的中心线，如图 10－124 所示。

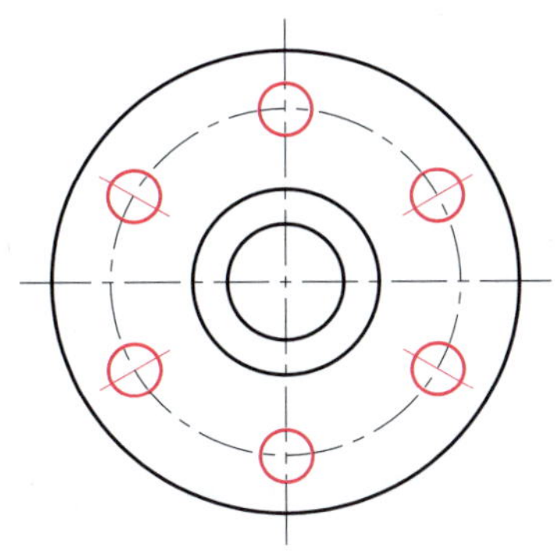

图 10－123 ϕ9 mm 粗实线圆环形阵列结果和圆的中心线镜像结果

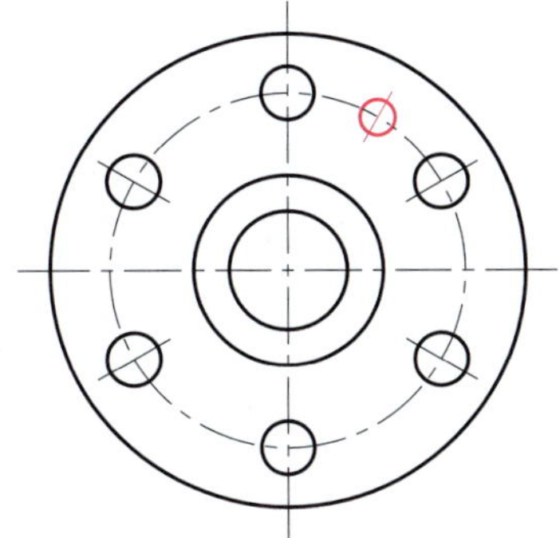

图 10－124 绘制 ϕ6 mm 圆的中心线和 ϕ6 mm 粗实线圆

2）将“粗实线”图层设置为当前图层，绘制 ϕ6 mm 粗实线圆，如图 10－124 所示。

（6）用“旋转”命令绘制左下侧 ϕ6 mm 粗实线圆及中心线

“旋转”命令用于在不改变对象大小和形状的前提下，将图形对象绕某一基点旋转一定角度并改变对象的位置，可以一次旋转一个或多个对象，可以删除源对象，也可以保留源对象。

在功能区单击“默认”→“修改”→“旋转”按钮，启动“旋转”命令，系统给出如下提示。

```
命令：_ rotate
UCS 当前的正角方向：ANGDIR = 逆时针    ANGBASE = 0.0
选择对象：指定对角点：找到 2 个                    //拾取 φ6 mm 圆及其中心线
选择对象：                                        //按回车键结束选择
指定基点：                          //拾取 φ60 mm 圆的圆心作为旋转中心
指定旋转角度，或［复制（C）/参照（R）］<0.0>：C
                                    //输入“C”，按回车键，启动“复制”选项
旋转一组选定对象。
指定旋转角度，或［复制（C）/参照（R）］<0.0>：180
                                          //输入旋转角度“180”，按回车键
```

旋转结果如图 10－125 所示。

（7）绘制螺栓孔和圆柱销孔在主视图上的投影

1）将“细点画线”图层设置为当前图层，绘制主视图上孔的中心线，如图 10－126 所示。

2）将“粗实线”图层设置为当前图层，绘制孔的轮廓线，如图 10－126 所示。

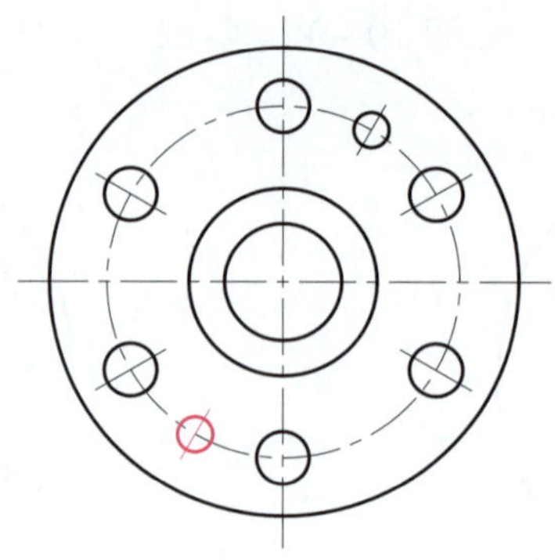

图 10－125 用“旋转”命令绘制左下侧 ϕ6 mm 粗实线圆及中心线

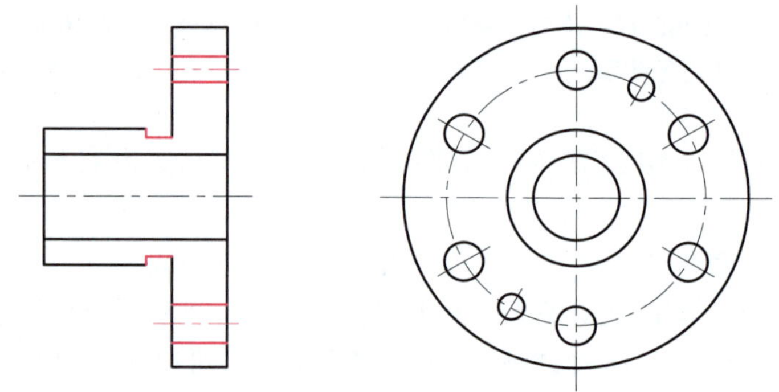

图 10－126 绘制螺栓孔、圆柱销孔和退刀槽

（8）绘制退刀槽在主视图上的投影

在主视图上绘制退刀槽的轮廓线，如图 10－126 所示。

（9）绘制螺纹

1）将“细实线”图层设置为当前图层，启动“直线”命令，在主视图上绘制螺纹的牙底线，如图 10－127 所示。

2）启动“圆”命令，在左视图上绘制一个细实线圆（螺纹的牙底圆）。

3）启动“修剪”命令，修剪掉左下侧 1/4 圆弧。

4）启动“旋转”命令，将 3/4 圆弧逆时针旋转 10°。

绘制结果如图 10－127 所示。

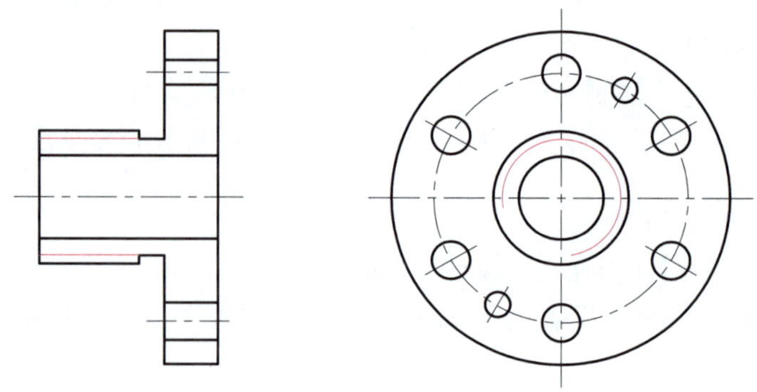

图 10－127 绘制螺纹

(10) 绘制倒角

“倒角”命令用于以一条斜线连接两条非平行的直线。

在功能区单击“默认”→“修改”→“圆角”按钮右侧的下拉箭头，在下拉菜单中单击“倒角”按钮，启动“倒角”命令，系统给出如下提示。

命令：_ chamfer

(“修剪”模式) 当前倒角距离 1 = 0.00，距离 2 = 0.00

选择第一条直线或［放弃（U）/多段线（P）/距离（D）/角度（A）/修剪（T）/方式（E）/多个（M）］：D　　//输入“D”，启动“距离”选项

指定第一个倒角距离 <0.00>：2　　//输入第一个倒角距离“2”，按回车键

指定第二个倒角距离 <2.00>：　　//按回车键，默认第二个倒角距离为“2”

选择第一条直线或［放弃（U）/多段线（P）/距离（D）/角度（A）/修剪（T）/方式（E）/多个（M）］：M　　//输入“M”，按回车键，激活“多个”选项

选择第一条直线或［放弃（U）/多段线（P）/距离（D）/角度（A）/修剪（T）/方式（E）/多个（M）］：　　//在主视图上选择螺纹上侧的牙顶线

选择第二条直线，或按住 Shift 键选择直线以应用角点或［距离（D）/角度（A）/方法（M）］：　　//在主视图上选择左侧的轮廓线

选择第一条直线或［放弃（U）/多段线（P）/距离（D）/角度（A）/修剪（T）/方式（E）/多个（M）］：　　//在主视图上选择螺纹下侧的牙顶线

选择第二条直线，或按住 Shift 键选择直线以应用角点或［距离（D）/角度（A）/方法（M）］：　　//在主视图上选择左侧的轮廓线

选择第一条直线或［放弃（U）/多段线（P）/距离（D）/角度（A）/修剪（T）/方式（E）/多个（M）］：　　//按回车键结束命令

倒角结果如图 10 - 128 所示。

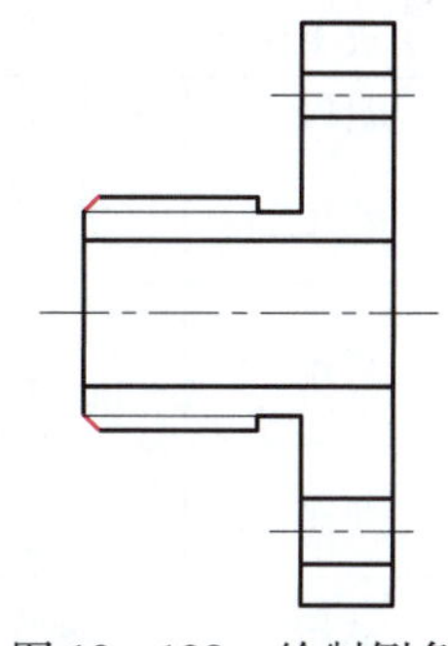

图 10 - 128　绘制倒角

(11) 绘制剖面线

在 AutoCAD 中，绘制剖面线需要用“图案填充”命令。

1) 在功能区单击“默认”→“绘图”→“图案填充”按钮，启动“图案填充”命令，打开“图案填充创建”选项板，如图 10 - 129 所示。

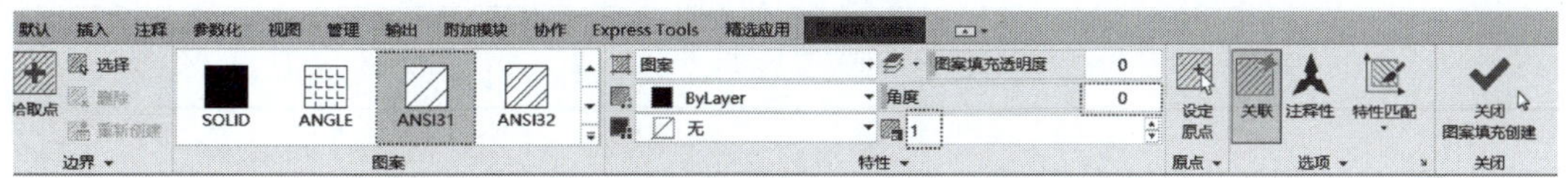

图 10 - 129　“图案填充创建”选项板

“图案填充创建”选项板中常用选项的功能如下。

图案：提供填充图案。

角度：用来指定所填充图案的旋转角度（默认为0°），正值为逆时针方向，负值为顺时针方向。

比例：用来确定所填充图案的放大系数，以调整填充线条的疏密，数值越大线条越稀疏，反之越密集。

2）在“图案”面板中单击“ANSI31”按钮，“特性”面板的“角度”和“比例”参数采用默认值。

3）在需要绘制剖面线的区域单击鼠标左键，完成图案填充，如图 10－130 所示。

3. 标注尺寸

根据需要标注的对象不同，AutoCAD 2022 提供了多种尺寸标注方法，单击“默认”→“注释”→“线性”右侧的下拉按钮，在展开的菜单中有各种尺寸标注命令的按钮，如图 10－131 所示。常用尺寸标注命令的用途见表 10－2。

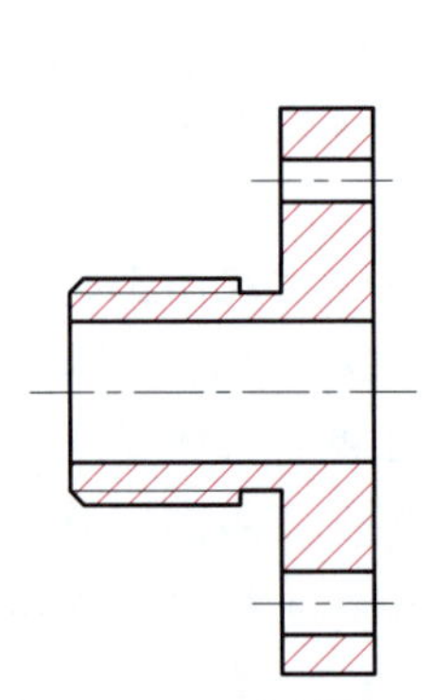

图 10－130　绘制剖面线

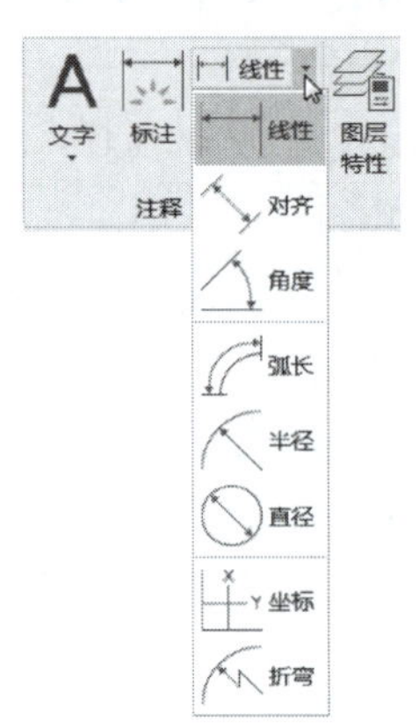

图 10－131　尺寸标注命令按钮

表 10－2　常用尺寸标注命令的用途

名称	按钮	用途
线性		用于标注对象的线性距离或长度，可以进行水平标注和竖直标注
对齐		用于标注对象的线性距离或长度，一般用于标注非水平和非垂直方向上的线性尺寸，其尺寸线的方向与标注对象的方向一致
角度		用于标注两条不平行直线间的角度
半径		用于标注圆弧的半径尺寸
直径		用于标注圆弧和圆的直径尺寸

（1）标注主视图上的轴向尺寸

1）将“细实线”图层设置为当前图层。

2）单击“注释”面板的下拉箭头，在展开的面板中单击“标注样式”栏的下拉箭头，单击“线性尺寸”标注样式（见图 10－132），将其置为当前标注样式。

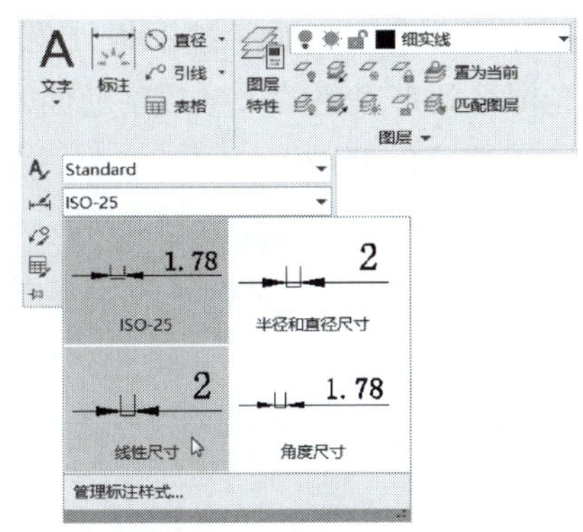

图 10－132　将“线性尺寸”标注样式置为当前标注样式

3）单击“默认”→“注释”→“线性”按钮，启动“线性”命令，标注尺寸“43”，系统给出如下提示。

```
命令：_ dimlinear
指定第一个尺寸界线原点或<选择对象>：          //拾取左侧竖直轮廓线的下端点
指定第二条尺寸界线原点：                      //拾取右侧竖直轮廓线的下端点
指定尺寸线位置或
[多行文字（M）/文字（T）/角度（A）/水平（H）/垂直（V）/旋转（R）]：
                                   //将光标移动到适当位置，单击鼠标左键
标注文字 =43
```

标注结果如图 10－133 所示。

用同样的方法标注尺寸“13”“24”，如图 10－133 所示。

（2）标注主视图上的螺纹标记和直径尺寸

1）启动“线性”命令，在主视图上标注尺寸“32”“28”“20”“60”“80”，如图 10－134 所示。

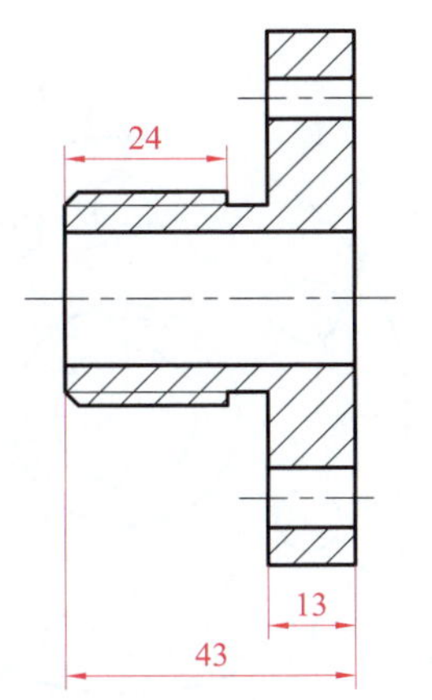

图 10－133　标注尺寸“43”“13”“24”

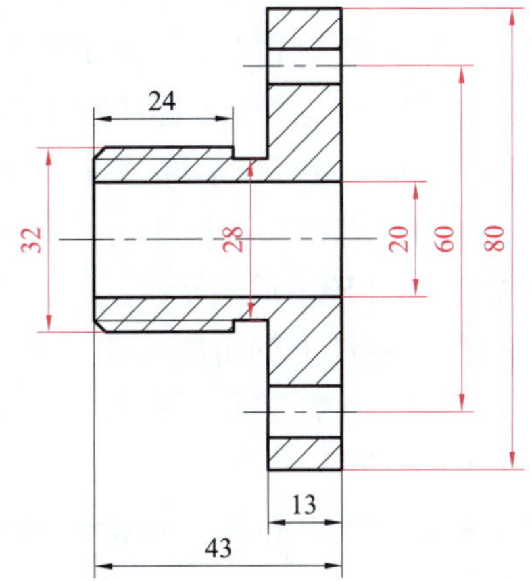

图 10－134　标注尺寸“32”“28”“20”“60”“80”

2）双击尺寸数字“32”，打开“文字编辑器”选项板（见图 10－135），同时文字处于可编辑状态（见图 10－136）。将光标移到带底色的尺寸数字前面，输入“M”（见图 10－136），在空白处单击鼠标左键，完成尺寸数字的修改。

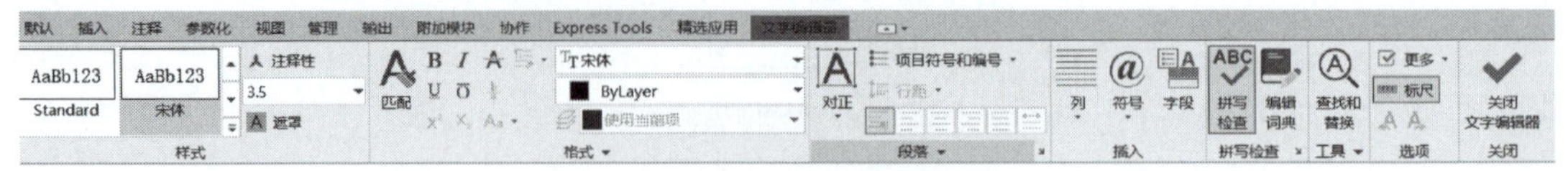

图 10－135 “文字编辑器”选项板

3）此时光标变为小方框，文本编辑命令处于激活状态。单击尺寸数字“28”，在数字前面输入“%%C”，然后在空白处单击，将直径符号“ϕ”赋予尺寸。依次完成对尺寸数字“ϕ20”“ϕ60”“ϕ80”的修改。修改完毕后，按 ESC 键结束命令。尺寸数字的修改结果如图 10－137 所示。

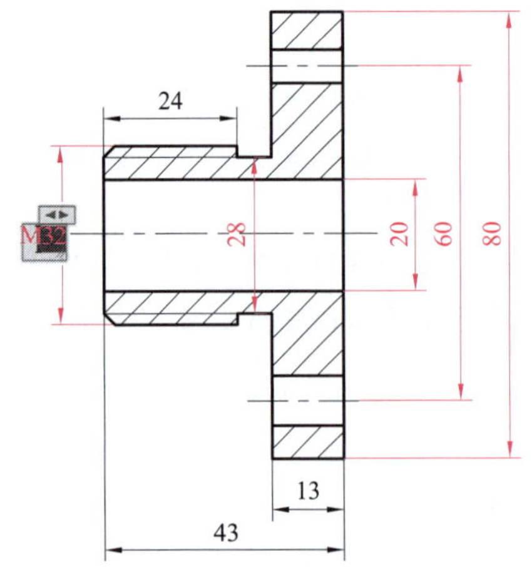

图 10－136 在尺寸数字前面添加文字“M”

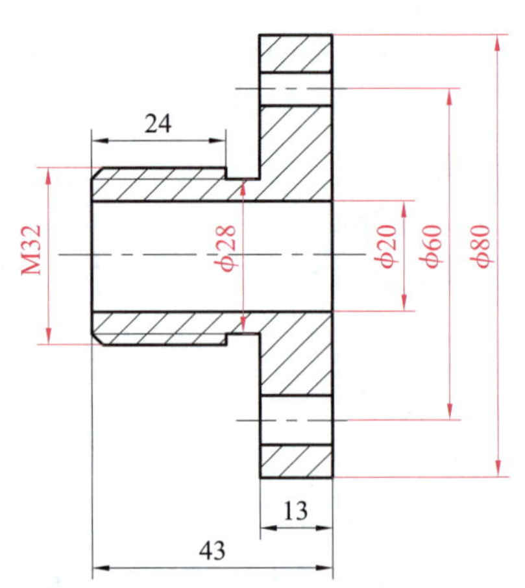

图 10－137 将直径符号“ϕ”赋予直径尺寸

（3）标注左视图上的尺寸“6×ϕ9”

1）将“半径和直径尺寸”标注样式置为当前标注样式。

2）启动“直径”命令，标注左下侧尺寸“ϕ9”。

3）单击尺寸“ϕ9”，拾取尺寸数字，将尺寸数字移动到合适位置，修改尺寸数字为“6×ϕ9”。

标注结果如图 10－138 所示。

（4）标注左视图上的角度尺寸“30°”

1）将“角度尺寸”标注样式置为当前标注样式。

2）启动“角度”命令。

3）先拾取竖直中心线，再拾取 ϕ6 mm 圆的斜中心线。

4）移动光标到适当位置，单击鼠标左键。

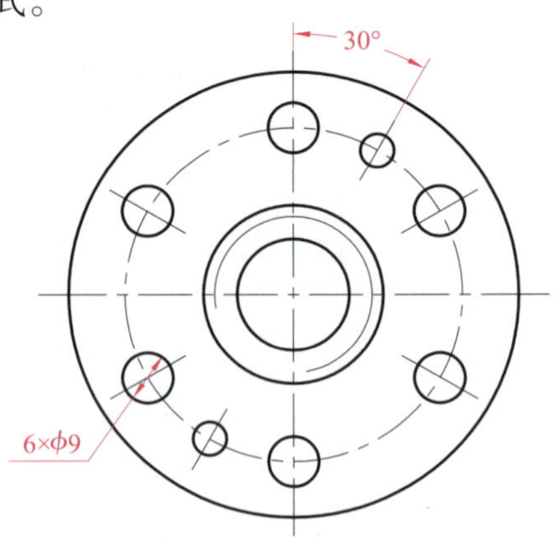

图 10－138 标注“6×ϕ9”和“30°”

标注结果如图 10 - 138 所示。

（5）标注“柱销孔 2 × ϕ6 配作”

1）绘制多段线。多段线指的是由一系列直线或圆弧连接而成的一种特殊折线，无论绘制的多段线包含多少条直线或圆弧，AutoCAD 都把它们作为一个单独的对象。

单击“默认”→“绘图”→“多段线”按钮，启动“多段线”命令，系统给出如下提示。

命令：_ pline

指定起点：

//捕捉主视图上侧圆柱销孔的轴线与左侧轮廓线的交点，单击鼠标左键

当前线宽为 0.00

指定下一个点或［圆弧（A）/半宽（H）/长度（L）/放弃（U）/宽度（W）］：

//向左上侧移动光标到适当位置，单击鼠标左键

指定下一点或［圆弧（A）/闭合（C）/半宽（H）/长度（L）/放弃（U）/宽度（W）］：　//水平向左移动光标到适当位置，单击鼠标左键

指定下一点或［圆弧（A）/闭合（C）/半宽（H）/长度（L）/放弃（U）/宽度（W）］：　//按回车键结束命令

多段线绘制结果如图 10 - 139 所示。

2）录入文字“柱销孔 2 × ϕ6 配作”

“多行文字”命令用于创建文字对象，其录入和编辑方法与 Word 类似。

①单击功能区的“默认”→“注释”→“多行文字”按钮 A，启动“多行文字”命令。

②在绘图区适当位置拾取一点作为文本输入窗口的第一角点，向右下移动光标拾取第二角点，此时在绘图区上出现一个文本输入窗口，如图 10 - 140 所示。同时，系统在功能区弹出“文字编辑器”选项板（见图 10 - 141），将文字高度设置为“3.5”，其他参数采用默认设置。

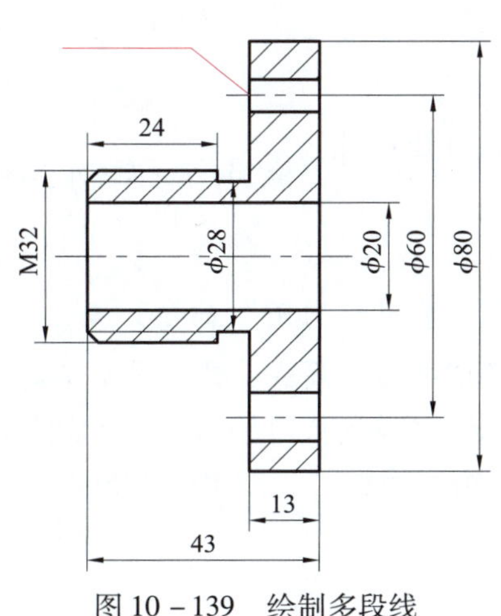

图 10 - 139　绘制多段线

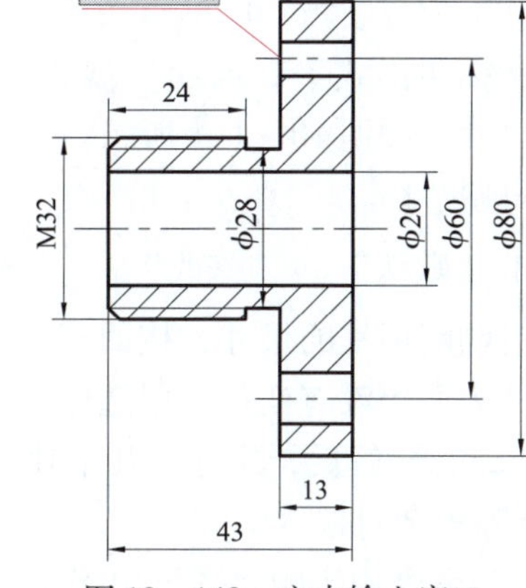

图 10 - 140　文本输入窗口

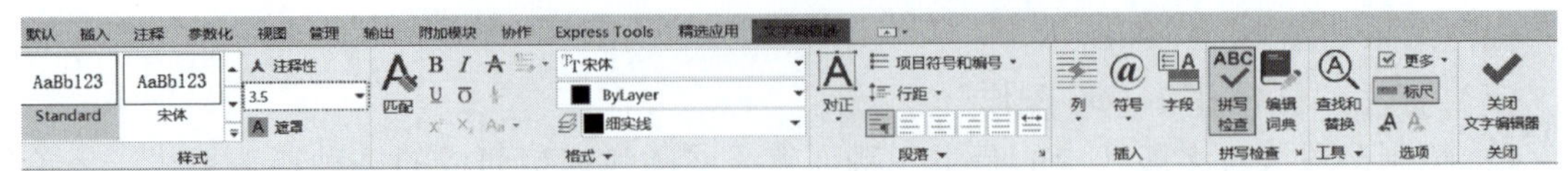

图 10－141 “文字编辑器”选项板

③在文本输入窗口录入“柱销孔 2 × ϕ6 配作”。

④在空白处单击鼠标左键，结束文字录入，如图 10－142 所示。若文字位置不合适，可使用“移动”命令移动文字的位置。

（6）标注“*C*2”

用同样的方法标注“*C*2”，如图 10－142 所示，注意将正体的“C”修改为斜体。

4. 标注剖视图

（1）绘制剖切位置符号

将“粗实线”图层设置为当前图层，启动“直线”命令，绘制剖切位置符号，如图 10－143 所示。

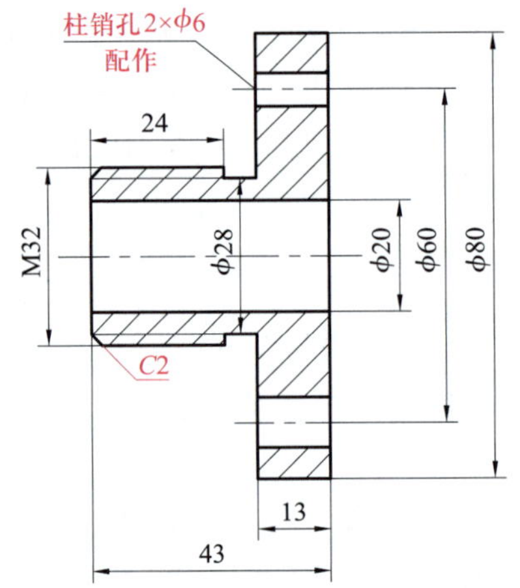

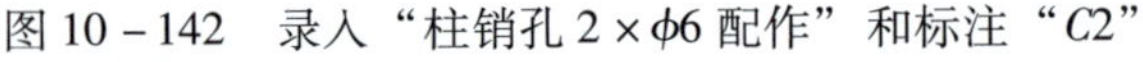
图 10－142 录入“柱销孔 2 × ϕ6 配作”和标注“*C*2”

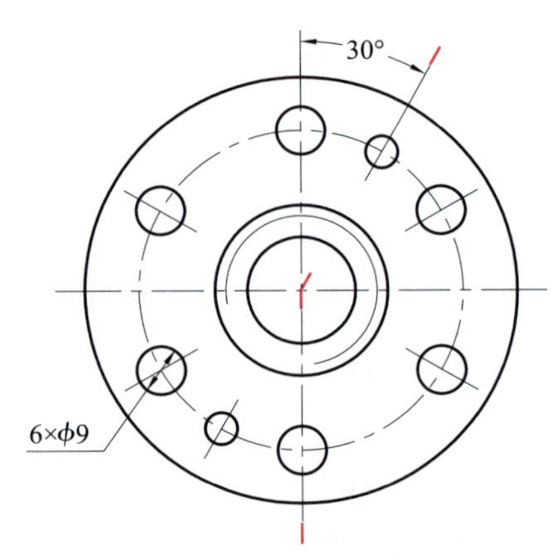

图 10－143 绘制剖切位置符号

（2）绘制箭头

1）标注一个线性尺寸

在任意标注样式下，启动“线性”命令，在空白处标注一个线性尺寸，如图 10－144 所示。

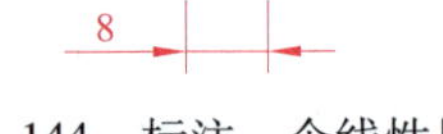

图 10－144 标注一个线性尺寸

2）分解尺寸

①单击“默认”→“修改”→“分解”按钮，启动“分解”命令。

②单击刚刚标注的尺寸，按回车键，将尺寸分解成线段、箭头、数字等基本对象。分解前后，尺寸表面上没有变化，但选中尺寸后可以看出，分解前，尺寸是一个整体对象（见图 10－145a）；分解后，尺寸由几个独立的基本对象组合而成（见图 10－145b）。

3）删除多余对象

“删除”命令用于删除图形中多余或错误的图形对象。

①单击“默认”→“修改”→“删除”按钮，启动“删除”命令。

②拾取要删除的对象（见图 10－146）。

③按回车键删除被拾取的对象。

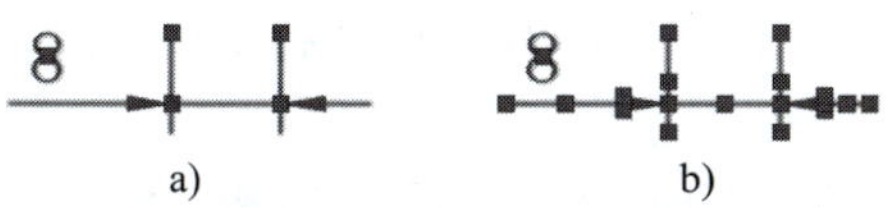

图 10－145　尺寸分解前后的变化

a）尺寸被分解前　b）尺寸被分解后

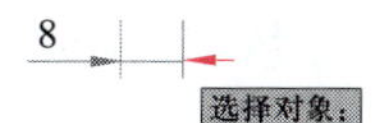

图 10－146　拾取要删除的对象

4）移动箭头

启动“移动”命令，将箭头及线段移到下侧剖切位置线的下端，如图 10－147 所示。

5）复制箭头

启动“复制”命令，复制一个箭头，粘贴在上侧剖切位置线的右上端，如图 10－148 所示。

6）旋转箭头

启动“旋转”命令，将箭头顺时针旋转 30°，如图 10－149 所示。

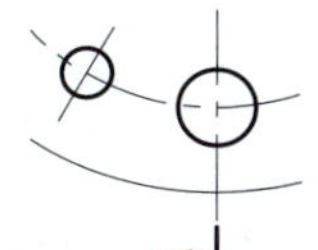

图 10－147　移动箭头

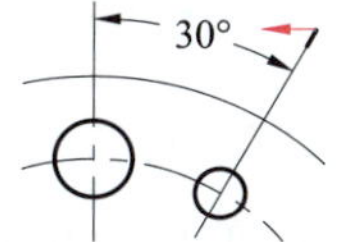

图 10－148　复制箭头

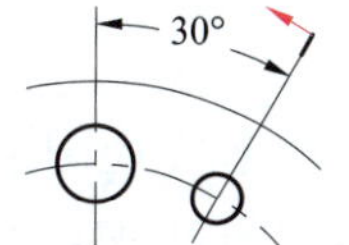

图 10－149　旋转箭头

（3）标注剖视图名称

启动“多行文字”命令，在主视图上方标注剖视图名称“*A—A*”，在左视图的剖切位置附近标注字母“*A*”，如图 10－150 所示。

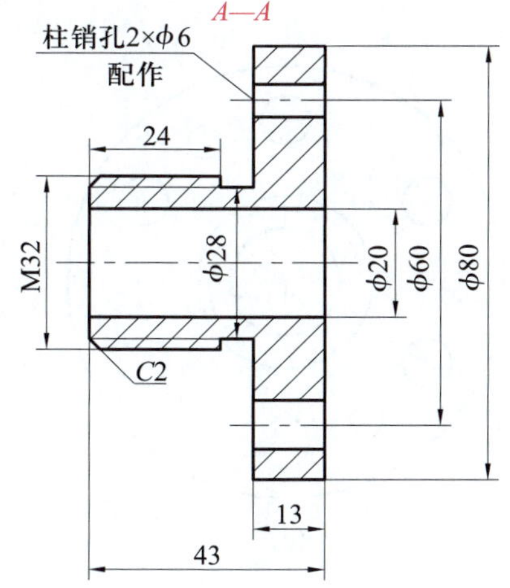

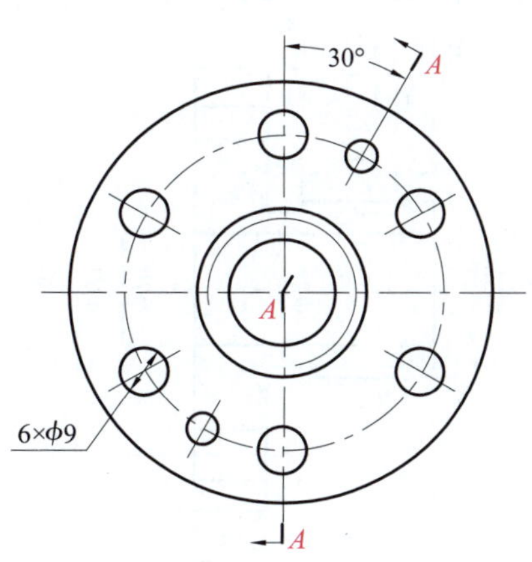

图 10－150　标注剖视图名称

5. 检查、整理图样

检查、整理图样主要是检查三视图的图线是否绘制正确，检查细点画线的线型是否规范，尺寸数字是否与图线相交等。

（1）打断主视图上与尺寸数字“ϕ28”相交的细点画线

主视图上中间位置的对称中心线与尺寸数字相交，不符合机械制图关于尺寸标注的相关规定，可以在尺寸数字的两侧将对称中心线打断。

“打断”命令用于通过指定两点将对象上两点间的部分删除。打断对象与修剪对象都可以删除图形上的一部分，但是两者有着本质的区别，修剪对象必须有修剪边界的限制，而打断对象可以删除对象上任意两点之间的部分。

1）单击“默认”→“修改”→“打断”按钮，启动“打断”命令。

2）在尺寸数字“ϕ28”左侧的细点画线上的适当位置单击鼠标左键，拾取第一个打断点；向右移动鼠标到适当位置，单击鼠标左键，拾取第二个打断点，如图 10－151 所示。

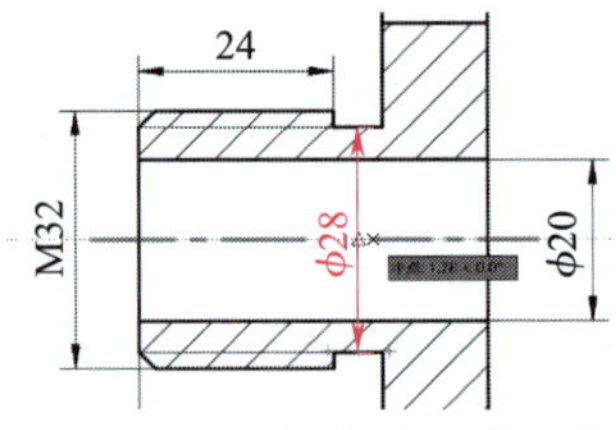

图 10－151　打断对称中心线

（2）整理左视图上 ϕ60 mm 细点画线圆

因为“打断于点”命令不能用于完整的圆，因此需要用“修剪”命令对左视图上的 ϕ60 mm 细点画线圆进行修剪。

1）启动“修剪”命令和“删除”命令修剪掉左侧（或右侧）半圆。

2）启动“镜像”命令补画被修剪掉的半圆。

3）启动“打断于点”命令，对圆弧进行打断。

整理的结果如图 10－152 所示。

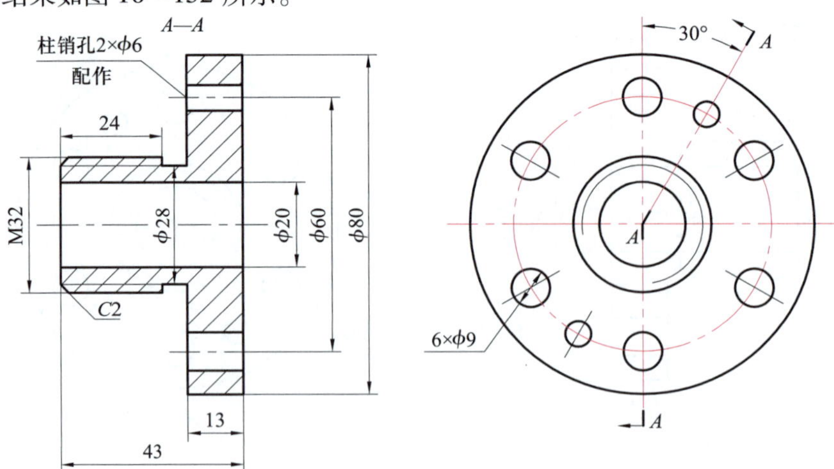

图 10－152　整理图样

（3）整理其他位置的细点画线

启动“打断于点”命令，整理水平方向和竖直方向的对称中心线，整理结果如图 10－152 所示。

（4）补画角度尺寸“30°”的尺寸界线

补画角度尺寸“30°”的尺寸界线可以明示角的顶点位置，由于该处的尺寸界线与 ϕ6 mm 圆的中心线重合，所以可以绘制细点画线，如图 10－152 所示。

（5）检查、校核图样

对照图 10－119，检查自己所绘制的图样，更正错误。

三、绘制螺杆

绘制图 10－153 所示螺杆并标注尺寸。

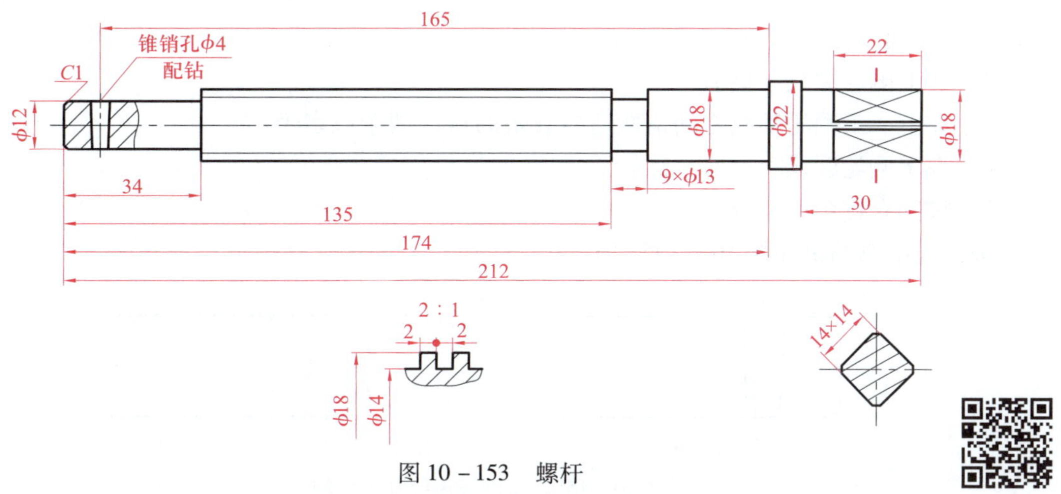

图 10－153　螺杆

图 10－153 所示螺杆由主视图、移出断面图和局部放大图组成。主视图上进行了局部剖，局部放大图采用断面图表达。在局部放大图上标注的尺寸是零件的实际尺寸，尺寸“ϕ18”和“ϕ14”只有一个箭头和一条尺寸界线。

1. 新建图形文件

打开“机械制图样板”，新建一个图形文件。

2. 绘制主视图

（1）绘制主视图的对称中心线

将“细点画线”图层设置为当前图层，启动“直线”命令，绘制主视图的对称中心线，如图 10－154 所示。

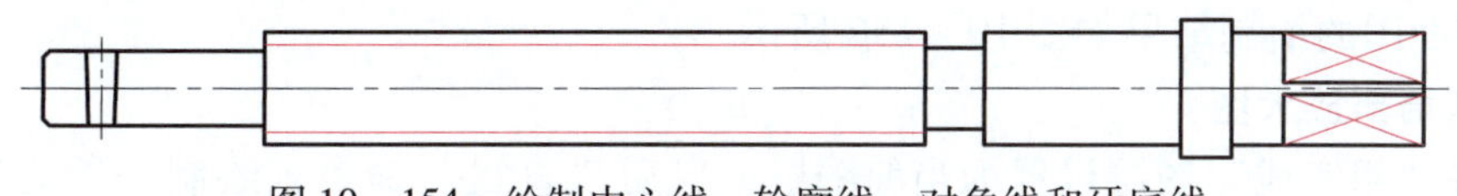

图 10－154　绘制中心线、轮廓线、对角线和牙底线

（2）绘制主视图的轮廓线

将“粗实线”图层设置为当前图层，启动“直线”命令，绘制主视图的轮廓线。

图 10－153 所标注的直径尺寸“ϕ4”是圆锥销的小端直径，绘制锥销孔时，下侧孔径可以取“ϕ4”，锥度可适当夸大。

启动“倒角”命令，绘制左侧 $C1$ mm 倒角，如图 10－154 所示。

（3）绘制表示平面的对角线

将“细实线”图层设置为当前图层，启动“直线”命令，绘制右侧表示平面的对角线。

（4）绘制螺纹的牙底线

重启“直线”命令，绘制螺纹的牙底线，如图 10－154 所示。

（5）绘制视图与剖视图的分界线

视图与剖视图用波浪线分界，波浪线可以用“样条曲线拟合”命令绘制。

1）单击“绘图”面板的下拉箭头，在展开的面板中单击“样条曲线拟合”按钮，启动“样条曲线拟合”命令。

2）在上侧轮廓线上拾取一点。

3）在上、下侧轮廓线之间拾取适当数量的点（两个或多个）。

4）在下侧轮廓线上拾取一点。

5）按回车键结束命令。

波浪线绘制结果如图 10－155a 所示。

图 10－155　绘制波浪线和剖面线

a）绘制波浪线　b）绘制剖面线

（6）绘制剖面线

启动“图案填充”命令，图案选择“ANSI31”，其他参数采用默认值，绘制剖面线，如图 10－155b 所示。

3. 绘制移出断面图

（1）将“细点画线”图层设置为当前图层，启动“直线”命令，绘制对称中心线。

（2）将“粗实线”图层设置为当前图层，绘制断面的轮廓线。

（3）将“细实线”图层设置为当前图层，启动“图案填充”命令，将“角度”修改为“345”（此处的剖面线与水平方向成 30°夹角，以避免与轮廓线平行）。

移出断面图的绘制结果如图 10－156 所示。

4. 绘制局部放大图

（1）将“粗实线”图层设置为当前图层，启动“直线”命令，绘制一条适当长度的水平线段 AB，如图 10－157a 所示。

（2）单击“默认”→“修改”→“偏移”按钮，启动“偏移”命令（该命令可以在复制对象的同时，将对象偏移到指定的位置），系统给出如下提示。

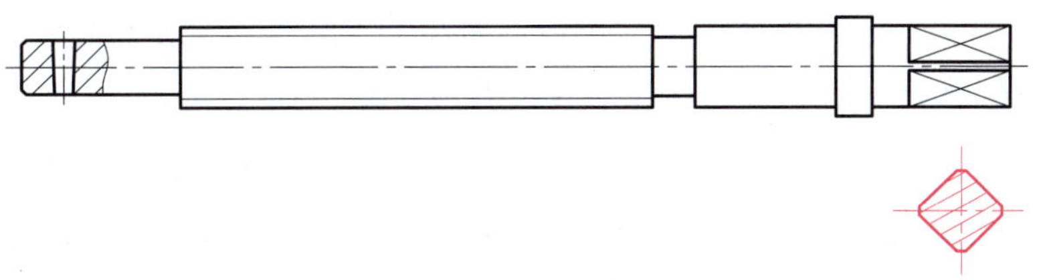

图 10－156　绘制移出断面图

```
命令：_ offset
当前设置：删除源＝否　图层＝源　OFFSETGAPTYPE＝0
指定偏移距离或［通过（T）/删除（E）/图层（L）］<通过>：2
                                   //输入要偏移的距离“2”，按回车键
选择要偏移的对象，或［退出（E）/放弃（U）］<退出>：
                        //选择水平线段 AB 作为偏移对象（见图 10－157a）
指定要偏移的那一侧上的点，或［退出（E）/多个（M）/放弃（U）］<退出>：
                      //在水平线段 AB 下侧单击鼠标左键，确定偏移方向（下）
选择要偏移的对象，或［退出（E）/放弃（U）］<退出>：
                                                    //按回车键结束命令
```

偏移结果如图 10－157b 所示。

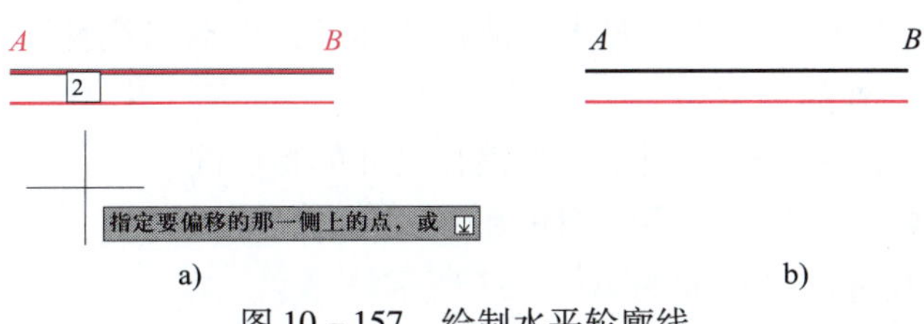

图 10－157　绘制水平轮廓线

（3）在两线段之间绘制一条竖线，如图 10－158a 所示。

（4）启动“偏移”命令，向右偏移三条竖线，偏移距离为“2”，如图 10－158b 所示。

图 10－158　绘制竖直轮廓线

（5）启动“修剪”命令，修剪多余轮廓线，通过编辑夹点缩短过长的轮廓线，如图 10－159 所示。

（6）将“细实线”图层设置为当前图层，启动“样条曲线拟合”命令，绘制波浪线，如图 10－160 所示。

图 10－159　修剪多余轮廓线

图 10－160　绘制波浪线

（7）单击“默认”→“修改”→“缩放”按钮，启动“缩放”命令（该命令用于将所选对象按指定比例进行放大或缩小），系统给出如下提示。

```
命令：_ scale
选择对象：指定对角点：找到 10 个                 //选择局部放大图作为缩放对象
选择对象：                                       //按回车键结束缩放对象的选取
指定基点：                                 //在局部放大图上任意捕捉一点作为缩放基点
指定比例因子或［复制（C）/参照（R）］：2        //输入缩放比例“2”，按回车键
```

图形放大前后的变化如图 10－161 所示。

（8）启动“图案填充”命令，将“角度”修改为“0”，绘制剖面线，如图 10－162 所示。

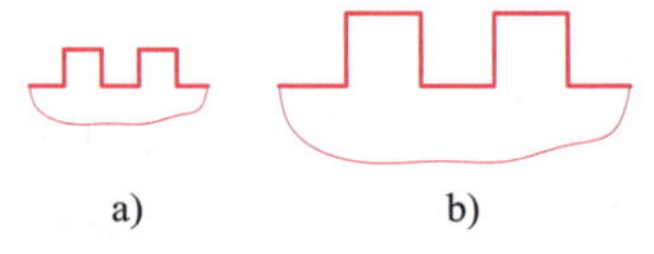

图 10－161　放大前后的变化

a）放大前　b）放大后

图 10－162　绘制局部放大图上的剖面线

5. 标注尺寸

（1）标注主视图上的尺寸

1）将“线性尺寸”标注样式设置为当前标注样式，启动“线性”命令，标注主视图上除倒角和锥销孔直径之外的尺寸。

2）启动“直线”命令，绘制倒角和锥销孔尺寸的指引线。

3）启动“多行文字”命令，注写倒角和锥销孔的尺寸标记。

在主视图上标注尺寸的结果如图 10－163 所示。

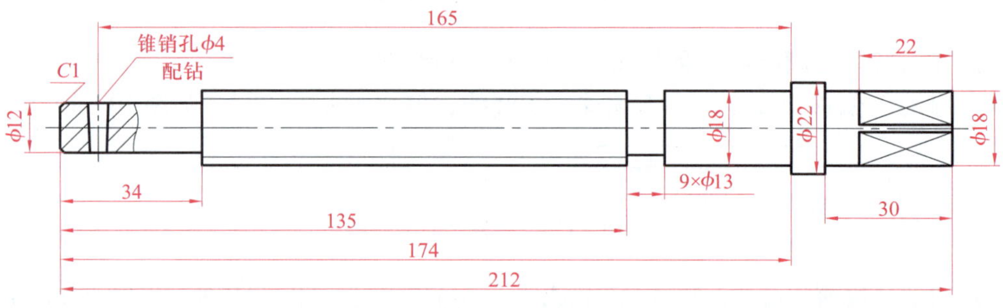

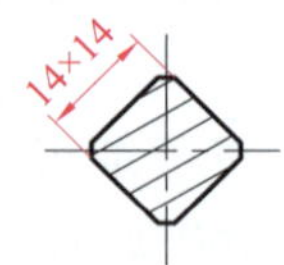

图 10－163　标注主视图和移出断面图的尺寸

（2）标注移出断面图上的尺寸

启动“对齐”命令，标注移出断面图上的尺寸，并把尺寸数字修改为“14×14”，如

图 10－163 所示。

（3）标注局部放大图上的尺寸

1）启动“线性”命令，在局部放大图上标注矩形螺纹的牙厚，并将尺寸数字修改为“2”，如图 10－164 所示。

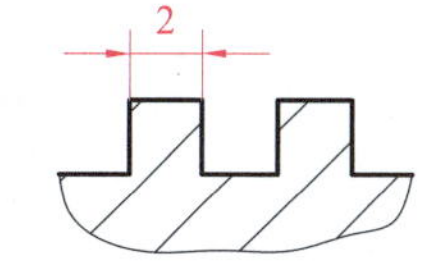

图 10－164　标注牙厚尺寸“2”

2）选中尺寸“2”，单击鼠标右键，在弹出的快捷菜单中单击“特性”按钮，系统弹出“特性”选项板，在“直线和箭头”栏将“箭头 2”修改为“小点”（见图 10－165，“箭头 1”是尺寸线起点的箭头，“箭头 2”是尺寸线终点的箭头），修改结果如图 10－166 所示。

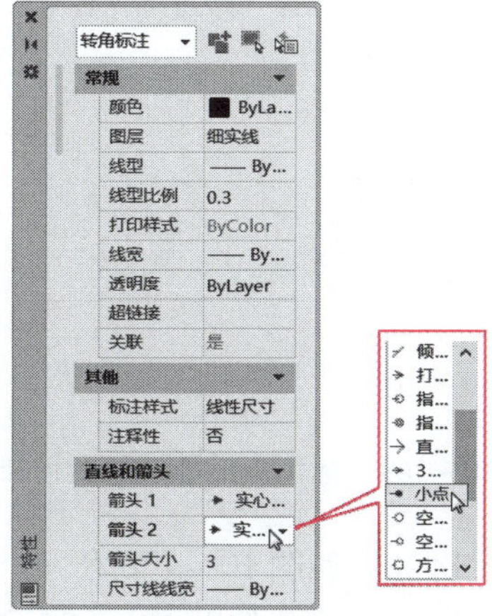

图 10－165　修改尺寸线箭头

3）用同样的方法标注矩形螺纹的牙槽宽“2”，如图 10－167 所示。

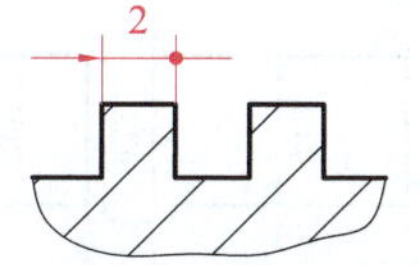

图 10－166　尺寸线右侧的箭头修改为点

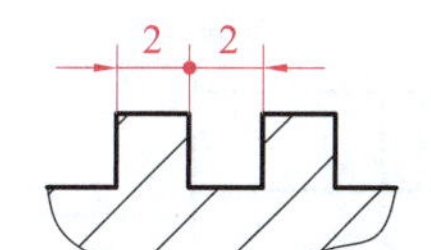

图 10－167　标注牙槽宽“2”

4）为防止误读，单击某一个尺寸“2”，在弹出的快捷菜单中单击“仅移动文字”选项（见图 10－168a），移动尺寸数字到适当位置，如图 10－168b 所示。用同样的方法移动另外一个尺寸“2”，如图 10－168b 所示。

5）启动“线性”命令，标注矩形螺纹的大径和小径，起点分别为螺纹的牙顶和牙底，终点可以是任意一个位置，如图 10－169a 所示；然后启动“分解”命令分解尺寸；再启动“删除”命令删除下侧的箭头和尺寸界线；最后分别双击尺寸数字，打开“文字编辑器”选项板，将大径的尺寸数字修改为“ϕ18”，小径的尺寸数字修改为“ϕ14”，如图 10－169b 所示。

6. 整理图形

（1）标注移出断面图的剖切位置符号，如图 10－170 所示。

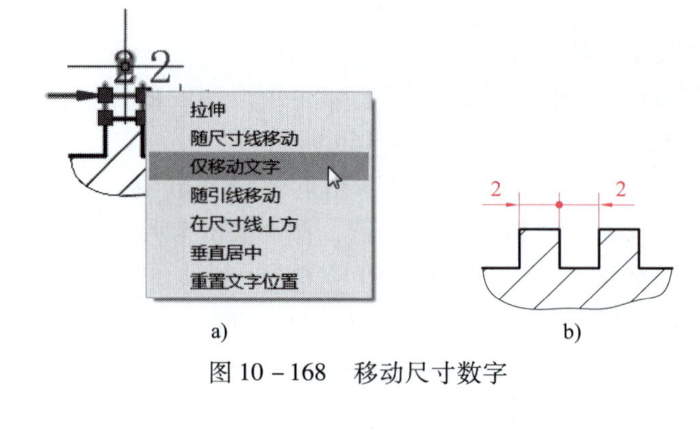

图 10－168　移动尺寸数字

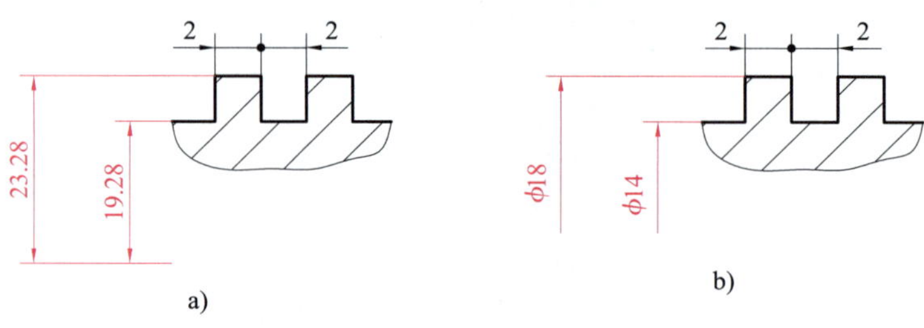

图 10－169　标注矩形螺纹的大径和小径

（2）标注局部放大图的放大比例，如图 10－170 所示。

（3）打断与尺寸数字相交的细点画线，如图 10－170 所示。

（4）修改其他绘制不规范的图线。

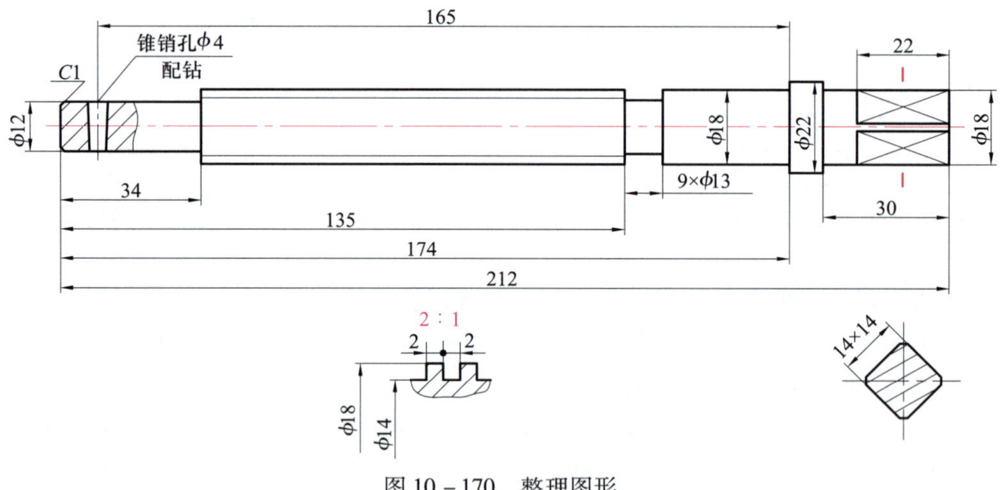

图 10－170　整理图形

7. 检查、校核

对照图 10－153，检查自己所绘制的图样，更正错误。

附　录

附表 1　　标准公差数值（摘自 GB/T 1800.1—2020）

公称尺寸/mm		标准公差等级																	
		IT1	IT2	IT3	IT4	IT5	IT6	IT7	IT8	IT9	IT10	IT11	IT12	IT13	IT14	IT15	IT16	IT17	IT18
大于	至	标准公差数值																	
		μm											mm						
—	3	0.8	1.2	2	3	4	6	10	14	25	40	60	0.1	0.14	0.25	0.4	0.6	1	1.4
3	6	1	1.5	2.5	4	5	8	12	18	30	48	75	0.12	0.18	0.3	0.48	0.75	1.2	1.8
6	10	1	1.5	2.5	4	6	9	15	22	36	58	90	0.15	0.22	0.36	0.58	0.9	1.5	2.2
10	18	1.2	2	3	5	8	11	18	27	43	70	110	0.18	0.27	0.43	0.7	1.1	1.8	2.7
18	30	1.5	2.5	4	6	9	13	21	33	52	84	130	0.21	0.33	0.52	0.84	1.3	2.1	3.3
30	50	1.5	2.5	4	7	11	16	25	39	62	100	160	0.25	0.39	0.62	1	1.6	2.5	3.9
50	80	2	3	5	8	13	19	30	46	74	120	190	0.3	0.46	0.74	1.2	1.9	3	4.6
80	120	2.5	4	6	10	15	22	35	54	87	140	220	0.35	0.54	0.87	1.4	2.2	3.5	5.4
120	180	3.5	5	8	12	18	25	40	63	100	160	250	0.4	0.63	1	1.6	2.5	4	6.3
180	250	4.5	7	10	14	20	29	46	72	115	185	290	0.46	0.72	1.15	1.85	2.9	4.6	7.2
250	315	6	8	12	16	23	32	52	81	130	210	320	0.52	0.81	1.3	2.1	3.2	5.2	8.1
315	400	7	9	13	18	25	36	57	89	140	230	360	0.57	0.89	1.4	2.3	3.6	5.7	8.9
400	500	8	10	15	20	27	40	63	97	155	250	400	0.63	0.97	1.55	2.5	4	6.3	9.7
500	630	9	11	16	22	32	44	70	110	175	280	440	0.7	1.1	1.75	2.8	4.4	7	11
630	800	10	13	18	25	36	50	80	125	200	320	500	0.8	1.25	2	3.2	5	8	12.5
800	1 000	11	15	21	28	40	56	90	140	230	360	560	0.9	1.4	2.3	3.6	5.6	9	14
1 000	1 250	13	18	24	33	47	66	105	165	260	420	660	1.05	1.65	2.6	4.2	6.6	10.5	16.5
1 250	1 600	15	21	29	39	55	78	125	195	310	500	780	1.25	1.95	3.1	5	7.8	12.5	19.5
1 600	2 000	18	25	35	46	65	92	150	230	370	600	920	1.5	2.3	3.7	6	9.2	15	23
2 000	2 500	22	30	41	55	78	110	175	280	440	700	1 100	1.75	2.8	4.4	7	11	17.5	28
2 500	3 150	26	36	50	68	96	135	210	330	540	860	1 350	2.1	3.3	5.4	8.6	13.5	21	33

附表 2　　孔 A～M 的基本偏差数值（摘自 GB/T 1800.1—2020）

公称尺寸/mm		基本偏差数值/μm																		
		下极限偏差 EI												上极限偏差 ES						
		所有标准公差等级												IT6	IT7	IT8	≤IT8	>IT8	≤IT8	>IT8
大于	至	A	B	C	CD	D	E	EF	F	FG	G	H	JS	J			K		M	
—	3	+270	+140	+60	+34	+20	+14	+10	+6	+4	+2	0	偏差 = ±ITn/2，式中，n 是标准公差等级数	+2	+4	+6	0	0	−2	−2
3	6	+270	+140	+70	+46	+30	+20	+14	+10	+6	+4	0		+5	+6	+10	−1+Δ		−4+Δ	−4
6	10	+280	+150	+80	+56	+40	+25	+18	+13	+8	+5	0		+5	+8	+12	−1+Δ		−6+Δ	−6
10	14	+290	+150	+95	+70	+50	+32	+23	+16	+10	+6	0		+6	+10	+15	−1+Δ		−7+Δ	−7
14	18																			
18	24	+300	+160	+110	+85	+65	+40	+28	+20	+12	+7	0		+8	+12	+20	−2+Δ		−8+Δ	−8
24	30																			
30	40	+310	+170	+120	+100	+80	+50	+35	+25	+15	+9	0		+10	+14	+24	−2+Δ		−9+Δ	−9
40	50	+320	+180	+130																
50	65	+340	+190	+140		+100	+60		+30		+10	0		+13	+18	+28	−2+Δ		−11+Δ	−11
65	80	+360	+200	+150																
80	100	+380	+220	+170		+120	+72		+36		+12	0		+16	+22	+34	−3+Δ		−13+Δ	−13
100	120	+410	+240	+180																
120	140	+460	+260	+200		+145	+85		+43		+14	0		+18	+26	+41	−3+Δ		−15+Δ	−15
140	160	+520	+280	+210																
160	180	+580	+310	+230																
180	200	+660	+340	+240		+170	+100		+50		+15	0		+22	+30	+47	−4+Δ		−17+Δ	−17
200	225	+740	+380	+260																
225	250	+820	+420	+280																
250	280	+920	+480	+300		+190	+110		+56		+17	0		+25	+36	+55	−4+Δ		−20+Δ	−20
280	315	+1 050	+540	+330																
315	355	+1 200	+600	+360		+210	+125		+62		+18	0		+29	+39	+60	−4+Δ		−21+Δ	−21
355	400	+1 350	+680	+400																

续表

公称尺寸/mm		基本偏差数值/μm																		
		下极限偏差 EI												上极限偏差 ES						
		所有标准公差等级												IT6	IT7	IT8	≤IT8	>IT8	≤IT8	>IT8
大于	至	A	B	C	CD	D	E	EF	F	FG	G	H	JS	J			K		M	
400	450	+1 500	+760	+440		+230	+135		+68		+20	0		+33	+43	+66	−5+Δ		−23+Δ	−23
450	500	+1 650	+840	+480																
500	560					+260	+145		+76		+22	0					0		−26	
560	630																			
630	710					+290	+160		+80		+24	0					0		−30	
710	800																			
800	900					+320	+170		+86		+26	0	偏差 = ±ITn/2，式中，n 是标准公差等级数				0		−34	
900	1 000																			
1 000	1 120					+350	+195		+98		+28	0					0		−40	
1 120	1 250																			
1 250	1 400					+390	+220		+110		+30	0					0		−48	
1 400	1 600																			
1 600	1 800					+430	+240		+120		+32	0					0		−58	
1 800	2 000																			
2 000	2 240					+480	+260		+130		+34	0					0		−68	
2 240	2 500																			
2 500	2 800					+520	+290		+145		+38	0					0		−76	
2 800	3 150																			

注：1. 公称尺寸≤1 mm 时，不使用基本偏差 A 和 B。

2. 特例：对于公称尺寸大于 250～315 mm 的公差带代号 M6，ES = −9 μm（计算结果是 −11 μm）。

3. 对于标准公差等级至 IT8 的 K、M 的基本偏差，所需 Δ 值从附表 3 的右侧选取。

附表 3　孔 N ~ ZC 的基本偏差数值（摘自 GB/T 1800.1—2020）

公称尺寸/mm		基本偏差数值/μm																Δ/μm					
		上极限偏差 ES																					
		≤IT8	>IT8	≤IT7	标准公差等级大于 IT7													标准公差等级					
大于	至	N		P ~ ZC	P	R	S	T	U	V	X	Y	Z	ZA	ZB	ZC	IT3	IT4	IT5	IT6	IT7	IT8
—	3	-4	-4	在大于 IT7 的标准公差等级的基本偏差数值上增加一个 Δ 值	-6	-10	-14		-18		-20		-26	-32	-40	-60	0	0	0	0	0	0
3	6	-8 + Δ	0		-12	-15	-19		-23		-28		-35	-42	-50	-80	1	1.5	1	3	4	6
6	10	-10 + Δ	0		-15	-19	-23		-28		-34		-42	-52	-67	-97	1	1.5	2	3	6	7
10	14	-12 + Δ	0		-18	-23	-28		-33		-40		-50	-64	-90	-130	1	2	3	3	7	9
14	18									-39	-45		-60	-77	-108	-150						
18	24	-15 + Δ	0		-22	-28	-35		-41	-47	-54	-63	-73	-98	-136	-188	1.5	2	3	4	8	12
24	30							-41	-48	-55	-64	-75	-88	-118	-160	-218						
30	40	-17 + Δ	0		-26	-34	-43	-48	-60	-68	-80	-94	-112	-148	-200	-274	1.5	3	4	5	9	14
40	50							-54	-70	-81	-97	-114	-136	-180	-242	-325						
50	65	-20 + Δ	0		-32	-41	-53	-66	-87	-102	-122	-144	-172	-226	-300	-405	2	3	5	6	11	16
65	80					-43	-59	-75	-102	-120	-146	-174	-210	-274	-360	-480						
80	100	-23 + Δ	0		-37	-51	-71	-91	-124	-146	-178	-214	-258	-335	-445	-585	2	4	5	7	13	19
100	120					-54	-79	-104	-144	-172	-210	-254	-310	-400	-525	-690						
120	140	-27 + Δ	0		-43	-63	-92	-122	-170	-202	-248	-300	-365	-470	-620	-800	3	4	6	7	15	23
140	160					-65	-100	-134	-190	-228	-280	-340	-415	-535	-700	-900						
160	180					-68	-108	-146	-210	-252	-310	-380	-465	-600	-780	-1 000						
180	200	-31 + Δ	0		-50	-77	-122	-166	-236	-284	-350	-425	-520	-670	-880	-1 150	3	4	6	9	17	26
200	225					-80	-130	-180	-258	-310	-385	-470	-575	-740	-960	-1 250						
225	250					-84	-140	-196	-284	-340	-425	-520	-640	-820	-1 050	-1 350						
250	280	-34 + Δ	0		-56	-94	-158	-218	-315	-385	-475	-580	-710	-920	-1 200	-1 550	4	4	7	9	20	29
280	315					-98	-170	-240	-350	-425	-525	-650	-790	-1 000	-1 300	-1 700						
315	355	-37 + Δ	0		-62	-108	-190	-268	-390	-475	-590	-730	-900	-1 150	-1 500	-1 900	4	5	7	11	21	32
355	400					-114	-208	-294	-435	-530	-660	-820	-1 000	-1 300	-1 650	-2 100						

续表

公称尺寸/mm		基本偏差数值/μm															Δ/μm					
		上极限偏差 ES																				
		≤IT8	>IT8	≤IT7	标准公差等级大于 IT7												标准公差等级					
大于	至	N		P～ZC	P	R	S	T	U	V	X	Y	Z	ZA	ZB	ZC	IT3	IT4	IT5	IT6	IT7	IT8
400	450	−40+Δ	0	在大于 IT7 的标准公差等级的基本偏差数值上增加一个 Δ 值	−68	−126	−232	−330	−490	−595	−740	−920	−1 100	−1 450	−1 850	−2 400	5	5	7	13	23	34
450	500					−132	−252	−360	−540	−660	−820	−1 000	−1 250	−1 600	−2 100	−2 600						
500	560	−44			−78	−150	−280	−400	−600													
560	630					−155	−310	−450	−660													
630	710	−50			−88	−175	−340	−500	−740													
710	800					−185	−380	−560	−840													
800	900	−56			−100	−210	−430	−620	−940													
900	1 000					−220	−470	−680	−1 050													
1 000	1 120	−66			−120	−250	−520	−780	−1 150													
1 120	1 250					−260	−580	−840	−1 300													
1 250	1 400	−78			−140	−300	−640	−960	−1 450													
1 400	1 600					−330	−720	−1 050	−1 600													
1 600	1 800	−92			−170	−370	−820	−1 200	−1 850													
1 800	2 000					−400	−920	−1 350	−2 000													
2 000	2 240	−110			−195	−440	−1 000	−1 500	−2 300													
2 240	2 500					−460	−1 100	−1 650	−2 500													
2 500	2 800	−135			−240	−550	−1 250	−1 900	−2 900													
2 800	3 150					−580	−1 400	−2 100	−3 200													

注：1. 公称尺寸≤1 mm 时，不使用标准公差等级 >IT8 的基本偏差 N。

2. 对于标准公差等级至 IT8 的 N 和标准公差等级至 IT7 的 P～ZC 的基本偏差，所需 Δ 值从表内右侧选取。

附表 4　　轴 a～j 的基本偏差数值（摘自 GB/T 1800. 1—2020）

公称尺寸/mm		基本偏差数值/μm														
		上极限偏差 es												下极限偏差 ei		
大于	至	所有标准公差等级												IT5 和 IT6	IT7	IT8
		a	b	c	cd	d	e	ef	f	fg	g	h	js	j		
—	3	-270	-140	-60	-34	-20	-14	-10	-6	-4	-2	0	偏差 = ±ITn/2，式中，n 是标准公差等级数	-2	-4	-6
3	6	-270	-140	-70	-46	-30	-20	-14	-10	-6	-4	0		-2	-4	
6	10	-280	-150	-80	-56	-40	-25	-18	-13	-8	-5	0		-2	-5	
10	14	-290	-150	-95	-70	-50	-32	-23	-16	-10	-6	0		-3	-6	
14	18															
18	24	-300	-160	-110	-85	-65	-40	-25	-20	-12	-7	0		-4	-8	
24	30															
30	40	-310	-170	-120	-100	-80	-50	-35	-25	-15	-9	0		-5	-10	
40	50	-320	-180	-130												
50	65	-340	-190	-140		-100	-60		-30		-10	0		-7	-12	
65	80	-360	-200	-150												
80	100	-380	-220	-170		-120	-72		-36		-12	0		-9	-15	
100	120	-410	-240	-180												
120	140	-460	-260	-200		-145	-85		-43		-14	0		-11	-18	
140	160	-520	-280	-210												
160	180	-580	-310	-230												
180	200	-660	-340	-240		-170	-100		-50		-15	0		-13	-21	
200	225	-740	-380	-260												
225	250	-820	-420	-280												
250	280	-920	-480	-300		-190	-110		-56		-17	0		-16	-26	
280	315	-1 050	-540	-330												

续表

公称尺寸/mm		基本偏差数值/μm														
		上极限偏差 es												下极限偏差 ei		
大于	至	所有标准公差等级												IT5 和 IT6	IT7	IT8
		a	b	c	cd	d	e	ef	f	fg	g	h	js	j		
315	355	-1 200	-600	-360		-210	-125		-62		-18	0	偏差 = ±ITn/2，式中，n 是标准公差等级数	-18	-28	
355	400	-1 350	-680	-400												
400	450	-1 500	-760	-440		-230	-135		-68		-20	0		-20	-32	
450	500	-1 650	-840	-480												
500	560					-260	-145		-76		-22	0				
560	630															
630	710					-290	-160		-80		-24	0				
710	800															
800	900					-320	-170		-86		-26	0				
900	1 000															
1 000	1 120					-350	-195		-98		-28	0				
1 120	1 250															
1 250	1 400					-390	-220		-110		-30	0				
1 400	1 600															
1 600	1 800					-430	-240		-120		-32	0				
1 800	2 000															
2 000	2 240					-480	-260		-130		-34	0				
2 240	2 500															
2 500	2 800					-520	-290		-145		-38	0				
2 800	3 150															

注：公称尺寸≤1 mm 时，不使用基本偏差 a 和 b。

附表 5　　轴 k～zc 的基本偏差数值（摘自 GB/T 1800.1—2020）

公称尺寸/mm		基本偏差数值/μm															
		下极限偏差 ei															
大于	至	IT4～IT7	≤IT3，>IT7	所有标准公差等级													
		k		m	n	p	r	s	t	u	v	x	y	z	za	zb	zc
—	3	0	0	+2	+4	+6	+10	+14		+18		+20		+26	+32	+40	+60
3	6	+1	0	+4	+8	+12	+15	+19		+23		+28		+35	+42	+50	+80
6	10	+1	0	+6	+10	+15	+19	+23		+28		+34		+42	+52	+67	+97
10	14	+1	0	+7	+12	+18	+23	+28		+33		+40		+50	+64	+90	+130
14	18										+39	+45		+60	+77	+108	+150
18	24	+2	0	+8	+15	+22	+28	+35		+41	+47	+54	+63	+73	+98	+136	+188
24	30								+41	+48	+55	+64	+75	+88	+118	+160	+218
30	40	+2	0	+9	+17	+26	+34	+43	+48	+60	+68	+80	+94	+112	+148	+200	+274
40	50								+54	+70	+81	+97	+114	+136	+180	+242	+325
50	65	+2	0	+11	+20	+32	+41	+53	+66	+87	+102	+122	+144	+172	+226	+300	+405
65	80						+43	+59	+75	+102	+120	+146	+174	+210	+274	+360	+480
80	100	+3	0	+13	+23	+37	+51	+71	+91	+124	+146	+178	+214	+258	+335	+445	+585
100	120						+54	+79	+104	+144	+172	+210	+254	+310	+400	+525	+690
120	140	+3	0	+15	+27	+43	+63	+92	+122	+170	+202	+248	+300	+365	+470	+620	+800
140	160						+65	+100	+134	+190	+228	+280	+340	+415	+535	+700	+900
160	180						+68	+108	+146	+210	+252	+310	+380	+465	+600	+780	+1 000
180	200	+4	0	+17	+31	+50	+77	+122	+166	+236	+284	+350	+425	+520	+670	+880	+1 150
200	225						+80	+130	+180	+258	+310	+385	+470	+575	+740	+960	+1 250
225	250						+84	+140	+196	+284	+340	+425	+520	+640	+820	+1 050	+1 350
250	280	+4	0	+20	+34	+56	+94	+158	+218	+315	+385	+475	+580	+710	+920	+1 200	+1 550
280	315						+98	+170	+240	+350	+425	+525	+650	+790	+1 000	+1 300	+1 700

续表

公称尺寸/mm		基本偏差数值/μm															
		下极限偏差 ei															
大于	至	IT4～IT7	≤IT3，>IT7	所有标准公差等级													
		k		m	n	p	r	s	t	u	v	x	y	z	za	zb	zc
315	355	+4	0	+21	+37	+62	+108	+190	+268	+390	+475	+590	+730	+900	+1 150	+1 500	+1 900
355	400						+114	+208	+294	+435	+530	+660	+820	+1 000	+1 300	+1 650	+2 100
400	450	+5	0	+23	+40	+68	+126	+232	+330	+490	+595	+740	+920	+1 100	+1 450	+1 850	+2 400
450	500						+132	+252	+360	+540	+660	+820	+1 000	+1 250	+1 600	+2 100	+2 600
500	560	0	0	+26	+44	+78	+150	+280	+400	+600							
560	630						+155	+310	+450	+660							
630	710	0	0	+30	+50	+88	+175	+340	+500	+740							
710	800						+185	+380	+560	+840							
800	900	0	0	+34	+56	+100	+210	+430	+620	+940							
900	1 000						+220	+470	+680	+1 050							
1 000	1 120	0	0	+40	+66	+120	+250	+520	+780	+1 150							
1 120	1 250						+260	+580	+840	+1 300							
1 250	1 400	0	0	+48	+78	+140	+300	+640	+960	+1 450							
1 400	1 600						+330	+720	+1 050	+1 600							
1 600	1 800	0	0	+58	+92	+170	+370	+820	+1 200	+1 850							
1 800	2 000						+400	+920	+1 350	+2 000							
2 000	2 240	0	0	+68	+110	+195	+440	+1 000	+1 500	+2 300							
2 240	2 500						+460	+1 100	+1 650	+2 500							
2 500	2 800	0	0	+76	+135	+240	+550	+1 250	+1 900	+2 900							
2 800	3 150						+580	+1 400	+2 100	+3 200							